まちづくりと法

—都市計画，自動車，自転車，土地，地下水，住宅，借地借家—

阿部泰隆

まちづくりと法

——都市計画, 自動車, 自転車, 土地, 地下水, 住宅, 借地借家——

信山社

はしがき

本書は，まちづくりをめぐる法律問題，つまりは，都市計画，自動車，自転車，土地，地下水，住宅，借地借家に関する拙稿の中で，これまでの論文集に収録していないものを集めたものである。土地問題は環境問題と密接に関連するので，先に公刊した『環境法総論と自然・海浜環境』と関連するところが多いことから，続けて公刊することとしたものである。これまでのものでは，『国土開発と環境保全』が重要である。

考え方としては，普通の住民が普通に努力すれば，お腹にいるときから老いるときまで（さらには亡くなるまで），それなりに環境に優しく，安全で，高額ではない街に住むことができるようにと，既存の法システムに挑戦したものである。

いずれも，実態分析，法理論の活用，法政策・法的手法の工夫という，筆者の年来の方法を適用している。

1　第1部まちづくりの第1章は，松山大学における講演録（2002年）であり，内容は簡単であり，論文とはいえないが，まちづくりについて，総括的で，わかりやすいと思われるので，冒頭に収録した。単に都市計画法制だけではない，広い法制度がかかわることがわかると思う。

第2章「宮崎県の沿道修景美化に関する条例と施策」は，1983年の調査であり，簡単で，古いものであるが，法システムは，地域指定，許認可，事後命令付き届出制というハードなものであっても，運用は協力，同意を求めるというソフトなものとなっていることを明らかにした。まちづくりのあり方，日本の行政運用の実態から見て，ごく普通のことではあっても，明らかにしておくことに今日的意味があると思料している。

さらに，第3章では，街の美化，歩行者の平面通行権を阻害している邪魔な横断歩道橋を撤去せよと主張した。横断歩道橋を利用する人は少ないという人間の心理を理解しないプランナーの失敗である。醜悪なまちづくりの典型として，本書の表紙に飾るものである。筆者は，行動行政法学＝行政法心理学を提唱している（『行政法再入門第二版下』357頁）。2017年ノーベル賞の受賞の対象となった行動経済学の法学版を独自に開発したものである。これはその適用例の１つである。

第４章では，街の環境を阻害するラブホテルの規制であるが，「その他これに類する政令で定めるもの」という建築基準法の規定は委任立法として漠然としていて違法であり，政令も「その他これらに類する」というだけでラブホテルを規制するのは無理との主張である。まちづくりも法治行政の基本を踏まえなければならないのである。

第５章は，これからは墓石の下に眠るのではなく，「散骨」（散灰）に人気が集まるはずで，そのためにはいかなる態様で行えば適法になるかを法的に考察したものである。

まちづくりについては，このほか，「まちづくり，集合住宅づくりは誰が決めるべきか」都市住宅学22号（1998年夏号）80−90頁（都市住宅学会賞1999年度受賞）『行政法の進路』，「民法と行政法における違法性と救済手段の違いと統一の必要性−建築紛争を中心として−」都市住宅学38号（2002年夏号）41−47頁（都市住宅学会賞・著作賞2004年度受賞）『行政法の進路』があるので，あわせて参照されたい。

２　第２部は，自動車，自転車である。自動車，自転車を離れて，我々の生活は考えられないからである。

第１章は自動車の駐車違反対策であり，駐車規制のあり方，駐車場規制のあり方，住民参加のあり方は，車と生活の関係をどのような法システムで規制すべきかという点で，まちづくりの主要な論点である。

次は，自転車対策である。

第２章　自転車交通法は，道交法から自転車の交通ルールの規制を独立させて，自転車利用者に，ルールを理解しやすいようにするとともに，自転車事故を防ぐべく，新しい安全運転ルールを提唱するものである。

第３章は，放置自転車対策の法律問題を検討したものである。それは，行政法の辺境領域の問題ではなく，費用対効果（便益）分析をふまえた法制度の設計論である。そして，日本型立法過程の不備をも指摘している。

第４章　自転車駐車場対策は，政策法学として，自転車駐車場はどうつくるべきかを検討したものである。

3　第3部の土地問題のうち第1，第2，第3，第4章は，すでに30年近く昔のバブル期における法的規制のあり方を論じたもので，特に地価高騰・開発利益の公共還元を強調している。今更と思われるかとは思う。しかし，今でも，カジノ解禁を柱とする統合型リゾート（IR）推進法（特定複合観光施設区域の整備の推進に関する法律）が2016年12月に施行され，東京オリンピックで土建業界がわが世の春を謳歌していることから，バブルが再来しないという保障はない。なによりも，バブルの元凶となったリゾート法は，いまだ正式には廃止されておらず，リゾート法を推進した人たちが膨大な国費の無駄遣い，庶民の財産を無にしたことを反省・謝罪して坊主になったという話は寡聞にして知らない。したがって，その反省と将来への警告を含めて，バブル対策を忘れてはならない。

第5章は，大深度地下利用法制は現行憲法，民法に妨げられないことを示したもので，地下水公水論も合わせ論じ，東京の地下の利用，さらにリニア新幹線建設のための法的条件の整備に寄与したつもりである。解釈論，立法論として，相当多数の文献を渉猟し，論点を丁寧に設定して，論じたものである。その後大深度地下利用法として結実した。

4　第4部は，地下水の法律問題を扱った。第1章は公水論に立って，その全般を扱う。その後も地下水保全法は成立せず，水循環基本法が制定されたという段階である。

第2章は宮古島では，地下水は公のものという前提で条例によって規制していることを紹介している。公水論を補充するものである。

第3章では，秦野市条例は，地下水の総合管理を謳っているので，公水論と理解できるが，水道の供給区域外で，たかが一軒の農家が水道の供給区域外で一日1トン未満の地下水を取水する井戸を禁止することは違憲であることを主張したものである。

なお，地下水保全の公害防止協定がその市（大阪府摂津市）の境界外の取水点（茨木市内のJR東海の敷地）にも及ぶかという問題について，条例とは異なって，任意に合意された公害防止協定の場合に肯定する意見書を執筆したが，これはいずれ公表することとして，今回は断念した。大阪高裁平成29年7月18日判決は，大部分の点について私見を認めたが，具体的危険性がないので差止めできないとした。上告中である。

その大阪高裁平成29年7月18日判決は大部分の点で私見を認めたが，具体的危険性がないので差止めできないとした。上告中である。」なお，地表水については,「節水型社会の法システム」(都市問題研究33巻8号28頁以下，1981年)，「工業用水道事業の問題点」（高木光氏と共著）自研62巻4号（1986年4月）72～87頁があるが，『国土開発と環境保全』203頁以下，223頁以下に収録した。

5　第5部は，住宅を中心に，その法的システムの観点からその折々主張してきたことを収録している。

特に公益社団法人都市住宅学会創設以来しばらく理事を務めた（1992年10月～2002年5月。2014年12月会員退会）関係もあり，住宅関係で種々論考を公表することを求められたものである。それが第1章～第3章である。内容的には簡単な上，かなり重複しているが，ご寛恕頂きたい。

最近，板垣勝彦『住宅市場と行政法』というまさに表題通りの書物が出版されたので，第四部の冒頭に言及することとした。

さらに，定期借家権の創設に参画したことから,『定期借家のかしこい貸し方・借り方』（信山社，2000年）を著し，共著として，『定期借家権』（信山社，1998年)，『実務注釈　定期借家法』（信山社，2000年）がある。

そこで，その補遺として，第4章第1節「定期借家制度の解釈上の論点と改正案」を収録した。定期借家反対派のために，説明義務という，余分な規定が入ったため，家主は苦労せざるを得ない。

また，日本の借地法制では，ただで土地を貸しても，巨額の立退料を払わないと土地を回収できない。貸したら大損，ひさしを貸したら母屋を取られる。第4章第2節は，ある上告事件においてこのことの違憲性を主張したものである。その第3節は，同じ事件で，上告受理理由として，判例違反，重要な法解釈の誤りを主張したものである。上告の場合，民事訴訟法上，違憲を主張する上告（民訴法312条）と，判例違反・重要な法解釈の誤りを主張する上告受理申立て（民訴法318条）の二本立てとなっているので，このような書き方になるのである。定期借家と共通するが，借地権，借家権の過剰な保護の法制度は，明白に違憲と言わざるを得ない。これは最高裁に係属したが，三行り半で門前払いとなった。同様に，権利金なしで貸したのに更新の時期が来ても返して貰えずに，困窮に陥っている貸主は無数であると思われるので，この私見の立場に立って，広く声を上げ，また法廷闘争して頂きたい。

これとの関連で，短期賃貸借保護の廃止（2003年に実現）にも参画した。「短期賃貸借保護廃止の提案」（上原由起夫氏と共著）NBL 667号（1999年6月15日号）45–53頁，鈴木禄弥＝福井秀夫＝山本和彦＝久米良昭『競売の法と経済学』（信山社，2001年10月）5–20頁がこれである。それは，民事執行法27条，168条の2で実現した。

このほか，すでに論文集に収録している住宅関連論文として，「公営住宅管理システムの法的問題点と解決策」ジュリ847号（1985年11月1日）6〜13頁『国土開発と環境保全』，「安い住宅の大量供給策」法セミ1991年10月号54〜57頁『政策法務からの提言』，「住宅再建の課題」神戸大学経営学部BUSINESS: INSIGHT 1995年SUMMER号82–97頁『大震災の法と政策』，「仮設住宅の有料化と家賃補助の提案－大災害救助法の一提案－」民商法雑誌112巻4・5号（1995年8月）604〜620頁『大震災の法と政策』があるので，あわせて参照されたい。

6　なお，各論文はそれぞれの機会に読者を考慮しつつ書いたので，重複は少なくないが，それを整理することは至難であるし，筆者が特に強調したいことでもあるので，原論文のままとなっている。ご寛恕頂きたい。代わりに索引をご参照頂ければ同じ問題を各所で扱っていることがわかるようにした。条文も特に修正した場合以外は当時のものであるが，理論に変わりはない。

7　引用のしかた，用語，西暦，和暦，本文中の割注・後注などは，不統一であるが，統一することに内容的な生産性はないので，ご寛恕を頂きたい。

8　本書に収録された論文の時代的背景がわかるように，各章のタイトルの次に出版年を記載した。

それぞれ筆者の執筆時点から重要な業績がでている。可能な範囲で『追記』その他の形式で触れることとする。

9　本書を出版するに当たっても，毎度のことながら信山社の袖山貴社長，稲葉文子さんに格別のお世話になった。このような市場性の薄い書物の出版を快く引き受けて頂くことに感謝するばかりである。校正については，今回は，関西大学教授田中謙氏，山梨学院大学教授三好規正氏，横浜国立大学准教授板垣勝彦氏にお世話になった。ありがたく，感謝する次第である。

2017年秋

阿部泰隆

初 出 一 覧

第1部　まちづくり

第1章　「まちづくり学」(松山大学講演，2002年)

第2章　「宮崎県の沿道修景美化に関する条例と施策」自治研究61巻7号66～77頁（1985年）

第3章　「邪魔な横断歩道橋を撤去せよ」自治実務セミナー42巻1号4～8頁(2003年)

第4章　「『その他これに類する政令で定めるもの』という規定でラブホテルを規制できるか」自治実務セミナー45巻1号4～8頁（2006年）

第5章　「『散骨』(散灰)はいかなる態様で行えば適法になるか」自治実務セミナー45巻3号4～11頁（2006年）

第2部　自動車・自転車

第1章　「駐車違反対策と道交法・車庫法の改正（上）・(下)」ジュリ962号107～116頁，963号102～114頁（1990年9月1，15日号）

第2章　「自転車交通法の提唱」交通界2014年4月7日号

第3章　「いわゆる自転車法の改正」自治研究70巻10号3～20頁，11号3～23頁，12号3～20頁（1994年）

第4章　「自転車駐車場有料化の法と政策（上）・(下)」自治研究63巻2号3～22頁，63巻3号3～16頁（1987年）

第3部　土地問題

第1章　「自然破壊・開発資本ボロ儲けのリゾートはいらない」法セミ1990年2月号63～67頁

第2章　「開発権（益）所有者から公共の手に―土地問題解決の鍵は開発権の公有化だ」法律のひろば43巻4号27～35頁（1990年）

第3章　「ウォーターフロント開発法制の課題」ポラード5号（港湾空間高度化センター）8～11頁（1990年）

第4章　「地価高騰下の土地法制の課題」市政研究（大阪市政調査会）88号20～29頁（1990年）

第5章　「大深度地下利用の法律問題（1）～（4)」法時68巻9号35～39頁，10号63～68頁，11号62～70頁，12号57～64頁（1996年）

第4部　地下水環境

第1章　「地下水の利用と保全－その法的システム」ジュリ増刊　総合特集23「現代の水問題」223～231頁（1981年）

第2章　「沖縄県宮古島の地下ダムと地下水」自治研究61巻10号99～109頁（1985年）

第3章　「秦野市の地下水条例の合憲性とその運用の違憲性・違法性」自治研究93巻8号3～27頁（2017年）

第5部　住宅

はじめに　「板垣勝彦『住宅市場と行政法』」（第一法規，2017年）

第1章　「法律分野における住宅研究の現状と展望」住宅42号8～12頁（1993年）

第2章　住宅供給の法的手法

第1節　「住宅供給の法的手法」大阪府地方自治研究会自治論集7『地価高騰と住宅問題・まちづくり』102～114頁（1991年3月）

第2節　「公共（賃貸）住宅制度の今後のあり方について」住宅44号12～19頁（1995年）

第3節　「アフォーダブルハウジング論再考への一視点」都市住宅学8号33～36頁（1994年）

第4節　「住宅・都市整備公団の都市再開発事業」都市住宅学18号21頁（1997年）

第3章　住宅政策の課題

第1節　「良好な住宅建設・維持・まちづくりのための法政策」都市住宅学会20周年記念誌8～9頁（2013年，2017年改訂）

第2節　「東日本大震災と原発事故を巡る住宅復興の法政策的視点」都市住宅学81号77～81頁（2013年）

第4章　借家・借地法制の課題

第1節　「定期借家制度の解釈上の論点と改正案」『西原道雄先生古稀記念　現代民事法学の理論　上巻』（信山社）103－130頁（2001年）

第2節　「権利金の支払いのない借地権を過大評価して更新拒否の正当事由を否定した判決の違憲性（上告理由書）」（2017年）

第3節　「権利金の支払いのない借地権の更新拒否における正当事由」（2017年）

凡　　例

著書（単独著）

本文では出版社，出版年を原則として省略する。

1 『フランス行政訴訟論』（有斐閣，1971年）
2 『行政救済の実効性』（弘文堂，1985年）
3 『事例解説行政法』（日本評論社，1987年）
4 『行政裁量と行政救済』（三省堂，1987年）
5 『国家補償法』（有斐閣，1988年）
6 『国土開発と環境保全』（日本評論社，1989年）
7 『行政法の解釈』（信山社，1990年）
8 『行政訴訟改革論』（有斐閣，1993年）
9 『政策法務からの提言』（日本評論社，1993年）
10 『大震災の法と政策』（日本評論社，1995年）
11 『政策法学の基本指針』（弘文堂，1996年）
12 『行政の法システム上［新版］』（有斐閣，1997年）
（初版，1992年，補遺1998年）
13 『行政の法システム下［新版］』（有斐閣，1997年）
（初版，1992年，補遺1998年）
14 『〈論争・提案〉情報公開』（日本評論社，1997年）
15 『行政の法システム入門』（放送大学教育振興会，1998年）
16 『政策法学と自治条例』（信山社，1999年）
17 『定期借家のかしこい貸し方・借り方』（信山社，2000年）
18 『こんな法律はいらない』（東洋経済新報社，2000年
19 『やわらか頭の法政策』（信山社，2001年）
20 『内部告発（ホイッスルブロウワァー）の法的設計』
（信山社，2003年）
21 『政策法学講座』（第一法規，2003年）
22 『行政訴訟要件論』（弘文堂，2003年）
23 『行政書士の未来像』（信山社，2004年）
24 『行政法の解釈（2）』（信山社，2005年）
25 『やわらか頭の法戦略』（第一法規，2006年）
26 『対行政の企業法務戦略』（中央経済社，2007年）
27 『行政法解釈学Ⅰ』（有斐閣，2008年）
28 『行政法解釈学Ⅱ』（有斐閣，2009年）
29 『行政法の進路』（中大出版部，2010年）
30 『最高裁不受理事件の諸相Ⅱ』（信山社，2011年）
31 『行政書士の業務　その拡大と限界』（信山社，2012年11月）（23の改訂版）
32 『市長破産』（信山社，2013年）

33 『行政法再入門　上　第2版』（信山社，2016年）（初版，2015年）
34 『行政法再入門　下　第2版』（信山社，2016年）（初版，2015年）
35 『住民訴訟の理論と実務，改革の提案』（信山社，2015年）
36 『ひと味違う法学入門』◇法律学イロハカルタ付き◇（信山社，2016年）
37 『行政の組織的腐敗と行政訴訟最貧国：放置国家を克服する司法改革を』（現代人文社，2016年）
38 『行政法の解釈（3）』（信山社，2016年）
39 『廃棄物法制の研究』（信山社，2017年）
40 『環境法総論と自然・海浜環境』（信山社，2017年）

論文は，http://www.eonet.ne.jp/~greatdragon/articles.html に掲載
阿部泰隆論文は阿部と引用する。
　法令，判例の引用は，一般的な方法による。

目　次

まちづくりと法

―― 都市計画, 自動車, 自転車, 土地, 地下水, 住宅, 借地借家 ――

◆ 第１部 ◆
まちづくり

第1章　まちづくりと法――政策法学の視点から（2002年）

はじめに

○司会　　皆さん，松山大学の伊予銀行寄付講座，まちづくり学講座にようこそおこしくださいました。本日は神戸大学大学院法学研究科の教授でいらっしゃいます阿部泰隆先生においでいただいて，ご講演をいただくことになっております。ここで簡単に本日の講師の先生のご紹介をさせていただきます。

阿部泰隆先生は1942年3月に福島市にお生まれになりました。1964年に東大法学部をご卒業になり，その後，東大法学部の助手，神戸大学法学部の助教授，教授をお務めになりまして，現在は神戸大学大学院法学研究科の教授をしていらっしゃいます。ご著書は，大変数が多いのですが，とても面白い本ばかりでございますので，どうぞご参照いただければと思います。

阿部泰隆先生は，専門は行政法学ですが，従来の行政の法システムというものを組み換えて行こうという，大変先駆的な取り組みをしておられます。ただいま，「日本列島法改造論」を唱えられまして，行政法規，日本の法システムを大改造していくことに取り組んでらっしゃいます。大変エネルギッシュな先生でいらっしゃいますので，どうぞ皆様，お楽しみに今日のご講演をお聞きになってください。それでは，阿部先生，どうぞよろしくお願いいたします。皆様，拍手でお迎えください。

○阿部　　松山の皆さん，こんにちは。本日は「まちづくりと法」について政策法学の視点からお話しさせていただきます。詳しいことは『政策法学講座』（第一法規，2003年），さらに，その後の『やわらか頭の法戦略』（第一法規，2006年）をご覧ください。

◇ I　政策法学とは何か

1　解釈論から立法論へ

最初のほうでは，政策法学とは何かという，いわば総論の話をしまして，あとのほうで具体的な例を取り上げて，どのように制度を作り上げていったらいいかというお話をしたいと思います。最初に政策法学とは何かということですが，要するに，新しい政策を実現するための法制度の工夫ということです。立法論と言われているものですが，これまでの法学部で教えたり研究していることが，政策という観点から見ると極めて不備だと思って，特に「政策法学」と宣伝しているわけです。

皆さんは，大学の法学部で何をやっているか，ご存じでしょうか？　中心となるのは，いわゆる解釈学ですね。解釈学というのは，「学」と称しているから，いかにも立派なことをやっているように見えるけれども，実は立法者のおつむが悪いから，尻拭いをしているだけです。まあひどい言い方ですけれども，立法者が先のことまで読めれば，問題のない法律，そのまま機械的に適用すれば済む法律を作るけれども，どうしてもうまく作れないから，結局もめごとが起きて，法の意味はなんだという議論をする。そして，より妥当な解釈の仕方は何だという議論をしている。法律学はそんなつまらないことをやっているのです。いわば落ち穂拾いですね。すると，本来なら，そういうような不完全な法律を作らないように，さらに，より合理的な法律を作るほうにも力を注がなければいけないわけです。それが立法論ですね。

ところが，今までの大学では立法論をやっていないのです。立法論をやろうとすると，立法論に逃げるという言い方があったのですね。それで，頭が悪いヤツが立法論をやるのだ。頭のいいヤツは解釈論で，なんとかうまい答えを導き出すのだなんてことを言う先生がたくさんいたのですね。しかし，そんなことをやっていると世の中の制度は良くならないわけ。もめ事ばっかり。紛争解決のコストも大きいのです。

2　こんなもの要らない　～内閣法制局～

学生が大学で解釈学を学んで，役所へ行って何をしているかというと，解釈や法の執行もやっていますが，新しい制度を作る立法もやっているのですね。ところが，彼らは学問的な基礎を充分に持っていない。単にわが省のやり方でやっているのですね。大学は頼りにならん，わが省がしっかりやっているというのですが，本当かどうかということになりますと，わが省のほうも，実は勘でやってるのが非常に多いのですね。それでちゃんとまともにやらなきゃいけないのですが，そのひどい例として，僕が悪口を言っているのは内閣法制局です。内閣法制局というのは，法解釈の権威者というか，政府の憲法裁判所と言われるところです。政府が法律を作る時は，全部内閣法制局のお墨付き（太鼓判）をとらなければなりません。ところが，彼らが立派な法律を作っているかというと，僕はだいぶ怪しいと思う。だいぶ昔の法解釈のまま進化せず，シーラカンスかガラパゴスであると悪口を言っています。内閣法制局は一回解散して出直したらどうかなんてきついことを言っているものですから，もちろん内閣法制局からはお声はかかりません[(1)]。

どんな例か。いろいろありますけれど，一つ，そういった例を挙げていきますと，後でもお話しする車の車輪止めですが，駐車違反はどうしたらなくなるでしょうかね？　車庫を増やせばいいという議論は別にして。駐車違反は，皆さん，なぜするのですか。たぶん今日は捕まらないであろう，それに駐車料金も高いしな，駐車場を探すのに手間ヒマかかるしなと，こういうリスクアセスメントなり費用対便益分析をやって，やはり違反したほうが得ではないかと考えるのですね。だから，駐車違反をすれば必ず捕まるようになっていれば，違反する人はいませんね。人殺しなら，捕まったら必ず死刑になることになっていても，悔しさとかとっさの感情でやるヤツがいるわけですが，泥棒っていうのは，計算した上の犯罪ですから，100％捕まるようになっていたらやらないでしょう。駐車違反も同じですね。

では，今はなぜ全部捕まらないかというと，レッカー移動する先の車庫のスペースが足りないんです。民間の駐車場の中で警察借上げのスペースに応じてしか持って行っていないのですね。ある人が駐車場に行って，ここ空いているじゃないか，入れてくれと言ったら，ここは警察用ですからダメですと言われて，置くところがないから路上駐車した。そうしたら，捕まった。あとで取りに行ったら，そこだった。それならおれに貸してくれれば良かった。こういう話があるぐらいですね。

要するに，駐車違反をなぜたくさん捕まえられないかと言うと，持って行く先がないからですね。では，どうすれば良いかというと，持って行かないことですね。要するに車輪止めをしちゃうのです。そういう法律ができたんです。僕も警察庁に提案したんです。ただ，警察庁は，そのように法律の改正作業をしたのですが，内閣法制局へ持って行ったら，頭の堅い役人がいっぱいいて，一回鍵をかけても，24時間たったら開けなさいという法律になってしまったんですね（道交法51条の2）。だから皆さんが車輪止めをされたら，24時間寝

(1)　阿部『こんな法律は要らない』（東洋経済新報社，2000年）154頁。

ていて，後で警察が鍵を開けたら，乗ってサッと逃げればいいんです。なぜそんな法律しかつくれないのかというと，永久に鍵をかけておいたら運転者が出て来ざるを得ませんね。そうすると犯人をおびき寄せることになる。憲法では自己に不利益な供述を強制されてはならない（憲法38条1項）という規定があるので，おびき寄せるということは憲法に違反をするから，一回鍵を開けなければいけないんだと内閣法制局は言うわけです。

僕はそんなことは言わない。やっぱりずっと鍵をかけておいて呼び出す。すると憲法違反じゃないかと法制局は言うんですが，別に私が違反したという必要はないんです。あるいはわが社の何某が運転したか知らないけれど，捕まったと鍵が置いてあった。だから社長であるおれが取りにきたと言えばいいんですね。それで車は持ち帰れるんです。しかし，普通は，僕が運転していましたと頭を下げる。それは憲法違反になりません。

もっと余談を言いますと，ドイツで駐車違反をして，おまわりさんに捕まって，お前だろうと言われたら，「いやいや，あの時は，ああ，そうだ。アメリカに帰ったおばさんに貸してたんだ」と弁解するのだそうですね。駐車違反は車がしたのではなくて，人間がしたものですから，アメリカに帰ったおばさんを捕まえるしかないわけね。それは不可能だ。それで違反者は車を取り戻せる。ドイツでは，この弁解が嘘なら処罰する法律ができたと聞きました。

内閣法制局は車輪止めをしたら，24時間で鍵を開けなさいというけれど，こんな頭の堅い役人がやったんじゃダメだと。誰が運転していたかはわからない。僕は，ずっと鍵をかけておけばいい，そうすると，運転者か社長かはわからないが，誰か引き取りに来るから，金を取るようにすればよいと思う（今は，それは放置違反金という，刑罰ではなく，行政制裁として，可能となった。道交法51条の4）。

この大学で学内駐車違反ってあんまりないでしょうかね？　神戸大学では，学内駐車が最近増えてきたんですね。しかし，取り締まってない。東大は派手にひどかった。それで車輪止めをしたら，違反がなくなっちゃった。京都大学は何もしていない。それで学内は不法駐車でいっぱいです。

どうしたらいいか。阿部説では，車輪止めの他は，お金を取ることですね。学内に入ってくる車から，1回1000円とかとってしまえば，適量にコントロールできるわけ。それでもたくさん入ってくるなら2000円にすればいい。これは僕の総論のほうだと経済的手法というわけですね。お金で人間をコントロールしていく。大学の管理権に基づいて，車の入場料を取ることは法的に可能であると考えています。

しかし，神戸大学の管理者はまた頭が堅いもので，わざわざガードマンを雇って，車のチェックをしていますが，金を取っていない。要するに税金をムダに使うことになる。その分，図書費が減ってるんですね。とにかく，頭が堅いという一例を紹介してみました[2]。

3　地域ごとの工夫が必要 ～一村一条例運動のすすめ～

今，地域が表に出て工夫できる時代になった。2000年の地方分権改革で，中央省庁から地方自治体への指令である，通達が廃止になって，さらに，機関委任事務と言って，中央省庁が自治体の長に下請けのように仕事をやらせるしくみも廃止され，自治体の長との間の上下の関係がなくなりました。つまり，法律の下で中央官庁と自治体は対等になったんですね。これまでは法律の意味するところは何かという点については，中央省庁が解釈してきた。そして，自治体はその解釈に従わなければいけないと思ってきたけれど，今は法律の解釈についても中央省庁と自治体の間は対等で，最終的には裁判所が決めるということになったわけです。だから国土交通省が都市計画法の解釈はこうだと言ってきたって，わが自治体は違う解釈をしてもいいんです。最終的には裁判所が決めてくれる。そうすると自治体のほうも一生懸命勉強して，中央官庁の解釈と違うもののほうが，わがまちにとってふさわしいと思ったら，それを一生懸命理論構成をして頑張る。こういうことができる時代になったわけです。そして，そういうふうにちゃんとした解釈ができれば，今度は新しい政策が作りやすくなるんですね。

今までは中央官庁が法律を作ったら，次は，自治体についてもこういう条例を作りなさいというモデル条例というのを出していたんですね。自治体はだいたい右倣えしちゃっていた。

今は，全国の自治体，みんな，それぞれ一つ新しい政策条例を作ってほしいと言っています。大分県で一村一品運動というのがありますね。シイタケを作るとかね。それで3200以上（平成の合併前）の自治体が独自工夫で一つずつ新しい政策条例を作ってくれたら，非常に良い条例ができて，日本じゅう，すっ

---

(2)　駐車違反対策については本書第2部第1章に詳しい。

かり変わっちゃうんですね。そういう時代なんです。

4　費用対効果分析の視点

それで政策法学の視点と言っても，まあ法律学ですから，法律としてきちんとしたルールを作るという話であって，具体的には後で言いますが，さらに行政の政策立案ということになると，公共性があるか，あるいは代替案との比較検討をしているか，あるいは費用対効果（便益）の分析をちゃんとやっているかといったいろんな必要な議論があります。費用対便益の分析というのは，役所は全然やっていないんですね(3)。ムダなことばかりやってるわけね。さっきのわが大学のガードマンもそうですけれどもね。学内の電話代ね，あれはできるだけ安いほうに接続しようという発想が神戸大の職員にはないんですね。皆さんはわが家ではできるだけ安いのを使おうと思ってるでしょう。ところが，大学の外線電話について，それをやってない（当時の話である）というわけ。自分の金じゃないから。この大学ではやってますか？　あるいは愛媛県庁の職員の方，松山市役所の職員の方，おられますか？　これはちゃんと一番安い電話に接続するようにしていますか。

それで住民票の発行原価って，いくらかご存じですか？　住民票の発行手数料は神戸では300円。元はいくらかかると思う？　みんな，あれは安いほうがいいと思う人，多いでしょう？　役人の給料を入れて計算すると，1通，尼崎では3000円，4000円というのが多いんだけど。こういうと普通びっくりするでしょう。ある支所のところでは，1通1万1000円だって。つまりちゃんと分析するとムダなことが減るはずなんですね。それを今は分析しない。知らんふりしている。分析してくだらないことをやめようとか，変えようというふうにしていくべきですね(4)。

皆さんをそそのかすようですが，単車に乗っている人いるでしょう？　単車については，排気量に応じて軽自動車税が年に1000円かかるんですが，ちゃんと払ってる？　あれ，払わなかったらどうなると思う？　捕まる？　ちゃんと捕まえに来る？　いや，実はね，普通の4輪車だったら，自動車税を払わなかったら車検にひっかかっちゃうわけ。車検を通さないで走ってる車は，日本

(3)　阿部「政策策定・法制度の設計・運用における費用対効果分析，リスク・マネジメントの必要性」自治研究91巻11号，12号（2015年）。

(4)　阿部『政策法学講座』（第一法規，2003年）61頁，234頁。

ではめったにないから，みんな払ってくれるわけ。ところが単車の場合（250CC未満），車検がないから，軽自動車税は払わなくてもすむのですね。だから最初にナンバーをもらう時だけ払って，あとは知らぬ存ぜぬで通せるんですね。それを役所は税金だからちゃんと払ってくれと催促だけしているわけ。催促をたくさん出しているが，いくら取れているのか分からない。結局は５年で不納欠損にする。僕は費用対効果が悪いんじゃないか，年に1000円取るために，いったいいくら経費をかけてるんだ，こういう計算をちゃんとしてほしいと言ってるんだけど，全然計算してくれないんですね。おそらく赤字じゃないかなという気がして。それは税金を本当に強制的に取れるような仕組みにしていないからですね(5)。だから税金を制度化する以上は，黙って払ってもらえる仕組みを作らなければいけないんですね。これも費用対効果の分析の一つですけれども。

◈ Ⅱ　まちづくりと政策法学

１　まちづくりとは ～ソフトなまちづくりとハードなまちづくり～

まちづくり学ですから，肝心のまちづくりの話をしましょう。まちづくりと言っても，非常に広いんですね。そしてソフトとハードをちょっと分けてみましたが，まちづくりの意思決定の仕方なんていうのも，まちづくりなんですね。有名な北海道のニセコ町はまちづくり基本条例というのを作って，住民参加とか，情報公開とか，行政手続とかきちんと決めたんですね。こういうのも一つのまちづくりですね。

あるいは福祉はまちづくりの一つですね。秋田県の鷹巣町(6)を例に挙げるのですが，日本の福祉は非常にひどいもので，認知症になったら特別養護老人ホームになかなか入れてもらえない。わが家で待ってなきゃいけない。そして仮に順番が来ても，今度はベッドにしばりつけられるというので，「生きている間に地獄あり」と言われる状況ですね。それで寝たきり老人なんて言われているけれども，あれは実は「寝かせきり」なんですね。欧米では寝たきり老人という言葉はない。実際に寝たきりになっている人はいるかもしれないけれども，日本ではわざと寝かせきりにして，わざとしばって，わざと睡眠薬を飲ま

---

(5)　阿部『政策法学講座』142頁。
(6)　阿部『やわらか頭の法戦略』（第一法規，2006年）145頁以下。

せているという例がたくさんあるわけですね。そんな非人間的なことは良くないということで，鷹巣町は条例を作って，身体の拘束－抑制とも言っていますけれども－をしないというふうにしたんですね。それで福祉施設を説得しているわけですね。これも一つのまちづくりですよね。

それからハード面の物理的なまちづくりでも，民間業者にやらせるものと，役所自身がやるものがありますね。法律の制度として，都市計画法や建築基準法もあるし，条例もある。松山市のホームページを見ましたら，総合計画を作るというので，今，皆さんから意見を求めていますね。そういうのもまちづくりですね。

自治体の法律上の権限が非常に不備だった。それがまちづくりがうまくいかない大きな理由と考えられるのです。ところが今，地方自治が進展して，自治体にある程度，土地利用規制権限があるようになってきたから，なんとか自治体の工夫である程度対応できるようになった。それで，これからはいろいろ工夫を考えてみましょう。

2　まちづくりの法的権限の不備と財産権の偏重

皆さん，ヨーロッパに行ったら，まち並みが非常に整っていると感心するでしょう。あこがれのパリはそうですね。僕が最初に留学したのはハンブルグでしたが，まちは非常にきれいにできていました。最近行ってみても，30何年経っても変わらない。ところが，日本のまち並みはもうムチャクチャ。僕は，毎年こちらの（愛媛）県の職員研修所に来て，道後温泉の脇に泊まるんです。この間，散歩したら，せっかくの由緒ある道後温泉のそばに，大人のオモチャなんていう店も堂々とたくさん出ていましたし，町があまりきれいにできていませんね。建物もメチャクチャ，細い街路がグニャグニャというふうになっていますね。

なぜかというと，わが国では，法律的には土地所有権は絶対に近いものとされていることが挙げられます。もちろん制限はするけれど，あまり厳しく制限してはいけない。そして開発が重要だという，そういう大原則で始まっているからですね。そうではなくて，土地の利用というのは，役所が住民参加で計画して決めるんだ。それに従わなければ使えないというふうにすれば，こんなことにならないわけです。ヨーロッパでは，むしろ「計画なければ開発なし(7)」なんですね。日本でもそうしたいけれども，なかなかならない。ただ，だんだん規制が厳しくなってきて，特にバブルの時に土地基本法ができて，土地の利用を少しコントロールしようということになりました。しかし，いつの間にかまたそういった動きも消えちゃった。ただ最近，法改正されて，都市計画の権限が自治体の権限に一応なりました。それで自治体が工夫できるようになったということですね。

憲法で習ったかと思うけれど，土地の利用を規制するのは，国の法律なのか，条例でもできるのかという問題があったんですね。憲法29条第2項では，財産権の内容は法律で定めると書いてある。条例でとは書いていない。だから条例では土地利用を規制できないんだ，なんていう議論がありました。さらに，地方自治法には，土地利用の規制は法律の定めるところにより行うという旨の条文もあった（かつての2条3号18号）ので，はたして条例で規制を行うことができるかどうかということがひっかかっていたわけです。自治体としては，条例で土地利用の規制ができないのならとして，行政指導と称してやったんですね。行政指導と条例との区別がつかない人が多いけど，条例だと強制力がある。行政指導だと，言葉通り指導だから，イヤだったら強制できないはずなんだけれど，従わない人がいたら困るから，自治体は強引に従わせなければならないということで，指導といいながら従わなかったら水道を止めるとか，建築確認をストップするとか，いろいろ強引なことをよくやっていました。いわば江戸の仇を長崎で討つというようなことをやったわけですね。日本は法治国家ですから，法律のルールに基づかないで強制する，役所の言うことを聞かなかったら水道を止めるなんていうのは違法であるというので，裁判で役所は負けちゃうわけですね。それで，そういう行政指導もやりにくくなる。法律でも行政手続法（32条）において，そういう行政指導は強制してはならない，任意的なものであると，明示されたわけですね。強制したかったら，ちゃんと条例を作らなければいけないことになったわけです。

旧建設省は，自治体ごときにいろいろやらせたら全国バラバラ，メチャクチャなことになる，だからおれがちゃんと決めてやるんだ，条例ではやらせないと言い張っていました。それに，財産権は大事だから，あまり規制してはいけないとしていました。しかし，自治体では規制する必要が現実にはあるので，行政指導で業者を強引に従わせようとして，非常に混乱していたわけですね。

(7)　阿部『環境法総論と自然・海浜環境』（信山社，2017年）172頁以下。

そこで，むしろ自治体に，ちゃんとした土地利用規制権限を与えて，そこできちんとした規制をさせたほうがいいんですね。それが行き過ぎたら裁判で争うというのが法治国家のルールですね。今そういう流れになってきたわけです。それで憲法の解釈でも，財産権の内容は，法律で定めると書いてあるけれど，それは日本全国共通の財産権の話で，ここのまちで大人のオモチャなんていう看板を出すなというのは，別に財産権の内容を決めたんじゃないんだ，それは地域ごとに決めていくものなんだというので，そういう規制をしても憲法に違反しないという解釈をするのが一般的になったし，地方自治法も改正されて，土地利用の規制は，法律の定めるところによりという規定がなくなったんですね。それで自治体では，条例で土地の利用の仕方を決めることができるというのが，今の普通の解釈ですね。ただ，もちろん法律に違反しちゃいけません。それでは，条例で具体的にどのように規定すればよいのか。こういう議論をすることになりました。

だから行政指導というのは，滅びていくべきものなんですね。行政指導は，日本的な行政スタイルの一つとして盛んに用いられていたし，それには理由があるんだとよく言われてきたけれど，少なくともまちづくりなどでは，行政指導なんていい加減なことをやるんじゃなくて，条例できちんとやるべきだと私は思っています。

3　まちづくりをめぐるいくつかの事例

(1)　マンション紛争

最初にマンション紛争を例に挙げます。こちらでは，住宅街に新しくマンションができると住民が日照権を侵害されるとか言って，揉めているケースはありませんか？　我々の住んでいる地域ではよくあるんですね。京都なんか特にそうでね。伝統的なまち並みの中に，一つポーンとマンションが建っちゃう。あるいは東京都の一橋大学のある国立市の駅前では，きれいな街だったのに，一つだけでかいビルができるというので，大反対ですね。

反対運動の起こっているところは，建築基準法でマンションが作れるが，実際上は一戸建てが多い地域になっているところですね。住民の多くは，この辺は一戸建て地域だ，マンションなんか造られちゃたまらないし，造れないだろうと思っていたわけです。だけどその土地を買う業者は，ここはマンションを造れる地域だということで買うわけですね。それでお互いの認識が違うからもめるわけです。

その時に，話合いはまとまらない。住民のほうは一戸建て地域だからマンションは建てるなという。業者のほうはマンションを造るつもりで買ったので，今さら一戸建てを分譲するのでは，とても割に合わないとなるわけですね。それで役所は住民側に立って，マンション建設を抑えにかかることがけっこう多かったんですね。だけどおさえる方法がない。法律も条例もなかったら，これ以上おさえられないから行政指導と称して，言うことを聞いてもらえなかったら水道を止めるとか建築確認を止めるとか，強制的な措置をとったわけです。国立市では，大あわてで地区計画条例を作って，高さ制限20 mにしたんですね。だけど，業者がマンションを建てようとして，土を掘りはじめたところ（いわゆる根切り工事）で条例を施行したんですね。この場合は，条例の施行と建設工事の着手とどっちが先かということで勝負が決まる。先手必勝なんですね。工事の着手とは，業者が土を掘りはじめたことか，それとも杭を打ったことか，どっちが基準なんだということが，裁判所でさんざんもめて。だけど結局，土を掘りはじめたところを工事着手の基準とするというので，その後に条例が施行されてももう遅いとなりました。しかし，その後，東京地裁平成14年12月18日判決は景観権の侵害を理由にマンションの取り壊しを命じました。

僕は，こんな問題は，あらかじめルールをきちんと作るしかないんだと思っています。だからこれ，住民と業者の対立と言っているけれど，実は住民同士の対立なんですね。つまり，地域の中の住民の中には，一戸建てがいいと思っている人と，いやマンション用に売りたいという人がいるわけですね。マンション用に売る人がいなかったら，こんな問題は起きないんだから。すると皆，隣にマンションが建つのはイヤだが，自分はマンション用に売りたい，それも高く，こう思っているんですね。この利害の調整だから，事前にやったほうがいいのです。僕の意見では，この地域で住民が話し合って，多数が一戸建てがいいと言ったら，もうマンションは建てられない地域にしちゃう。多数がマンションがいいと言ったら，日陰になるのがイヤだという人がいたって，高層住宅が建つ地域にしちゃう。そういうふうにルールを変えたほうがいいんじゃないか，それをあらかじめ明示すればいいんだと思っているわけです。

この国立マンション事件は，その後，東京高裁平成16年10月27日判決で，景観権に基づく取壊し請求は棄却され，最高裁平成18年3月30日（民集60巻3号948頁）もそれを認めました。これについては私の意見書(8)が大きく役立ったと思っています。

(2)　ミニ開発禁止は都市計画で

それでちょっと違う話，ミニ開発防止について。

阪神淡路大震災（1995年）の後，神戸の長田区で狭い敷地がたくさんあったのが分かったんですね。狭い敷地と言ったって，みなさんいくらだと思う？30と言ったら，30坪だと思う？　30平方メートルなんですね。30坪の3分の1以下だからね。なんでそんなに狭くなったかというと，元々長屋だったんですね。そして，長屋を壊したとき，みんな，それぞれ一戸建てを建てたわけです。だから狭くなっちゃって，家がびっしり張りついているわけですね。環境が悪い，こんなにしては困るということになる。それなら，敷地の再分割を禁止することが必要なわけです。たとえば150平方メートル未満には分割してはならないということです。

建築協定（建基法69条）を結べば，わがまちでは150平方メートル以上にしましょうといった合意をすることができ，その後の承継人に効力を及ぼすことが法律上は可能です。ただ，普通やっているのは，ニュータウンを作った時だけでした。あとは細かくいうと，開発許可がある場合（都計法33条1項2号ニ），地区計画条例で定めた場合（建基法68条の2）がありますが，普通はやっていませんでした。

建築基準法に最低敷地面積の規定が導入されましたが，従前は低層住居専用地域に限られていました。その頃，多くの自治体では行政指導で規制していました。平成14年建基法改正（建基法53条の2）で，それが全ての用途地域に拡充され，多くの市で，ミニ開発禁止を導入するようになりました。

ただし，新規に分割することが禁止されるだけで，既存のものは許容されます。

(3)　住宅地内の廃車置場，資材置場の規制

ちょっと話を変えて，今，実は愛知県の三好町（現三好市）で，まちづくり相談員というのに任命してもらって，相談に応じているんです。町の中にポンコツ車がいっぱい置いてある。これはなんとかならないか。ところが，今の建築基準法も都市計画法も，これを規制するような規定はない。どうしたらいいだろうと。

---

(8)　阿部『行政法の解釈(3)』（信山社，2017年）3頁以下。

その後，みよし市まちづくり土地利用条例（平成15年）としてまとまっています。土地の利用目的を廃自動車等保管場所用地，廃棄物処理施設用地その他規則で定める土地の利用目的に変更する行為及び農地を農地以外のものにする行為を開発事業として定義し，そのうち，一定面積以上のものを特定開発行為として定義し，それについて要する許認可などの申請前に，市長との協議，住民への公聴会，まちづくり基本計画に適合しない場合には助言，勧告，さらには中止命令の権力的手段を用意しています。

神奈川県の秦野市のまちづくり条例（平成11年）では，都市計画法4条第12項に定める開発行為，建築基準法第2条第13号に定める建築行為その他規則で定める行為を環境創出行為として定義し，それをしようとする業者は市に協議せよ，協議がまとまって，事前協議確認通知書が交付されるまで着手してはならないと決めています。協議の基準は，「本市が実施する施策との調和を図るため，事業者に対し，必要な助言又は指導を行うことができる。」市長は，協議を行うに当たっては，市の定めた基本理念に基づき，事業者に適切な負担を求めることができる，というのです。条例32条，33条により規則27条以下で基準を定めています。

ただ，この種の条例は，茫漠としていて，法治行政の観点からやや疑問があります。市と相談してくれ，市の施策との調和というだけで，市がうんと言わなければ実際上何もさせませんよということになりかねない。きちんとした合理的なリールを定めることが肝心です。

また，神戸市では，人と自然との共生ゾーンの指定に関する条例（1996年）というのがあります。共生というのは共に生きるということで，私は全然意味が分からないんですが，街の中じゃなくて田舎の市街化調整区域に資材置場などがたくさんできたために，前から住んでいる農家とかから見たらけしからん，抑えようというので，資材置場などを作らせないという趣旨のようです。届出させて，勧告，命令，公表という手段を規定しています。

理由は，この辺の景観を害するということですが，そういった場合，ちょっと気になるのは市街化調整区域内で宅地の形をしている土地ですね。ご存じですか？　僕がいつも挙げる事例では，新聞のオリコミ広告の中で，山を切り開いた段々畑のような宅地状の土地が格安分譲と書いてあって，さらに都市計画区域と書いてあるんですね。そして，その土地のすぐ向こうには家があって，チラシには，「今にも家が建ちそうな雰囲気」と書いてあります。それでマイホームにふさわしいと買う人がでます。しかし，しっかり読めば，家は建ちそうな雰囲気だけで，法的には建たなくて，下のほうに小さく資材置場に最適と書いてあるんですね。都市計画法では，都市計画区域というのは家を建ててよいという地域ではなくて，都市計画でコントロールする地域で，調整区域というのは建ててはいけないのが原則のところですから，宅地の形になっていても，資材置場にしか使えないんですね。

かつて，分譲地が「駅から10分」と書いてあったのに，遠い。どういうことかというと，10ふんと読むのではなく，じゅうぶんと読むのだと，業者に居直られたことがありました。

買う人は，半分騙されて，いずれ宅地に使えるんじゃないか，値段が上がるんじゃないかと期待する。買ってしまったら，しょうがないから資材置場に使うわけですね。

この資材置場にしか使えない土地を資材置場に使ってはいけない（規定の上では届出制ですが）という条例を作るのは，僕はやりすぎじゃないかと思っています。これから資材置場に使うような土地を作るなというのは分かるんだけれど，既に宅地の形をしていたら使い道がないわけですから，資材置場に使うなというのは，財産権を殺すのと一緒で，やりすぎだなと思うのです。

むしろ，買主が騙されないような消費者保護施策が必要ですね。宅地にできないのに宅地用に造成することを禁止するか，消費者には，家が建ちそうな雰囲気といった，誤解を招く曖昧な表現は禁止するとか，宅地に使えないということがもっとわかるように，資材置き場に最適という字は大きく正面から書けと決めるべきですね。

(4)　マンションに対する車庫の設置義務付けは筋違い

それから，マンションの車庫の設置義務付けは筋違いと書きました。デパートに行くと駐車場があるでしょう。あれは駐車場法という法律で駐車場を作れと義務付けているのですね。では，マンションの駐車場はどうかというと，マンションに駐車場を造れと義務付ける法律はないのですね。しかし，マンションには駐車場が何%要るとされています。それはなぜか。行政指導によるのです(9)。

僕の考えでは，あれは本来ならマンションを建設する業者が勝手に決めれば

(9)　阿部『行政の法システム上「新版」』260頁。

良いことですね。駐車場のないマンションはどうなるかというと，そんなマンションを買わないか，駐車場をよそから借りてくればいいわけです。ところが，実際上はよそで借りないで路上駐車するのが非常に多いため，自治体がマンションを作る業者に対して，駐車場をいくら造れという義務付けをしているのですね。それで路上駐車がなくなるならよいのではないかと思っている人が多いのですが，僕は，あれはお門違いだと思っているのです。

なぜかと言うと，駐車場は，なにもわが建物に作る必要はないのですね。よそを借りたって，路上駐車をしなきゃいいわけですから。よそを借りないで路上駐車するからというのであれば，それを取り締まるのが筋です。近くの駐車場が満員だからなんて反論がありますが，それなら駐車料金は上がるから，普通ならその辺の空き地が駐車場に変わる。適当に需給バランスが取れます。

それに，役人は，このマンションには車庫何台が必要だ等という予測ができるわけはありません。よくやっている例が，マンションの戸数の5割の駐車場を造れというものですが，5割が適正か，3割か100%かというのは，マンションの地の利によっても入居者階層によっても違います。やってみなきゃわからないのです。なぜなら，月3万円なら高いから車は要らないという人が多い。老人マンションだったり，都心の駅近なら要らない人が多い。若者だったら一家に2台は欲しいということもあるでしょう。そんなもの役人にわかる訳がない。したがって，役人が駐車場をいくら付置せよと義務付けるのは筋違いです。これは業者の責任で判断すればよい。マンションを買ったり借りたりする人は，駐車場の必要性，その賃料，近隣の民間駐車場，違法駐車取締りのリスクを考えて判断すればよい。マンション業者が，入居者から車庫が足りないと苦情を言われたら，近隣に車庫を確保すれば良いのです。

(5)　景観条例に許可制の導入を

それから景観条例に許可制を導入せよと書きました。日本のまち並みというのは先にも言ったようにメチャクチャひどい。これを規制している制度も美観地区とか風致地区とか，法律上は少しはあるんです。自治体は景観条例を作っているんですが，それは，ただ指導しているだけです。イヤだと言われたらそれまでですね。なぜかというと，景観というのは非常に主観的なものだから，許可制にはなじみにくいんじゃないかというのと，財産権は大事だから，たかが景観ぐらいで財産権を制限すべきではないという発想ですね。だけどそんなことを言っている国は，先進国でどれだけあるでしょうか。まち並みがきちんと整っているということに価値観を見いだす人が増えてくれば，メチャクチャな土地利用をするということが，そんなに重要なものなのか，許されるのか。こういう議論になってきて，むしろ財産権を規制していってもいいのではないかということになってきます。僕は景観という観点からでも許可制にして，景観上著しく不適当なものは不許可にすることも許されるのではないかと思っています。もちろんそれは少々のことではダメで，著しく景観を害するようなものに限るということですけれども。

『追記』その後，平成16年（2003年）に景観法が制定され[10]，16条以下で，デザインや色，高さなどを規制でき，その62条以下で，建築物の形態意匠の制限を行うことができるようになりました。

(6)　屋外広告物条例の強化

それから屋外広告物条例についてです。神戸市のホームページを見たら，市民が，電柱にビラがいっぱい張りつけられて目に余る，なんとかなりませんかと，質問をしたら，神戸市では一生懸命やっています，指導をしています，というだけですね。指導をしているだけで，成果はどうですかと聞きたいところですね。成果が上がらないんだったら，給料を貰うなと言いたいところです。ただあまり言えないのは，僕らも学生をしっかり教育しているのか。成果が上がっているかどうかわかってないんですね。我々は，本来は学生という原料を仕入れて，付加価値つけて製品として売り出す製造業者のはずなのですが，本当に付加価値がついたのか，付加価値が下がったのかわからない（なかには大学入学時が学力最高という学生もいます）という感じもしています。余計なことを言うとキリがないですけれども，うっかりすると自分にはねかえるのですが。

でも，屋外広告物をしっかりと取り締まるため役所が指導していますなんていうのではしょうがない。日本の役所って，何かと指導，指導ですね。指導した結果，成果は上がらなくてもいい。おかしいですよね。

それで，どうしたらいいか。たとえば違反があったら，これを取り除くべきですが，普通は違反に対して命令を出して，従わなかったら，役所が代わりに取り除いて，かかった費用を違反者からとるということになっています。しかし，この行政代執行制度は手間ヒマがかかりすぎですね。勝手に役所がこれを壊してきてはいけないという原則になっている。ただし貼り紙ぐらいだったら

(10)　阿部『やわらか頭の法戦略』94頁。

取ってもいいことになっています。ところがこの頃は，直ちに取ってしまうことができないものがいっぱい出てきています。不動産広告のぼり旗とかね，あるいはコンクリート台につけられた立て看板。物によっては，金属製の素材に直接印刷しているのがあるのですね。それについては，役所がいちいち命令を出して，相手が従わないとなって初めて持って来てもよいということになっているわけです。これではめちゃヒマがかかって機能しない。それでその違反物件を勝手に役所が持ってきていいじゃないかと，こういう議論があります。しかし，それは法律では許していないのですね。大阪市では，今度そのような措置を始めたんですが，市にそんな権限があるのか。非常に細かい議論をすると，これは行政強制ではないか。行政強制というのは法律でしかできないんだという議論がなされます。しかし，僕の意見では，これは普通の行政強制で家を一戸壊しちゃうなんていうのではなくて，非常に簡単なものだから，簡易な代執行というもので，財産権を著しく制限するのではないから，条例ごときでもできると考えるべきではないかと(11)。

それでも大阪市の条例，せっかくそういうふうに役所が勝手に取ってきてもいいと決めたけれど，それは，掲示期間が過ぎて放置されていることが明らかなもの，なんて書いてあるんですね。これだと業者は違法な広告をたくさん出して，広告が役立つ間は持って帰らなくて，もう要らなくなったら，役所に持って行ってもらえば済む。要するに，役所に片づけてもらうことになる。これでは意味がないので，広告に意味がある間に持っていくと決めなければいけないんですね。

それからあと，広告が違法という時に，誰が責を負うかというと，広告主じゃないんですね。コカコーラって大きい看板が，仮に違法だったとしても，コカコーラは責を負うようになっていないんですね。誰が張ったんだということになるわけね。本来，コカコーラから金を取ってしまえば，簡単だよね。そういう制度を作れという議論をしています。

それからあとは，ピンクチラシ。公衆電話のボックスのところにたくさん張っていますね。あれを勝手に破ってよいかということになって，今まで普通の議論では，あれだって財産権だと。人の財産を勝手に壊してはいけないということになるのですが，宮城県で強引にピンクチラシは何人も除去してよろし

(11)　阿部『行政の法システム下［新版］』439頁。『行政法解釈学Ⅰ』592頁。

いと，こう決めたんですね。そんなことをやっても同じであるような気もするけれど，理屈は，あんなものは財産として尊重するに値しないという説明で，強引にやっちゃえば，あとで裁判になることはめったにないだろうからという感じはするけれども。今までの理屈だと，ちょっとなあというのを，強引にやっていますね(12)。

(7)　合併処理浄化槽の推進

それから下水道の話で，下水道が来ていないために川が汚れている地域がたくさんありますね。こちらの県も下水道普及率はそんなに高くないので，住宅がどんどん増えている地域では，川が汚れているところがけっこうありますね。各地の観光地に行くと川が汚いところが多いですね。あれは自殺行為じゃないかと思うけれど，旅館から出て来る排水のせいなんですね。それなら，旅館の排水を浄化したらいいじゃないか。皆さん，下水道が来るまではしょうがないなんて言ってますが，そうではなく，合併処理浄化槽の設置を義務付ければよいのです。

それは，トイレの水だけじゃなくて，風呂・洗濯と台所の水を一緒に処理するシステムで，バクテリアがおいしいと汚濁物質を食うらしいのですね。したがって，合併処理浄化槽を付けさせると，風呂や洗濯や台所の汚水が川に行きませんから，川は非常にきれいになるんですね。

僕は十数年前から，家を新しく作る時は，全部合併処理浄化槽の設置を義務付けなさいという提案をしていたわけです。合併処理浄化槽は，5人槽なら，あの当時は60～70万円で，単独処理浄化槽は30万円ぐらいでしたから，家を一軒作る時に30万円かそこらを余分に負担するというだけで，もしちょっと補助金をやれば，負担はもっと軽くなるんだし，義務付ければいいんです。そうすれば，新しい汚染は出て来ないから，これまでのものを抑えておけばいいわけです。そして，日本は，家は30年ぐらいたつと，だいたい入れ替わるから，30年もたてば川はきれいになると主張していたわけです。

ところが，頭の固い内閣法制局が，財産権の行使を制限したらまずいですというので，合併処理浄化槽の設置は義務づけてなかったのです。それでどんどん家が建って，どんどん川を汚していって，それで東京の水が臭いとかいうことになっているのです。いつもぼやいてるんだけれども，旧環境庁と旧厚生省

(12)　阿部『やわらか頭の法戦略』61頁以下，85頁以下。

の審議会で，僕がそういうことを主張したために，審議会から放り出されて，御用学者になりたくてもなれなくなっちゃったんですね。

これは僕の持論だったものですが，旧厚生省は補助金を導入しているので，義務づけはやりたくなかったんですね。審議会で，あの議論をしてくれるなと前の晩，電話がかかってきたんですね。それで僕もしばらく黙っていたんだけれど，他の委員が言いだしたものだから，ついつい僕も尻馬に乗って言っちゃったんですね。それで立入り禁止処分を受けたっていう感じで。

ところがその時，私の同業者の某先生が，前の晩，役所から洗脳されたものだから，阿部説はまだ時期尚早ですなんて言うわけですね。その先生は，おかげで役所の中で偉くなったんですね。しかし，その先生は時期尚早ですなんて言って，時期を遅らせちゃったんじゃないかというのが僕の不満なんですね。

10年たってようやくというか，去年，浄化槽と言えば合併処理浄化槽に限る，トイレだけきれいにする浄化槽というのは廃止という法律改正が行われました。これから作るのはみんな合併処理浄化槽。だけど阿部説を実現するのに10年かかった。この間，汚れが進んだ。10年前にやってくれたら，ずっと川はきれいになったはずだと。私としては，非常に不満なんですね。とにかく抵抗勢力が多すぎるんですよね(13)。

浄化槽は，まだまだ問題があるんですね。合併処理浄化槽を作る時は，家の大きさに応じて大きいものを作りなさいとなっているんですね。新築する時は，家の大きさに応じて大きいものを作るのはわかります。しかし，中古住宅が問題なんです。

僕の福島の田舎の家（家屋）の面積は，たぶん300（1.2階合わせて600）平方メートル以上あります。昔十数人住んでいたんだから。ところが今，うちの兄貴夫婦つまりはじいちゃん，ばあちゃんの2人しかいないんですね。だけど家が大きいから，でっかい浄化槽を作りなさいと言われるわけです。そうしたらお金がかかってかなわないから，つけたくないわけです。じいちゃん，ばあちゃんだけなんだから，小さい5人槽でよいならつけるわけです。そうしたら川がきれいになるわけです。これに対して，役所は，いつなんどき孫が来るかも知れない，だから大きい浄化槽が要るんだと言うけれど，費用対効果を考えず例外ばかり言い立てるから，浄化槽をつけないので，かえって，川を汚し

(13)　阿部『廃棄物法制の研究』485～491頁。

ちゃってるわけです。ほんとに頭が固い。だから中古住宅については，浄化槽は家族数に応じて小さいものでよいと決めるべきなんですね。今，国土交通省の扱いが少し変わりましたけれども。

それから浄化槽をつける時に，保健所へ届出に行くと，周辺住民というか，下流の人の同意をとってきなさいと言われるんですね。元々は，浄化槽は汚いものを出すものだった。下流の人が黄色い物が浮いているなんて保健所へ怒鳴りこんで来るというので，保健所は怒鳴られるのがイヤだから，下流の人の同意をとってきなさいと指導していたわけですね。それも，行政指導で，法律に規定はないのだから，強制できないもので，おれはこれを設置すると言ったらそれまでだったのですが，日本の人は役所が言うとしょうがないなと，隣の人の同意をもらいに行くわけですね。そうするとそちらは，同意のハンコを押すのならハンコ代をちょうだいって言うわけ。金かかるわけですね。単独処理浄化槽の古いヤツだと，汚いのが出るかもしれないから，ちょっと理屈はあったけど，今の合併処理浄化槽というのは，台所，風呂，選択の汚水まできれいにしちゃうわけですね。浄化槽をつけなかったらくみ取りにして，川を汚しているんですから，浄化槽をつけたら，かえって川をきれいにしちゃうわけです。それでなぜ金を出せと言えるのか。水利組合あたりが儲けているのですが，これは違法というべきです。

これも，この時までは，旧厚生省から頼まれて，調査研究レポートを書きました。それで僕の意見に基づいて，浄化槽を設置する時に同意書をとるなという通達を出してもらったんです[14]（昭和63年）。ところがその後も，現場ではずっと同じ事をやってるんですね。農民の反対によるわけです。政治力学では違法行為でもそのまま放っておけとなりました。これでは，およそ法治行政じゃない。法を放置している国家になっているわけですね。

同意書をとってこいという行政をやめれば，浄化槽を作るお金，経費が安くなるでしょう。そうするともっと普及する。そうするともっと早く川もきれいになるし，皆の生活も楽になります。僕の言うことは空理空論なんて言われるけれど，ひとつもそうじゃない。10年もたったら，かなり実現しています[15]。

---

(14)　阿部「浄化槽の放流同意の研究」月刊浄化槽1988年10月号，同内容，自治研究64巻12号3～16頁，65巻1号3～17頁，65巻2号3～12頁，65巻3号22～40頁（1989～1989年）。

(15)　阿部『行政法の解釈（3）』299頁以下。

話は飛びますけれども，嫌煙権も，詳しく書いた最初の一人です。ジュリスト1980年の9月15日，10月1日号（724，725号）に連載しました。当時，嫌煙権は，変わり者が言っている，タバコの何が悪い，こんなことを言うアメリカかぶれは，日本国から追い出せとかよく言われていたわけね。だけど定着したでしょう。先を見すぎたんだと。阿部先生は10年早く生まれてきすぎた，なんてよく言われていますけれども，そうではない。ぼくが主張しなければ10年遅く生まれても同じだった。僕は正しいほうを言っていると思って，自説を曲げないで言ってきて，だいたい捨てられていますけれど，捨てる神あれば拾う神ありということで，あちこちで拾って貰っています。僕が時代をつくったのです。

(8)　放置自転車対策

皆さん，自転車を放置したことはありませんか。こういうことを言うと笑われるけれど，実は僕は放置自転車対策という論文をだいぶ書いていて(16)，神戸市の条例作りも手伝ったことがあったのですが，実は自分も違反したことがあったんですね。持って行かれちゃった。というので，あんまり自慢になることは言えないんですが。

では，なぜ，自転車をみんな放置して，持って行かれても，性懲りもなくいっぱい放置しているのでしょうか。2000年度では撤去された自転車は260万台。うち111万台が廃棄処分されているそうです。粗大ゴミですね。なぜかというと，それはさっきの駐車違反と一緒で，今日はたぶん大丈夫だろうというので置いちゃうわけだね。だって，僕も置いたのは，駐車場に置けば一電車遅れると。もうちょっと駅近くまで乗って行けば地下鉄に間に合うから，大丈夫だろうと期待して，放置したら持って行かれちゃったんですね。では，そういうことがないようにするにはどうしたらいいかというと，それはさっきも申し上げたように，全部捕まえちゃうことですね。全部捕まえるのにどうしたらいいか。今は遠くに持って行くから，全部捕まえられないんですね。さっきの車輪止めをやればよい。置いてある自転車を全部脇にどかして，人が通れるようにして，ぐるっと縄をかけて鍵かけちゃってと。それで開けて欲しいという

(16)　阿部「いわゆる自転車法の改正」自治研究70巻10号3～20頁，11号3～23頁，12号3～20頁（1994年）＝本書第2部第3章。「自転車駐車場有料化の法と政策（上・下）」自治研究63巻2号3～22頁，63巻3号3～16頁（1987年）＝本書第2部第4章

人から過料（地方自治法14条1項）として1000円いただく。弁明の手続はありますが（地方自治法255条の3），書面を用意して，迅速に済ませる（後でお話しする千代田区の路上喫煙禁止（2002年）はこのやり方です）。こうしたら違反は激減するでしょう。とりあえずその日は違反があるかもしれないけれども，100％捕まるとわかっていれば，違反はほとんどなくなる。今，神戸市が持って行くのは朝の9時半ぐらいまでなんです。だからその後だったら大丈夫ということでまた自転車が放置される。だけど阿部の言うような全部鍵かけるという作業を夕方3時ぐらいにまた始めて，5時ぐらいにまたもう一回やってみるとかできるでしょう。そうすると，いつでも捕まるかも知れない。違反はほとんどなくなるわけです[17]。

それと，自転車を捨てようというヤツは，駐輪場に置いちゃうわけですね。捨てるつもりだから。それをどうするか。これは法改正がいるんですけれど，自転車を買う時に，たとえば1万円預けるという制度を作ることですね。デポジットと言うんですけれど。手間ヒマかかるけど。そして，自転車を適法に処分したらお金を返してもらえるとなったら，処分費が1万円しなかったら，適法に処分してお金を返してもらえるでしょう。

そういうことは自転車ではなく，僕は自動車で提案したんです。放置自動車というのは大変な問題で，以前は自動車のポンコツ，売れたんですよ。ところが今は逆で，お金を払わないとポンコツ車を引き取ってもらえなくなったわけですね。これではもったいないからというので，どこかの道路の脇に置いちゃうというヤツが増えているわけですね。それで，じゃあ，捨てたヤツを捕まえればいいじゃないかということになっているのだけど，捕まえるのは，至難ですね。ナンバーを外しているでしょう。車を壊してエンジンを見れば番号がついているのですね。そうすると，最初に買ったヤツは分かるんですけれど，まず人の車を壊していいかという問題ね。一応外観がまともだったら，ナンバーがなくたって壊していいかという問題があるでしょう。それを強引に壊すか，特殊技術で窓を開けて中を見てということをやったとして，最初の所有者が分かるだけ。それで一生懸命探して，お前，なんでこんなところに捨てたというと，あれは友達にやっちゃったと言い逃れをするんですね。それで友達を探してみると，そいつもまた，友達にやっちゃったと。役所としては，そういうの

(17)　阿部『やわらか頭の法戦略』113頁以下。

を追っかけるコストがベラボウにかかるわけ。友達にやったのに登録名義を移していないのは，道路運送車両法に違反する。処罰もできるんですけれど，こんなことでいちいち警察も動いてくれないんですね。チャチな犯罪だと。手間ヒマかかるし。法律の上では違反したら処罰するという規定はたくさんあるんですけれど，機能していないのが非常に多いんですね。機能していない法律を作ってもしょうがないんですよ。おまじないと一緒ですといったら，神様に叱られるかも知れませんが。だから車を捨てたヤツを捕まえるのは非常に難しいわけです(18)。ではどうしたらいいか。

これはずっと前から提案していたのですが，やっと今年実現したんです。

それはまず車を適法に処分したという証明書を持って来ないと，自動車税を永久に取るということですね。今まではひどいんですよ，車を捨てるんだけど，登録名義を抹消すると自動車税はかからないわけね。それで捨てるんだが一時抹消と称して抹消するんですね。一時なのに限度がないんです。永久に抹消になっちゃっている。それで自動車税を払わないでいる。だから一時抹消というごまかしをなくする。適法に処分しないと税金もとられるということです。今度は自動車リサイクル法の制定と道路運送車両法の改正でできるようになるわけです。やっと阿部説が実現したと言っているんですが，自転車でそこまでやるかねえとたぶん言われる。自動車と違ってということになるんだけれど。自転車をポンポン捨てているということの対策についてやるのなら，そういうことになりますねという話をしているわけです。

この話は非常に細かくて，いったい行政法のどこに関係があるのかと，皆さんが思われるので，ちょっと説明しましょう。僕の話を聞かれる方は，なんか細かい話をいっぱい聞いたなあという程度で終わっちゃうというので，まず今の話は，行政法を担保するための刑事法の機能不全という話ですね。刑事罰を科する。これでうまくいくかというと機能しない。機能する仕組みを作らなきゃいけないということですね。

それから多くの自治体で自転車を集めてきたら，ゴミとして捨てているんですよ。神戸市なんか，まだ使えるのだったら廃棄物じゃないから保管しなきゃいけないというので，わざと錆びさせて，廃棄物にして捨てているんですね。もったいない。できるだけリサイクルすればいいじゃないか，売ればいいじゃ

（18）　阿部『政策法務からの提言』24頁。

ないかと思いますが，神戸市あたりでは，自転車業界に遠慮して売ってないんですね。要するに，リサイクルというのは，今の生産者に不利益になることですから。自治体が集めてきて保管して売るといっても，売るというインセンティブが働かない。大学と一緒でね，経費節約をすれば，その分，予算が来なくなるだけなの。自転車を売って儲けたら，それが吸い上げられるだけだから，努力する気がなくなるわけ。やっぱりそれは売って儲かるという仕組みにしなきゃいけない。僕はだから自転車を集めてきたら，どこか外郭団体に渡して外郭団体が売る。売ったら儲かるとすれば，捨てないんですよ。やっぱり人間って，基本は欲得だからね。

松山市のホームページを見たら，感心したことに，年に3回，リサイクル自転車競売会というのをやっているんだってね。神戸と違って感心だなあと思っていますけれど。

その続きで軽自動車じゃなくて原付ね。単車の類ね。これは軽自動車税がかかっているけれど，納めてないんじゃないかという話をさっきしましたが。あれもまた捨てられるんで，あれもやっぱりデポジット制度でも作らないと，捨てるヤツ対策ができないなと思っています。

(9)　空缶ポイ捨て処罰条例は張り子のトラ

その続きで，各地に空き缶ポイ捨て処罰条例というのがあるのはご存じですか。空き缶をポイ捨てすると処罰される。福岡の北野町とか和歌山市から始まって，わが神戸市にもあるんですね。空き缶をポイと捨てたら捕まって罰金何万円と取られる。本当にそうだろうか。そういう条例があったら，皆さん，捨てないようになる？　そうかな。

そんな処罰規定は機能するはずがないのですよ。だって処罰するためには，まず検察官と警察官が動いて，裁判所に持って行かなきゃいけないでしょう。検察官や警察官もヒマじゃない。たかが空き缶1個の放置を捕まえているヒマがあったら，もっと泥棒や人殺しを捕まえて欲しいと思っています。同じ警察官のマンパワーの中で何に重点配備をするかという問題なのですね。それに，犯罪とするためには証拠がいるわけですね。捨てたという証拠がいるわけです。本人が自白したぐらいしか証拠がないんですね。あとは見ていたとかね。だから否認されると大変ね。実際上は，そんなことで処罰なんてやりっこないわけ。

住民が，あんなに捨てているヤツがいる。なんで取り締まらないのかとか。あるいはイヌのフンの始末をしないという人は処罰しますなんて，こういうふうに掲示してあるのですが，処罰された人はめったにいないというので，市民からすれば一体何やってるんだということになる。もっと起訴したらどうだという苦情を申し立てると，いや，あれは処罰するのが目的ではありません。処罰されるほど悪いことだと市民に教えて，やめてもらうつもりですと，こういう説明をするんだってね。刑事罰というのを使うつもりではないんだが，刑事罰に値するほど悪いことだと市民に教育する手段ですと言う。それで市民を教育できるんでしょうかね。

そうすると，市民は，処罰されないんだと分かっちゃったら，従わないですから，僕はあれはカカシだと，あるいは張子の虎だと言ってるわけです。だから知らない人は，ああ処罰されたら大変だと従うけど，処罰されないと分かっちゃえば従わない[(19)]。

さっきの単車の税金だって，払わなくてもたぶん大丈夫かと思ったら，払わないのが増えちゃうのじゃないかな。僕がこんなことをしゃべったから，松山市の税収は減るのかも知れませんね。だけど減ったら減ったで，じゃあの税金，おかしいじゃないかと。もっときちんと取る仕組みはどうしたら作れるのかと，こう考えていただく契機になるわけですよね。従来のように漫然と督促状を送っているなんて，ムダなことをやめるだけでもいいかも知れないですね。

（10）　過料の活用を――千代田区の路上喫煙禁止条例の工夫――

千代田区は2002年に生活環境整備条例を制定して路上喫煙対策を導入しました。これも罰金5万円ありますが，やはり警察官が逮捕して，裁判所に送らないと取れないわけですね。これは手間ヒマかかる。それを千代田区の場合，何とかして裁判所に送ることなく取ろうと考えた。その際，取る方法としては，過料というのがあるんです。過ちという，過ぎるという字ですね。それと料金の料ね。この過料という制度だと，警察を使わなくて役人限りで取れる。ただし逮捕はできない。だからイヤだと逃げられると，ハイ，それまでよ，となりますが，強そうな役人がみんな大勢で取り囲んでみたとすれば，取れるかも知れません。それで千代田区では2万円以下の過料を取るということにして，とりあえず2000円から始めると言っています。弁明手続があります（前記地方自治法255条の3）ので，たぶんかなりの人が知らなかったとかなんとか頑張って，取れないかも知れません。でも本気になって取ろうと思ったら，それ

（19）　阿部『環境法総論と自然・海浜環境』13頁に詳しい。

が良いですね。過料を払ってくれなかったら，本来の罰金があるぞと警察官と一緒に来て，本来の罰金で逮捕するぞと脅かせば，じゃあ過料で勘弁してもらえるなら助かると，2000円ぐらい払ってくれるんじゃないかということですね。こういう制度にしくめばよいのですが。ただし，これも相当のマンパワーがいりますね。だから条例を作ったら，それでうまくいくわけじゃないんです。執行するのが大変なんです。そして過料は本当に動かないなら過料と罰金と一緒にすれば，きちんと動くかという制度の話です。それで千代田区ではやってみようというわけです(20)。

(11)　ラブホテル対策

おかしなことを言っているなというのを，ちょっと例を挙げてみます。ラブホテル対策ですね(21)。皆さん，ラブホテルの定義ってご存じですか。警察庁の役人が風俗営業法の改正のために，ラブホテルを見に行ったんですね。行ったら回転ベッドがあると。回転ベッドっていうのは，ホテルのラウンジみたいに回るらしいんだけれど。それから，全身が映る鏡がある。そういうものがあればラブホテルとして取り締まることにしたんですね。

この定義，どっかおかしくない？　だって回転ベッドがあったらラブホテルというのなら，ホテルオークラのVIPルームなんかに回転ベッドがあるかもしれないんですね。それでラブホテルになるのか。全身が映る鏡なんて，我が家にもありますよ。「逆は必ずしも真ならず」という論理法則のいい例ですね。自治体のラブホテル条例というのは，そういう回転ベッドがないヤツを取り締まることにしているですけれども，どうしたらよいか。ラブホテルには，食堂がなかった。そこで食堂がないのをラブホテルと定義しているんですね。その論理はおかしいでしょう。カプセルホテルにも，食堂はない。

僕は，あんなものはなんということはないと。まともな人間が10人集まって，10人のうち9人がラブホテルと判定すれば，ラブホテルでいいと思うんです。だって，ラブホテルかどうか分からなかったら，お客が困るんだものね。分かるようになっているんだから，判断に間違いないですよ。それで外観上問題があれば規制するというだけでよい。中に回転ベッドがあったって，社会に何の迷惑も及ぼさない，むしろ，憲法13条で保障する幸福追求権の行使だか

(20)　阿部『政策法学講座』110頁。阿部『環境法総論と自然・海浜環境』14頁。
(21)　阿部『やわらか頭の法戦略』255頁以下。

ら，規制する理由はないんですよ。そんな素晴らしいものなら，それを量産して，皆に売ればいいので。回転ベッド販売株式会社を作ったら儲かるんじゃないかなと。それを規制する警察庁の役人というのは法律による規制のあり方のイロハを知らない。

(12)　論理法則

皆さんくたびれるからちょっと雑談をしますとね，これはどうだと思いますか？　わが大学で口の悪い教授がいましてね，「阿部君，この頃，体が悪いんだってね」と言うから，同情してくれると思って，「うん」とうっかり言っちゃったんですね。そしたら「頭も体の一部だからねえ」と言うんですね。どこがおかしいと思う？　いやいや，僕もすぐ返事できない，これにひっかかっちゃうんだから，やっぱり頭が悪いんだよなあってね。それでおつむが悪いかどうかって，MRIという検査を受けに行ったんですね。今の話，どこがおかしいか分かる。

それで，これから法科大学院ができるので，僕は入試問題にこれを使おうと言っています。これをちゃんと解けないようでは，論理的な思考ができないから，法科大学院に入学させないということです。そうすると自分も落ちるのかということだけどね。

誰か分かる人。手を挙げてみて。いや，なんてことないんですよ。阿部君，体が悪いんだってね。はい，だから，阿部の体が悪いということは確定したわけね。頭も体の一部だということも確定しているわけね。でもそこから頭が悪いということは出て来ないのです。だって体が悪いと言ったって，体じゅう悪いと言った覚えはないんだし，普通の日本語で体が悪いと言った時は，オツムの先から足の先まで悪いなんて，誰も言ってないでしょう。風邪引いたとか水虫だとか。たぶんその先生はイ（胃）とジ（痔）＝意地が悪いんですよ。その程度であって，オツムが悪いということは，誰も言ってないんですね。そうすると，頭が体の一部だと言ったって，何の答えも出て来ない。そういう単純な話なんだけど，この程度の理論というのは，法律の理論にいっぱいあるんです。こういうのにひっかからないように。今の風営法っていうのは，それと一緒なんですよ。

4　ごみ対策あれこれ

(1) 廃棄物税の作り方

次に廃棄物の話をしますね。どこでも廃棄物問題では悩んでいて，こちらだって，あちこち不法投棄されていると騒いでいたでしょう。あるいは処分場が安全じゃないんじゃないかとか。いろんな話がありますけれど。三重県では廃棄物税というのを作ったんですね(22)。製品を作る生産者のほうが廃棄物を出すわけですね。そこから運んで来て，処分場に持って来るわけですね。最初の生産者，運ぶ業者，処分場業者とあるわけですね。どれから税金を取るかという問題がまずありました。

普通の方法なら処分場業者に税金をかけて，処分場業者は運搬業者に転嫁して，運搬業者は最初の生産者に転嫁するという筋ですね。ところが三重県は，その処分場業者がちょっと怖いらしいんですね。それで処分場業者にちゃんと記録をつけて，何トン入って来た，税金はいくらと計算させるのが難しいと思ったらしくて，それで最初の生産者と話をつけたんですね。生産者は素直な業者で払ってくれるというので。それでそこから金を取る。ただ生産者は何万もある。これと話をつけるというのは，大変なコストがかかる。費用対効果で悪いというので，大口業者160とだけ話したんです。それで税金を課する。年に100万以上納めてくれる業者だけに話をつけて，払ってもらうことにしたんですね。そうすると，最後の処分場業者は関係ないわけです。それで生産者は素直に税金払ってくれるんだけれども，99万9000円という税金の計算をして，それ以上ゴミを出さないようにすることも可能ですね。生産する以上廃棄物は出ますが，よその県に持っていっちゃえばいいわけだから。それに100万未満は税金を納めなくてもいいなんていう制度を作ると言ったら，たいていの市民は，冗談じゃない，じゃあおれもみんな税金を勘弁してくれと言いだすでしょう。皆さんも，100万以下という人が多いと思うからね。しかし廃棄物だけは，三重県では100万未満は課税しないと決めたのです。

だけど県によっては，処分場業者から取るというのもある。やはり本来は処分場業者から税金を取る，そして転嫁させるべきです。もし，そういう零細業者は記録をつけるのが大変だなんて言うのなら，手数料を払えばいいんですよ。

我々は，住民税を取られているでしょう。あれには都道府県民税のほかに，

---

(22)　阿部『やわらか頭の法戦略』163頁以下。

市町村民税があります。ところが，都道府県民税を徴収しているのは市町村なんですよ（地方税法41条）。我々は県に直接払ってない。それで県から市町村に手数料をひとりあたり3000円払っているんですよ（地方税法47条1項1号，同法施行令8条の3。かつては7％だった）。だから，これと同じく，処分場業者に手数料を払って，ちゃんと記録をつけさせればいいわけだと僕は思うんだけど。

(2)　家庭ゴミ収集の有料化

家庭ゴミ料金の話です。家庭ゴミは，日本人はタダで持っていってもらえるというふうに思っていたわけです。生活に最低必要なサービスだから，行政が無償でサービスすべきだなんていうわけです。しかし，生活に必要だからと言って，無償のサービスは本来ないんですよね。生活に不可欠な水道事業は独立採算制ですよ。我々の利用料金で水道の経費を賄っているわけです。少しは税金を入れているけれども，基本的には税金を入れない建前です。ゴミを収集するにも，手間ヒマかかるし，人間を動かすんだから，金取るというのは当然です。

ドイツあたりでは，水道と同じようにゴミも独立採算制でやっています。各家庭でゴミを出す時，ゴミ袋なりゴミ箱の大きさに応じてゴミ料金を払っている。そうすると，ゴミをたくさん出す家庭はたくさん取られるわけですから，ゴミ料金を安くしよう，ゴミを減らそうというインセンティブが働くわけです。日本では家庭のゴミ収集は無料だから，そういうインセンティブが働かない。我々は，買物に行くと，ゴミばっかりたくさん買って来るわけです。スーパーのプラスチックトレイとか。あんなのは昔はなかったのが，今は大量にあって，買物をしても，かなりの割合がゴミなんですよ。我々はゴミを出すのがタダだからあまり文句を言わないけれど，ゴミ料金を取られるようになったら，ゴミばかり買いたくないと販売店に文句を言う人が増えるわけですね。そうすると，販売店のほうではゴミは売らないようにしようと，きちんとゴミ減らしに動くわけです。

それで各地で，家庭ゴミの収集有料化を始めている。たくさん取っていないけれども，収集袋を有料で販売して，その袋に入れなきゃ引き取らないということをやるわけです。そうすると皆さん，動機付けもできて，ゴミがちょっと減っているらしいですね。いろんな研究はあるんだけれど，やはり有料化しているところ，あるいは料金が高いほどゴミが減っているという研究があるようですね。

ただ，個人レベルでは，ゴミを減らすといっても，庭に埋めるとか燃やすのにも限度があり，ゴミ料金が高いと不法投棄を誘発するし，安いと動機付けにもならないので，難しいところです。今，買い物袋を持参すると割引にするという店もありますが，それではせいぜい袋を節約できるだけですね。プラスチックトレイなどは減らない。販売業者がゴミになる売り方をやめるように，上げ底包装をなくす運動などに戻るべきではないかという気もしています。

それから，レストランの残飯とか事務所の紙ゴミ。あれは市町村が収集するか，市町村の許可を得た業者が集めているのですが，集めたらすぐに役所の焼却場あるいは埋立処分場に持っていく。そこでいくら取るかが問題なのです。元々は，ゴミを集めてきてくれて助かると考えた。そうでないと，ゴミがまちに散らかっちゃうから。だから業者には安く集めてきてと頼み，そして，行政側も安く引き受けますと言ってきたのですね。そういうことをやっていると，ゴミを出すほうは，ゴミとして出したほうが得だ，リサイクルに回すのが損だとなるわけね。それで今はリサイクルに回すように，役所のほうの焼却場でたくさんお金を取ったらどうだ，原価を取ったらどうだという議論になっているわけです。そうすると，レストランの残飯を収集業者に渡す時にも，お金をたくさん取られるから，じゃあなるべく残飯を減らそうとかね。あるいは紙なんかは，できるだけ整理して，リサイクルに回そうとか，そういうインセンティブが働くわけです。

これは僕，大阪市のために御用学者としてだいぶ手伝いました。大阪市は元々，ゴミは集めてきてください，安く引き取るからとやってきたのですが，これを変えよう，値上げしようという方針になりました。そうすると，収集業者が猛烈に反対したんです。僕はそれを一生懸命説得する仕事をやったんですね。そういうふうにしないと，ゴミが減らないと思うからです。そうすると，ゴミを出すほうは負担が重くなるんだけれど，ただ負担が重くなるから反対なんて言ってたら世の中がうまく行かないので，社会全体のことをみていけば，そういう負担はしょうがないですね[23]。

---

(23)　阿部『廃棄物法制の研究』443頁以下。

(3) 水道水源保護条例

それから，徳島県阿南市の水道条例違法という判決が新聞で報道されたばかりです。元々，廃棄物処分場については，法律（廃棄物処理法）で規制しているわけですが，それは水道水源のあるなしにかかわらず，同じ規制の仕方になっているんですね。しかし，水道水源の近くだと，処分場から有害物が少しでも出たら大変だと，禁止としたいという市町村が多いんですね。それで各地で水道水源保護条例を制定して，その近くは処分場禁止と決めたりしているのです。

ところが，阿南市の条例について，徳島地裁(平成14年9月13日判例自治240号64頁）が廃棄物処理法では処分場を作れるのに，たかが市の条例で処分場を作れないと決めるのは違法であるという判決を出しました。NHKのテレビで「蛇口の向こうに何が」というのがありました。水道局というのは気の毒で，とにかく水源は汚しても良い，水道局の方で水をきれいにしなさい，お客にはきれいな水を供給しなさいとなっているんですね。そうすると，水道局が取る水はきれいでなくてはいけないはずですが，そこに何の規制もない。工場は規制されていても，数が多ければ，その排水で川が汚れちゃうわけですね。川をきれいにするという仕組みはちゃんとない。水道局はそれを取水してきれいにしなさい。それが汚れたら，もっと山奥に行って，きれいな水を取水しなさいとなっているだけで，水道局が努力すればいいはずだとなっているわけです。

ところが，最近は，どこも汚れちゃっている。水道局が努力するだけでは無理なんで，水道局の水源の地域にいろいろ作るな，畜産施設なんかがあっては困るといって立地規制したりしています。だいたい人間の糞尿のレベルの話じゃないんですよね。畜産の糞尿の汚染のほうが，はるかにひどいんですね。ゴルフ場とかも規制対象にしたいところだけど。それは法律で規制していないので。

その後，筆者は，阿南市からの依頼で，廃掃法は水源保全を考慮していないから，市の条例で水源保全施策を講ずることは廃掃法違反にならないという意見書を提出しました(24)。ところが，高松高裁係属中に，紀伊長島町事件で，最高裁平成16年12月24日判決（民集58巻9号2536頁）は，水道水源保護条例は「廃掃法とは異なる観点からの規制」として，条例自体は適法としたもの

(24)　阿部『廃棄物法制の研究』257頁以下。

の，業者に対する配慮義務違反という新しい法理を創造して，廃棄物処分場を禁止することは違法としました。高松高判判決平成18年1月30日判決（判時1937号74頁判例自治281号70頁）は，この判例に倣って，「市長としては，処分をするに当たっては，会社と十分な協議を尽くし，同会社に対して，前記施設の構造上の問題点，浸出液処理施設の問題点，遮水工に関する問題点に対する対策を促すなどして，前記施設の浸水液の処理，遮水工破損による有害物質の漏出防止，擁壁の安全性を確保し，水源保護の目的にかなう適正なものに改めるよう適切な指導をし，前記会社の地位を不当に害することのないよう配慮すべき義務あったとした上，市長は前記義務を全く履行せず，前記施設が規制対象事業場に当たらないことについて，前記会社が主張を尽くし，証拠を提出する機会を封じた上で前記処分をしたと認められるから，同処分は手続的に違法であるとして，前記処分を取り消しました。

事件は想定外の最高裁判決のため，予想外の展開となったのです。

(4) 鳥取県の新条例～廃棄物と有価物の区別は？～

それから鳥取県では，その辺にたくさん置いてあるポンコツ車を取り締まる条例を作りました[25]。廃棄物なら，廃棄物処理法で監督できるんですね。ところが，廃棄物じゃない，有価物なら，価値のあるものを捨てるヤツはいないはずだとなっているから，廃棄物処理法で規制してないわけですね。しかし，廃棄物，有価物の間の境界がはっきりしないのが多いんですね。古紙も，市場によっては値段がついて，あまり出しすぎると値段が下がって，今度はゴミになっちゃうわけですね。価値が動いているわけです。自動車のポンコツ車の部品なんかも，一番いいのは取引されるけれど，あとはゴミになっちゃう。それで業者は，ポンコツ車をたくさん集めて来たけれど，それは解体して有価物で売るんです。ゴミじゃありません。有価物を管理しているんですと頑張るわけね。だけど，実は売れない。そして，壮大なゴミの山になるわけです。タイヤなんかもそうなんです。この前，タイヤの火事というのがありましたけれど，あれを放っておく。そして役所が取締りに行くと，これは有価物です，保管していますと頑張るんだけれど，実はゴミとして捨てている。これはどうしたらいいか，じゃあ有価物であっても，廃棄物と同じように管理しなさいというのが，鳥取県条例ですね。

---

(25) 阿部『廃棄物法制の研究』18頁。

一般的には有価物を適正に管理しなさいなんていうのは，余計なお世話なんですけれど，このタイヤとポンコツ車については，廃棄物と有価物の境がはっきりしなくて，ついには廃棄物になっちゃうという，そういう実態に照らして，有価物といえども廃棄物と同じように管理をしなさいという条例を作るぐらい許されるという考え方ですね。それで他にも真似た県があります。

5　雑居ビル火災対策 ～反則金と執行罰の導入を～

それからまたどんどん話が変わっていきますが，雑居ビル火災対策ね。新宿の，あの歌舞伎町の火災。あれで44人亡くなられた。雑居ビルというのは，消防法違反ばっかりだったというので，ここの道後温泉のホテルあたりは大丈夫なんですかね？

というのは，消防局なんて，立入ってみたら違反ばっかり。じゃあしっかり取り締まればいいじゃないかと言うと，たとえば階段に物を置いてはいけない。行ってみて，物があるからどかせろと言うと，はいとどかせるわけですね。次に行ったら，また置いてあるんですね。それを処罰できるかというと，置いてあるというだけで処罰するんじゃなくて，置いてあったのをどかせろという命令があったのに従わない場合に，初めて処罰できるようになっているわけです。だから一回従った以上は処罰できないのですね。それから，言うことを聞かなかったからといって，いちいち起訴していられないから，結局処罰できないんですね。

どうしたらいいと思う？　そんなの，駐車違反の反則金を真似れば良い。駐車違反で駐車しちゃいけませんと，おまわりさんが来たが，移動命令を発して，従わなければ処罰するという制度なら，車をどかせば罰金を取られない。おまわりさんが帰ったら，また置くね。だから今は，駐車違反に対しては，その場で反則金を取ることにしているわけですね。消防法違反だって，階段に物を置いていたら，直ちに３万円とか取るようにしておいたらいいわけですよ。そうしたら違反はなくなる。

今までは，消防が立入り検査をする時，予告することになっていた。そうすると，消防が今日来るから片づけておこうということになるに決まってるんですね。だからやっぱり夜討ち朝駆けで急襲できるようにして，もっと極端に言うと，その水揚げの何％かを消防局員の給料になるようにしたら，一生懸命やるよなと言ってるんだけどね。まあそこまでやらなくたって，とにかくその場で金を取るようにしないとダメですと。ところが，法律がそうなっていない。だから動かないんです。僕が歌舞伎町で死んだら，阿部説を無視したからだと，化けて出ようと思ってます(26)。

あと，防火管理者を選任しないといけないことになっているんですけれど，防火管理者って選任を怠っていることが多い。違反を処罰する制度ですが，処罰なんてとてもできない。どうしたらいいかというと，いつまでに，防火管理者を任命しなさい，期限が過ぎたら，１日１万円の過料を取るという制度を作ればいいんですね。そうすると，過料がどんどん増えていくから，さっさと言うことを聞きてくれる。これはアメリカでは普通の仕組みなんですね。ところが日本ではそういう法制度をちゃんと整備していないという話です。

6　松山のアキレス腱，水不足対策

そろそろ時間もなくなりました。せっかく松山に来たので，松山の話をしなければなりませんが，水の話だけします。松山のアキレス腱というのは，水不足なんだそうですね。しかし，仁淀川の面河ダムというダムの上水道の水利権を松山市は取得していないそうです。農業用水と工業用水の水利権者は，上水道には渡さない，俺達も使うことがあるからなんてことを言っているようです。なぜかというと，現在の河川法では，水というのは天から降って来るものだから，余ればタダで国に返しなさいということになっている，売ることを考えていないのです。そうすると，水利権者は，おれの分は余っていないと言うわけですよ。だって余ったと言ったら，水利権を取られちゃうんだから，

たまには使うかもしれないといって，農業用水を絶対に離さないのは社会全体としての資源配分として不合理です。カリフォルニア州で聞いたけれど，農民に金を払って水利権を買い取るという仕組みがあります。これだと農民は滅多に使わないから売るか，となる。そうすると松山市の上水道のほうも，新しいダムを作るよりは，そのほうが安ければ買うと思うのですね。これも，僕の行政法の教科書で，権力手法より経済的手法のほうが良いという話につながるのです。

次に，松山では節水を奨励するといっていますが，松山市のホームページを見たら，風呂の水をトイレの方に持っていく機械が5000円ぐらいするので，

(26)　阿部『行政法再入門 下〔第２版〕』347頁。

2000円補助しますとあるんですね。それしか書いていない。それで，僕が風呂の水を，1カ月全部トイレに使うとすると，いくら水道代が安くなるかと計算してみると，月に10回くらい入れ替えると，155円か230円くらい節約できる。一方，ポンプを買うと，その費用は1年半ぐらいで回収できる。それでは割に合わないなら水道料金の逓増システムをもっと急カーブで上げるべきですね。そうするとみんな，その機械を使うでしょうね。これも経済的手法ですね。水は絶対必要じゃなく，ムダに使っているわけだから，こうして工夫すればいい。ダムを作るのが良いとは限らないわけですね。

＊　＊　＊

話がチャランポランになって恐縮ですが，本来，このような断片的な話の基本にあるのは，行政の法システムというのは，役人がいろいろ民間を監督しているが，これをどうしたらうまく行くかということを考えつつ，他にもっとうまい方法がないかということを検討することと，国の法システムでどこまでやっているか，その他に国の法システムでやってなくても自治体はどこまでできるかというのを考えながら検討すべきだということです。

本日は，こういうたくさんの話を細かく検討することができないから，大雑把な話をしまして，あと特にご興味のある方は，私の本をご覧くださいということです。では時間が来ましたので，これで終わりにさせていただきたいと思います。どうもご静聴ありがとうございました。

○司会　阿部泰隆先生に「まちづくりのための法政策学」ということで，お話をいただきました。阿部先生，どうもありがとうございました。今日はいろいろ皆さんにとって身近な話題をいっぱい取り上げられまして，そこから法律という形で社会を良くするために，誰にどんなことをしてもらうか。あるいは誰にどんなことをしないでいただくかということを考える，そういう考え方の訓練みたいなヒントをいただいたような，そういった講義だったと思います。皆さん，もう一度，阿部泰隆先生に大きな拍手をお願いいたします。どうもありがとうございました。

＊参考文献として冒頭に挙げたもののほか，『行政法再入門上下第2版』（信山社，2016年）がよくまとまっていると思うので，是非ご覧下さい。

第2章　宮崎県の沿道修景美化に関する条例と施策（1982年）

◆ Ⅰ　はじめに

宮崎県の沿道修景美化条例（昭44条例13号）はその名の通り宮崎県内の主要道路の両側を花と緑で美化する先駆的な根拠条例としてつとに有名であるとともに，最近，アメニティへの志向が強まり，緑や景観が重視されてくるにつれて，ますます注目されている。そこでこの条例を紹介する論文[(1)]は少なくない。

筆者は法律のシステムのあり方を研究するという立場から，

(1)　法と美（緑・景観等）とのかかわり，すなわち法は美化に寄与しうるのか，特に美を保全させるだけでなく美を創出することに寄与しうるのか，

(2)　条例は地区指定・命令・処罰などハードなシステムを定めているが，それは美化といった人の心のソフトな問題の領域において果して機能するのか，

(3)　沿道修景施策は成功しているか，

といった点に関心を持ち，昭和58年秋に現地を訪ね，松木成男土木部長をはじめ，道路維持課の方々に種々教示と案内を得た。そのご親切に厚くお礼申し上げる。本章は，そのときのメモを整理したものである。

◆ Ⅱ　条例制定の背景・動機・実施状況

(1)　宮崎県は日向の国といわれるように太陽と緑の国で，日照と降雨に恵まれ，亜熱帯植物がすがすがしい南国情緒豊かな地方である。県の木はフェ

(1)　永山八三「宮崎県沿道修景美化条例」ジュリスト総合特集4号開発と保全（昭51）184頁以下，同「宮崎県沿道修景美化条例について」道路セミナー10巻4号（昭52）28頁以下，門川哲男「沿道修美化事業について」月刊建設27号（昭58）80頁以下，宮崎県土木部道路維持課・沿道修景美化（昭57），村上博「宮崎県沿道修景美化条例」ジュリスト800号120頁，木原啓吉「自然の美をつくり守る　景観保全行政宮崎県に見る」朝日新聞昭和52年2月14日。さらに，ジュリスト430号の座談会「自然の保護」参照。

県道宮崎空港線の沿道修景植栽地区

ニックス，県花ははまゆうである。しかも，同県は天孫降臨の神話と伝説の国であるので，観光地が少なくない。たとえば，えびの高原，霧島神宮，日南海岸，鵜戸神宮，サボテン園，鬼の洗たく板で有名な青島，高千穂の天の岩戸などは有名である。日南海岸ではサーフィンが盛んである。冬でも気候が良いので，球団は宮崎市，日南市，日向市などにキャンプして練習し，ゴルファーはツアーを組んでやってくる。

(2)　このように宮崎県には観光地が少なくないが，それは県内に散在している。そこで，観光客が通る道を1年365日花と緑で心よく迎えようとしたのが沿道修景美化事業である。前記の松木部長は，「宮崎の道路はとても美しい」とほめられると，「宮崎は，観光地が県内奥座敷の所にあり，玄関と奥座敷を結ぶ廊下，つまり道路をきれいにしてお客様をお迎えするのです。」と言うことにしているそうである。この事業はたんなる自然保護や都市景観のためではなく，観光振興のためなのである。

もっとも，沿道修景美化事業はたんなる観光事業だけではないことも記しておく必要がある。この条例を制定した当時の宮崎県知事は独得の道路哲学を有していたようである。すなわち，「従来の道路の在り方はともすれば，人や物が目的地に早く到着することのみを考えた道路施策や技術が先行し過ぎたもの

〔図〕 宮崎県の地形と道路網

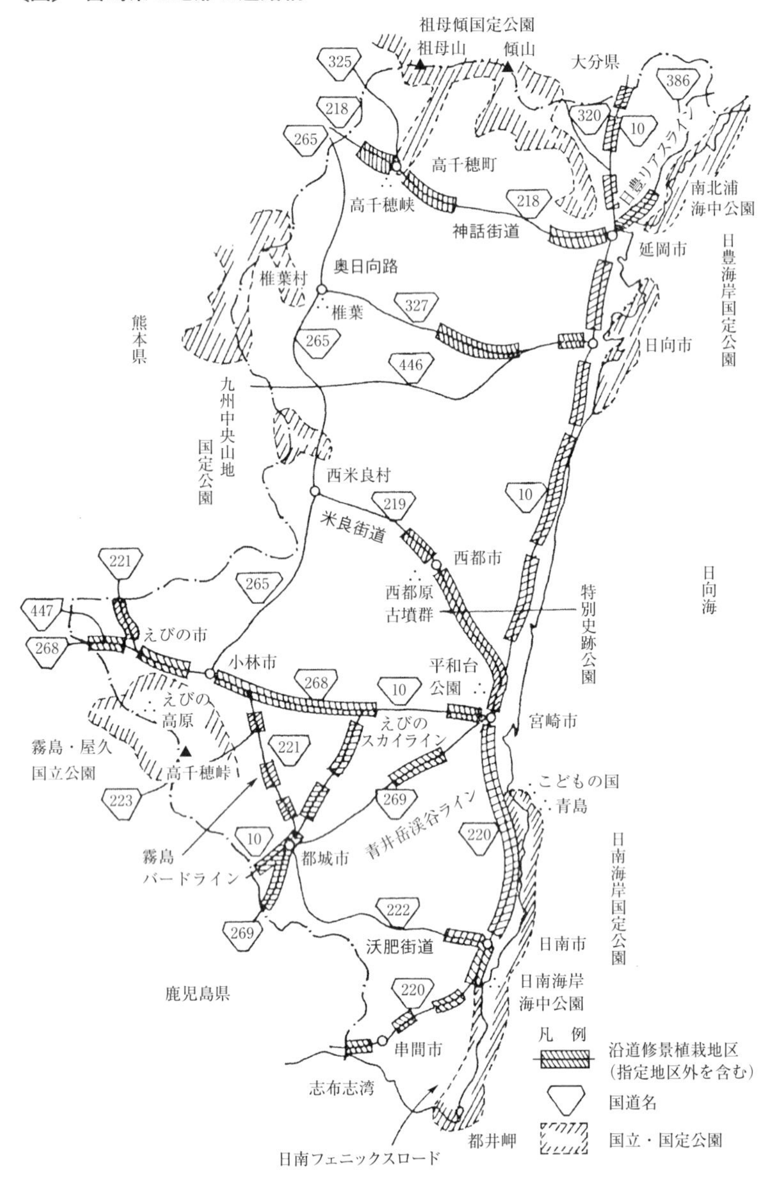

月刊建設　83－3より
作成

と思えてならない。直線道路が土木技術の全部ではなく，道路を改良したり，新設したりするときはできる限り，自然の保護に気を配ることが必要である。……私は年来，土木工学の中には必ず修景というか，環境をきれいにする修景工学がなければ効果がうすくなるのではないかと思っているのであって，宮崎では土木行政のなかにこの考え方を定着させた(2)。」と。

(3)　実はすでに昭和10年代に宮崎交通㈱は日南海岸沿いの国道220号線の沿道にフェニックスやサボテンなどの亜熱帯性植物を植栽し，道路そのものを観光地化する実績をつくっていた。こうした背景のあるところに，宮崎県は花いっぱい運動（昭34），美しい郷土づくり運動（昭37）により沿道修景事業を開始し，昭和44年に条例化したものである。したがって，今日では県の沿道修景事業は20年の歴史があり，新規に植え込む必要は少なくなっている。県内の主要道路は常緑樹ないし草花で一年中花が咲くよう工夫され，「花の宮崎」と宣伝できるようになっている。365日花のある街のカレンダーをつくっているぐらいである。昭和58年には沿道を修景している観光ルートにわかりやすいように愛称をつける愛称ロード制度をつくった。日南フェニックスロード，神話街道，えびのスカイライン，奥日向路，日豊リアスラインといったのがそれである。なお，今日では年間わずか2億2千万円（昭和58年度，なお，県予算は3,400億円，土木部予算800億円）ばかりで，沿道の修景を行っており，緑化事業としては成功していると思われる。

(4)　ただ，観光客は現在年に30万人，以前より減っている。特に新婚さんは減っている。沖縄，海外と，「新婚旅行のメッカ」が遠方になったためである。

Ⅲ　条例の仕組み――ハードなシステム

(1)　この条例の掲げる目的は，「県内の沿道において，すぐれた自然景観及び樹木その他の植物を保護するとともに，花木類の植栽等を行うことによって，沿道の修景を図り，もって郷土の美化を推進すること」である。

(2)　この条例はまず指定という手法をとっている。それは沿道自然景観地区，沿道修景植栽地区，沿道修景指定樹木の三つである。

沿道自然景観地区とは，県内の沿道において代表的な自然の風景地及びその

(2)　注（1）の沿道修景美化1頁。

眺望を妨げない地で知事が指定する地区である。

沿道修景植栽地区とは，県内の沿道における樹木その他の植物の植栽地で道路の各一側について幅20メートルをこえない範囲で知事が指定する地区をいう。

沿道修景指定樹木とは，県内の沿道において美観風致を維持する樹木又は樹木の集団で知事が指定するものをいう。地元に古くから伝わる樹木や土地の景観をひきたてる木を指定して保存する。

この沿道自然景観地区は遠景を守る面，沿道修景植栽地区は近景を道路に沿って創る線，沿道修景指定樹木は点といえる。

なお，沿道とは一般国道，県道をいい，市町村道を含まない。主な観光道路は国道，県道であるためである。

(3)　指定の手続は，知事が県自然環境保全審議会の意見を聞いて，公告・縦覧の手続を経て公示することにより行う。この公告については，関係市町村及び利害関係人は異議を申し出ることができる。こうした慎重な手続がとられているのは，指定が次にみるように関係人の権利を一方的に制限する権力行政のシステムであるためである。

(4)　指定に伴ない行為制限制度が置かれている。

まず沿道修景植栽地区では，次の2つの行為について許可制度が置かれている。すなわち，(1)「沿道修景のために植栽された樹木その他の植物を伐採し，又は移植し，若しくは改植すること，」(2)「火入れ又はたき火をすること」。沿道修景指定樹木の伐採・移植についても同様に許可制とされている。

次に事後命令付届出制度が置かれている。それは事前に知事に届出なければならず，知事は届出があった日から起算して30日以内は，「美観を保護するために必要な限度において，当該行為を禁止し，若しくは制限し，又は必要な措置をとるべき旨を命ずることができる」というシステムである。その対象となる行為は，沿道自然景観地区及び沿道修景植栽地区においては，(ア)建築物その他の工作物の新・増築，(イ)開墾その他土地の形状の変更，(ウ)鉱物の掘採又は土石の採取，(エ)物の集積又は貯蔵，(オ)水面の埋立て又は干拓，(カ)屋根，壁面，へい，その他これらに類するものの色彩の変更の6つであり，このほか，沿道自然景観地区では木竹の植栽又は伐採も届出対象行為である。

そして，要許可行為を無許可でした者や上記の事後命令に違反した者に対しては，原状回復又はこれに代わる措置をとるべき旨を命ずることができることになっている。これらの規定に違反した者については罰金の制裁があるとともに，前記の許可制のため，許可を得ることができなかったり，許可に条件を付せられたために損失を受けた者には通常生ずべき損失を補償するという，いわゆる通損補償の規定がある。

(5)　なお，国直轄管理の国道については，一般国道10号及び220号線の沿道修景に関する協定書により宮崎県が，日南海岸国定公園ロードパーク完成のための協定書により宮崎交通(株)が修景事業を行うことになっている。

国立・国定公園内においても修景植栽がなされているが，自然公園法により条例以上の規制がなされているため，条例による指定はなされていない。

Ⅳ　条例の実際――やわらかい運用

(1)　昭和58年現在で沿道修景の指定状況は，沿道自然景観地区18カ所(約1,000 ha)，沿道修景植栽地区74カ所（延長270㎞，計80万木，60種），沿道修景指定樹木62カ所である。

(2)　沿道自然景観地区は事前の地元同意によるやわらかい運用をしている。すなわち，地区指定は将来にわたって開発行為の少ない場所を選ぶうえ，市町村の要望による例が多いこともあって，指定予定地の地権者に対しては市町村からその趣旨を説明して事前に了承を得ることとし，国有地については営林署と協議するなど，指定にあたってトラブルが生じないような配慮をしているということである。行為規制は発動されていない。県は景観地区周辺の草刈・清掃の実施のために一地区につき年約5万円を地元市町村に補助している。

(3)　沿道修景植栽地区は道路の各一側について幅20メートルを越えない範囲で知事が指定するとなっているので，民有地を指定する場合にはトラブルが予想されるが，実はこれまで指定したのはほとんどが国有地又は県有地であり，指定にあたってのトラブルは生じていないとのことである。要するに公有地である道路敷（法面，路肩，植樹帯）に植栽しているのみである。したがって，許可といっても，道路から民地への乗入口設置に伴い植栽された樹木を移植・改植する必要があるときがほとんどである。許可基準としては，乗入口としての最小幅については許可している。また，植栽地区が大幅に減少する場合については，沿道修景としての機能をそこなわないよう新たに植樹帯を申請者に設置させることにより許可している。

なお，このように沿道の宅地化が進むにつれて，乗入口，歩道等の安全施設設置により植栽樹木の移植を余儀なくされている所も多い。

(4)　事後命令付届出制度の運用についてみると，届出を出す場合には事前に所管土木事務所に届出方法について相談があるので，その段階で指導がなされるわけで，事後命令が出されることはない。届出を怠ることもないという。たとえば，昭和58年度には，国鉄日豊本線の鉄橋の橋脚補修工事のため，沿道自然景観地区内に工事用の仮道を設置し，このためその地区の景観の主要部分を占める樹木の伐採，土地形状の変更をしたいとの話が国鉄から土木事務所に持ち込まれたが，仮道のルート変更や工事の工法変更等を指導することにより景観樹木の伐採をしないような形で届出をさせた事例がある。命令権限を背景とする行政指導の典型例といえよう。

(5)　原状回復命令もまれである。周囲の野焼きの延焼により植栽樹木（サザンカ50本程度）が焼失したことがあり，原状回復としてサザンカを補植させたことがあるという。

(6)　沿道修景指定樹木は沿道の民地に生える個人所有のものがほとんどであり，持主の承諾を得ている。建前では一方的に指定し，代わりに行為規制をすることになっているが，現実には指定されると名誉であり，しかも年に1本8,100円の樹木管理補助金も出る。その実態は行政行為というより契約的色彩が濃い。

なかには，指定樹木が増築の邪魔として指定の解除を求めた例があるが，敷地内に移植することで許可し，県が移植費用をいわゆる通損補償の一環として出して解決している。

(7)　条例違反には罰則規定もあるので，その実効性は気になるところであるが，もともとこの条例は県民意識の高揚を図り郷土の美化を推進することを目的とするので，罰則は他の県条例と比較して軽くなっている（5,000円，1万円の罰金）うえ，これまで罰則規定を適用した例はない。

同様に異議申立ても例がない。事前調査を行い，問題のある個所は指定しないからである。

(8)　以上によれば，この条例は民有地を公権力で規制するハードなシステムをとっているが，現実の運用ではそれはほとんど働いていないといえる。多少ハードといえるのは，(4) に掲げた国鉄に対する指導程度であろうか。

◆ V　考　察

(1)　宮崎県をドライブすると，車窓は四季の花で彩られ，ワシントニア・パームやフェニックスの並木で美しい。この施策と合わせて屋外広告物も一掃されている。観光が動機とはいえ，道路をたんなる交通の手段としてではなく，美化をもあわせ考える発想には先見の明がある。兵庫県あたりは今全県公園化構想を打ち出し，条例を制定しているところである。もし今日公害道路として悩み多い道路を建設した当時の担当者にこうした発想が少しでもあれば，公害のかなりは防止できたのではあるまいか。

(2)　この条例は国の法律に基づくものではなく，憲法94条，地方自治法14条を根拠とした行政事務条例である。ところで，条例で財産権を制限することができるかどうかについては周知の通り争いがある。奈良県ため池条例に関する最高裁大法廷判決（昭38・6・26刑集17巻5号521頁）はこれを肯定したが，それは災害防止を目的とする例であった。神戸市が昭和35年に「傾斜地における土木工事の規制に関する条例」を制定した時も，条例で財産権を規制できるかが問題となり，山田幸男の積極説などによりこれを肯定したのであるが，あくまで事後命令付の届出制を置いたにとどまり，許可制（現在の宅地造成等規制法のとるシステム）にまでは踏み込んでいない(3)。そうすると，沿道修景美化条例といった単なる美や緑を守り育てるという目的で民有地の規制をすることが条例のなしうるところであるかにはなお一議論要るはずである。敢えていえば，法律により規制する場合にも公共性が必要だが，観光客を喜ばそう，観光収入をあげようといった目的は危険防止と比べるとはるかに後順位になるので，公共性が弱い等で，法律でさえ簡単に私権を制限できるか，全く疑問がないとはいえないと思われるのである。この条例制定にあたっては，自治省行政局，建設省道路局，原生省国立公園部等のご指導，ご助言を受けながらすすめてきた(4)ということであるが，私権を制限する条例が簡単に認められたのであろうか。

(3)　ただ，この条例の現実の運用をみると私権の制限という色彩は極めて

---

(3)　拙稿「宅地造成等規制法・急傾斜地法の仕組みと問題点──山田幸男先生の業績を再評価して──」土地問題双書22号（有斐閣，昭60年）。

(4)　前掲注(1)の沿道修景美化1頁。

薄い。前記の通り，沿道自然景観地区は地元同意で指定されるし，沿道修景指定樹木も所有者の同意で指定し[(5)]，沿道修景植栽地区は専ら公有の道路敷に指定される。義務づけというより合意の産物である。沿道修景植栽地区についてはⅣ（3）に記したように許可の例もあるとのことであるが，それは道路への乗入口を造るとき，植栽を移植するためということで，私有地の利用の仕方の許可ではなく，公物の管理を沿道の利用と調整のうえ行うというにすぎない。

この条例を見ると，いかにも条例によって沿道を修景しているかのごとき印象を与えるし，そう思わせる論文もあるので，筆者もそれは珍らしいことだと思って現地を訪ねたのであるが，現実の運用はこうした条例などなしに要綱でもほぼ目的を達成できる程度ではないかと思う。すなわち，沿道の植栽は道路管理権に基いてなしうるであろうし，指定樹木の保全も補助金契約で可能である。沿道自然景観地区の制度も，住民の協力によってはじめて目的を達しうるならば，敢えて命令，罰則などというハードなシステムは必要はない。むしろ必要なのは，いかにして住民の協力を得るかといういわばソフトなシステムである。それは要綱でもよいし，条例の形にするにしても，住民と話し合い，協定で決めましょうといった，いわば契約的条例（たとえば，神戸市の緑と花の市民協定，昭和51年の神戸市市民公園条例）というソフトな形のものでもよい。その契約のなかで補助金の支給を定めるとともに地元の協力を求めるのである。そうであるとすれば，本条例はむしろソフトなシステムに衣替えすることを検討する時期ではなかろうか。もちろん，現行システムでも運用の妙により特段の支障は生じていないとは思われるが，現状では条例のシステムと運用のギャップは大きすぎると思われるのである。

（4）　条例で花と緑を守るだけでなく，創出できるかという問題がある。この条例は一見するといかにも条例で花と緑を創り出しているかに思える[(6)]。しかし，よく条例の条文を点検すると，現状を変更して花や緑を減らすことを規制はしているが，花や緑を植えるという制度を創っているわけではない。他

---

(5)　「条例案を審議した県議会では，土地や樹木の所有者の権利を制約するので憲法違反のおそれはないか，との声も出たが，この8年間（昭52まで），そのような紛争は一件も起こっていない。それどころか，『私の家の庭の老木を指定してくれないか』と希望する人も出てきたという」（木原前掲）と紹介されているが，その理由はこの条例が住民に良く理解されたためではなく，そのハードなシステム通りに執行されず，補助金と合意のシステムへと運用替えされたためと考える。

方，同じ宮崎県の自然環境の保護と創出に関する条例（昭48条例14号）でも，緑の創出について寄与しているのは，一地区300万円貸付けて（無利子，5年償還）広場などの植樹を援助する近隣共同緑化計画だけのようである。すなわち，緑の創出は規制手法でなく，補助金による合意のシステムによっているのである。ちなみに，神戸市では民家の生垣助成制度ができている。

(5)　結局この条例は条例として評価するとあまり価値があるとは思えないが，条例はともかくとして，現に実施されている沿道修景美化施策は高く評価されるべきものと思う。この施策が有名なのも，条例の形になっているためとも思えるが，それは奇妙なことで，本来こうした，条例がなくともできる施策については，条例の形にするかどうかにこだわらず，施策として評価されるべきものであろう。

【追記】　宮崎県は，「沿道修景美化」という冊子を作成し，HPで公表している（http://www.pref.miyazaki.lg.jp/dorohozen/shakaikiban/kotsu/documents/000212742.pdf）。宮崎県は，「道路が単に輸送施設であるということにとどまらず，風景であり，情景を創る生活空間であるという「沿道修景美化条例」の理念に基づき，花と緑にあふれた道路環境の創出及び保全に努めてきました。このような中，平成16年には，都市や農山漁村等における良好な景観形成を促進することを目的とした「景観法」が制定されたことから，景観づくりとしての沿道修景美化の果たす役割はますます大きくなっております。」とのことである。そして，この冊子には，条例の逐条解説，運用，実績などが詳しく記載され，沿道修景美化という考え方は定着し前進しているようである。

(6)　たとえば，本条例は，修景植栽地区を指定して，そこに四季おりおりの花木を植え，将来そこが市街化するのを未然に防止することをねらっているとか，その土地にあった植物たとえばフェニックスを植え足すことで景観の特徴をひきたたせる植え足しの原則がこの条例のなかに盛り込まれ，その骨格をなしている（木原前掲）という指摘があるが，そうしたことはこの条例には書いていない。

第3章　邪魔な横断歩道橋を撤去せよ（2003年）

Ⅰ　横断歩道橋は邪魔ではないか

横断歩道橋は，交通事故防止と車両の円滑な通行のために昭和40年代からたくさん設置されたが，歩行者には不便であるため，ほとんど利用されず，かえって歩行者が下の横断歩道のないところを危険を冒して渡っているケースもあちこちで見かけるところである。少なくとも，障がい者，高齢者，病弱者にとっては，横断歩道橋を上り下りするのは難行苦行の一語に尽きる。

筆者は，昭和40年代，若き友人の公務員に，人間は力がたりないから平面を通行できるようにすべきで，車の方が地下か高架を走るべきだと主張したら，学者は空理空論をこねるから困ると批判されたことがあった。

行政法学では，有名な国立歩道橋事件がある（東京地決1970・10・14行集21巻10号1187頁）。歩道橋の設置が，車のスピードを加速して，かえって事故を起こし，騒音を引き起こすなどと住民が主張して，歩道橋設置という事実行為を公権力の行使として，その執行停止を求めた事件である。裁判所は不思議なことに，普通に言えば権力性のない歩道橋設置を公権力の行使として，行政訴訟の対象を広げたので有名になった（ただし，この歩道橋の設置自体は適法とされている）。いずれにしても，当時から，一部では，歩道橋は邪魔なものと認識されていた。

諸外国をたくさん歩いたが，横断歩道橋がこんなにたくさん設置されている国は見たことがない。ちょうど交通バリアフリー法（高齢者，身体障害者等の公共交通機関を利用した移動の円滑化の促進に関する法律）が2000年に成立したところである。各地で，福祉のまちづくり条例も制定されている。

そこで，この段階で，地域の状況次第では，既設の横断歩道橋を廃止して，横断歩道に切り替えるべきではなかろうか。このような疑問を持って，調べることにした。

横断歩道橋を廃止して，歩行者に平面通行権を保障し，車両の方を減速させると，危険が増加するかどうか，場所ごとに調査しなければならない。

あるいは，スロープ型の横断歩道橋に変えるべきか。ガードレールを設置して，横断できないようにするべきか。地下道を造るべきか。地域の状況によって異なるが，その状況をどう想定するか。

そうした実質的な問題を検討する前に，法制度を調査する必要がある。それは次のようなところであろう。

・他の自治体の先行事例はどうなっているか。

・法的根拠はどうなっているか。交通バリアフリー法も根拠としているのか。どんなしくみであれば，対処しやすいか。

・設置主体はどこか。道路管理者か，警察か。

・補助金はどこから出ているか。補助金のついたものを壊せるか。壊す費用をどこから捻出するか。

・撤去の際に警察との相談はどうなるか。

Ⅱ　横断歩道橋の撤去例

1　東京都の「福祉のまちづくり条例」による横断歩道橋の取扱いについての基本方針

東京都建設局のホームページにアクセスしたら，建設局道路管理部安全施設課，保全課を問い合わせ先として，東京都は，「東京都福祉のまちづくり条例」等を受け，横断歩道橋の利便性の向上を図るため，下記のとおり「横断歩道橋の取扱いについての基本方針」を定めましたので，お知らせしますと広報されている。

そこで，建設局道路管理部安全施設課（tel：03−5320−5302），建設局道路管理部保全課（tel：03−5320−5291）に問い合わせて，「横断歩道橋の取扱いについての基本方針」（平成10年10月23日）という文書を入手した。

現在，都が管理している横断歩道橋は681橋である。そのうち，スロープ（斜路）付は36橋，機械昇降装置付は2橋のみであり，残り643橋はすべて階段形式である。横断歩道橋は大部分が昭和40年代に建設され交通安全に大きく貢献してきた。しかし，近接して横断歩道が設置され，ほとんど利用されなくなったものも生じている。

一方，1995年，「東京都福祉のまちづくり条例」が施行され，これを受けて1996年8月に「東京都福祉のまちづくり条例施設整備マニュアル」が策定された。このマニュアルでは，横断歩道橋などの立体横断施設は，高齢者や障がい者をはじめ歩行者のだれもが，自由に移動できる歩行空間を連続的に確保することを基本的な考え方としている。これらの状況を踏まえ，横断歩道橋の取扱いについての基本方針を次のように定める。

〔横断歩道橋の取扱いについての基本方針〕

「1. 既設横断歩道橋について

既設横断歩道橋については，利用状況，歩道橋に対するニーズの変化などを考慮し，次のように取扱う。

(1)　改良について

既設横断歩道橋のうち，高齢者や障がい者等の利用が多く見込まれ，近傍に横断歩道が設置されていない横断歩道橋については，次の方針で改良に努める。

①　極力，スロープの併設に努力する。

②　スロープの併設ができない場合には，可能な限り機械昇降装置を設置する。

③　ただし，機械昇降装置の管理は，地域に密着した施設であることから，区市町において行う。

(2)　撤去について

次の事項に該当する歩道橋は，原則として撤去する。

①　利用者が少ないこと。

②　近傍に横断歩道が設置されていること。

③　警察署，地元区市町，近隣町会など関係機関の合意が得られること。

2. 新設横断歩道橋について

設置に当たっては，『(1) 改良について』に基づく。」

朝日新聞「消えた横断歩道，復活の動き」にその運用状況が出ている（2002年2月13日30面）。ここで「不要歩道橋は撤去進む」とある。

2002年11月に東京都に問い合わせた結果では，東京都において道路管理者が撤去した事例は，2002年11月現在で7橋となっている（1998年度以降）。

その他に，再開発や道路街路拡幅事業，地下鉄建設，高速道路建設等により，代替施設の建設や支障となって撤去された事例は16橋となっている（1981年度以降）ということである。

２　その他の横断歩道橋撤去例

さらに，検索エンジンで，横断歩道橋撤去を検索したら，新潟県柏崎市，福島県福島市で，地下道を造って，横断歩道橋を撤去するニュースを入手した。ほかにもたくさんあるだろう。地下道はスロープ式にしないと弱者にやさしくならない。

また，文献を検索したら，後藤恵之輔＝下田諭志＝木村拓「移動困難者の立場からみた横断歩道橋撤去に関する考察」長崎大学工学部紀要第30巻第54号49―56頁（社会開発工学科）に行き当たった。

歩道橋は，移動困難者にとって身体的負担があり，車道を横断する際，大きなバリアとなっていた。そうした中，1999年８月に長崎大学前歩道橋が撤去された。撤去の目的は，交通渋滞緩和，超高齢化対策等である。路面電車停留所もスロープや上屋の設置等を行い，バリアフリー整備が徐々に行われていることが調査の結果明らかとなったということである。

ここで，撤去の目的が交通渋滞の緩和というのは，奇異に感じられる。横断歩道橋こそ交通渋滞解消のために造られたからである。実は，歩道橋付近は，橋脚のために道路が狭くなっている一方で，横断歩道橋を設置したあと，交通量が大幅に増加し，車体が大型化したため，車が２台並行して走れなくなっているのである。歩道幅員を狭くして車道幅員を拡大しようとしても，歩道橋の階段部分があるため困難だということである。

◇ Ⅲ　横断歩道と横断歩道橋の設置権限

交通安全施設等整備事業に関する緊急措置法（昭和41年法律45号）２条３項では，交通安全施設等整備事業のうち，信号機，道路標識，道路標示，交通管制センターの設置に関する事業は都道府県公安委員会が，横断歩道橋（地下横断歩道も含む），道路標識，さく，街灯その他政令で定める道路の付属物で安全な交通を確保するためのものなどは道路管理者が行うとされている。ここでは，横断歩道橋の設置の方は規定されているが，その廃止のことは規定されていない。

道路法では，横断歩道橋は道路管理者が設置する（30条10号）。

横断歩道は都道府県公安委員会が設置する（道路標識，区画線及び道路標示に関する命令４条２項２号）。

そこで，横断歩道橋の設置は道路管理者の権限であるが，道路法（95条の

2）に基づき警察と協議する。

横断歩道橋の設置補助には次のようなものがある。

①　交通安全施設等整備事業に関する緊急措置法による補助金

道路管理者が行う横断歩道橋に関する事業では，国が2分の1を補助する。通学路については10分の5.5を補助する（同法2条3項2号イ，10条）。

これを具体化したのが国土交通省の「道路のバリアフリー化を支援する事業」の「特定交通安全施設等整備事業」である。これは交通バリアフリー法以前からある補助制度であるが，同法に基づいて計画すれば優先採択されるようである。

②　道路交通法による交通安全対策特別交付金

市町村の設置する道路交通安全施設の一定のものの設置に要する費用につき，国から，反則金を財源として交付金が支給される（道路交通法附則16条，交通安全対策特別交付金等に関する政令1項2号イ）。

この交通安全対策特別交付金等に関する政令1項2号イは，横断歩道橋（地下横断歩道を含む）を対象としているが，それは，「総務大臣が関係行政機関の長と協議して定める基準に該当するもの」（同項2号）に限られる。

これについては，以下の自治省告示第128号（1983年5月16日官報号外第33号）がある。

〔交通安全対策特別交付金等に関する政令第1条第2号の基準を定める告示〕

「交通安全対策特別交付金等に関する政令（昭和58年政令第104号）第1条第2号に規定する基準は，次の各号の1に該当することとする。

一　1日当たりの自動車及び原動機付自転車（道路運送車両法（昭和26年法律第185号）第2条第2項に規定する自動車及び同条第3項に規定する原動機付自転車をいう。以下同じ。）の交通量が200台以上である道路の区間

二　1日当たりの歩行者の交通量が100人以上であり，かつ，自動車及び原動機付自転車の交通の用に供されている道路の区間

三　自転車又は自転車と歩行者を併せた交通量が多く，かつ，自動車及び原動機付自転車の交通の用に供されている道路の区間

四　児童又は幼児が小学校（盲学校，聾（ろう）学校又は養護学校の小学部を含む。以下同じ。）若しくは幼稚園又は保育所に通うため通行し，かつ，自動車及び原

動機付自転車の交通の用に供されている道路の区間

五　付近に，小学校，幼稚園，保育所，児童公園，病院，養護老人ホーム等があることにより，交通事故が発生するおそれがある道路の区間

六　交差点，橋，トンネル等があることにより，交通事故が発生するおそれがある道路の区間

七　勾配が急であること，屈曲が著しいこと，幅員が狭小であること等の事由により，交通事故が発生するおそれがある道路の区間

八　路面と近傍地の高低差が著しいことにより，交通事故が発生するおそれがある道路の区間

九　夜間において特に交通事故が発生するおそれがある道路の区間」

◈ Ⅳ　横断歩道橋の廃止・撤去と財政

1　補助金の返還？

では，横断歩道橋の廃止は可能か。補助金適正化法では，壊す場合には補助事業の廃止として各省各庁の長の承認を要する（7条1項4号)。承認の条件として，補助金の返還を求められることもありうる。

これについて東京都に問い合わせたところ，耐用年数が満了していない残存物件を売却した場合は，当該物件の残存価額にその物件を取得した補助事業に係る国の補助率又は負担率を乗じて得た額を返還することとなっている。したがって，補助金適正化法22条に基づき，国土交通省に「補助事業で取得した財産の処分」の承認申請により，返還の有無を確認する必要がある。

このことから，東京都としては，事前相談を行った結果，架設後30年を経過しており，横断歩道橋の撤去費は東京都の自己財源によることから返還は求めないこととなっているということである。

前記の交通安全対策特別交付金は警察庁では使われないが，道路管理者に係る部分として使われることがある。これには補助金適正化法の適用がない。同法は，「補助金等」に適用され，これには給付金で政令（同法施行令2条）で定めるものを含むが，この交付金はここで列記されていないから，補助金適正化法の適用を受けない。

しかし，これを他目的に流用したり，違法に使用した場合には，交通安全対策特別交付金等に関する政令10条の返還規定が適用されるならば，返還させることができる。

〔交通安全対策特別交付金等に関する政令〕

「第十条　総務大臣は，都道府県又は市町村が交付を受けた交付金の全部又は一部を交通安全対策経費に充てなかつた場合において，その充てなかつたことにつき正当な理由がないと認めるときは，当該都道府県又は市町村に対し，その充てなかつた部分に相当する金額を交通安全対策経費に充てるべき旨の勧告をすることができる。

2　都道府県又は市町村は，前項の勧告を受けたときは，その交通安全対策経費に充てなかつた部分に相当する金額を交通安全対策経費に充てるための計画を作成し，これを総務大臣に提出するものとする。

3　総務大臣は，都道府県又は市町村が前項の計画を提出しなかつたとき，又は同項の規定により提出した計画に従つてその充てなかつた部分に相当する金額を交通安全対策経費に充てなかつたと認めるときは，当該都道府県又は市町村の弁明を聴いたうえ，やむを得ない事情があると認めるときを除き，理由，金額，期限その他必要な事項を記載した文書をもつて，当該都道府県又は市町村に対し，その充てなかつた部分に相当する金額の返還を命ずるものとする。」

一方，この交付金でいったん造ったものを壊す場合には，この10条の規定は適用されない。

2　撤去の費用

国の方では，これまで横断歩道橋の設置を推進してきたところで，その撤去についてはまだ方針がなく，補助制度もない。

東京都の場合は，自己財源により撤去している。一橋の撤去費用は，単純な構造のもので，おおむね500万円位であるということである。

福祉のまちづくり条例を活用していくということであろう。

Ⅴ　撤去の際の警察との協議

前記のように，横断歩道橋を撤去するには，道路管理者と警察との協議が必要である。東京都の場合，1998年に策定した「横断歩道橋の取扱いについての基本方針」に基づき，先に地元区市町，近隣町会など関係機関（近隣学校・福祉施設）の合意を得たうえで，警察と協議している。その基準は，次のようである。

(1)　撤去可　　横断歩道と信号が既に設置されており，横断歩道橋の利用者が少なく，横断歩道橋を撤去しても歩行者等の安全が確保できると判断されるもの。

(2)　撤去不可　　①新たな信号や横断歩道の設置が必要となる箇所，②横断歩道橋を撤去した場合に安全が確保できない箇所（車両交通量が多く，地先の出入り口等があり，ガードレール等により違法横断の抑制できない箇所にかかるもの。又は，道路の線形が屈曲しており，見通しの悪い箇所に架かるもの）

横断歩道橋を廃止して，横断歩道を設置するときの警察との協議については，東京都が撤去する場合は，新たに横断歩道を設置しないことを原則としているので，東京都から警察には横断歩道の設置要請は行っていないということである。

◈ Ⅵ　交通バリアフリー法・福祉のまちづくり条例は使えるか

いわゆる交通バリアフリー法は高齢者らにやさしい街にするために公共交通事業者に対し，旅客施設の新設や大規模改築の際にエレベーター，エスカレーター，誘導警告ブロックなどの設置を義務づける，また新規車両に低床バスを導入することや航空機の座席に可動式の肘掛けの装着なども求める。このほか駅などの周辺地を重点整備地区に指定し歩道の確保や段差解消，道路用エレベーター，案内用標識などの整備を進めることが盛り込まれている。この法律は鉄道駅を中心に港，空港などで移動する際の身体の負担を軽減することが目的で，国は基本方針を策定し，バリアフリーの目標や公共交通事業者が講じなければならない事項などを定める。基本方針に基づいて，市町村は旅客施設の周辺地区を道路などと一体でバリアフリー化を進める重点整備地区の指定や，具体的事業を盛り込んだ基本構想を決定する。公共交通事業者は市町村の基本構想に従って事業を実施することになるが，国土交通省の補助金を受けることができる。補助のスキームとしては，国・事業者3分の1，県・市それぞれ6分の1となっている。

事業者が大規模改築の届けを怠ったり，バリアフリーの命令に従わなかった場合は100万円以下の罰金に課される。鉄道駅周辺を重点整備地区に定める場合は1日に5,000人以上の利用者があることや，相当数の高齢者らの利用が見込まれる駅を想定しているということである。既存の交通施設にエレベーター，エスカレーターなどを設置することは義務とされていない。これは既存のものに重い負担を課することは信頼保護の原則，法の安定性に反するという発想によるものと思われる。日本ではこれから駅の新設などはおそらくほとんどない以上，この法律そのもので直ちにバリアフリー社会が成立するわけではないが，今後この方向で予算措置を講じていくということである。

「交通バリアフリー法」は横断歩道橋の整備が交通バリアフリーに寄与すると考えているのか，それを取り壊すことはおそらく予想していない。

この基本構想を策定した市町村は目下（2002年8月）約30ということである（http://www.mlit.go.jp/sogoseisaku/barrier/mokuji_.html）。筆者の住む神戸市も先般基本構想を策定し，ホームページに掲載しているが，横断歩道橋の廃止については議論はしたものの，基本構想の中に入れていない。基本構想は，重点整備地区に関する整備方針を記しているものなので，横断歩道橋の撤去に関する一般的な考え方については触れていないということである。

しかし，バリアフリーを唱えるからには，市町村が策定する基本構想の中に横断歩道橋の廃止・横断歩道の設置の考え方を示して，検討する場をつくったらどうか。さしあたり補助金は出ないが，アピールする効果はある。

あるいは，東京都のように，都道府県・市町村の福祉のまちづくり条例で対応することになる。

このようにして，市町村がバリアフリー法の基本構想とか地方公共団体が福祉のまちづくり条例の中で横断歩道橋の廃止をきちんと位置づけていけば，それに伴う横断歩道の設置についても，警察が協議に応ずることもあるのではなかろうか。

Ⅶ　今後の方向

本章は，テーマを発見したら，何を調査すべきかという点に関して，筆者の調査方法の一端を示したにとどまったが，本来は，本章で示唆したように，バリアフリー法の基本構想とか福祉のまちづくり条例に，バリアフリーな移動促進の観点から，横断歩道橋の撤去の是非を検討する場を設けて，歩行困難な人や高齢者も入れて，みんなで，一つ一つの横断歩道橋について，点検していくべきではなかろうか。さらに，この観点からバリアフリー法とその補助制度の改善が望まれる。

【追記】 本稿作成にあたっては，東京都建設局道路管理部保全課橋梁保全係齋藤氏からご親切なご教示を得たことを記して謝意を表する。
台湾でも，横断歩道はやめていると聞いた。はしがきでも述べたが，人間の心理を知らないで，まちづくりも法制度も設計できないのである。

【追記】 **横断歩道橋**　人には平面通行権があり，人に横断歩道橋を渡らせ，車が平面通行するのは，人間無視の政策である。この種の私見は学者の戯言扱いされていたが，偉大な経済学者宇沢弘文は，市場原理主義の近代経済学は人間無視であるとして，社会的共通資本を提唱している。人々が豊かな経済生活を営み，優れた文化を展開し，人間的に魅力のある社会を持続的に，安定的に維持することを可能とするような社会的措置を社会的共通資本として，これを社会全体の財産として管理・運営していかなければならないというものである。それは水俣病の衝撃を受けて提唱されたものであるが，自動車の社会的費用の理論も有名である。その一環として，横断歩道橋については，歩行者の横断のためには，歩道橋ではなく，むしろ車道を低くするなりして，歩行者に過度の負担をかけないような構造とし，さらにセンターゾーンを作って，事故発生の確率をできるだけ低くしなければならないと述べている（『宇沢弘文傑作論文全ファイル』（東洋経済新報社，2017年）76頁など）。
私見は正しい方向ではあったが，プリミティブなものであった。宇沢理論のようにまともな理論を工夫できれば良かったと，自分の無能を嘆く次第である。

第4章 「その他これに類する政令で定めるもの」という規定でラブホテルを規制できるか―法治行政 (2006年)

Ⅰ　ラブホテルを禁止する国法

ラブホテルを禁止する国法には次のものがある。

1　旅館業法

旅館業法3条3項では，学校周辺100メートル以内での旅館を禁止できるが，100メートルをこえると，学校等への通り道であるため学校の清純な施設環境がいくら害されても，同法上は不許可にすることはできないし，また，住宅街であるという理由では不許可にすることができない。

2　建築基準法

これは用途地域の手法で，ホテル又は旅館の建築は，第一種・第二種低層住居専用地域，第一種・第二種中高層住居専用地域，工業地域，工業専用地域において禁止されている（同法48条，同法別表第2）が，第一種・第二種住居地域，準住居地域，近隣商業地域，商業地域，準工業地域では禁止されていない。

3　風営法

風営法は，同法の規制の対象となる営業を性風俗関連特殊営業とただの風俗営業という二種の営業形態に区分し，ラブホテルはこの性風俗関連特殊営業に当たるとした（2条6項4号）。そして，同法28条は性風俗関連特殊営業について，法律で一定地域での禁止規定を置くほか，都道府県条例による立地規制を認めている（28条2項）。兵庫県条例では，商業地域以外は同法でいうラブホテルは禁止されている。

ただし，ここでいう性風俗関連特殊営業は限定され，いわゆるラブホテルは政令で定める施設（政令で定める構造又は設備を有するものに限る）を設けるものに限られる（同法2条6項4号）が，ここでいう施設とは，①レンタルルームその他個室を設け，当該個室を専ら異性を同伴する客の休憩の用に供する施設，②ホテル，旅館その他客の宿泊（休憩を含む。以下同じ）の用に供する施設であって，その食堂（調理室を含む。以下同じ）又はロビーの床面積が，次の表の上欄に掲げる収容人員の区分ごとにそれぞれ同表の下欄に定める数値に達しないもの（前号に該当するものを除く）となっている。そこで，食堂とロビーの面積を一定以上取れば，ここでいうラブホテルには当たらない。

ここでいう設備とは，回転ベッド，横臥している人の姿態を映すために設けられた一定以上の大きさの鏡などや性的好奇心をそそる物品の自動販売機などである（以上，風営法施行令3条）から，そうした設備を置かなければ規制されない。

要するに，こうした限定された特殊なラブホテルだけが風営法上の性風俗関連特殊営業として規制されるのである。これを風営法上のラブホテルということにする。

◆ Ⅱ　建基法施行令改正で対応できるのか

このように現行法では，ラブホテル規制には大きな限界がある。そのため市町村条例で対応する必要性が生ずる。これに対して，国土交通省は，建基法施行令改正で対応できるという。それを検討しよう。

1 「専ら異性を同伴する客の休憩の用に供する施設」の禁止

1992年に建築基準法施行令が改正された。用途地域で禁止されるものとして，建基法別表第2，(ち)4　個室付浴場業に係る公衆浴場その他これに類する政令で定めるものとの定めがあり，これは近隣商業地域のほか，準住居地域，第一種・第二種住居地域でも禁止される。さらに，(ぬ)3により，準工業地域でも禁止される。ここでいう政令は，施行令130条の9の2である。ホテル又は旅館の建築が許されている用途地域においても，この政令で定める建物については，商業地域を除き禁止されることになる。

この130条の9の2は次のように規定する。法別表第2(ち)項第4号及び(ぬ)項第3号（法第87条第2項又は第3項において法第48条第8項及び第10項の規定を準用する場合を含む）の規定により政令で定める建築物は，ヌードスタジオ，のぞき劇場，ストリップ劇場，専ら異性を同伴する客の休憩の用に供する施設，専ら性的好奇心をそそる写真その他の物品の販売を目的とする店舗その他これらに類するものとする。

2　ラブホテル類似施設の禁止か？

では，「専ら異性を同伴する客の休憩の用に供する施設」とは何であろうか。一見したところ，風営法のように限定されたラブホテルだけを規制するのではなく，一般的にラブホテルといわれているもの，ラブホテル類似施設も禁止されているのではないか。とすれば，建築基準法上は，ラブホテル類似施設も含めて，ラブホテルは，近隣商業地域のほか，準住居地域，準工業地域でも禁止される。先のホテル旅館の禁止と併せて読めば，第一，第二種低層住居専用地域，第一，第二種中高層住居専用地域，第一種・第二種住居地域，準住居地域，近隣商業地域，準工業地域，工業地域，工業専用地域において禁止されることになる。逆にいえば，ラブホテル及びラブホテル類似施設は商業地域でのみ許容されていることになる。もしそうなら，市町村はラブホテル条例を制定する必要はまずなくなる。

ところが，現実にはラブホテル条例が制定されている。どういうことだろうか。神戸市，奈良市，京都市に聞くと，ラブホテルの建築確認をこの規定で拒否することはしていないという。

3　営業禁止と建築禁止の平仄（ひょうそく）を合わせる？

それではと，国土交通省市街地建築課に聞くと，次の質疑応答集をいただいた。その回答部分を添付する。

「モーテルまたはラブホテルなどの営業については，風俗営業等の規制及び業務の適正化等に関する法律は第2条第4項第3号に規定しており，それを『専ら異性を同伴する客の宿泊の用に供する政令で定める施設を設け，当該施設を当該宿泊に利用させる営業』と定義し，都道府県は，条例で，その営業を禁止する地域を定めることができることとしている。

建築基準法においては，平成4年改正前の建築基準法（以下「旧法」という）においては，モーテルまたはラブホテルなどの営業を特に普通のホテルまたは旅館から区別していなかったので，旧法における住居地域，近隣商業地域，商業地域および準工業地域内ではその営業に係る建築物は建築できることとされていた。

このため，旧法の下では，ある場所のあるものについて，この二つの法体系からくる規制が相違した場合，たとえば，風俗営業等の規制及び業務の適正化等に関する法律に基づく都道府県の条例でモーテル営業が禁止された地域が，用途地域上は住居地域である場合などが多く考えられたが，風俗営業の規制及び業務の適正化等に関する法律の禁止が営業の禁止であるのに対し，建築基準法の禁止は建築物の建築の禁止であるので，先に挙げた例では，営業はできないが，モーテルなどを建築することはできることとされていた。

このような不合理があったため，平成４年の建築基準法改正の際，モーテル又はラブホテル等については，商業地域以外の地域において建築を禁止する建築物として，個室付き浴場業にかかる公衆浴場に加え，その他これに類するものを令第130条の９の２で定め，ヌードスタジオ，のぞき劇場，ストリップ劇場，もっぱら異性を同伴する客の休憩の用に供する施設，もっぱら性的好奇心をそそる写真等の販売を目的とする店舗等を追加して規制することとした(1)」。

これによれば，この立法の趣旨は，営業禁止と建築禁止の平仄を合わせる点にある。そうとすれば，この施行令改正は，風営法上ラブホテルとされるものだけを，建築禁止にしたのであって，風営法上はラブホテルにならないラブホテル類似施設については，なお，建築基準法は沈黙していることになる。もしそうであれば，なお，ラブホテル禁止条例の必要性は残ることになる。

この改正の趣旨は，この説明では，これ以上ははっきりしないが，風営法上のラブホテルだけ規制するつもりなら，風営法２条６項４号に定める「①専ら異性を同伴する客の宿泊（休憩）の用に供する政令で定める施設（②政令で定める構造又は③設備を有する個室を設けるものに限る。）を設け，当該施設を当該宿泊（休憩）に利用させる営業」についての用途規制だとわかるような文言を選ぶべきであろう。もし，風営法上のラブホテル以外のラブホテル類似施設を規制するつもりなら，営業の自由・財産権に対する重要な規制であり，風営法や市町村のラブホテル条例がそれなりの定義をおいていることにかんがみ，もっときちんと定義をすべきであろう。この曖昧な規定で，商業地域以外では，ラブホテルを全て禁止するのはいかにもいきすぎではないか。

さらに，営業規制と建築規制が一致しないことはそんなに不合理であろうか。営業規制は建築物ができた後の営業実態に応じて規制するものであるが，建築規制は建物という物的なものを設計段階で規制するものであるから，営業としてはラブホテルであっても，建築段階ではその判定が難しいのは当然であって，一致する必要はないのである。

4 「専ら異性を同伴する客の休憩の用に供する施設」はラブホテルとは違う

このような疑問をもって，もう一度風営法の条文を見たら，「専ら異性を同伴する客の休憩の用に供する施設」はラブホテルとは違っている。

風営法2条6項4号で規制される「①専ら異性を同伴する客の宿泊（休憩を含む）の用に供する政令で定める施設（②政令で定める構造又は③設備を有する個室を設けるものに限る。）を設け，当該施設を当該宿泊（休憩）に利用させる営業」には，

「一　レンタルルームその他個室を設け，当該個室を専ら異性を同伴する客の休憩の用に供する施設」

「二　ホテル，旅館その他客の宿泊（休憩を含む。以下同じ。）の用に供する施設」がある。

ここでは，ラブホテルはこの風営法施行令第3条2号で規制され，1号で規制される「専ら異性を同伴する客の休憩の用に供する施設」とは別概念なのである。

そうすると，1992年の建築基準法施行令の改正は，専らレンタルルームを規制したものであり，ラブホテルは規制対象外である。前記の神戸市等の実務は正しいことになる。それに，ラブホテルかどうかは建築段階では判定が困難であるから，それを規制対象外とするのは前記のように不合理ではないのである。

しかし，そうすると，レンタルルームを規制するが，ラブホテルを規制しない理由は何であろうか。風営法ではこの両方を規制するのに，建築基準法では，この前者についてだけ規制する理由もよくわからない。

どうも真相はわからないが，建築基準法施行令の立案者が，風営法のラブホテルの意味を理解せずに，誤解して，ラブホテルの定義の代わりに，レンタルルームの定義を間違って使ってしまったのではないだろうか。これは法律審査の専門家を自認する内閣法制局の審査を経ているはずなのに。

5　国土交通省への質問

そこで，国土交通省市街地建築課へ下記の質問をした。さらに，上記の文章を送った。

1992年建基法施行令第130条の9の2改正は，「専ら異性を同伴する客の休憩の用に供する施設」を一定の用途地域における禁止施設とした。

この意味は，風営法によるラブホテルの営業禁止と建築禁止の平仄を合わせたものという（国土交通省住宅局内建築基準法研究会編『建築基準法質疑応答集』（第一法規，加除式））。しかし，風営法2条6項4号に基づく同法施行令3条は，「専ら異性を同伴する客の休憩の用に供する施設」とラブホテルを別概念としているので，この規定ではラブホテルを規制できない。

建築基準法施行令の立案者が，風営法のラブホテルの意味を理解せずに，誤解して，ラブホテルの定義の代わりに，レンタルルームの定義を間違って使ってしまったのではないだろうか。

なお，いくつかの市に聞いても，ラブホテルをこの規定では規制していないという。この辺のことがわかる文献と解釈をお教えいただければ幸いです。

6 国土交通省の回答

回答は下記のとおりである。

「風営法施行令第3条において定められているレンタルルームとラブホテルの相違は，平成4年の建築基準法（及びその施行令）改正の立案時に認識しており，建築基準法施行令第130条の9の2に規定した『専ら異性を同伴する客の休憩の用に供する施設』とはいわゆるレンタルルームが該当します。一方，ラブホテルに関しては，通常のホテルとの中間形態のものもあり，建築基準法が建築物のみを規制するという性格上，風営法のようにラブホテルを規定することが困難であることから，建築基準法では同法施行令第130条の9の2の『その他これらに類するもの』に包含されるものとして規定しています。したがって，建築基準法では，風営法で対象となるラブホテルも含めてラブホテルの建築を商業地域以外では禁止しています。

ラブホテルについては，風営法による営業規制など関係部局と調整して対応することが必要と認識しておりますが，建築基準法による建築規制は，建築物について規制を行うものであることから，法体系上，建築確認や完了検査により判断することが可能な制度として構成したものです。

実際に建築基準法に係る事務を行っている地方公共団体においては，ラブホテルについて指導要綱等で対応していること等もあって，建築基準法との関係でその規制が大きな問題になっていないことから，建築基準法による規制について認識が薄い面があったり，また，建築規制であることの限界（例えば，建築主にビジネスホテルだと主張された場合など）はありますが，総じて建築基準法による規制が大きな問題となっているようなことはないと認識しております。

当課においても，ラブホテルの建築規制に関して具体的に問題となっている事例があれば，当該地方公共団体に対し，建築基準法による規制について周知したり，営業規制などの関係部局との連携を促す等の対応をしていきたいと考えています。」

7　なお，阿部泰隆の疑問

しかし，この回答だけでは納得できない。

これは，営業禁止と建築禁止の平仄を合わせるという，前記の当局の説明とは全く違う。また，前記の説明では，「その他これらに類するもの」という文言をラブホテル規制の根拠とはしていない。なぜ説明が変わるのか。

次に，これは施行令の「その他これらに類するもの」という抽象的な概念で，ラブホテルをレンタルルームに類似するものとして扱うという趣旨である。しかし，この2つは風営法上別概念であるから，それを勝手に別の法律の施行令で，「その他これらに類するもの」に当たると解釈するのは，概念の不当な拡張である。

しかも，ホテルには種々あり，どの程度のものが「その他これらに類するもの」に当たるのかも皆目わからないから，これを基準に規制するのはおよそ法治行政とはいえない。建築確認は覊束行為であり，さらに民間委託された以上は，民間指定確認機関（建基法6条の2，77条の18）でも裁量なしに判断できるものでなければならない（上記の回答も，「法体系上，建築確認や完了検査により判断することが可能な制度として構成したものです。」といっている）が，これはその要請をおよそ満たさないと思う。もしこの規定を根拠に，ラブホテルなりラブホテル類似施設の建築確認を拒否するとすれば，明らかに違憲，違法である。いくつかの政令市に聞いたところ，この規定を根拠にラブホテルの建築確認を拒否する運用をしていないのは，この規定では無理だということであって，国土交通省の解釈が誤りだとの認識によるものではないか。

自治体で建築基準法によるラブホテルの規制が大きな問題になっていないのは確かだが，それは，自治体が行政指導で押さえているためではない。行政指導では押さえきれずに，ラブホテル規制条例を制定しているところはたくさんある。

自治体では，建築基準法施行令ではラブホテルは規制できないと認識しているからこそ，条例で対応しており，その結果，建築基準法によるラブホテルの規制が大きな問題になっていないのであって，議論は逆転している。国土交通省のいうように，建築基準法でラブホテルを規制すれば，私見のように，曖昧だ，違憲，違法だという争いが起きて，大きな問題になるのである。

国土交通省は，建築基準法でラブホテルを規制しているというなら，本当に現場がそれを活用しても，違法として責任を負わされない，明確なルールを作るべきである。現場の苦労を可及的に解消するのが，法令の企画立案に当たる中央官庁の任務のはずである。

そのほかに，入手した，建設省住宅局建築指導課・市街地建築課・日本住宅主事会議監修『平成5年6月25日施行改正建築基準法・施行令の解説』(日本建築センター，1993年) 82頁では，「近隣商業地域及び準工業地域に建築してはならない個室付き浴場に類する建築物として，ヌードスタジオ，のぞき劇場，ストリップ劇場等を定める (令第130条の9の2)」とあって，ラブホテルの例示はない。同86頁でも，「風俗営業等 (マージャン屋，パチンコ屋，キャバレー，料理店，個室付浴場，カラオケボックス等) にかかる用途規制の見直し」という表があるが，ホテルの例示はない。これを見れば，建設省の意思としても，この施行令130条の9の2で，ラブホテルを規制するつもりではなく，まして，建築主事にこれを徹底しようというつもりはなかったはずである。

8　これへの回答

これに対して，次の回答がきた。

「1. 建築基準法においては，風営法第2条第4項に規定する風俗関連営業に係る施設のうち，個室付浴場について建築基準法別表第2の中で規制しており，それ以外の施設についても『その他これに類する政令で定めるもの』として建築基準法施行令第130条の9の2で規制しております。政令においては，規制の対象となる施設を列挙するとともに，『その他これらに類するもの』として類似施設を定めており，ラブホテルについても『その他これらに類するもの』として解釈し，平成5年6月25日付けで都道府県建築主務部長宛てに通知しております。

2. 一方，先生の御指摘を踏まえ，13政令市の建築基準法実務担当者に対して調査を行いました。これによれば，生活衛生部局では以下の形で規制を行っています。

風営法の対象施設を規制　　5市
風営法の対象施設を規制＋条例の対象施設を規制　　2市
風営法の対象施設を規制＋要綱の対象施設を規制　　6市

建築部局においても，生活衛生部局の規制を踏まえてラブホテルに対する規制が行われているのが実態です。

3. 建築基準法による建築規制については，建築確認，完了検査，建築後の是正措置の三段階で規制を行っています。用途規制については，設計図書等から可能な範囲で実体的に判断しておりますが，建築の性格上，計画の段階では実際にどのような使われ方をするか判断するのは困難であり，提出された図面で判断せざるを得ません。しかしながら，使用開始後に用途に適合していないことが判明した場合には，建築基準法第9条に基づく是正・変更等の命令や場合によっては罰則の適用を行っています。

ラブホテルの用途規制についても同じことが言えますが，ラブホテルについては上述の生活衛生部局に加えて警察でも規制を行っていることから，建築部局においては生活衛生部局及び警察と連携して規制を行うことでその実効性を担保しております。」

これは私の質問に対する回答になっているだろうか？

(1)　国土交通省住宅局内建築基準法研究会編『建築基準法質疑応答集』（第一法規，加除式）4379頁。

【追記】 ラブホテルの規制自体は，『やわらか頭の法戦略』255頁以下で説明した。

建基法施行令130条の9の2は，現在は次の規定である。

（近隣商業地域及び準工業地域内に建築してはならない建築物）

第130条の9の3 「法別表第2（ち）項第3号及び（ぬ）項第3号（法第87条第2項又は第3項において法第48条第8項及び第10項の規定を準用する場合を含む。）の規定により政令で定める建築物は，ヌードスタジオ，のぞき劇場，ストリップ劇場，専ら異性を同伴する客の休憩の用に供する施設，専ら性的好奇心をそそる写真その他の物品の販売を目的とする店舗その他これらに類するものとする。」

内容に変わりはない。

第5章 「散骨」(散灰) はいかなる態様で行えば適法になるか——長沼町散骨禁止条例の検討 (2006年)

Ⅰ はじめに

死んだらお墓に入るものと思いこんでいた私は,「自然葬」というものが浸透しつつあることを知って, なるほど, それも一つの方法だと感心している。死ねば, 単なる物質になり, 分解して自然に還る。その過程がお墓の中であろうと, 自然の中であろうと, どれだけ違うのだろうか。自然に還るのがいやだといっても, 土葬でも自然に還るのだし, 火葬にされるのはいやだが, 他に方法がない。私は, 本当は, ミイラになって未来永劫この姿で残りたいが, その技術があるのか, その費用はどれほどなのか, 皆目見当がつかないし, それを遺言で残しても, 末代までそれを守ってくれる保証はないし, 守ってもらえないときに訴える方法もない。せいぜい化けて出るしかないが, 化ける方法も知らない。それに, お墓を造るというのは最近の慣習らしい。先祖代々の墓などといっても, 由緒ある生まれでもなければたかだか数十年のことらしい。しかも, これから代々弔ってもらえるかといえば, 先のことはわからない。

自然葬にも色々ある。チベットでは遺体を山において鳥に食べさせる鳥葬というものがあり, ヒンズー教を信仰するインドではガンジス川に流す水葬というものがあるという(1)。日本ではそこまでは当面行かないと思われるが, 散骨という方法なら, 受け入れられると思われる。周恩来の遺骨は揚子江にまかれ, ライシャワー大使の遺骨は日米の架け橋ということで太平洋に撒かれた。日本では「葬送の自由をすすめる会」が10数年活動し, 既に相当の実績があるという。

そして, 1991年に「墓埋法」(墓地埋葬法) の解釈に関して, 管轄を持つ厚生省は,「墓埋法は遺灰を海や山に撒く葬法は想定しておらず法の対象外である。」という旨の見解を発表し, 法務省も「刑法190条の規定は社会的習俗と

---

(1) 井上治代「外国における自然葬」『〈墓〉からの自由:地球に還る自然葬』 葬送の自由をすすめる会編 (社会評論社, 1991.10) 149頁以下は, 欧米, 中国, 韓国における葬法, 火葬, 散灰について解説している。

しての宗教的感情などを保護するのが目的だから，葬送のための祭祀で節度をもって行われる限り問題はない」（遺骨遺棄罪に該当しないという趣旨）旨の見解を発表したということである（朝日新聞1991年10月16日『自然葬』認めます　法務省が見解「節度あれば」海に遺灰　市民団体が実行）。

それなら，私は，六甲山の南斜面の桜の木の下に撒いて貰って，毎年桜の花になって（花咲爺さん），毎日，大阪湾を眺め，夜は神戸の1,000万ドルの夜景（昔は100万ドルの夜景といったが，インフレのため1,000万ドルにアップ）を見ながら，人間としては永久の眠りにつくのも良いではないかという気もする。散骨というと，海にまかれるが，プランクトンに食われ，最後はサメや人間に食われる。それよりは毎年桜の花になる方がよほど夢がある。「六甲山1000万ドル夜景散骨株式会社」を設立して，一儲けしたい（陰の声，阿部先生が一番先に散骨される!!）。

ところが，北海道長沼町は，この種の散骨を禁止する条例を制定した。ここで散骨を行っていた業者は，この条例を違法として争うことなく，破産して，撤退した。町の勝ちというところである。

では，この散骨を条例で禁止できるのか。できるとすれば，この種の条例は全国に広がるであろうから，「葬送の自由をすすめる会」の活動は大幅に制約される。この問題について，2005年10月27日，「葬送の自由をすすめる会」がシンポジウムを開催して，筆者もパネリストとして発言した。そこで，ここでは，この発言予定原稿を敷衍して，この問題を法的に考えてみよう。

Ⅱ　散骨の憲法上の位置づけ

散骨を行うグループは葬送の自由を主張する。告別式や葬式を行う自由，行わない自由，これを宗教的関与のもとに行う自由，無宗教で行う自由，土葬，火葬，水葬を選択する自由，埋葬・埋蔵などの場所を選択する自由，山，海に撒く自由，墓碑を建てる建てない自由などの多様な内容が挙げられる[(2)]。

そのような自由があるのか，これは憲法上の権利・自由なのか，権利・自由として誰のものか。

もともと，人間には国家以前に基本的人権があり，憲法は，これを制限する

(2)　梶山正三「葬送の国家管理と基本的人権」前掲『〈墓〉からの自由：地球に還る自然葬』44頁。

国家権力の限界を定めた規範である。お葬式の仕方をどうするかについては，遺族なり死者のほうに権利なり自由がある。その根拠は憲法の条文では正面から書いていないが，憲法で書いていなければ権利がないのではなく，禁止されていなければ権利があると考えられる。そして，憲法13条の幸福追求権から，自己決定権が導かれるとされている。

そこで，まずは死者が生前（不思議な日本語，生の前なら，生まれていない。死前が正しいはず）に有していた自己決定権が根拠となるかもしれない。自分の死後お葬式をどうするかは，死者が生前に自ら決める権利がある。それを国家は妨げることは，公共の福祉に反しない限りできないというものである。

本当にそうしたいところだが，死者は今更自己決定しようもなく，権利の主体にはなれない。そこで，死後のお葬式の方法を遺言したところで，その通りにされないときに訴える方法もない。これでは権利とは言えないであろう。又，現行法では，遺言の対象は財産に限られ，死後の葬式のことは，遺言しても，事実上尊重されるだけで，法的に拘束力を生じない。又，植物人間や胎児なら自己決定できないが，人権があるから，死者が自己決定できないからと言って人権がないとはいえないという議論があるが，植物人間なら，後見人によって自己決定することになるだろうし，胎児は母体が自己決定することになり，母が胎児を害する場合には胎児の人権という発想ではなく，国家による胎児殺の禁止という刑法で対応することになろう(3)。

---

(3) このような私権については，かねてこの問題を検討しており，本文のシンポジウムのパネラーでもあった戸波江二の講演「胎児の人権，死者の人権」戸波ほか『生命と法』(成文堂，2005年) 1頁以下が反対の意見を述べている。小生の意見は憲法学の最先端を知らない愚論のようにも思われる。そこで，これをちょっと紹介して，小生が目下考えるところを述べたい。

胎児ひいては受精卵も又人の萌芽として人権享有の主体と考える。その人権として考えられるのは生命権と人間の尊厳である。これは自らは権利を主張できないが，国家の基本権保護義務論によって保護されるべき権利である。

しかし，ここでは，権利といっても，自らも代理人も主張できない権利であって，単に国家が守るべきだというだけである。それはこれまでの人権とは全く異質なものであると思われる。

死者の人権で問題となるのは，人格権である。たとえば，死者のプライバシー侵害の報道については，基本権保護義務の観点から違法な報道を客観的に規制するしくみを考える必要が生ずるという。死者が人格権を主張するのではなく，死者が尊厳をもって処遇される権利としての人間の尊厳を享有し，しかも，それは死者の尊厳の保護を求めるものであるというように，保護義務的に構成するものという。

そこで，立法的には，葬式の仕方も遺言の対象とし，遺言執行人がそれを執行することとすべきではないかと思われる。

しかし，むしろ，権利とか自由というのは，遺族の方の葬送の自由と思われる。これも憲法上どこにも規定がないが，やはり幸福追求権の中に入るであろう。遺族が故人を偲ぶのにもっとも良いと思う方法を行えれば幸福になるはずであるから。これは憲法上の人権であるから，他人の人権とか社会秩序を害しない限り許容されることになる。

シンポジウムでは，仏教者としては，散骨には供養という概念がないのではないかという疑問が出されたが，供養という宗教的なものを行うかどうかは信教の自由に属する。他人から見て供養に当たらなくても，それだけでは禁止する理由はない。また，散骨の際にお坊さんに祈って貰えば供養にならないのか(お墓なら供養になるというのは理解できない)。

それを規制しているのは，現行法では，墓地埋葬法と死体遺棄罪である。これに抵触しなければ，葬送の自由が保障されることになる。逆に言えば，墓地埋葬法と死体遺棄罪は，葬送の自由を尊重するように，過大な規制にならないように解釈されなければならない。

他人が，自らの考えに反するといったことで，葬送の自由を否定することは許されない。ただ，どこまでが現在の日本で許されるのか，あるいは逆に風俗習慣に反するのか，はっきりしない。

ここで，日本で今問題になっているのは，火葬後の焼骨を砕いて散布する散骨（散灰）の適法性である。

Ⅲ　「散骨」の適法性

では次に，この観点から，「散骨」は違法かどうかを検討する。

これもまた権利主体が主張できないのに権利とするのはこれまでの権利概念とは全く相容れないので，直ちには賛同する勇気がない。

筆者は人権と構成しなくても，国家がそれを守る義務を負うという考え方は，国家の基本権保護義務ではなく，国家の社会秩序維持義務という，国家の存立基盤から導けるのではないかと思う。さらに，本文の死者の葬送の自由となれば，目下は国家がその保護義務を負うという発想ではないから，国家の基本権保護義務論は，適用しがたいもののように思う。むしろ，遺族の追慕の方法に関する自由の問題と構成すれば十分なのではなかろうか。

1　焼骨の埋蔵，遺骨の遺棄の概念

散骨に関係する法律は，墓地埋葬法と刑法190条である。

(1)　墓地埋葬法

墓地埋葬法第四条は，「埋葬又は焼骨の埋蔵は，(許可された) 墓地以外の区域に，これを行つてはならない。」とする。ここで，埋葬は土葬のことであるが，ここの議論には関係がないので省く。そして，焼骨の埋蔵は墓地に限る。

ここでは，焼骨，埋蔵，墓地という概念が用いられる。

では，「焼骨」とは何か。これは焼いたが，骨の形が残っているものをいうと解すべきである。骨に灰が混じっていても，骨と認識できれば，焼骨であろうが，灰だけになって，人骨とは認識できなければ，焼骨ではないというべきである。灰まで，焼骨として扱うという意見もあるだろうが，それは，罪刑法定主義に反する。

「埋蔵」とは，土中に埋めて収蔵することをいう。地上に置くだけでは，墓地埋葬法には違反しない。

焼骨は墓地として許可された区域以外には埋蔵してはならない。一般に，「遺体，焼骨はすべて墓地に入れなければならない」と信じられているが，遺骨を我が家に保管することが許されているように，「埋蔵」でなければ，墓地以外のところでどのように扱われるかは，墓地埋葬法の守備範囲の問題ではない(4)。これは「埋蔵」するなら墓地に限るというだけの規定である。

(2)　遺骨遺棄罪 (刑法190条)

次に，刑法第190条では，「死体，遺骨，遺髪又は棺に納めてある物を損壊し，遺棄し，又は領得した者は，三年以下の懲役に処する。」と定める。ここでは，遺骨と損壊，遺棄という概念が用いられている。

焼骨は遺骨である (遺骨がすべて焼骨ではないが)。焼骨を遺棄すれば，遺骨遺棄罪になる。

遺棄とは，不要物として捨てることであり，送葬の目的で礼儀を尽くして葬るなら，遺棄ではない。

その方法は，その国の風俗習慣や社会通念によるしかない。鳥葬，水葬も，国によっては適法であるが，日本ではそのような社会通念はない。散骨も，人が通る山に骨を置くのであれば，キノコ狩りとかわらび取りの人が見つけて，

---

(4)　安田睦彦「葬送の自由と法律」ジュリスト975号28頁 (1991年)。

すわ，白骨死体発見，バラバラ殺人事件かと騒ぎになるので，日本では違法だろう。

この両方の条文を見れば，焼骨をそのまま地上に置けば死体遺棄罪になり，また，それをお墓として許可されていない土中に収蔵すれば墓地埋葬法違反にもなる。

2　では，焼骨を，地上において，木の葉で覆うのはどうか。

厚生労働省は次の見解を示しているという。

「墓地等の経営及び管理に関する指導監督については，地方自治法上の自治事務とされており，具体的事案に関する判断については，許可権者の裁量にゆだねられておりますが，一般的に言えば，地面に穴を掘り，その穴の中に焼骨をまいた上で，その上に樹木の苗木を植える方法により焼骨を埋めること，または，その上から土や落ち葉等をかける方法により焼骨を埋めることは，墓地，埋葬等に関する法律第4条にいう「焼骨の埋蔵」に該当するものと解されます」。

さらに，厚労省は次のような説明（要約）もしているという。

「地表にまいた遺灰（焼骨）の上に土や木の葉をかぶせても埋蔵に当たる」

これに対して，送葬の自由を進める会は，次のように，厚生労働省の見解を批判している。

「厚労省はこれまで「自然葬は墓埋法の対象外」と明言しています。しかし，同省幹部OBが全日本墓園協会の役員に天下りしているせいでもないでしょうが，自然葬という新しい葬送形態を墓による旧い葬送形態の変種の一つとみなしているようです。自然葬は海か山などの自然に遺灰を還して大きな自然の循環の中に還ることを願うもので，古代からの伝統的葬法を生かすとともに墓地造成による環境破壊を防ぐことをめざしています。旧来の墓による葬送形態とはまったく次元の違う葬送形態です。

厚労省は墓埋法の「埋葬」の定義「死体を地中に葬ること」，つまり土葬を拡大解釈して「焼骨の埋蔵」にまで広げているのです。

しかし，法律の解釈として死体の「埋葬」と焼骨の「埋蔵」とを混同することは許されません。」

しかし，私見では，その程度では，焼骨が露出する。それは焼骨の埋蔵とはいえないが，遺骨の遺棄といえる。これを丁寧に土で覆っても，埋蔵のつもりとすれば，墓地以外に埋蔵したことで，墓地埋葬法違反であるし，さらに，死体遺棄罪であろう。

樹木葬と称されるものも，骨のまま樹木の下に置いたり埋めれば，それは墓地でない場所に骨を埋蔵したことになり，墓埋法違反であろう。

3 遺骨と遺灰の違い

私見では，上記の厚労省に対する批判は的をはずれている。

人骨とわかるものを地上に置いたり，土で覆ったりすれば，墓地埋葬法違反になり，刑法に触れる。

墓埋法は，土葬時代の法律であるから，焼骨の埋蔵先を許可を得た墓地に限定するのは，過大な規制ではないかという疑問があるかもしれない。しかし，墓地埋葬法第1条は，「この法律は，墓地，納骨堂又は火葬場の管理及び埋葬等が，国民の宗教的感情に適合し，且つ公衆衛生その他公共の福祉の見地から，支障なく行われることを目的とする。」と定める。もともとこれは土葬を中心としたが，しかし，土葬に限られるわけではない。条文上も焼骨というものの埋蔵を予想している。目的でも，宗教的感情，その他公共の福祉という用語で，公衆衛生以外のことを目的としている。

焼骨の埋蔵を，自宅の庭，畑等では許さないのはいきすぎか。誰にも迷惑をかけないと言いたいかもしれない。しかし，将来，畑から人骨が出てくるのは，気分が悪いし，隣の畑が墓地では隣人も気分が悪い。やはり，骨が出てくる場所は，限定され，管理されているべきであろう。したがって，焼骨の埋蔵先を，許可を得た墓地に限定するのは合憲であり，骨をその辺に置けば墓埋法違反となる。

次に，遺骨を遺棄することは「遺骨遺棄罪」に該当するが，葬送のため，散骨することは，「遺棄」には当たらない。「節度も持って，社会秩序を乱すことがなければ，問題ない」というのが法務省の見解であるといわれる。これは，構成要件に該当するが，違法性が阻却されるということであろう。しかし，何が「節度を持って」「社会秩序を乱さない」かが問題になる。

4 問題は，埋蔵概念ではない。焼骨概念にある。

焼骨とは何か。灰になって，すでに，人骨なのか，タダの灰なのかの区別がつかなくなったものは，人は骨とは認識しないから，骨ではないというべきである。遺灰と認識される状態では，なお，焼骨かもしれないが。その区別は問題にはなるが。

もし，遺灰をも，焼骨，遺骨の概念に含まれると解するのであれば，骨と灰は別概念であるから，罪刑法定主義に違反する。これを同一概念とするのは，言葉の拡張解釈である。シンポジウムでは，骨と灰の区別をする阿部説は詭弁ではないかとの疑問が寄せられたが，罪刑法定主義のもとでは，電気窃盗は明文の規定がなければ，電気は物ではないから処罰できないし（だから刑法245条が制定された），フロッピーを文書扱いにするにも明文の規定が必要だったのである（刑法157条，158条，161条の2で，電磁的記録を対象とする）。

ここでは，焼骨，遺骨を灰にする行為が先に存在する。では，骨の形をしたものを灰にすることは適法か。さもないと，遺骨損壊罪になる。そこで考えると，骨を灰にすることは，墓地埋葬法の問題ではなく，刑法の遺骨損壊罪の問題である。それは概念的には遺骨の損壊に当たる。

しかし，それが葬送のためであって，宗教的・習俗的な感情に反しないと理解されるようになれば，適法である。

今日，焼骨，遺骨を砕いてペンダントとして保存して故人を偲ぶという送葬の方法もある（2005年10月22日朝日新聞「自分らしく手元供養，遺骨・遺灰をプレートやペンダントに加工)。遺骨の尊厳を害しない方法で，むしろ，礼儀を尽くす方法で行われれば適法であるというべきであろう。

遺灰という形にして，それを広く薄く，自己所有の山林に撒き，そこを通行する人が遺灰が撒かれていることに気がつかないようにするなら，それは誰にも迷惑をかけるものではなく，人の宗教的感情も害するものではないから，禁止する理由がない。

なお，シンポジウムでは，墓地の中に散骨する自由があるから，墓地埋葬法は散骨の自由を否定していないという意見があったが，法律家でない人の発言を理解するのは容易ではない。そんなことをいえば，町の中に酒屋を一軒でも許可してほかは禁止しても，酒屋を経営する営業の自由は保障されていることになるだろう。墓地埋葬法は，墓地に焼骨する以外の葬送の方法を認めていないとすれば，それは過大な規制であり，上記のような「散灰」方式は許容されるべきである。

そこで，誤解を避けるため，これからは散骨ではなく，散灰ということにしよう。

5 長沼町条例

長沼町条例は，焼骨を，「人の遺体を火葬した遺骨（その形状が顆粒状のものを含む。）をいう。」と定義している。ここで，「顆粒状のもの」とは何か。粒状のものをいうのであろうから，灰になれば，対象外である。灰と粒の区別は難しいが，遺骨の一部とわかるかどうかで区別すべきであろう。

また，この規定を見れば，焼骨とは，骨の形をしたものをいい，粒状のものは含まれないことが前提になっているのか，少なくとも，粒状のものは含まれるが，念押しする必要があるということであろう。逆に，灰は含まれないことが明示されたというべきである。

さらに，もしこの条例が，灰まで，散布を禁止するなら，墓地埋葬法で禁止していないものを禁止することになる。それは，葬送の自由，散骨業者の財産権，営業の自由を制限する。それでも，特に合理的な理由があれば許されることになる。では，どうすべきか。

この町は，散骨は地下水汚染，農作物の風評被害のおそれを引き起こすと主張している。それなら，散灰を禁止できるだろうが，規制する方がその事実を立証すべきである。

人里離れた場所で，灰が流れない，飛ばないようにすれば，そんな問題は起きない。

地下水汚染も，散骨のやり方や量次第では，起きることが絶対ないとはいえないかもしれないが，これも人里離れたところで，ごく少量の散骨で影響が起きるものではないだろう。

もし，この条例が，灰ではなく，粒状のものだけを規制しており，業者が，粒を地上に置くのであれば，私見では，粒はまだ骨であり，人骨を放置したことになるので，条例違反の前に，もともと死体遺棄罪か，墓地埋葬法違反になる。

実は，長沼町の業者のやり方では，　散骨は９月下旬に実施。２メートル四方の区画の中央に穴を掘らず地表にまいていた。納骨堂に納められていた遺骨の一部を粉状にした。中には長さ３センチほどの骨片も交じっていたという。私見では，これなら問題が多い。

散骨は，骨の形がわからない灰にして，散灰として，広く薄く散布して，灰が散布されたことがわからないようにして，人の宗教的感情を害さないような方法で行うべきである。それなら，もともとの厚生省の見解のように適法であると考える。

このように，この条例は，骨の放置を禁止する限りでは適法だが，業者の散骨もやり方次第で適法と考える。

しかし，この条例は，許可制度ではなく，条例で一律に禁止して，勧告，命令のシステムを採っているが，勧告，命令をするしないの基準がない。一律禁止である。この町では，どんなやり方であれ，散骨を禁止している。散骨と散灰の区別も明確とは言えない。たしかに，散骨のやり方次第では，問題がありうるかもしれないが，それなら，問題がある場合に限って禁止するようなしくみを作らなければならない。このように曖昧である点で違法である。

さらに，この条例の仕組みはインチキである。末尾の条文を参照されたい。

条例が目的とした環境美化と，散骨とは関係がない。散骨しても，土で覆い，樹木を植えるなら，環境が醜悪になるわけではない。

しかも，本条例は一般的な形式を取っているが，それはカムフラージュで，意味のあるのは散骨禁止だけである。それはこの条例の制定経過から明らかである。こうしたごまかしは恣意的である。

Ⅳ　火葬場の遺灰

なお，このように考えると，火葬場から出る焼骨，遺灰はどうなるのかという問題がある。火葬場では，遺骨をすべて骨壺に入れて遺族に渡すことをせず，産廃として処分しているらしい。ただ，あまり言いたくないことなので，問い合わせしても，よく教えてもらえない。

産廃は廃掃法施行令で列記されているが，遺灰は入っていない。あえていえば，「燃えがら」に当たる。

廃棄物処理法のもとでは，火葬業（日本標準産業分類の「大分類＝サービス業」，「中分類＝その他の生活関連サービス業」，「小分類＝火葬・墓地管理業」，「細分類＝火葬業」）の事業活動に伴って生じた「燃え殻」であり，産業廃棄物に該当するという。

しかし，人間の燃えがらを単純に木くずなどの燃えがらと一緒にしていいのだろうか。あまりにも異質のものを一緒にしているような感がある。むしろ，それは違法ではないか。火葬場における遺灰の処理は，墓地埋葬法，廃掃法違反，死体遺棄罪ではないかという疑問が生じた。

この点で，明治43年10月4日の大審院判決（刑録16巻1608頁）は，骨揚げ後に火葬場に遺留した骨片は，死体遺棄罪にいう遺骨ではないとする。遺族がその習慣，風俗に従って火葬場の係員に処分を任せた骨片などは，もはや本条の遺骨に該当しない」(5)。

その趣旨について，「遺骨は，死者の祭祀，礼拝のために保存の対象となるものに限られるから」，あるいは，「遺棄」とは，「習俗上の埋葬と認められない方法で死体を放棄すること」である(6)。

これに従えば，火葬場に残した骨片は，廃棄物として処分しても，廃掃法違反にはなるかもしれないが，死体遺棄罪にはならない。

しかし，骨揚げ後，遺族が受け取った骨をそのまま捨てるのはこれとは違って，死体遺棄罪である。

『追記』火葬場の遺灰を引きとって金などを回収する商売があることが最近報道されている。

V 訴訟の方法

最後に，長沼町条例に対して，業者はそのまま素直に従うのではなく，訴訟を提起して，その条例の禁止範囲を明らかにし，遺灰を撒くのは違法ではないことを確認すべきではないか。

その訴訟の方法としては，散灰してから，処罰される刑事事件で争うのはハイリスクである。それに顧客も逃げてしまう。散灰しようとして，勧告，命令を受けた段階で争うのが適当であろう。その取消訴訟が普通の手段であるが，その前に，今回行訴法改正で法定化されたその差止訴訟と仮の差止めを求めるのも有効であろう。

あるいは，散灰の地点と方法を定めて，これこれの場所でこれこれの方法で散灰を行う権利を有することを確認するという公法上の当事者訴訟（行訴法4条）はどうであろうか。行政訴訟制度の改正で当事者訴訟の活用が促されているので，このほうが適当か。

さらに，町の方も，散灰を適法とし，ただ，その方法，場所をある程度規制するきめ細かな条例を制定すべきではないか。

---

(5) 河合信太郎『刑法各論』（法学書院，1979年）412頁。
(6) 大谷実『新版刑法各論の重要問題』立花書房，1992年）422頁。

『参考文献』

葬送の自由をすすめる会『自然葬ハンドブック』(凱風社，2005年)，山折哲雄＝安田睦彦『葬送の自由と自然葬』(凱風社，2000年)，安田睦彦『お墓がないと死ねませんか』(岩波ブックレット，1992年)。

【追記】　インド・ガンジス川を訪ねた。病人がわざわざ最後の死に場所として，ガンジス川まで来る。貧乏人は薪で，金持ちは白檀の木で火葬され，ガンジス川に流される。エジプトに行って，ミイラを見たら，肉を取られ，骨と皮ばかりになっている。魂がいずれ戻ってくるとき肉体が必要とのことである。7000年前から，キリスト教が普及する2000年前の約5000年間，王様は，未来の再生を信じて，ミイラになったそうだ。しかし，だれも復活した人はいない。信仰というのは恐ろしい。

ミイラは見苦しいから，なりたいとは思わなくなった。そこで，今考えるのは，瞬間冷凍。死んだときの姿のまま保存される。数百年後に，これを解凍し，心臓を動かし，身体中の毛細血管に血を流し，数兆はあると言われる脳細胞を再生させる技術ができたときに生き返りたい。それまでの冷凍保存代を誰かに預けておきたい。しかし，そのようなことをする人はほとんどいないから，冷凍死体を復活させる技術を開発しても儲からない。又，預けた金を横領されても，訴える方法もない。預託金の適正管理を何世代にもわたって監督することは不可能である。そのうち，誰も管理してくれなくなる。

ということは冷凍死体の再生技術は発展しない。結局は，散骨された方がましのようである。

参考：長沼町さわやか環境づくり条例（平成17年3月16日条例第10号）

（目的）

第1条　この条例は，町の環境美化を推進するために，町，町民等，事業者及び土地占有者等の責務その他必要な事項を定め，良好でさわやかな環境を確保し，清潔で美しいまちづくりを進めることを目的とする。

（定義）

第2条　この条例において，次の各号に掲げる用語の意義は，当該各号に定めるところによる。

(1)　町民等　町の区域に居住する者及び滞在者（旅行等により町を通過する者をむ。）をいう。

(2)　事業者　事業活動を営む者をいう。

(3)　土地占有者等　土地又は建物を占有し，又は管理する者をいう。

(4) ごみ 空き缶, 空きびん, 食品容器その他の容器, 紙くず, たばこの吸い殻, チューインガムのかみかす, 粗大ごみその他の廃棄物全般をいう。

(5) 焼骨 人の遺体を火葬した遺骨(その形状が顆粒状のものを含む。)をいう。

(6) 散布 物を一定の場所にまくことをいう。

(7) 墓地 墓地, 埋葬等に関する法律 (昭和23年法律第48号) 第2条第5項に規定するものをいう。

(町の責務)

第3条 町は, 第1条の目的を達成するため, 町民等, 事業者及び土地占有者等に対して環境美化意識に関する啓発を行うとともに, 自主的な環境美化活動を促進させるなど, 必要な施策を講じなければならない。

(町民等の責務)

第4条 町民等は, 自主的に清掃活動を行うなど, 地域の環境美化に努め, 町が実施する施策に協力しなければならない。

2 町民等は, 家庭の外で自ら生じさせたごみを持ち帰り, 又は適正に処理するよう努めなければならない。

3 町民等は, 飼育し, 又は管理する犬又は猫が家庭の外でふんをしたときは, そのふんを持ち帰り, 処理しなければならない。

(事業者の責務) 第5条 (略)

(土地占有者等の責務) 第6条 (略)

(投棄の禁止)

第7条 何人も, みだりにごみを捨ててはならない。

(散布の禁止)

第8条 何人も, 墓地以外の場所で焼骨を散布してはならない。

(勧告)

第9条 町長は, 第4条第3項, 第7条又は第8条の規定に違反していると認めたときは, その違反者に対し, 必要な措置を講じるよう勧告することができる。

(命令)

第10条 町長は, 前条の規定による勧告を受けた者が, 正当な理由がなくその勧告に従わないときは, 期限を定めて勧告に従うことを命じることができる。

(立入調査)

第11条　町長は，第4条第3項，第7条又は第8条の規定の施行に必要な限度において，町長が指定する職員に，次の各号に掲げる場所に立ち入り，帳簿，書類その他の必要な物件を調査させることができる。

(1)　犬又は猫のふんが放置されている場所

(2)　ごみが散乱している場所

(3)　焼骨が散布されている場所又は散布されている疑いのある場所

2　前項の規定による立入調査をする職員は，その身分を示す証明書を携帯し，関係者の請求があったときは，これを提示しなければならない。

3　第1項の規定による立入調査の権限は，犯罪捜査のために認められたものと解釈してはならない。

（公表）

第12条　町長は，第9条の規定による勧告若しくは第10条の規定による命令に従わなかった者又は第11条の規定による立入調査を拒み，若しくは妨げた者があるときは，その旨を公表することができる。

2　町長は，前項の規定により公表しようとするときは，あらかじめ，公表されるべき者に弁明の機会を与えなければならない。

（罰則）

第13条　焼骨を散布する場所を提供することを業とした者は，6月以下の懲役又は10万円以下の罰金に処する。

2　第4条第3項又は第7条の規定に違反し，第10条の規定による命令に従わなかった者は，5万円以下の罰金又は科料に処する。

3　第8条の規定に違反し，第10条の規定による命令に従わなかった者は，2万円以下の罰金又は拘留若しくは科料に処する。

4　第11条第1項の規定による調査を拒み，又は妨げた者は，2万円以下の罰金に処する。

（両罰規定）第14条（略）

附　則

この条例は，平成17年5月1日から施行する。

◆ 第2部 ◆

自動車・自転車

第1章　駐車違反対策と道交法・車庫法の改正（1990年）

Ⅰ　駐車違反と事故の激増，法の改正

1　交通事故死者の激増

最近車両の保有台数（平成元年末660 CC以下の軽自動車が約1443万台，それをこえる自動車が4075万台の計5518万台）と免許取得者（平成2年6月現在6000万人）が激増し，自動車台数や免許人口当たりの死者数は減っているにもかかわらず，年間の交通事故死者が過去最低だった昭和54年（8466人）に比べ10年間で，ともに約1.5倍となった。しかも，この死者（警察庁統計）は事故後24時間以内の死者で，実際の死者はこの3割増しになろうとか聞く。

2　路上駐車が事故の大きな原因

路上駐車が事故と交通渋滞の原因となり，消防・救急活動を阻害している。駐車中の大型トラックに衝突した悲惨な事故が各地で報道されている。東京では，路上のシャシー（トレーラーの荷台部分）に激突死した者の遺族が道路管理者の責任を追求する国家賠償訴訟を提起している。昭和54年から平成元年の間に交通事故死者の増加率は約1.3倍であるのに，駐車車両に衝突した死亡事故件数は116人から248人と2倍以上になっている。駐車車両への衝突事故件数だけでは昨年1年間で2400件近くになる。駐車車両に衝突した者のみならず，車の陰からの飛び出し，駐車車両を避けようとした事故なども含めた違法駐車に起因する死者は全体では，国会答弁によれば昨年1年間で493人に及ぶ(1)。瞬間駐車台数（ある瞬間における駐車台数）は，東京都区部では，18万台に及び，うち87％が違法駐車である。そして，それを収容する時間貸し路

＊お断り　初出のジュリスト962号では，表1～3，図1～5を掲載していたが，本書では，簡略化のためにこれらは省略する。法令は基本的には初出のままである。

(1)　国会答弁は第118回国会衆議院交通安全対策特別委員会議録第4，5，6号（1990年6月8，13，15日）。煩雑なので，以下，いちいちの引用はしない。

外駐車スペースは違反台数の38% である。大阪市の場合は，瞬間駐車台数は22万台，うち86% が違反駐車で，同じく路外の時間貸し駐車場は違反台数の12% 分しかない。ともに，車両が多すぎるか，駐車場が少なすぎるかのいずれか（あるいは両方）の問題ある状態となっている。

3　駐車違反対策

そこで，その対策として，政府の交通対策本部は平成2年5月28日「大都市における駐車対策の推進について」という申し合わせを行い，警察庁交通局は，軽自動車にも車庫証明を要求し，駐車違反車両の所有者にも課徴金をかける制度を立案し，新聞（4月10日朝刊各紙）にも大きく取り上げられ，世論は盛り上がった。政府が提案し，国会で成立した道交法，車庫法の改正法（官報号外79号，平成2年7月3日3頁以下）では車庫証明は届出制へと緩和され，所有者に対する課徴金は消えたが，代わりに使用者への使用制限命令等が導入された。警察庁のキャンペーンは大成功であったといえる。

改正案の詳細はそれぞれのところで述べるとして，まずその要点を表にしておく。

4　この改正の不備

この改正は大前進である。しかし，私見ではまだ足りない。どうしたら駐車

現行法・改正法対照表

法律	項目	現行法	改正法
道交法	放置車両運転者の責任	運転者を探して 反則金または罰金	同じ，ただし値上げ
	放置車の使用者責任	なし	使用制限命令
車庫法	車庫証明	登録時に必要 軽は除く	同 軽は届出制
	車庫の場所変更	なし	すべての自動車に届出制
	車庫証明シール	なし	すべての自動車に貼る
	使用制限	なし	車庫を確保するまでの使用制限命令
	車庫までの距離	なし （運用で500メートル以内）	政令で定める （2キロメートル以内に緩和）

違反をなくせるか，この改正もふまえつつ，解決策を模索したい。

本論に入る前に，こうした立法論に当たっての筆者の視点を簡単に述べる。まず，法はその目的に照らして機能するものでなければならない(2)。なるべく少ない金と人員で目的を達成できること，しかも，人権を侵害したり過大な規制にならないようにすることが必要である。また，誰でも，個人としては，負担はいやで利益は欲しいが，法は公平でなければならず，各人の負担と受益が均衡する必要がある。行政としても，その手法を適切に発動するためには，アメとムチが適切に備わっていなければならない。さらに，こうした大問題は縦割行政ではなかなか十分には対応できない，総合行政が必要である。しかし，それは自動車メーカーや車両所有者の責任を軽減するものではない。法的手法としては従来の発想にとらわれていてはなかなか対処できない。前例のない問題に対しては前例にとらわれずに柔軟な発想で解決策の知恵を絞るべきである。考えられる法的手法をこの観点から吟味し，よりよい制度を立案する必要がある。

Ⅱ　現行法の機能不全（ざる法）

1　道交法の機能不全

(1)　駐車違反については，現在は運転者の責任を追及する制度がおかれている。責任は点数と反則金（これに応じない場合には刑事罰）に分かれ，点数は駐停車禁止場所では２点，駐車禁止場所では１点で，これは車種を問わない。反則金は，駐停車禁止場所では大型車は１万５千円，普通乗用車は１万２千円，駐車禁止場所では大型車は１万２千円，普通乗用車は１万円である（道路交通法別表，同法施行令45条，別表第3)。

この駐車違反の取締りのためには，違反事実の立証と運転者の特定が必要であるが，これが案外容易ではない。違反車をレッカー車で移動した場合には，引き取りに来た者を運転者として制裁（反則金）を科すことができる（運転者

(2)　法の機能を重視して制度作りに当たるべきことを主張した私見として，「法の機能と人間の心理」『行政法の諸問題上』（有斐閣，1990年）＝『政策法学の基本指針』109頁以下所収，「『行政の法システム』の転換」行政管理（東京都，1983年秋）参照。この前者は型破りの書き方をしたので，随想だとの批判もあるようであるが，随想クラスのことでもわかっていただきたいと思うことが少なくないので，そうした批判を覚悟であえて整理したものである。

でない者が出頭した場合には運転者の出頭を要求する）が，単に路上駐車車両を発見して車両の上に呼出状をおいたただけでは，運転者には警察官が帰るのを待ってから現れて車両を動かす知能犯がいる。

(2)　そこで，昭和62年には，駐車違反車両に警察官が標章を取り付け，それを勝手に取り除いた者を2万円以下の罰金または科料に処する（道交法51条5項，121条1項9号）という法改正がなされた。呼出状と違って処罰できるのである。ステッカー作戦である。ステッカーを付けたまま走るのは格好が悪いので，出頭するというわけである。しかし，ステッカーを勝手にはずした者に対しては反則金制度の適用がない（同法125条1項，別表）ので，略式であれ，起訴しなければならず，そのためには，壊されたステッカーが証拠物件として必要であったり，現実に誰が取り除いたかを立証する必要があるので，言い逃れする者がいるし，警察の負担も大きいので，必ずしも有効には機能しないであろう。

しかも，ステッカーを貼ったのに出頭しない者については，後で呼び出すにしても，違反していないとか，違反したのは自分ではない（運転していたのは外国にいってしまった，社員が多数なので誰が運転していたかわからない），その車両は中古車センターや友人に売ってしまった（車検が残っている間は名義の変更をせず，現在の所有者が判明しないことがあるらしい）などと言い逃れられる。刑事事件では違反者が誰かは警察が立証しなければならないために，その結果反則金の告知ができず見逃すことがあるといわれる。警視庁交通部が昨年1年間に貼った駐車違反シールは54万枚，うち約3万人が出頭せず，逃げ得をねらっているという（読売新聞1990年2月17日）。ちなみに，ロスアンゼルスでは駐車違反の切符を切るのが1日1万台，うち3割が未納で，過去5年間の未納反則金は540万件，2億5千万ドルに上っているという（朝日新聞1990年5月6日）。後述するように西ドイツでも同様の事情にある。パリなどでも同様とか聞く。日本ではたまに，悪質違反者として，呼出に応じない者が逮捕されることがあるが，それは反則金の告知を受けたのに払わない者である。

(3)　駐車違反車両はレッカー移動できるが，移動しても，後続の車がまたぞろ駐車のイタチごっこといわれる。ひどいのになると，警察に駐車違反を取り締まれと通報し，レッカー移動が済んだら，そのあとに入る知能犯もいるらしい。

違反車がレッカー車で移動された場合には都道府県の規則で定めた移動料

（兵庫県は1律1万円）と駐車場に入れた場合の駐車料金を徴収される（道交法51条14項）。このシステムはレッカー車の作業能力，特に違反車を入れる駐車場の空きスペースの制約で摘発率は低い。東京都では前記のように瞬間違法駐車台数が18万件というのに，1日当たりの検挙件数は1300台くらい，レッカー移動はその半数くらいということである。デイスコ等が密集している6本木を管轄する麻布警察署調べだと，この4月25日の調査で，瞬間駐車台数は3456台もあるが，うち合法なのはわずか566台である。違反が3000台近いというのに，取締りは月平均でレッカー移動が600件くらい（1日平均わずか20件），反則告知件数も月平均わずか900件（1日30件）くらいしかない。神戸の3宮を管轄する生田警察署でも月450台くらいしかレッカー移動できない（反則金の告知件数は1300台くらい）そうである。東京と大阪で瞬間違法駐車台数と，駐車違反検挙総件数を使って，およその検挙率（1989年実績）を計算すると，東京は0・71%，大阪は0・24%ということである（日経1990年7月1日11面）。これではつかまっても運が悪いというだけになる。

(4)　現在のシステムでは，なぜ違反がなくならないか，違反を承知でなぜ駐車するかというと，運転者は，前記のように摘発率が低すぎるために，遵法意識が低すぎ，捕まっても運が悪いというだけで，駐車料金の負担と駐車場を探すわずらわしさを考慮すると，今は違反した方が得だという，リスク・アセスメント（危険の確率を評価し，利益を考慮して行動する手法）をしているためである。したがって，捕まる確率を高めて，違反する方が損だというシステムにする必要がある。

しかも，大型車を移動する大型レッカー車は東京の警視庁管内でも2台しかないので，大型ダンプの駐車違反は後続車の衝突事故の原因となっているにもかかわらず，レッカー移動はめったにされない。駐車違反している大型車をそのままに普通車だけ引っ張って行っているのが現実である。しかも，レッカー移動されても，大型車を入れる駐車場がないと，警察署の裏など空地におくので駐車料金はとられず，移動料は少なくとも兵庫県の場合にはマイカーと同じ1律1万円なので，大型車のほうが違反しても安くつくという逆転現象を生ずる。これには，大型車は少ないからという言い訳もあるが，人殺しは少ないから見逃して，泥棒取締まりに熱意を燃やしているようなものである。「大物を見逃しては小物退治」「悪い奴ほどよく眠る」という結果になる。

【追記】 現在は，ステッカーを貼り，放置違反金の納付を命ずる(51条の4)。

(5) 次に，レッカー移動は，元来は個人の財産に実力を加えるものであるから，慎重な手続が必要だと考えられている。そこで，駐車違反の車両に運転者がいないとき直ちに移動できるのではなく，まずは違反駐車標章を取り付け，その車両については，「道路における交通の危険を防止し，又は交通の円滑を図るために必要な限度において」移動できるが，とりあえずは50メートル以内の道路上の場所に移動するのが原則で，それができない場合に遠方に移動するのである。現実のレッカー移動がこの要件を満たしているかは個々の事例の判断の問題であり，警察官にある程度の裁量権が与えられているが，交通の危険のある方，たとえば，交差点，横断歩道のそばなど危険箇所から先に移動命令を発するべきである。

(6) 駐車違反のレッカー移動費用について述べる。車両がレッカー移動された場合，その車両の移動，保管，公示その他の措置に要した費用は当該車両の運転者又は所有者などの負担とされている。この金額は実費を勘案して都道府県規則で定める金額とされている（道交法51条13，14項)。その金額は東京都では9000円プラス駐車料金である。これはレッカー業者に払う作業代（警察委託の場合5900円，交通安全協会委託は昼5650円，夜6150円と聞く）のほか，警察や交通安全協会の取り分を含んでいる。その理由はよくわからないが，車両の返還手続き費用，違反現場の写真撮影のためのカメラ代，現場で違反を告知するチョーク代，移動中止の場合のレッカー業者への委託料金分，駐車場を空きスペースのまま確保させておく費用，レッカー移動代の取りはぐれ分（あとで払うとして払わない者がいるらしい。免許の更新の際チェックするシステムを作るべきではないか）の補填などに当てると聞く。また，現場でレッカー移動を命令する警察官の給与まで見込むという話もあるらしい。

問題は何が実費かであるが，実費とは，当該事業の総費用を出動回数で割ったものではなく，個々のレッカー移動の作業実費であろう。とすれば，当該の車両の移動に要した費用だけが実費として徴収できるのであって，カメラやチョークのような違反監視費用はこれに当たらないことになるし，まして，移動中止の場合の費用や駐車場確保費用，レッカー移動代の取りはぐれ分は当該の違反者とは何の関係もないから，その者から実費として取ることはできないのではないか。交通安全協会担当の場合警察の取り分はないから，警察担当の場合も，警察官の給与までは見込んでいないはずである。レッカー移動代は実費である以上，その算定根拠を公開することにより，その合理性を公の場で論ずる機会がほしいものである。また，業者の取り分が適正であるかどうかも示されるべきである。

2　車庫法の機能不全

(1)　自動車1台に車庫が1つ専属であれば，駐車違反は大幅に減る。法律も車庫の確保を義務づけている。すなわち，何人も，道路上の場所を自動車の保管場所として使用してはならない（違反は3か月以下の懲役，または3万円以下の罰金，車庫法，正式には自動車の保管場所の確保等に関する法律5条1項，8条1項)。自動車は登録を受けたものでなければ運行の用に供してはならず（道路運送車両法4条)，車両の登録には車庫証明が要るのが原則である（車庫法4条)。

(2)　しかし，これには大幅な尻抜けがある。まず，小型車，普通車でも，車庫証明が必要なのは登録や変更・移転の場合だけで，車検の場合にも必要とはされていないから，車を買うときに駐車場の契約をして，あとは継続しないとか，田舎で登録して都会で使用するとか，会社で登録して自宅に持ち帰る車（あるいはその逆）が少なくないのである。

(3)　また，軽自動車（現在660 CC以下）は登録制度の対象外（道路運送車両法4条）なので，車庫証明も不要とされている。こうしたスソギリ的例外が設けられた理論的な理由は，推測するに，もともとは駐車違反はそう深刻ではなかった（軽自動車は昭和37年の車庫法制定時は100万台，今は1400万台）から，車庫証明に要する警察と車両所有者の負担を考慮して，小型車以上を対象とすれば1応駐車問題は解決できると考えられたためであろうか。

(4)　しかし，今日，車両の保有台数が激増し，事情が変わったのである。もちろん，軽自動車でも，車庫法により道路を車庫代わりに使用してはならないことには変わりはなく，ただ，車庫を有しているという証明を要しないとされているだけである。しかし，道路を車庫代わりに使用していることを立証することは，違反の実態の把握が必要とされているために実際上ほとんど不可能であるし，違反が多すぎて処罰になじまなくなってしまい（みんなで渡れば恐くない)，実効性は低い。昼12時間，夜間8時間以上同一場所に駐車していると3万円以下の罰金に処される（車庫法5条2項，8条2項）が，それも，摘発しようとすれば立証が必要で，立証するために警官が現れれば車両はそのときだけ移動されるので，これも隣人の密告制でも活用しなければ機能しない。

3　発想の転換

このように現行法は違反を適切に取り締まれない「ざる法」である。特に，刑事法が機能しにくい。取締りのためには警察官を増員せよといった声を聞くが，機能しない法のまま役人を増やしても，金の無駄である。合理的な法システムを創造する必要がある。以下，適宜論点を設定して検討しよう。

【追記】　道交法　本稿では，駐車違反の区域指定について住民参加を提唱した。そのほか，狭い生活道路について，通過交通を禁止し，地元住民の車であることの標識をつけた車だけを通過させるか，その場合の速度制限，速度を抑えさせるために道路上に上り下りする物件をつけるかどうかなどを住民参加で決めるべきである。そうすれば，地域住民の運転者も，自分が参加してつくったルールだから，遵守意識も高まる。

さらには，速度制限違反の取締りについても，反則金収入増加ではなく，事故防止を基準に，速度制限の指定，取締場所を住民参加で決めれば，安全なところでの取締り（ネズミ捕り）はなくなり，危険なところでの取締りが増えるであろう。

Ⅲ　運転者に対する制裁

1　反則金の値上げ

(1)　新聞，テレビでは，反則金を大幅に値上げして１罰百戒で取り締まれという意見も多かった。たしかに，１回20万円も取られるとなれば，違反は減るかもしれない。しかし，それは車に乗らない者の主張で，車に乗る者にとっては今の金額でも高いし，１罰百戒は犯した罪と制裁の均衡を害し，法の恣意的な執行を生じて，適切ではない。私見では，後述するように，頻繁に摘発する方法を工夫した方がよいと思う。

(2)　むしろ，現行の反則金体系は悪平等なので，重大な違反や大型車に限って制裁金を従来の反則金より重くするのが妥当である。すなわち，普通乗用車の駐（停）車違反に対する反則金は今回の改正で値上げするが，具体的には政令に定めるもので，まだ決まっていないようである。ただ，各種の反則行為に科せられる反則金の最高限度額は普通車等２万５千円，大型車３万５千円ということで（改正道交法別表），その間にたいした差はなく，大型車はまだまだ優遇されている。私見では普通車等（道交法上の普通車には前述の小型車，軽自動車をも含む。道交法3条，同施行規則2条）でも交差点付近とか，危険性の高いところは反則金3万円とか高くすべきである。また，大型車の反則金は，道路の占有面積，占有幅，重大事故惹起率を考慮すると，普通車と比較して不当に安い。大型車の方を大幅に，たとえば5万円くらいにあげるのが適当である。また，この反則金限度額の範囲内での政令の定め方にしても，従来は1律半分くらいが慣行に見えるが，普通車の反則金は1万2千円くらいでも，大型車は最高限度の3万5千円にするなど，傾斜させるべきである。

違反点数も同様に大型車の分は高くするべきである。

【追記】 現行法でも考え方は変わらない。

(3)　本当はこれだけ値上げしても，大型車は前記のように実際上はめったにレッカー移動されないことを考慮すると，有利すぎる。したがって，大型車については，このほかに，レッカー移動されない特典分の制裁金2万円分などが欲しいところである。もっとも，大型車がレッカー移動されにくいのは事実上の問題で，法的にはレッカー移動もありうるから，大型車の違反に対する反則金を値上げしたうえで，しかも，たまにせよ大型車をレッカー移動したとすると，2重制裁の可能性がある（もっとも，レッカー移動したときは反則金の一部を免除することとすれば良い）。実際には大型車にはステッカーを貼り，今度の改正法の使用停止命令（後述）を適用すれば，違反のかなりは摘発できるであろう。

こうして，大型車の駐車違反に対する制裁を厳しくすれば，業務上の駐車であれば，多くの場合，使用者が負担することになろう（運転者が負担している場合でも，負担しきれなくなって，やめていく）から，実際上は使用者にも制裁となろう。

2　違反摘発奨励方法と反則金の百倍返し

(1)　前記のように違反摘発率は低い。派出所のそばでもお巡りさんは出てこずに捕まえないのをよくみる。駐車違反取締りをしている都心のある警察署の前には赤いスポーツカーが堂々と駐車違反していた。では，どうしたら摘発回数を増やせるか。

今警察官が普段見逃したりしている理由は，いくつかあろう。熱心に取り締まると，給料が上がるわけでもないのに業務量が増えるのでやりたくないし，しかも，取り締まられる運転手からは，駐車場がないのに，取締りが厳しすぎるじゃないか，ちょっとくらいいいじゃないかと抗議されるので，楽しい仕事ではないうえ，車両が多すぎるので，警察だけでは対応できない，違反もやむをえないのだという感覚であろう。レッカー移動は，移動した車両を入れる駐車場の空きスペースから逆算した範囲でしかできない。

(2)　これは駐車禁止区域の設定が運転者，住民の納得を得ていない点にも1つの理由がある。警察だけで設定するから，勝手に最大限に決めて実態にあっていない（過大規制）から守るに値しない，警察はうるさいという雰囲気が一部にあるのである。そこで，駐車禁止区域の設定については地元の住民が徹底して相談して決めたらどうであろうか。地元では，駐車違反で迷惑している立場，違反しても路上駐車したい立場が論争して，妥協して，それなりの線を引く。もちろん，現行法では，地元というだけでは駐車禁止区域の設定について決定する権限はもちえないから，制度的には，警察が駐車禁止区域を設定するに際し，地元で公聴会を開き，自治会の意見を聞くという方法によるべきであろう。あるいは，地元警察には駐車違反対策審議会でも作って意見を聞くのもよい。そうして決まれば，警察も，勝手に決めたのではないから，取締りが厳しいという苦情があっても，それは住民の間で相談してください，自分は住民の意向を実施しているだけですといって，身をかわせるであろう。今回の法改正で入った地域交通安全活動推進委員（道交法114条の5）はこうした役に立つであろうか。

なお，警察庁長官も国会答弁では悪質さ，迷惑，危険に絞って重点的に取り締まれと指示しているという。その観点から駐車禁止区域を見直したらどうであろうか。住民と警官が連れだって市内総点検作業をすればよい。

(3)　こうして決まった駐車禁止区域では，違反取締りは1台残らず熱心にやってもらう必要がある。そのためには1台いくらの手当を出したらどうか。日本ではこうした報奨金システムは嫌われるらしいが，いちばん効率の良い方法である。駐車禁止区域を従来のように住民の納得を得ないで決めているままで，このシステムを導入すると，問題のない地域で無茶苦茶捕まえるといって悪評の高いスピード違反のネズミ取り取締りと同じくなる可能性があるが，上述のように，駐車禁止区域の設定を適切にすればそうした問題はなくなろう。

(4)　ただし，報奨金目当てに無茶な捕まえ方をする者がいないように，違反者からの不服があって，違反なしとなった場合には100倍とか返還しなければならないとして，公平を保つべきである。

すなわち，交通反則金は警察官が裁判所の判断をえずに1方的に命じるもので，それに不服のある者は刑事訴訟で争えというのである。もともとは交通法規違反も刑事犯罪であるから，起訴して有罪判決をとらなければ処罰できないのであるが，それには大変な手間暇を要し，処罰のためのいわゆるリソース（資源，人員，金）が限られていることから，実際の違反のごく一部しか処罰できない。したがって，行政の効率性という観点から交通反則金の制度が導入されたのであって，それにも合理性はある。しかし，違反したとされた者は，その取消訴訟を提起できない（最判昭和57・7・15民集36巻6号1169頁）ので，いちいち起訴を望んで刑事訴訟を追行しなければ救済されず，しかもそこで有罪とされると，今度は反則金ではなく，より重い刑事罰が科される（もっとも，罰金の金額は反則金相当くらいが多いとか聞くが，理論的にはもっと高くできる）。その訴訟費用も膨大である。無罪になれば，弁護士費用を含めて裁判費用を補償する制度ができた（刑訴法188条の2，昭和51年，1976年）が，それでもせいぜい勝ってもともとである。これでは警察側は交通反則金をきわめて簡単に科することができるのに対し，それを科される方が正式裁判を求める負担とリスクは大きすぎる。誤っている反則金の賦課でも，普通の市民は諦めざるをえない（しばしば冤罪を生む）という反法治国家的現象が生ずる。そこで，交通反則金を争って負けてもせいぜい反則金止まりとすべきであるし，さらに勝った場合にはたとえばその百倍の賠償をもらえるようにして，反則金を科す方にもリスクがあるようにするのが公平で均衡がとれる。もっとも，役人は自分の行為に誤りがありうるという前提で制度作りをするのを嫌がる(3)から，こうした提案を日本で実現するのは容易ではない。

(5) レッカー会社は警察からの委託で仕事をしているが，昼夜とわずの1台いくらなので，残業手当が必要な夜間はやりたがらないという。まして，暴風台風警報などという日には取締りは来ないと見てほぼ間違いはない。委託料を夜間料金は3割増しなどとすればよいのではないか。そうすると，都道府県規則で定めるレッカー移動料も夜間割増料金にする必要があるかもしれない。あるいは，取り締りをなるべく夜間に移して儲けるのか。

また，移動した車両を入れる駐車場が不足している理由は，駐車場は警察に

(3) 阿部『政策法学の基本指針』109頁以下。

協力すると，運転者に嫌われるためともいう。駐車場は駐車違反対策に協力しているつもりであろうが，逆に考えれば，警察が駐車違反を取り締まるからこそ駐車場にお客が来るのであって，駐車場には警察に協力する義務を課したいところである。一定地域の駐車場は一定割合の駐車スペースは警察用に用意するように申合わせさせる方法はないものか。

3　車輪止め

(1)　すでに示唆したように，駐車違反の反則金は違反事実を立証し運転手を特定しないと発動できないので，その機能に限界がある。レッカー移動は，建前は道路における危険や交通障害を除去するためであるが，実際には運転者を出頭させる機能をも有する。しかし，レッカー車と移動車を入れる駐車場は前記のように限られているし，違反車両をわざわざ駐車場のあるところまで移動するという，金と時間をかけるシステムであるため，非効率という問題がある。移動されるほうから見ても無駄に移動され金がかかる。特に，商店街とか，団地のそばの道路で多数の車両が駐車違反している場合などでは，レッカー移動が始まりそうになると，警告してくれるせいもあるが，気づいた者はさっと車両を移動する。せいぜい反則金がかかるだけである。ちょうどアフリカの草原で，逃げ遅れたしま馬がライオンの餌食になるように，逃げ遅れた不運な者だけがレッカー移動されるという不合理がある。しかも，大型車は前記のように実際上はレッカー移動を免れる。

(2)　ではどうしたら運転手を捕まえれるか。駐車違反している車両の車輪に鍵をかけて，移動できないようにすれば，運転手はしようがないからでてくるであろう。目下，調査する余裕はないが，イギリス，オランダ，アメリカの一部でこの方法をとっていると聞く。このうち，イギリスの調査レポートを入手したので，簡単に紹介する(4)。

従来は駐車違反車には一定のペナルテイの告知をする方法，駐車場まで移動して一定の金を払うまで解放しない方法がとられていたことはわが国の現行法と同じであるが，1982年の運輸法（Transport Act of 1982）は実験的に車輪止め（Wheel clamps）の使用を授権した。運輸省からこの車輪止めの効果につい

---

(4)　Transport and Road Research Laboratory, The effects of wheel clamping in Central London by R M Kimber, 1984（警察庁交通局を通じ，財団法人国際交通安全学会の中村氏から入手した資料。厚く感謝する）。

て調査を委託された運輸・道路研究所の調査結果は，違法駐車の数は余り減らなかったけれども，駐車時間と駐車密度は40％減少し，パーキングメーターにおける行動にはたいした変化はなかったが，住居地域における違法駐車の割合は35％から，3分の1に減った。その結果，渋滞が減り，交通に要する時間は減少した。

(3)　この車輪止めにも具体的なデザインの方法にはいろいろあると思われるので，種々実験してみたらよいが，筆者は今のところ次のようなシステムを考えている。すなわち，違反車両を駐車場まで運ぶ必要はなく，なるべく近くの比較的安全なところに移動して，車輪止めをし，後ろに「前方危険物あり」の標識（夜間も点灯）を立て，縄なり柵で囲えばよい。こうすれば事故は防げる。レッカー移動できない大型車については移動しないでこの方法を用いる。レッカー車がない場合は普通車，軽自動車についても移動せず，この方法を用いる。この手法では，多数の車両を迅速に処理できる。商店街とか，団地のそばになどに駐車違反している大量の車両については，レッカー移動しないで，全部車輪止めをし，危険の表示をする。そして，近隣の交番（あるいは臨時の交番）に運転者の出頭があれば，反則金の告知と引換に，車輪止めを解除する。そのとき，運転者から文句を言われないように，車輪止めを担当した者とは別の職員が返還手続きをし，鍵を開ける。鍵を開けに行くのは大変な手間ともいうが，時間を決め，まとめてやればよい（たとえば，30分毎にこれから鍵開けに行きますという鍵開けツアー）。違反した者はすぐ車両を引き取れないので不便であろうが，違反している以上ある程度の不便は我慢してもらわなければならない。さらに，1定期間内に車庫証明を提出させる。自宅や営業所の近くで駐車違反している車両は車庫を有していない可能性が高いから，それだけの手間をかけさせる合理性があろう。車庫証明を提出できない車両については，使用停止命令を出して，車両に標識を張るとかすればよい。さらに，車庫証明を出させる担保としては，数万円の預かり金制度を作るのはやりすぎだろうか。

(4)　こうした私見をいろんな機会に説明してきたが，必ず同じ反論がある。つまり，交通に支障ありと認定して対策を講じようとしているのに，車両を移動しなければ，交通の支障はなくならないから矛盾しないかというのである。しかし，そのままでは交通に支障はあるとしても，前記のように多少の移動をすれば，一応の安全性は保てるのではないか。道路工事中の交通整理と同じである。むしろ，建前を重んじ，実際上は違反車を放任している今のシステムのほうが観念的で，現実には事故の原因となっている。そして，私見のような制度を作れば，違反の摘発率が格段に高まるから，違反する者は大幅に減り，交通への支障は少なくなる。交通の支障云々は短期的に見るからで，ほんのちょっとでも長期的にみれば私見の案のほうが交通への支障を除去するのである。碁や将棋でも，一手しか先を読まないか，何手か先を読むかの問題である。したがって，車輪止めは大型車に限らず，自動車にはすべてに適用すべきである。特に，移動しにくい大型車には真っ先に適用するように制度化すべきである。

(5)　さらには私見ではこの手法を放置自転車対策にも適用すべきであると考える(5)。つまり，現行制度では，放置禁止区域におかれた自転車を一台残らずわざわざ遠くに運んで，管理費用を取っているが，自転車は大量に無秩序に放置されているから迷惑なので，整理されていれば1日や2日はたいした迷惑ではないから，道路の端の方に順序よく整理して鍵をかけ，引き取りに来た者から，違反課徴金でも取ればよいのである。自治体の条例ではこうした新たな制度の導入は困難かもしれないが，国法は自治体の仕事が能率よくいくように根拠規定を置くべきである(6)。

(6)　放置自動車対策に戻れば，おそらく，私見に対する有効な反論はこのシステムが有効すぎるために，駐車場のない現状で活用したらパニックを起こすということではないかと思われる。とすれば，駐車場の拡充，駐車禁止区域の設定の合理化と併せてこの施策を順次適用したらどうであろうか。あるいは，レッカー移動しにくい大型車とか特に危険な場所に駐車している車両にのみ適用するだけならどうであろうか。

理論的な反論としては，犯人を出頭させるために車両を留置するのは憲法38条1項の自己負罪特権に反するのではないかとも聞く。しかし，事故の模様を報告させるのも違憲ではないとされているのであって（最判昭和37・5・2刑集16巻5号495頁），車両を留置した結果違反車両の鍵を持つ者が事実上出頭せざるをえなくなるのはただちには違反事実の申告義務には結びつかないので，許容されるのではなかろうか。あるいは，違反車両は駐車違反した犯人の遺留

(5)　阿部「放置自転車対策の法と政策（下）」自治研究60巻2号37頁（1984年）。「放置自転車対策あれこれ」自治セミ42巻12号4〜9頁＝「放置自転車対策は現場留置が決め手だ」『やわらか頭の法戦略』113頁以下。

(6)　阿部泰隆「自治体施策を支援する法律のあり方」自治研究66巻9号（1990年9月）。

した物として，司法警察職員は領置できる（刑訴法221条）とは解せないか。もしそうとすれば，領置の方法として，車輪止めは可能であろう。

駐車違反を刑事罰の対象としつつ，車輪止めをする事が難点を有するのであれば，駐車違反は刑事罰の対象からはずして，行政制裁の対象とすれば，上記のような問題点は軽減されるので，車輪止めは許容されるのではなかろうか。

(7)　改正された法律（道交法51条9項）では，車輪止めが入った。「警察署長は，前項の規定により車両を移動したときは，当該車両を保管しなければならない。この場合において，警察署長は，車両の保管の場所の形状，管理の態様等に応じ，当該車両に係る盗難等の事故の発生を防止するため，警察署長が当該車両を保管している旨の表示，車輪止め措置の取付けその他必要な措置を講じなければならない」。これは大進歩である。ここでいう「違反車両を移動した場合」には駐車場への移動だけではなく，近隣の道路上への移動も含む（改正道交法51条8項）ので，近隣の比較的余裕のある道路に移動して車輪止めすることが可能である。しかし，従来の発想を覆すのが困難と思われたのか，違反車両を移動した場合に盗難のおそれが生ずるという名目で，盗難防止のために車輪止めするといった理屈になっている。その結果，移動できない大型車は実際上レッカー移動されないので，車輪止めの対象にならず，捕まりにくいという不合理が生ずる。これについては後述の使用停止命令が考えられているようであるが，それは車輪止めよりは手間暇かかり実効性を欠くであろう。なお，ここでいう必要な措置には3角標示板の設置などがある。

この近隣の道路上への移動と車輪止めの場合，レッカー移動料は取れるのであろうか。今の実務では50メートル以内への移動などでは移動料を取らないという。また，駐車場にいれても取りにこない場合には駐車料金が累積的にかかってくるので，警察署の裏庭に引き取るとか，元に戻すとか（うわさ）聞くが，逆に駐車料金を取らないと，どうせ同じだとしてすぐ引き取りにこない者がいて困ろう。道路上の車輪止めでも後述する道路不法占有負担金等の発想で，時間単位で料金を取る制度を作る必要がある。

(8)　こうして車輪止めした車両は一応警察の管理下にあるので，それがいたずらされたりしたら，警察の管理責任が生ずるのではないかという疑問が出される。上記の改正法は警察の管理責任を前提としている。しかし，私見では，警察は路上の駐車車両を多少場所を変えただけで，いたずらされる危険性を増やしたわけではない。移動した場所でいたずらされていれば，もともとの場所でもいたずらされたかもしれず，あるいはもともとの場所におけばいたずらされていたのに，移動したためにいたずらされないこともある。その危険率には変わりはない。たとえば，飛行機の便が友人の都合で次の便となったとしよう。それで飛行機が落ちても友人の責任ではない。最初の便でも，落ちるリスクは同じだったのである。そこで，車両も，たまたま移動先でいたずらされても警察には責任はないというべきである。解釈論では争いが生ずるなら，明文の規定をおけばよい。

(9)　車庫止めの法的性質であるが，改正された道交法では盗難防止であるから，行政強制ではなく，自己の支配下に置いた物の保管手段である。それなら当然に許容される。これに対し，私見の手法では違反物件の領置（一時保管）である。そうした手法は銃刀法24条の2の銃砲刀剣などの一時保管，関税法79条の貨物の収容などにも見られるが，領置の理由は異なる。銃刀法は危険防止であり，関税法は関税の徴収のためである。私見の提案する手法では，違反者を逮捕するために（逃亡防止）違反物件を領置するものである。新手法であるが，それなりに合理的な理由があり，車両の所有者の財産権を侵害するものでもない以上，立法で導入する限り違憲のおそれはないと思われる。

【追記】　車輪止めの法的性質と適法性　駐車違反した自動車の車輪止め（道交法51条の2）は，目前急迫の障害を除くためではないので，即時強制の定義には当てはまらず，代替的作為義務を課すものではないから，行政代執行ではない。駐車違反防止，駐車違反料金の支払い，駐車違反の反則金徴収を実効ならしめるための新しい行政手段である。そして，駐車違反をレッカー移動よりも実効的に抑止できる手段である。違反なのに撤去しないのは矛盾するとの反論があるが，それは1手しか見ていないもので，車輪止めを徹底すれば明日からは違反は絶滅するのである。この点末尾の『追記』で再論している。

ただ，現在は駐車違反取締員による標章取り付け（道交法51条の8〜15）が実効的に行われている。

Ⅳ　使用者・所有者の責任追及の方法

1　両罰規定

駐車違反について運転手だけではなく，その所有者，使用者の責任を問う方法はないか。常識論としては，車庫無しで運転させる使用者，所有者が本来の責任者ともいえるし，現実に駐車違反があるのに，運転者を特定できないために取り逃がすのも不公平なので，その代替的責任追求方法が必要ともいえるからである。しかし，その方法と理論的根拠をどこに求めるかは難問である。そのための方法を以下並列的に検討しよう。

普通に考えられるのは両罰規定である。運転者が使用者の営業に関して違反行為をした場合には使用者をも処罰するというものである。たとえば，従業員が車両を自宅に持ち帰っている場合には使用者は車庫が確保されていることを確認する責任があると考えられるので，従業員の車庫法違反は使用者の責任でもあるといえ，両罰規定も可能であろう。現に道交法でも両罰規定はある（123条）が，ただ，単なる駐車違反（119条の2）には適用されていないので，この両罰規定の条文に駐車違反をつけ加えるのである。そうすれば，使用者を処罰できる。あるいは，使用者にも，普通には反則金を科すが，使用者が訴訟に持ち込めば，刑事罰となるという制度を作ることも可能である。

そうすると，警察・検察の事務量は増えるが，実際上は刑事訴訟になるのはそう多くないから，その負担増も限定的なものであろう。しかし，刑事罰の増加はこのデイクリミナリゼーション（非刑罰化）の時代(7)にはたして適当かという疑問もあろう。しかも，使用者を罰せるのは，両罰規定の場合，「行為者を罰するほか」とされるので，運転手を罰せる場合でないといけないが，運転手が誰かはっきりしないために反則金さえ科しにくいという場合の代替手段としては，両罰規定も機能しない。

また，両罰規定は，使用者に少なくとも過失が推定されるような場合でなければならないから，単純な駐車違反について一般的に適用する訳にはいかない。そこで，両罰規定を適用する場合を適切に限定できるかどうかが課題でもある。

2　西ドイツ法の工夫

使用者責任について参考になるのが西ドイツの制度である。西ドイツの秩序違反制度では，軽微な違反については刑事犯という位置づけをすべてやめ，秩序違反として行政手続で処理することとする行政犯の非犯罪化が進められた。その根拠が1952年の秩序違反法(Ordnungswidrigkeitsgesetz)である。その1968年改正法では軽微な違反行為（重大な違反は刑事罰）があった場合まず警告金(Verwarnungsgeld）を払うことになるが，これを納付しない場合でも，わが国

(7)　米田泰邦「交通事故の可罰的評価」判タ663号37頁（1988年），刑法雑誌28巻2号（1987年），法セミ310号（1980年）所収の諸論文参照

と違って，刑事手続に移行することなく，行政庁による過料（Bussgeld）裁定手続に移行し，違反者には過料が科されることになる。その制度の中で，注目すべき点を略記する。わが国では，駐車違反をした運転者が出頭してから切符を切り，納付書を交付するが，西ドイツでは交通取締担当者が違法駐車車両のワイパーに警告金納付書付きの警告票を挟んでいっており，違反者がこれに応じて警告金を納付すれば手続きは終了し，点数も取られない。しかし，この場合でも，運転していたのは別人だと主張して（運転していたのは従業員の誰かわからない，アメリカに帰った叔母さんだ，家族の誰かは黙秘権を行使していわない，など）支払を免れるケースがあるために，種々の工夫がなされている。

第1に，車両の保有者が駐車違反の常習者に車両を貸与した場合には，保有者にも駐車違反の正犯として過料を科すことが可能である。

第2に，車両の保有者が，駐車違反が行われた当時は知人が運転していた（外国在住の知人の名を挙げることが多い）と主張した場合，確認したところその事実がなかったときは解釈上当該保有者を誣告罪で告発することができる。

第3に，交通法規の違反があったが，運転者を特定することができないときは，違反に係る自動車の保有者に対し，運行記録帳の記帳義務を課すことができる。ここには運転者の氏名が記録される。違反車両の保有者に問い合わせても運転者が判明しないために捜査ができない場合への対応策である。

第4に1987年から，自動車保有者の費用負担義務の規定が導入された。駐車違反に係る過料裁定手続において，違反を行った自動車の運転者を公訴時効の完成までに特定できず，またはその特定のために過大な労力を要するとき，自動車の保有者は当該手続に要した費用を負担しなければならないとするものである。費用負担決定は過料裁定の手続き打ち切りの決定とともに発せられる。その趣旨は，運転していたのは自分ではないとして保有者が過料を免れた場合，その手続に要した費用が国家の負担になるのは不公平であるとして，原因者負担の思想のもとで設けられたものである。目下のところ，これがどの程度有効であるかはわからず，駐車違反対策の決め手にはなっていないようである(8)。

これには違憲訴訟があった。保有者が運転していたのはアメリカに帰った知人だとしたため，過料の賦課手続きは中止されたものの，25ドイツマルクの

---

(8)　吉田尚正「西ドイツ道路交通法令における簡易な違反処理制度」月刊交通1989年12月号2頁以下。

費用負担を命じられたものである。保有者はこれは責任原理と証言拒否権に違反すると主張したが，連邦憲法裁判所1989年6月1日決定は合憲としている(9)。

いずれもおもしろいアイデアである。第3の記帳義務は営業者には当然に課しても良さそうである。

第4の費用負担義務は機械的に判断できないので，行政のほうも負担が大きいし，課された方も争うのに大変であろう。しかも，わずか25マルク（2000円台）くらいでは効果は薄い。やはり違反して捕まってもともとという状態はなくならないであろう。

3　その他の所有者への交通制裁金

(1)　このほかに，違法駐車した車両のナンバーに基づいて所有者に金銭的責任を課す方法を模索する。

(2)　まず，課徴金が考えられるが，これはこれまでの立法例（独禁法，国民生活安定緊急措置法）では儲けた分を吐き出させるというもので，この場合になじまない。

(3)　原因者負担金とか事務管理という理屈はレッカー移動の場合の移動，保管費用には馴染むが，単なる違法駐車には馴染みにくい。

(4)　道路の不法占用負担金という構成により道路の駐車料金分を徴収するのはどうか。すなわち，路上の駐車では普通は駐車料金を取らないが，それは適法な駐車に限ってと考える。そして，違法駐車がなければその分道路として利用できたはずであり，違法駐車した者は駐車料金分を免れているわけであるから，少なくとも駐車料金分の損害があるものとみなして，徴収するのである。それは，元来は民事の問題であるが，行政処分により課する公法上の制度にするのである（類似の制度としては，道路を損傷した場合の原因者負担金などがある）。これなら運転者の行為責任ではなく，車両の状態責任と構成して，所有者の故意過失を問題とせず，所有者の責任とする事が可能であり，利用しやすい（ちなみに現行法のレッカー移動料金も運転者か所有者・使用者の負担となっている。道交法51条13項）。駐車違反した運転者には現行法では反則金が科されるが，そのほかに駐車料金分の損害金を課されるのでは二重処罰だとの反論があろう

---

(9)　NJW 1989, 2679, R. Jahn, Jus 1990. 540.

が，根拠が異なるので，それは当たらない。

この駐車料金分の損害金を管轄するのは道路管理者か，警察か。駐車料金とすれば前者のようにも思えるが，実際に取締をする役所が警察である以上，警察に担当させたほうが効率がよい。パーキングメーター（道交法49条）は，駐車料金程度取っているが，警察管理である。ただ，路上駐車場（道路の上の駐車許容区域，駐車場法4条以下，道路管理者）のような方法もある。

この方法では駐車料金の算定をどうするかという問題がある。路上駐車場の料金は1般に安く設定されているが，それは公共サービスとして原価を割っているからで，違法駐車車両に対しては原価を割るサービスをする必要はなく，民間の駐車料金以上に取ってよいはずである。さらに，問題は違反駐車時間の判定ができるかであるが，車輪止めをしなければ，いつからいつまで駐車していたかが判定できないので，時間制ではなく，とにかく規則で1回いくらの駐車料金とみなすしかなかろう。

(5)　過料という行政上の制裁はどうか。地方自治関係では（地方自治法255条の3）安いながら規定がある。制裁であるから，金額については上述のような論拠を探る必要はなく，違反と均衡がとれていればよい。刑事制裁ではないから，立証も楽になろう。問題は駐車違反だけを道交法違反のうちで刑事制裁からはずし，行政制裁とする事が体系的になじむか，運転者のほかに所有者に制裁を科す論拠は何かである。後者の点では所有者に何らかの非難可能性がなければならないので，やはり立証が大変である。

(6)　運転者不明の場合の所有者の代位責任はどうであろうか。刑事責任を科すには警察が行為者を特定しなければならないので，運転者が不明なら，処罰はできないが，車両の運転は車両の所有者なり使用者の支配下で起きることであるから，運転していたのは自分ではないなどという前記の言い逃れがなされる場合でも，盗まれたのでなければ，家族や友人の間では運転者は誰かわかっているか単に忘れただけであるし，会社の車両なら，運転者を管理しておけば，運転者が誰かはわかるはずである。そこで，車両の使用者から一種の代位責任として反則金相当の民事制裁金を取るという制度を考えたらどうか。こうした制度ができても，使用者は運転者を見つけてそれから求償もできるはずであるから，この程度の負担は受忍すべきであろう。理論的には大問題であるが，それなりのアイデアではなかろうか。

少なくとも，運転者の責任を刑事責任から解放して，行政制裁金にとどめれば，それを運転者と使用者の連帯責任にして，運転者が払わなければ（運転者が判明しない場合も含めて），運転者と所有者の密接な関係や車両の状態責任を根拠に，使用者にその金額だけ負担させることは可能ではなかろうか。ここまで考えていたところ，筆者のところに留学している陳立夫（神戸大学大学院法学研究科，2017年現在台湾政治大学地政学科教授）が台湾から面白い資料を入手してくれた。

これによればおおむね次のようである。駐車違反の現場に運転者がいる場合には運転者に行政制裁金を科すが，いない場合には，車両の所有者の氏名・住所を調べて，車両のナンバープレート・型式・色などを記入した通知書を所有者に送付する。所有者が運転者名を告知した場合には運転者に行政制裁金を科し，所有者が出頭せず，または運転者の氏名・住所を告知しない場合には当該車両の所有者に行政制裁金を科す。その納付がない場合には車両の運転者または所有者に対し，1か月の運転免許の停止または車両のナンバープレートの効力停止を命ずる。これに応じなければ，運転免許または車両のナンバープレートが取り消される。この法的問題点と有効性を検討するべきではなかろうか。

いずれにしても，取締りは恣意的な運用がなされないように，前述のように，駐車禁止区域を見直し，本当に取り締まるべき区域以外は取り締まらない（むしろ，後述のパーキングメーターなどを設置する）という施策が不可欠である。

4　違反車両の使用停止──使用者の管理責任

(1)　使用者の管理責任を問う行政的な方法として，違反車両の使用停止がある。これには従来は道路交通法（警察管轄）75条と道路運送法43条（運輸省管轄）との2つがある。

現行道交法75条では，自動車の使用者が，その者の業務に関し，自動車の運転者に対し，スピード違反，酒気帯び運転，過労運転，過積み等の違反をすることを命じ，または運転者がこれらの行為をすることを容認してはならないとしている。その違反について違反車両の使用停止の制度があるが，その要件は，「命令」，「容認」という犯意が必要であるので，立証の困難から活用しにくい上，「自動車の使用者がその者の業務に関し自動車を使用することが著しく道路における交通の危険を生じさせるおそれがあると認めるときは」とされているので，過去に75条違反があったというだけでは適用できず，未来形の障害が必要である。これは適用しにくいし，活用しようとすると，濫用のおそれもある規定ではなかろうか。この規定は過積み，大事故を起こした自動車などに適用されているという。

そこで，兵庫県警高速隊は高速道路の違反，事故について，道路運送法の車両の使用停止という制裁を用いている。その根拠は自動車運送事業等運輸規則で，過積載の防止（同規則44条の2）などに違反すると，道路運送法43条違反となって，事業の停止ができる。そこで，県警は高速道路の事故，違反はすべて近畿運輸局兵庫陸運支局に通報し，そこで使用停止してもらうという。好景気のために遊んでいる車両がなく，使用停止は反則金などより痛いという（神戸新聞1990年5月20日）。しかし，遊んでいる車両がある会社では，その車両の使用停止ですむから，実害がなく，抜け道になるようである（神戸新聞1990年5月27日22面）。やはり，違反台数の数倍の使用停止にする必要があるし，危険なダンプには厳しく対応して欲しい。

(2)　今回の改正法の使用停止は2つある。まずはこの道交法75条の延長線上にこれに駐車違反（正確には放置行為と称している）を付け加えた。つまり，自動車の使用者がその者の業務に関し，自動車の運転者に対し，放置行為をする事を命じ，又は自動車の運転者が放置行為をする事を容認してはならないとされ（違反は罰金15万円以下，道交法119条の2），自動車の使用者がこの規定に違反し，当該違反により自動車の運転者が放置行為をした場合においては，「自動車の使用者がその者の業務に関し自動車を使用することが著しく道路における交通の危険を生じさせ，又は著しく交通の妨害となるおそれがると認めるときは」当該違反に係る自動車について6か月以内の使用停止命令を発することができる。

第2に，車両の運転者が車両の放置行為をし，当該車両につき道交法51条3，6，8項の規定による措置（標章の張り付け，車両の移動）が採られた場合において，放置車両の使用者が当該放置車両につき放置行為を防止するために必要な運行管理を行っていると認められないときは，公安委員会は当該使用者に対し，車両の放置行為を防止するために必要な措置を採ることを指示することができるとされた（道交法51条の3）。ここで，運行記録などを作らせるなどの指示をする。この指示がなされた場合において，「当該使用者に係る当該自動車につきその指示を受けた後1年以内に放置行為が行われ，かつ，当該使用者が当該自動車を使用することが著しく交通の危険を生じさせ又は著しく交通の妨害となるおそれがあると認めるときは」公安委員会は当該自動車の3カ月以内の使用停止を命ずることができる（同75条の2)。これに違反した場合には処罰する。

(3) この制度も大幅前進であり，また，現行法の体系になじむ。実際上レッカー移動されない大型車にも使用停止命令を発することができる。運転手が大型トラックを自宅に持ち帰るとか走行中に仮眠をとるなどによる放置行為を防止するために役立つであろう。

ただ，「命令」「容認」は，よほど悪質な者に対して以外は立証が困難で，かなりの違反は見逃すことになろう。前記の西ドイツのシステムのように1定の場合には運転者に駐車記録簿をつくらせ，それを警察が点検できるようにしておけば，「容認」の立証は容易になろうと思われるが，いかがか。また，かっこ書き（「　　」）のことで引用したように使用停止の要件が厳重であるため，滅多に使われない伝家の宝刀（いや竹光）になる心配はないか。それとも，車庫を有しない場合，また，車庫は会社にあるが，運転手が車を自宅などに持ち帰る場合，営業経路の途中で駐車場の無いところに駐車するような運行管理をしている場合，遠方で登録して，実際には車庫の無いところで使用している場合などにはこの制度も利用できようからそれなりに有効だということであろうか。こういう場合には「容認」を推定できるシステムが欲しい。

75条の2では直罰ではなく，指示にかかる自動車につき1年以内に再度の違反があって，しかもその他の要件を満たして初めて使用停止する事としている。1回目はいわば執行猶予するわけであるが，甘くないか。それとも，警察監視体制に入るので機能する（あるいは機能しすぎる）のであろうか。使用停止については行政の裁量権の幅が広すぎるようにも思われるので，恣意的な運用がなされないように違反の程度に応じてランク付けするなど合理的な運用が必要であろう。

違反は当該自動車毎に数えるようであるが，そうすると，車を何台も持っている会社では，違反しそうな運転手には違反したことのない車両を順番に持たせることになる。どの車両の違反といわず，特定会社の車両が2回違反したら，当然にどれかを使用停止する制度が欲しい。

◆ V　車庫確保方法

(1)　現行制度では軽についても車庫が必要なはずであるが，車庫証明を要しないし，取締りもほとんどないために，事実上は車庫を有しない者も軽自動車は買えると思いこんで，路上駐車を増大させる。実際駐車違反している車両のうち軽の割合が大きいようである。警察庁の調査では路上駐車1万台を摘発したら，まったく保管場所のないのが普通・小型車では24%，軽自動車では40%に上った（読売新聞1990年4月10日）。筆者の近辺のいわゆる1戸建て地域では車庫を普通は1つ持つが，2台目は軽で路上駐車というのが少なくない。したがって，車庫法を機能するシステムに転換することが緊要である。

そこで，警察庁交通局の車庫法の改正案では，軽自動車にも保管場所の確認制度（車庫証明，事前のチェック制度）を作ろうとしていた。改正法では，軽については証明ではなく，車庫の事後的届出だけにし，しかも，それを東京都23区と大阪市の新規登録に限って適用すると伝えられる（政令事項，附則2項）。

これも一歩前進である。当初の交通局案より穏やかになっているのは，軽が増えてしまったため，その所有者の圧力，あるいは軽自動車工業界などの圧力で，後退した（国会での質疑）のか，それとも現実的にできるところから制度化した（警察庁の答弁）のであろうか。

(2)　まず，この改正法は新規登録（施行日以後の中古の購入を含む，附則2条2項）に限定し，その施行は来年夏とか予定されているので，それまでの間に買った軽の1代は大丈夫とかえって，軽の販売台数が急増するであろう。医療機関を抑制しようとした地域医療計画が駆け込み新設を招いてかえって医療機関を増やしてしまった(10)のと同じことにならないか。こうした法律はなるべくすみやかに施行にしなければならない。

軽は現在1400万台をこえるというが，そのまま保有する限りこの制度の適用はないから，軽の多くが届出するまでには4，5年はかかるといわれる。緊急事態の解決としては時間がかかりすぎる。都市ではどの車両も一年以内には車庫の届出を要すると決めることはできないのか。また，これでは軽も道路上の場所を車庫として使用してはならないとする規定（車庫法5条1項，改正法11条1項）は死文化してしまうが，それがたまには適用されるとすると，恣意的にならないか。

次に，東京都区部，大阪市以外の地域では相変わらず軽の販売台数が伸びるから，軽による駐車違反を増加させ，軽の車庫届出制をそれ以外の地域にも拡張する必要が生じよう。しかし，そのころには軽の保有台数が激増しているた

(10)　阿部「病院，保険医の行政的規制」法セミ1990年6月号79頁。

めに，それが圧力になって，きびしい施策と取締りがますます困難になるという不合理を生じる。このように，事態が深刻になるまで放置しておき，事態が深刻になると，既成事実の前に，規制しにくくなってしまう。これでは，「早すぎる，遅すぎる」として，なんにもできないことになる。やはり，先を読んで，違反が増えないうちに先手必勝で規制すべきなのである。誰か先を読んで社会的合意をとりつけようという政治家はいないのか。

特に，既存の車両に駐車場を確保させるのは容易ではないから，新規購入分については全国的にすべて初めから車庫を持たざるをえないようにすべきであった。

(3) 車庫証明を交付し又は軽の車庫の届出を受理したら，警察署長は保管場所の標章を自動車に貼らせ，それがないことなどにより道路上の場所以外の場所に保管場所が確保されていると認められないときは公安委員会は運行停止を命ずることができる（車庫法9条)。しかし，現在ある車両には保管場所の標章は適用されないから，この制度が完全に動くまでには車両が入れ替わるまで10年もかかるのではなかろうか。猶予期間が長すぎる。

なお，いわゆる青ナンバーの営業車（バス，タクシー，ハイヤー，宅急便，トラック）については道路運送法，貨物自動車運送事業法，貨物運送取扱事業法等により使用停止をする（車庫法13条)。

(4) 車庫法では小型車以上でも，車庫証明が要るのは自動車の新規登録，移転登録などの場合だけなので，最初に車庫を借りて登録を済ましたら車庫は借りないとかする者が少なくない。当局によれば，東京都及びその周辺の3県のいくつかの警察がある調査時点で交付した車庫証明の交付件数985件のうち駐車場を他人から借りているのは474件（48.1%）であるが，6カ月後にはそのうち42件（8.9%）は車庫なし車に変わってしまった。これには前述の運行停止命令で対抗したいところであるが，これは改正法施行のさいに運行の用に供されている自動車には適用しない（附則2条4項)。既存の車両にも強権を発動するのは困難ということであろうか。

このほか，保管場所の変更届出（車庫法7条）の制度が導入された（ただし，地域限定，附則第2項)。駐車場が廃止され，近隣に駐車場がないなど，車両の使用者の責めに帰さない事由により車庫を持てなくなった場合にもそのまま適用されるとすると気の毒である。

Ⅵ　駐車場の増設

1　駐車場の費用負担者

(1)　警察庁の案に対しては，自動車数の増大に対し駐車場を増設しなかった行政の怠慢を批判し，都市計画が悪い，車社会の現実を認め，まずは駐車場，それも安い駐車場を造れ，駐車場を造りやすいように税制の恩典をつけよという意見が少なくない。

たしかに，冒頭に述べたように瞬間駐車が都内では18万台とかで，それをいれる駐車場は絶対的に不足している。この車社会の現状では取締りの強化も難しい面があり，平行して駐車場の増設が不可欠である。

ただ，ここではとりあえずその費用負担者は誰かを問題とすると，駐車場は個人の利用に供されるから，本来，それは民間ベースの事業であろう。低所得者の利用が中心となるものではなく，公民館のような公共施設ともいえず，博物館や水族館のような学術的なものでもないから，行政的に低料金でサービスすべきものでもない。もっとも，都心の時間貸し駐車場は不特定多数の者の利用に供されるので，多少公共的な意味合いを認めることもできようが，自動車の使用の本拠に持つべき1台の駐車場は自宅の一部なり車の付属物であって，それへの公的な援助は個人住宅への公的援助（公庫融資）を限度にしないと均衡がとれない。

(2)　駐車場が不足しているのは採算が取れないから，マンションなら税制の優遇措置（固定資産税の減額）があるのに駐車場にはないからとも言われるが，駐車場が本当に不足していれば，税金分を含めて駐車料金を値上げできるので，採算が合うはずである。駐車場経営者に助成する（固定資産税を減免する）と，ただでさえ土地で儲ける者に税金で援助することになる不合理がある。また，良質で安価な住宅も不足しているので，駐車場は潰れても住宅の供給が促進される方がよいという見方もあろう。

自動車所有者は駐車料金が高い，税金で援助しろというが，しかし，不思議なことに高校出たての安月給の者も高級車を乗り回したりして，車が高いという声は少ない。自動車は車両本体とガソリンを買えば（あとはせいぜい保険をつければ）走れると思うからそういう意識になる。自動車には道路も駐車場も必要であり，それを負担しなければ自動車は持てないはずと意識を変える必要があるのではないか。金がなく，中古の軽を利用している者の場合でも，社会的コストは同様に負担する必要がある。そもそも道路も自動車重量税やガソリン税などで造っているのである。なお，自動車重量税など自動車関連税を値上げして，それを駐車場の財源としたらどうかというアイデアについては，自動車の所有者が同じように利用する施設ならそれでよいが，駐車場の利用頻度は利用者によって異なり，特に，大都会と地方でも大きく異なるから，全国共通の負担でまかなうのには限度がある。

(3)　車庫保有を義務づけると，負担が増えるという反論があるが，負担すべきものを負担させるだけである。これまでででも，軽でも，車庫は所有しなければならなかったのであって，ただ，実際上，あまり取締りがなかったから，車庫無しでも軽は持てるという錯覚があっただけである。ちなみに，大気汚染，水質汚濁も，以前は自然浄化力の範囲内であったから，許容されてきたが，汚染総量が自然浄化力の範囲を越えたら規制されるのである。そして，その汚染防止費用は排出者の負担である。自転車の路上放置も，車の路上駐車も同様で，かつてはたいした問題ではなかったので放任されてきたが，目にあまるようになれば規制せざるを得ないのである。

(4)　地価高騰のおり，駐車料金は非常に高くなるが，それも経済原則であるから，土地問題を解決するまではやむをえない。住宅は高くても市場原理のままにまかされ，駐車場にだけ大幅助成するようなことになれば不均衡である。むしろ，わが国の諸悪の根元は土地問題であるので，その解決に全力を挙げるべきであるが，それを怠って弥縫策を講じようとするから各種の矛盾が生ずるのである。土地問題の解決策に関する私見(11)をぜひ読んで欲しい。

そこで，駐車場に対する行政的支援はせいぜい一部補助なり低利融資方式くらいにとどめるべきである。建設省は駐車場に対し融資制度（道路整備特別会計やNTT株式の売却収入を活用した無利子貸付制度，道路開発資金・民間都市開発推進機構からの低利融資）・補助制度（市街地再開発事業における付置義務駐車場の補助対象化），税の軽減（地下式の都市計画駐車場に対する固定資産税や不動産取得税の軽減）を活用している。建設省は1990年から1992年までの3年間に全国の市街地150箇所で，約5万台分の駐車場を造る駐車場整備3か年計画をまと

(11)　阿部『国土開発と環境保全』第一部（なお，本書の書評として，磯部力・法律時報1990年7月号参照），さらに，阿部「開発権（益）は公共の手に」法律のひろば1990年4月号＝本書第3部第2章，「行政を種にしたぼろ儲け対策」法セミ1990年8月号＝『政策法務からの提言』61頁以下参照。

めた（朝日新聞1990年4月22日1面）。

ただ，重病・難病患者，障害者などは移動の際本人ないし家族が車を必要とする。そうした者のための車庫は公金でもっと造るべきではなかろうか。

2　都心の駐車場

(1)　都心では駐車場が足りず，どこも駐車禁止で，荷物の積み卸しさえ容易ではない。これについては，種々の対策があろう。まずは，パーキングメーターなどで交通量の少ない時間には荷物の積み卸しを認めるようにすること，道路が広く，交通量の少ないところでは，道路の一車線位は駐車スペースとして認めることである。また，商店街も，駐車場は店舗と同じ不可欠の施設で，自分達で造らなければならないという意識を持つ必要があり，それを誘導する施策が必要であろう。

駐車場を造らせるためには駐車場法20条に基づく付置義務条例を強化改正する方法がある。これに関する建設省の通達が改正された（建設省都再開発第58号「標準駐車場条例の改正について」）。自治体がこれに応じて条例改正すれば付置義務が厳格化される。ただ，これは新・増築の建物にだけ適用されるので，駐車場が増えるまでは時間がかかる。大阪市ではこれより先すでに条例改正をしたが，大量の違法駐車を前にその効果は年に600台分増える計算ということで，焼け石に水である（朝日新聞1990年2月22日1面）。

(2)　車で儲けている自動車関連産業が駐車場を造る社会的責任があるという意見もある。これは廃棄物について製造業者の責任を問題とするのと似ており，その通りであるが，それを法的責任とするにはどのような制度が適切で，その理論的根拠は何かが問題である。単純に自動車会社の負担としたとしても，結局は購入者全員の負担に転嫁され，全国共通の負担になる。それは駐車場問題を生じさせない地方の負担に転嫁する点で不合理である。

自動車会社が都市での販売台数（あるいは走行台数）に応じて駐車場の設置義務ないし新しい駐車場への出資義務を負担する制度ならどうか。自動車には必ず駐車場が必要であるから，自動車販売会社はその設置負担を負うというものである。

もし，わが社の車両のみ格安で入れる駐車場なら，わが社の自動車の販売台数が増えるから，自動車メーカーも造るかもしれない。駐車場のない団地のそばに特定のメーカーの自動車しか入れない駐車場を造れば，車は独占企業的に売れるのではなかろうか。

(3)　短時間の駐車の場合には路外駐車場に入れろというのも無理な面がある。路上のパーキングメーターをもっと普及させたい。現在，都道や区道では14522台が設置されている。国道に設置すると，車の流れを妨げるという理屈で国道には1台もない（読売新聞1990年3月10日27面）が，検討を要するであろう。さらに，交通需要とか時間帯を考慮した料金制，もっとすすめて，累進料金にして回転をよくすることが必要である。

パーキングメーターの利用は反則金（応じなければ刑事罰）によって担保されている（道交法49条の2第2項，119条の2，別表）が，これはもともと料金を払えば駐車を許容されるところであるから，時間制限付きの公物の使用許可であって，うっかり時間をすぎたら刑事罰という制度は，その違反と犯罪の間の均衡を失し，違憲の疑いがある。

また。これについてもレッカー移動することがあるが，たんに時間超過しただけでは当該の車両自身が交通の危険を惹起したり交通の円滑を阻害しているわけではなく，その車が出れば他の車が駐車できるという程度の間接的な影響の問題であるから，「道路における交通の危険を防止し，又は交通の円滑を図るため必要な限度において」というレッカー移動の要件（道交法51条6項）には該当しないというべきである。せいぜい車輪止めをして，電車のキセル並に超過料金の何倍かの車輪止め手数料をとる制度を作ればよい。また，車を止めればロックされるが累進料金を入れればロックが解除されるシステムは作れないものか。

【追加】　パーキングメーターの作動時間（8～20時）を過ぎてから（夜9時）無料と思って駐車したら，駐車禁止として放置違反金を課された事件の代理をした。交通量の多い昼さえ金を払えば駐車を許すのであるから，夜間も危険がない前提である。しかし，裁判所は，車から降りるとき危険だとか，駐車して飲み屋に行く者がいるという屁理屈で，この取締りを適法とした。『行政の組織的腐敗と行政訴訟最貧国』17頁）。本来なら，夜間でもパーキングメーターの利用を許すべきである。

3　住宅地の駐車場

(1)　一戸建てなら，駐車場は，普通は自分で造っているが，しかし，最近は一家に2台の時代となって，路上駐車が増えている。また，ワンルームマンションなど，一種住専にもできるので，居住者の若者の車両の駐車場が不足する。

特に高層住宅地の駐車場が不足している。公営住宅ではもともとは車両をもてない低所得者が入居するという前提で，車庫を用意していなかった。しかし，最近は低所得者でも，車くらいは持てるし，営業で必要な者，会社の車を，会社に駐車場がないからという理由で自宅に持ち帰ってくれといわれる者もいる。まして，公団や民間のマンションのたぐいは車でいっぱいである。どうしたらよいか。新築と既設を区別して考える。

(2)　車庫の確保は元来は所有者の責任であったが，今日では住宅供給者の責任でもあると考え，新築の場合，行政がどれだけの駐車場が必要かを予測して，必要台数の設置を義務づけるという方法が考えられる。なお，自転車の駐輪場についてはいわゆる自転車法はそうした制度をおいている(12)。

一戸に1台分を用意させる時代であろう。また，それは民間業者にとっても決して損ではない。新築の場合，駐車場つきのフロアからさきに売れる時代なのである。

ただ，心配なのは，民間マンションでも，必要台数は，入居者の世代（老人用マンションなら少しで済む），職業，近隣に民間駐車場があるか，将来できるかといった事情に左右されるので，こうした義務づけをすると，余るときは余分な負担となることである。例外を設ける必要があるとともに，余った分は2台必要な者への貸与とか，近隣の他の車庫不足対策に活用して損させないようにしなければならない。

最近は市営住宅にも全戸車庫スペースを用意するという例が報道されている(神戸市の例，朝日新聞1989年2月11日25面，横須賀市の例，読売新聞1990年5月24日)。これはいかにもかっこ良いし，車社会の実態にあっているのであろうが，このシステムでは，税金の負担分が増えるか，同じ税金で造れる住宅数なり公共空地が減るので問題である。公営住宅は低所得者に対し住宅を安く提供するシステムであって，低所得者でなくとも車庫を持つことが困難な現実のもとで，低所得者だというだけで車庫まで安く提供するのは福祉施策の範囲を越える。公営住宅に車庫スペースを用意しないのは都市計画のミスという見方

(12)　阿部「自転車駐車場有料化の法と政策」自治研究63巻2，3号（1987年）＝本書第2部第4章。

もあるが，それは公営住宅の制度を理解しないものである。公営住宅に入居しつつ，車を持つ者は，前記のような障害者などを除いて，全額自己負担で車庫を探すべきである。公営住宅管理者は近隣の駐車場の空き具合いを調査して，駐車場がない場合には，車をもっている者はそれを覚悟せよと募集要綱で周知させるすべきであり，入居許可の時には，車両の所有者には，駐車場を確保するように誓約させるべきである。公営住宅の敷地内に常時不法駐車をする者に対しては車を手放さなければ使用規則違反として入居許可の解除事由とすべきである。

⑶　既存の高層住宅では，団地内に駐車場を造ることになろう。今は団地内の貸し駐車場には希望者が殺到し，順番待ちなり抽選で選ぶのが普通であるが，これも，先に来たとか運がよいというだけで特定の者が時価よりはるかに安いサービスを享受できるという不合理がある。今後も同じシステムのもとで駐車場の増設を図れば，団地内の空きスペースは駐車場ばかりになって，車を持たない者の利益を一方的に害するので，土地代から計算した駐車料金（単なる管理費用ではない。相当に高くなる）を取り，あわせて駐車需要を抑制し，民間駐車場を借りるインセンテイブを作るべきであろう。あるいは，団地内で，車を持たない者の意見も尊重して駐車スペースに割く割合を合議で決め，その駐車スペースの料金は入札制（あるいは最低入札価格を基準とする均一料金）にしたらどうであろうか。みんなのスペースを私にするのであるから，経済原則で配分するのが合理的である。生活が苦しい，車がなければ失業だ，したがって，値上げ反対という反論はあるが，もともとみんなのスペースを安く利用していたことがはっきりしただけである。また，駐車スペースを安く提供していることが車を不必要に増大させている一因であるから，それに本来の費用は負担させる必要がある。その増収は団地の修繕費用に積み立てたらどうであろうか。

公営住宅の中の公共スペースを自治会で管理して駐車場にし，その収益を自治会の収入にしているところがあるようであるが，公共スペースは本来公共の財産であるから，それを駐車場として利用することを認めるとしても，その料金は自治体の収入とすべきものである。

既存の高層住宅に入居する者は車をもたない覚悟が必要で，車がいるなら，民間駐車場を借りさせるようにすれば，民間駐車場も増える。そのためには，路上駐車を取り締まるしかない。ただ，その結果，駐車場がマンションになって置く場所がなくなったなどという気の毒な者も取り締まられてしまう。

そこで，駐車場が増えるまでの当面の対策としては，路上駐車を認めるのも一策である。筆者が留学していたハンブルクでは，道路幅が広く，片側一車線無料の斜め駐車が許容されていた。認めるのは交通量の少ないところである。ただ，日本では道路幅はせまいから，その余裕のあるところは少ないし，それを認めはじめると，どこでも認めろと要求が出て，収拾がつかなくなるおそれも大きい。これも民間駐車場よりは高い料金システムが必要である[(13)]。システムとしては，道路管理者が発行する路上駐車許容券（現在のパーキング・チケットのようなもの）をフロントガラスに貼れば，一定範囲の道路には長時間駐車できるとするのである。また，当面は従前から所有していた車両の駐車場対策として認めるだけで，新規購入の際は駐車場がなければあきらめるべきであるから，こうした路上駐車は既存車両に限り期限を限って許容するのが筋である。

住宅地（住居地域，1種，2種住居専用地域）では50平方メートル以上の駐車場は原則として許容されない（建築基準法別表第2)。これが住宅地での車庫不足の1因である。住環境を害さないようなものは認めることができるはずであるから，実際にもそのように運用すべきである（建築基準法48条各項但し書き参照)。

Ⅶ　車両の総量抑制・通行規制

(1)　今日の駐車問題は車の保有台数が駐車場の整備をはるかにこえて伸びたためである。そこで，多くの意見では，車社会の現実を認めて，駐車場を整備せよという。しかし，そうすると，都心の交通はますます混雑し，交通事故も増えるばかりである。

特に，交通事故のリスクの大きさについて改めて認識して欲しいのでふれると，死者が年に1万5千人，植物人間になった者が数千人，8万人の重度頭部外傷者を生じているという。これだけで約10万人，このままいけば，人生80年の間には800万人の犠牲で，一生の間に15人に1人は交通事故の重大な犠牲になる確率である。負傷者だけの数は警察発表で平成元年で81万人余り，人生80年では85百万人が負傷する勘定で，この国で3人に2人以上が一生に

(13)　阿部『国土開発と環境保全』20頁。

1回は負傷する確率である。便利さの代償というには危険すぎやしないか。ガンの比ではないのである。

しかも，都会では，自動車の排気ガスが主因で，窒素酸化物（NOx）汚染は環境基準を越え，改善の見込みもない。騒音も受忍限度を越える。

駐車場を整備すれば，供給が需要を惹起し，この状況はますます悪化する。むしろ，街全体の総合的なあり方を考え，駐車場スペースにどれだけ割けるか，都市の交通量はむしろ減らすべきではないかと考えるべきである。ただでさえ，都市では住宅地が少なく，業務地が多く，交通量が多すぎる。何が調和的発展かが問われているはずなのに，各人の個別の利害に絡む要求なり主張が多すぎるように思う。公共交通機関を整備するとともに，業務地を分散させ，自動車の通行量を減らす政策が必要である。あるいは，逆に，自動車の交通量を減らせば，公共交通機関が甦る。わが国の政治は自動車業界の近視眼的意向を聞きすぎるのではないか。

(2)　そこで，逆の対策も必要である。まずは車両の保有を経済的に制限する方法が考えられる。消費税の導入で，物品税を廃止し，実質的に車両の価格を値下げしたときに，おりからの金余り現象と地価高騰によるマイホーム断念が相まって，車両の販売台数が急激に伸びたのであるから，車両については物品税の類を復活させるべきである。

(3)　赤字対策を目的とする国鉄改革で貨物は大幅に縮小したが，トラックよりは列車のほうがはるかに環境保全に寄与するし事故も少ない（トラックが関与した悲惨な事故が毎日報道されている[14]）ので，目先の金にとらわれずに総合交通政策で長距離トラックを縮小し，貨物列車を再生させる政策をとるべきであった。

(4)　さらに，日本の空間で許容される車両数を決め，それを越える車両の購入希望があれば，車両購入権を入札にするというドラスチックな方法もありうる。シンガポールでは考えられているようであるが，それは淡路島くらいの

(14)　ちなみに，駐車違反対策からは離れるが，スピード違反トラックによる悲惨な事故が多いようにみられる。それはスピード違反の取締りが困難だからでもある。私見では，トラックには速度を記録する運行記録計が装備されているので，それに100キロをこえる記録があれば，場所は不明でも（運動場などで運転したという例外的事例でないかぎり）日本ではスピード違反であるから，それだけでそれなりの処罰ができる機能的なシステムを導入すべきである。

均一の国だからで，日本では，許容車両台数も判定できないし，必要数は地域によって大きく異なるが，車両は移動するので，制度化は困難であろう。

(5)　車両の通行制限も考えられる。その方法としてはいろいろあろう。かっては，奇数日は奇数ナンバー，偶数日は偶数ナンバーだけを許容するという案もあった。しかし，それでは，営業者は車両の保有台数を増やして対処するだけで，交通渋滞対策としての効果に乏しいし，むしろ駐車場難を惹起し，自動車会社は販売台数が増えて助かるであろうが，1台しか持てない者に不利益になるだけである。私見では，交通渋滞を生じている地域では，地域と時間を決めて通行料をとる方法がある。通行料を払ったという証明のステッカーを貼らせ，それを貼っていない車両があれば捕まえるのである。負担は増えるが，渋滞が解消され，みんな在来線から新幹線に乗り換えるようなものである[15]。

あるいはヨーロッパの都市によくみられるように市内乗り入れ禁止ゾーンを作る方法もある。

【追記】　都心の交通混雑・大気汚染対策として，交通課徴金による交通流の抑制を図る手法がかねて提案されていた。有名なのはシンガポールである（阿部「シンガポールの都市交通政策－都心乗入れ課徴金制度を中心として」都市政策14号（1979年1月）40頁以下)。都心での賦課金の算定方法と徴収方法が特に課題であった。これまで技術が進まず，大まかにするしかなかったが，今はGPSで走行距離を測れるので，正確に算定できる。ドイツではそのような立法動向のようである（高田実宗「道路課金による交通管理の法的可能性」1橋法学15巻2号，2016年)。

残るは金額だが，筆者は実験で，交通量が公害を生じないところまで下がるように料金を上げ下げすればよいと思う。公害を発生させる程度などと，科学的に判定しても，どうせうまくいかない。

Ⅷ　駐車トラックへの追突対策

(1)　駐車中の大型トラックへの追突事故が多い。理由の1つは，大型車のテールランプの位置が高いので，遠方に見え，気づいたときは遅いということがあげられる。そこで，テールランプを上下2つ付けさせたらどうか。後部全

(15)　阿部『国土開発と環境保全』13頁以下。ただし，日本人は負担が増えるというだけで反対してしまう。運輸省の最近の調査によると，都心の交通混雑緩和のために負担金制度やナンバー規制を実施してもよいと答えたドライバーは1500人中20%にすぎなかったという。交通界速報1990年7月30日号6頁。

体に大型反射板をつける方法（埼玉県交通部が開発，埼玉新聞1990年4月11日）もある。また，乗用車は大型車の下に潜り込んで，乗員席まで破壊されるので，死亡率が高い。大型車の荷台を下げるとか，代わりに何かクッションになるものをつけさせる（もぐり込み対策）べきである。社団法人全日本トラック協会は追突事故の起こりにくい改良トラックを開発したという（読売新聞1990年4月11日）。筆者が運輸省に問い合わせたところ，この前者は昨年NHKでも放映されているのに担当者には認識がなく，後者については調査中とのことであるが，検討の上，早急に構造基準を改正して欲しい。

なお，こうした構造基準の改正は新規の自動車にのみ適用するのが一般的であるが，簡易なものは既存の自動車にも適用すべきであろう。スーパー，ホテルなどのスプリンクラーの設置義務づけは既存のものにも適用した（昭和49年法改正，昭和54年実施。ホテルニュージャパンだけはこれを守らず火事を出した）のである。

【追記】 現在大型トラックの後尾は，「突入防止措置」という潜り込み対策がなされている。道路運送車両法に基づく保安基準102条。

(2) 冒頭に述べたシャシーはエンジンがついていないために，現行の道交法では軽車両扱いで違反切符が切れない。さらにトラック並の大きさのためにレッカー移動も難しい。これにも私見の車輪止めを適用するのがよいが，今回の改正では軽車両の中で重被牽引車（シャシーなど）は大型自動車並に反則金制度の対象となった（道交法125条）。重被牽引車の使用者に準備期間を与える必要はないから，こうした改正は即日施行すべきであろう。

Ⅸ　大学構内における駐車対策

大学の構内でも1般交通の用に供されている限り，道路法上は道路でなくとも道交法上は道路である（道交法2条1項1号）。しかし，大学側は構内に警察官が入ることの問題点もあって，警察の取締りを断ったりする。その結果，そこは違法駐車常習地帯になる。この点東北大と宮城県警はキャンパス道路も交通規制することに合意したということである（河北新報1990年4月1日）。

大学の構内でも一般交通の用に供されないところは道交法の公権力が及ばず，管理者の方には車両を規制する公権力はなく，単に所有者としての管理権があるにとどまる。その結果，入口で駐車規制をしても多数の車両が入り込んで困っているところが多い。内部の車だけではなく，外部の車両に駐車場として不法使用されているところもある。そこで，ルール違反の車両には取り外しの困難な鍵つきステッカーをつけるとか，車輪止めをする方法が考えられる。駐車違反のように追い出してもまた来るハエのような存在に対しては，民事訴訟による権利救済は機能しないし，この程度の措置は車両にたいした不利益を与えないので，刑事法でも犯罪にはならず，民事法でも，不法駐車という不法行為に対抗する自力救済として，違法性は阻却されよう。とすれば，車両の返還に際して，今後駐車はいたしませんといった誓約書を書かせるとか，ある程度の駐車違反料金をとるとかして，それが履行されなければ車両を返還しないという留置権も認められよう。駐車車両でいっぱいの大学などではこの方法をとるべきであろう（東大本郷キャンパスでは違反車両にポール止めをして効果をあげた）。

さらに，その敷地の中の駐車場は許可制などにしている大学が多いが，許可不許可の判定も適切にはできない（遠い近いなどは本人が勝手に決めたことであるし，荷物が多いなどはかなりの者に当てはまるので，基準にならない）ので，車両がどうしても必要な障がい者などを除いて，むしろいっそ入札制にして，経済原則で必要性を判定したほうがよいのではないか。その収入はわが国の財政法では国庫にはいるのが原則であるが，例外的に大学に割り戻せば熱心にやってくれる。発想を変えないと，前例のない問題は解決できないのである。

Ⅹ　むすび

1　駐車違反（さらには交通公害，生活雑排水対策，森林の消滅など）のようなみんなが被害者であり加害者であるという問題については，かつての公害と異なり，社会的合意をとりにくく，何をしても反対が出て，解決は困難である。しかも，大量の車庫なし車を黙認してきた現状においてスムーズな解決策はなかなか見あたらない。規制の手法と車庫の設置手法をそれぞれの地域にふさわしく組み合わせて，厳しすぎないように甘すぎないように地道に努力するしかない。ただ，新規の自動車需要は緊急に抑制しないと，さいの河原の石づみとなってしまう。問題が深刻化する前に先手を打って規制すべきである。本稿ではそのための手法を種々並列的に述べたが，つまみ食い的な導入をしないように特に配慮されたい。

2　なお，車両業界の反対についてふれると，軽の車庫証明導入については軽の販売台数が落ちると反対が多かった。従来売れたのはこれまでは車庫無しで車両を持つ者が多数いたためであり，本来売ってはならない者に売って儲けていたのであるから，販売台数が落ちてもしようがないのである。

3　なお，本稿を草するに当たっては警察庁関係の資料や新聞記事，国会議事録などを利用し，多数の方々のお世話になったが，法律の趣旨や機能を理解するのには苦労した。本法に限らずわが国の立法過程と法律のスタイル一般の問題であるが，法律は複雑なのにその提案理由には満足なことが書いていないし，国会も満足な論戦をしない。少なくとも法律論争は皆無に近い。法文も，かっこの中にかっこがあって，読むのは非常に難しい。図解が必要であるし，かっこの中のかっこは［ ］，『 』などを使い分けてわかりやすくすべきであろう。附則はわかりにくく，読み違えて不測の事態を生じそうである。法律ができてからは注釈論文などがでるし，国会答弁用の想定問答集などを用意している（ただし，丸秘扱いである）のであるから，事前に法案の理由と解説を詳細に公表すべきではないか。国会も，会議当日に口頭で質疑応答する非能率で不十分なことをやめて，事前に書面で質問しその回答をまとめて書面で入手した上で論戦すべきではないか(16)。

わが国の立法過程の特色の一つは満足な理由をつけず，裏で各党，各界根回しをして，表ではまともな論戦をしないことである。これは少なくとも，西ドイツやアメリカ，フランス，台湾では考えられないことで，この点にもわが国の非法治国家的・非民主的体質が現れているように思う。

【追記】

1　今日，飲酒運転の制裁が強化され，取締りが強化されたので，事故・死者は大幅に減った。もっと早くやってくれたら良かった。

2　放置違反金制度―駐車違反の責任は違反した運転手から「使用者」へ

駐車違反に対しては，もともとは刑事罰，今は，反則金制度がおかれているが，違反者の特定を不要とするために，違反は車両の「使用者」の責任と構成し直すこととした。使用者は違反していないので，刑事罰は不適当である。そこで，刑事制裁ではなく，放置駐車違反を防止するための運行・管理を尽くすべき責任を果たさなかった所有者の行政上の責任を問う制裁金（民事罰）として構成されたのである。それが放置違反金制度である（道交法 51 条の 4〜6，別表第 1）。

---

(16)　阿部「法案は理由付け逐条審議せよ」税務経理 9341 号 1 頁（2013 年），『行政法再入門上』351 頁。

ここで，所有者の責任ではなく，使用者の責任とするのは，わが国の自動車の割賦販売の実情では自動車販売会社に所有権が留保されていることから，所有者と使用者が異なる場合があるためである。この「所有者」は実際に車両の運行を管理していないことから，「所有者」に責任を追及するのではなく，実際に車両の運行を管理している「使用者」の責任を追及することが適当であるということである。

命ぜられた金銭納付をしない使用者の使用車両は車検が拒否される（道交51条の7）。また，違反を繰り返す車両の使用者に対する車両の使用制限命令が用意される（道交75条の2第2項）。

制裁金を賦課するためには，弁明の機会の付与は不要である（行政手続法13条2項4号）はずであるが，使用者の権利保護に観点から弁明の機会を与えることとしている（道交51条の4第6項）。盗難にあったという弁明を認める趣旨のようである。当該駐車禁止が違法であるとの弁明も許されるはずであるが，何ら理由を付すことのない放置違反金賦課処分がなされ，適法とされている（横浜地判平成25・9・11。筆者が代理）。

第2章　自転車交通法の提唱（2014年）

◆ Ⅰ　はじめに

自転車問題というと，かつては放置自転車問題であったが，今は自転車事故防止が焦眉の課題である。理由は，自転車が歩道を我が物顔で走って，スマホ片手に，イヤホンで音楽を聴きながら，歩行者にぶつかり，横断歩道が青だからと遠方から突進してきて，左折しようとする車にかわす余裕を与えなかったり，無灯火・信号無視で突っ走るためである。

そして，自転車の交通ルールは，自転車も車両の一種（軽車両）として，基本的には自動車の交通ルールを定める道路交通法（道交法）に散在しており，一般には理解困難である。しかも，そのルールは必ずしも合理的ではない。そこで，自転車事故を防ぐため，小学生でも分かる単行法：自転車交通法を作るべきである。拙著『こんな法律は要らない』（東洋経済新報社，2000年）でも提案したが，実現していない。

もっとも，2013年道路交通法の改正では，自転車利用者対策として，①ブレーキ（制動装置）不良自転車に対する検査（63条の10）と②自転車の路側帯通行を左側に限定する規定が置かれた（第17条の2第1項中「除き，」の下に「道路の左側部分に設けられた」を加えた）が，しかし，不十分なので，ここに私見の骨子を示す。

◆ Ⅱ　提案する条文骨子

1　自転車が走行できる道路部分，歩道の徐行義務

自転車は，特に指定がある場所の他，車道の左，路側帯，路側帯がない道路においては，路肩に近い部分を走行しなければならない。

やむを得ず歩道を走る場合には歩行者の通行を妨げないように徐行し，歩行者のそばにおいては下車しなければならない。

解説：今は，自転車は車両の一種として原則として歩道を走ってはならない（17条1項，63条の4）が，それは有名無実になっている。それどころか，暴走

する。歩行者にとって極めて危険である。そして，車道の自転車走行も危険である。

そこで，自転車が歩道を走行することは認め，ただし，徐行すること，歩行者のそばでは下車することを義務付ける。これによって，歩行者との接触事故を防ぐ。

徐行の定義はないので，不明確であるが，歩行者の通行を妨げないという条件を付し，歩行者のそばでは下車を義務付けるので，行為規範としては明確である。それでは不便だと，自転車の利用者から反発があろうが，それなら現行法通り車道を走行せよというのが筆者の言い分である。歩行者のそばを自転車が疾走するのは危険な行為と認識すれば，これもやむなしである。

2　横断箇所

自転車は，横断歩道以外においては車道を横断してはならない。自転車横断帯（道交法2条4の2）がある場所の付近においては，それによって道路を横断しなければならない。

> 【追記】　歩行者ならともかく，自転車は横断歩道まで走るのは容易であるから，車道を横断したければ，横断歩道まで行くべきである。自転車横断帯の利用義務は道交法63条の6に規定がある。

3　左側走行，車線変更禁止

自転車は車道を走行するときは，左側走行とする。右折するときは，交差点まで来て，信号に従って右折することとする。途中で車線の変更をしてはならない。車両の右折に関する道交法34条2項，及び右折時の合図に関する53条の規定は適用しない。

> 【追記】　自転車が車線の変更をするのは危険である。かならず，交差点で行うべきである。

4　横断歩道の走行のしかた

自転車は横断歩道を走行するときは，一旦停車して，下車し，又は人が走行する速度で徐行して横断しなければならない。

【追記】 自転車が横断歩道に走行して入ってくるときは，自動車にとっては視界の外にあるので，事故を回避することが難しい。最新の装備であるアイサイト（eyesight）でも事故防止は難しいだろうが，疾走してくる自転車をすべて回避できるようなアイサイトが発明されたとしても，それがすべての車に装着されるには長年かかるし，しかも，自動車が急停車すると，追突事故を惹起しかねない。それもアイサイトで防止するということも考えられるが，そのような技術に頼るよりも，自転車には横断歩道の前でいったん停止させれば，安全である。自転車にも一時停止無視禁止の規定はある（第43条）。

5　点灯義務

自転車は，薄暗がりになったら，点灯しなければならない。尾灯も点灯するものとする。

【追記】 点灯しない自転車が突然現れるので，自動車の運転にも歩行者にも，危険この上ないからである。これは現行道交法52条に規定されているが，自転車利用者に分かるようにする。また，その規制は夜間（日没時から日の出まで）とされているが，なお，日没前でも条件次第では薄暗がりの場所があるので，多少不明確ではあるが，このように規定する。なお，日没といっても，太陽が水平線から全部沈むときなのか，山の陰に沈むときなのかは，日常用語でもよくわからないが，目的的に解釈すれば，西の方に高い山があるときは太陽が山陰に隠れたときが日没というべきである。

6　自転車の2台並走禁止（道交法19条）

7　ベルの禁止

危険を防止するため止むを得ない状況を除き，ベルを鳴らすと違反（道交法54条2項）。この規定は車両などとして自転車にも適用される。歩行者がいたら徐行すべきだからである。

8　自転車も一方通行無視禁止（道交法8条）

9　2人乗り，3人乗りの原則禁止

自転車は，特に認められたもの以外は2人乗り，3人乗りを禁止する。

子どもを乗せる自転車もあるが，特に許可されたものに限る。

解説：道交法57条2項はこの定めを公安委員会に委任し，兵庫県道交法施行

規則がこれを具体化しているが，一覧性のあるように，これまでの許可基準を自転車交通法に明示する。

10　安全運転義務

酒気帯び運転禁止（65条），過労運転禁止（66条），安全運転のための遵守事項（71条）も自転車利用者に適用されることが分かるように規定する。

自転車に乗って犬を散歩させることの禁止を明示する。犬が突然走り出さない保証がないため。

さらに，傘，携帯電話，ヘッドホーンの禁止を導入する。

自転車は，傘を差したり，携帯電話を利用したり，ヘッドホーンを聞きながら走行してはならない。

【追記】 これらの行為も危険だからである。携帯電話の利用禁止を定める道交法71条5の5は，自動車又は原付自転車にだけ適用されている。傘を差すこと，ヘッドホーンの禁止規定はない。自転車に乗るときはカッパを着るべきである。

11　刑罰と勝訴報奨金

以上の違反については，少なくとも罰金2万円を科す。これについては刑事訴訟法の定める反則金規定を準用する。

ただし，その賦課が違法であるときは200万円を返還する。

【追記】 刑罰では裁判所を使わなければならないので，実際上警察官は面倒がって，機能しない。そこで，今の自動車の駐車違反と同じく，反則金とする。金額は，この時代抑止力を考えると1万円は安いが5万円は高いだろうから，2万円とした。

現行制度では，警察は敗訴すれば，はい，そうですかと返金すればよいので，痛くもかゆくもない。そのため，無茶苦茶取り締まっているのが現実である。

違法な取締りには，弁護士費用，勝訴確率を考えれば100倍返金させてもまだ足りない。

第3章　いわゆる自転車法の改正（1994年）
——放置自転車等対策の立法過程と政策法学的研究

◆ I　はじめに

自転車は，通勤・通学・買い物・レジャーなどに大変便利な，大衆的で安価な乗物であり，近年は国民1.7人に1台の割合（(財)自転車産業振興協会の統計によれば，全国で1993年度で7,500万台，一世帯あたり1.6台の割）で普及しており，さらに，原付は最近減っているが，それでも1,200万台にのぼり，他方，いわゆる駅前放置自転車等の問題を惹起した。駐車場の整備も年々進んでおり，1991年の総務庁調査によれば，全国で8,952ヶ所，収容能力約301万台となっている[(1)]。しかし，それはなお不十分で，1991年の総務庁調査では，駅周辺に100台以上の放置されている箇所は全国で1,716ヶ所あり，ひと頃よりは減った（1981年には約100万台）ものの，全体で約83万台が放置されている。このよう駅をかかえる市区町村は全国で400団体ある。放置自転車ワーストワン（4,949台）になったJR吉祥寺駅前の歩道には自転車が二重，三重にぎっしりと並ぶ。その数約5,000台，通行人のほうが身体を寄せ合って歩く[(2)]。

なお，1993年の総務庁調査では放置箇所は1,679，放置台数は約77万4,000台と減少している。ワーストワンはJR立川駅で4,082台，吉祥寺駅は3,997台で，2位になった。駅周辺の自転車駐車場は211ヶ所増えて，9,163ヶ所になり，収容能力も322万台になった[(3)]。しかし，自転車等の問題が解決されるのはほど遠い。

これに対し，多くの市区町村は放置二輪車条例・駐車場条例を制定して対処してきたが，条例制定権の限界と資金・土地不足もあって，十分には対応でき

---

(1)　この状況については，西植博「最近の自転車駐車場整備について」（1993年10月21日全自連研修会資料）4頁，総務庁長官官房交通安全対策室「自転車の安全利用の促進及び自転車駐車場の整備に関する関係省庁の施策」（1993年5月）6頁以下。

(2)　日本経済新聞1994年6月4日夕刊一面「放置自転車一掃 進まぬ駅前駐輪場設置」。

(3)　総務庁長官官房交通安全対策室「駅周辺における放置自転車等の実態調査結果について」（1994年）1頁。

ず，法律上の問題点も多数残っていた。これに関する国法としては，「自転車の安全利用の促進及び自転車駐車場の整備に関する法律」(いわゆる自転車法，1981年施行）があるが，現場で苦労している市区町村を支援するどころか，むしろ，市区町村の足をひっぱる欠陥立法であった。これに関しては，以前詳しく論じたことがある。Ⅰ「放置二輪車対策の法と政策」自治研究60巻1号・2号〔1984年〕，Ⅱ「自転車駐車場有料化の法と政策」自治研究63巻2号・3号〔1987年〕，本書第2部第4章Ⅲ『行政の法システム上・下』(有斐閣，1992年）448頁がそれである。以下，本文でも，この論文はこの番号で引用する。

そこで，市区町村側はこの法律の改正を求めてきたが，ようやく昨年（1993年）実現した。改正法の名称は，「自転車の安全利用の促進及び自転車等の駐車対策の総合的推進に関する法律」である。自転車の安全利用の促進はそのままであるが，「自転車駐車場の整備」はより広く「自転車等の駐車対策の総合的推進」に代わったのである。安全利用の促進は自転車だけであるが，駐車対策の総合的推進は自転車のほかに原付を含み（以下，自転車等の「等」は原付を意味する），さらに，駐車場の整備だけではなく，駐車対策全般が対象となったのである。そして，その目的も，「自転車の交通に係る事故の防止と交通の円滑化」のほか，「並びに駅前広場等の良好な環境の確保及びその機能の低下の防止」にまで拡充された。そして，この法律は自転車等駐車場の整備のみならず，新たに放置自転車等の保管などの手続並びに自転車等の駐車対策に関する総合計画及び自転車等駐車対策協議会を定め，自転車等の駐車対策の総合的推進を図ることとしたものである。この法律は1994年＝平成6年6月20日に施行された（平成6年政令148号)。それは市町村のほか，東京都の特別区にも適用される（地方自治法283条2項)。以下，この法律を改正自転車法と称する。それまでの法律を旧自転車法という。

この改正法は放置自転車等の対策を適切に処理できるであろうか。本章では，この改正法を分析し，筆者の試みる政策法学なり行政手法論の観点から，できるだけ無駄金をかけないで，問題を相対的に合理的に解決する手法を提唱したい。そこで，ガンとされているのは，財産権とか権利を守れという一面だけを強調する伝統的な法律学と立法のスタイルである。あわせて，立法過程論の研究の一例として，立法過程の透明化を主張したい。なお，この法律のうち，安全利用の側面は考察の対象としない。

Ⅱ　旧自転車法の欠陥

1　努力義務規定

これはもともと議員立法であった。関係省庁が7つにも及び，まとまらないので，某有力議員の鶴の一声で，基本法でいこうということになり，努力義務規定や抽象的な規定を並べるにとどまった。官庁間の争いなり立法過程における総合調整力の不足が現場の市区町村にとんでもない苦労をかけて，無駄を生じている例である。行政改革というと組織の改廃が中心になっているが，本稿で提唱する法制度の改善も，無駄をなくす行政改革に通ずるのである。

2　附置義務の限定

現場で苦労している市区町村に権限を与える規定は，スーパーや百貨店などの新増設の際の自転車置場の附置義務条例の規定くらいであるが，これも，一番の責任者である鉄道の駅は除外し，従来からあるスーパー，百貨店を除外し，地域も，商業地域と近隣商業地域に限定するなど，かえって，市区町村の権限を妨げる締め付け規定であった（Ⅰ上33頁以下)。鉄道事業者に関しては用地提供の協力義務の規定があるだけである。

その運用を見ると，鉄道事業者は1991＝平成3年3月末までに222ヶ所約10万台分の駐車場を整備し，2,015ヶ所，約63万㎡の用地提供を行なってきたが，全体の駐車場の放置箇所数の約2割程度にすぎない状況である(4)。

次に，附置義務は，スーパーの場合，新増設についてのみ課されている。1993＝平成5年11月末までに77地方公共団体が附置義務条例を制定したということであるが(5)，それによって放置自転車対策がどのくらい進んだのかは，わからない。

---

(4)　総務庁長官官房交通安全対策室「放置自転車対策に関する調査研究」(1992年3月) 18頁。鉄道事業者の用地提供状況に関しては，総務庁長官官房交通安全対策室「自転車の安全利用の促進及び自転車駐車場の整備に関する関係省庁の施策」(1994年5月）8頁。

(5)　総務庁長官官房交通安全対策室「前掲自転車の安全利用の促進及び自転車駐車場の整備に関する関係省庁の施策」8頁。

3　防犯登録・撤去などの努力義務

また，この旧自転車法は，利用者に自転車を放置しないように，防犯登録を受けるようにという努力義務を課すだけで（9条2項，3項），「道路管理者，都道府県警察等は，自転車交通網の形成と併せて適正な道路利用の促進を図るため，相互に協力して，自転車の通行する道路における放置物件の排除等に努めるものとする」（4条3項），「地方公共団体，道路管理者，都道府県警察，鉄道事業者等は，駅前広場等の良好な環境を確保し，その機能の低下を防止するため，必要があると認めるときは，法令の規定に基づき，相互に協力して，道路に駐車中の自転車の整理，相当の期間にわたり放置された自転車の撤去等に努めるものとする」（5条5項）としているにとどまる。これらはどれも単なる努力義務規定であるから，実効性を伴わないだけではなく，4条3項にいう「放置物件の排除等」が自転車の排除まで意味しているかどうかは明確ではなく(6)，5条5項と比較して読めばこれを否定しているように読める。5条5項を見ると，放置自転車の撤去は「法令の規定に基づき」行なうことになるが，それは道交法，道路法，廃掃法，遺失物法等を指すにすぎないが，これらの法律は放置自転車の撤去・処分を念頭においていないので，市区町村にとってなんらの手助けにもならない。さらに，「相当の期間にわたり放置された自転車の撤去等」とあるところから，放置自転車の即時の撤去はこの法律では予定していないように見える。

4　条例には役立たず

しかし，相当の期間の放置は許容するとか，撤去したが引取りのない自転車等を処分できないのでは，大量に放置された自転車等を前にして手が出ないに等しいから，現在，多くの市区町村は，法律の授権なしで，放置自転車（多くの市区町村では原付も含めて）について，放置禁止区域を設定し，違反車を即時撤去して一定期間保管し，移動・保管料と引換に返還している。本当は旧自転車法に即時撤去の根拠規定が欲しいところであった。さらに，引取りに来ない自転車が多いが，それにもかかわらずそれなりに長期間保管することになっており，きわめて非効率である。また，どうしても取りに来ない分は，売却して

(6)　自転車法令研究会編著『自転車安全利用促進駐車場整備法――解説と運用』（ぎょうせい，1982年）の該当箇所（40頁以下）にはこの解説はない。

リサイクルすればよいのに，一般にはゴミとして処分している市区町村が多い。売却は財産権の処分にあたり，条例ではできないという理屈になっている(7)とか，売却の手続が面倒だ，あとで所有者が現れたときのトラブルも心配だ，自転車商が新車が売れなくなるとして反対するなどのために，わざとゴミにするという壮大な無駄を実践しているのである。

5　大物を見逃して小物退治

旧自転車法は，自転車だけを対象としていたので，原付の扱いが不明確であった。しかし，多くの市区町村は原付も撤去・保管の対象としている。これに対し，自動二輪は道交法の対象だとして，対応していない市区町村が普通であるが，警察も実際上は対応しないので，法ないし縦割行政の谷間で，同じ場所で，原付は撤去されるのに，自動二輪は放置が許されるという，「大物を見逃しては小物退治」が実態である。まして，トラックのレッカー移動はまずないので，ますますもって，「大物を見逃しては小物退治」に陥っている。ちょうど，人殺しと窃盗犯が見つかったときに，担当警察官が，自分は窃盗の担当だといって，人殺しは見過ごし，人殺し担当の警察官は来ないというシステムである。比例原則に違反し，違法・違憲ではないかとも思うが，そこまでいわなくとも，とにかく，欠陥立法である。

Ⅲ　改正法の立法過程

1　総務庁の報告書

総務庁は，こうした現状にかんがみ，1991＝平成3年度に自転車問題研究会を設置し，検討を行なった。その報告書「自転車基本問題研究会報告書——放置自転車対策に関する調査研究」（1992年3月）がこの法改正の大きな契機となっている。その内容は，総務庁報告書として，以下，適宜ふれる。

2　全自連の旗揚げ

1992年10月，同法の改正が日程に上がった時以来，筆者がインタビューで知ったことを含めて，立法のいきさつを若干述べよう。

---

(7)　兼子仁＝関哲夫『放置自転車条例』（北樹出版，1983年）96，116頁以下。さらに，Ⅰ下28頁以下参照。

従来，放置自転車対策は，それぞれの市区町村が孤立無援の形で施策を進めざるをえず，大変な苦労をしていたので，同じ悩みを持つ全国の自治体が情報を共有し，共に問題を考える横断的組織を作ることが必要であった。そこで，放置自転車問題に悩む全国の市区町村が1992年2月に全国自転車問題自治体連絡協議会（全自連）を結成したのである。しかし，従来，全国的組織が設立される場合，上から降ろされてくるのが行政の常識であり，こうしたボトムアップ形態で職員の発意による組織形成には少なからず抵抗があり，加入はもちろん呼びかけ自体に戸惑いをあらわにした自治体も少なくなかったという。しかし，努力の甲斐あって，大会当日には全国から174の自治体が加入し，大成功であったようである。この大会には衆議院交通安全対策特別委員会の議員および関係省庁からも多数出席したが，都知事の出席を得られなかったことは残念であるとされている(8)。

そして，全自連はこの大会（1992年2月13日）で，下記の6点を決議した。

(1)　総合交通体系における自転車の位置づけを明確にし，その旨関係法規に規定すること
(2)　鉄道事業者の役割と責務を明確化し，鉄道事業者も応分の義務を負うよう，これを法制化すること
(3)　駅周辺などの放置自転車の撤去，処分などについての法的根拠を明確にし，撤去・処分などが円滑に行なわれるように，措置を講ずること
(4)　放置バイクは，放置自転車の呼び水，更に大きいものが取り残されるという不平等感から，その対策は重要である。したがって，放置バイク対策が円滑に行なわれるように措置を講ずること
(5)　自転車駐車場の整備促進を図るため補助制度の拡充・拡大を図ること
(6)　民営自転車駐車場の整備促進を図るため，自動車駐車場同様の税制優遇措置を講ずること

---

(8)　以上，平野和範（練馬区土木部交通対策課長）「自転車問題の抜本的な解決に向けて――全国自転車問題自治体連絡協議会の設立について」自治フォーラム394号（1992年7月号）62頁以下，松永憲生「放置自転車対策係の人生でもっとも熱い日々」別冊宝島205ザ・地方公務員24頁以下参照。当時の新聞（朝日新聞1992年2月14日）によれば，「『放置』対策の輪全国に 自転車問題で協議会 旗揚げ 悩む172区市町結集 都道府県は参加なし」の見出しで，会場は立つ人もでる大入り満員，鉄道会社は非協力的というのが参加者の声だということである。

3　法案とそれへの批判

(1)　この法律は議員立法によった。それは，旧自転車法は議員立法でできたから，その改正も議員立法によるのが慣例であるためである。

聞くところによれば，1992年3月，全自連は総務庁交通安全対策室長，衆議院交通安全対策特別委員長，自転車小委員長その他の代議士を訪問して要望書を手渡すなど行動を開始した。そして，衆議院交通安全対策特別委員会自転車小委員会は同年7月から自転車法改正仮案を何度も作成し，その過程では，改正案を各党理事に提示し，関係省庁，鉄道事業者，都立大学兼子仁教授から意見聴取を行なった。また，関係省庁合同ヒアリング，省庁別ヒアリングを行ない（10数回に及んだ），また，全自連に提示して説明し，理事懇談会に説明した。そして，衆議院交通安全対策特別委員会自転車小委員長が改正仮案を作成し，最終的にまとまったようである。この過程で，民社党からレンタサイクル案，日本共産党から改正骨子案が提出されるなどした。改正案決定までは仮案に19回修正を加えたと聞く。

(2)　この途中の案はごく一部の関係者にしか公開されておらず，筆者も一部しか入手していないが，当初の1992年9月10日段階の「改正後の『自転車の安全利用の促進及び自転車駐車場の整備に関する法律』仮案」と題する案に対しては，全自連は次のような諸点にわたる批判的な意見を提出した。

（ア）　自転車等の駐車対策に関する総合計画を策定するに際して，鉄道事業者の責務に変化がないことから，現在同様鉄道事業者から協力が得られるとは思われない。自転車等駐車対策協議会委員の任命を鉄道事業者が拒否した場合，また，総合計画がまとまらない場合の担保措置がない。したがって，駅周辺の鉄道事業者の原因者としての責務にかんがみ，積極的協力義務でなく，設置義務，少なくとも努力義務を課すべきである。

（イ）　鉄道駅の新増設の際には自転車等駐車場の附置義務を課すべきである。

（ウ）　この案では自治体による所有権取得まで6ヶ月保管を要するとされているが，保管場所の不足や撤去需要の増大にかんがみ，ほとんどの自治体が「相当の期間」（たとえば2ヶ月）の経過後処分できるとしている。そこで，改正法が施行されれば，自治体の撤去・処分作業に重大な支障が生ずるおそれがある。

この案では，「市町村長は……保管した自転車等につき，それらの保管に不相当な費用を要するときその他条例で定める場合には，条例で定めるところにより，当該自転車を売却し，その売却した代金を保管することができる」とされていて，6ヶ月保管という文言は入っていないが，改正法のように「相当の期間」という文言も入っていないところから，全自連側は，遺失物法にならって原則は6ヶ月保管と解されてしまうと理解したようである。

（エ）　原付自転車の所有者確認が地方税法22条に規定する守秘義務及び各自治体の制定する個人情報保護条例のために実施できない。そこで，確認の根拠法令とするため，市町村の原付自転車の資料提供規定を入れられたい。

（オ）　前記の総合計画については，「市町村議会の議決を経て」という規定が入っているが，たとえば，都市計画決定が議会の議決を要しない自治体の専任事項であるように，駐輪対策の総合計画の策定にあたっても，現在および将来の駐車対策の方向を定めること，事業の実施などを通じて計画の内容を効果的に実現する趣旨からも，都市行政上の基礎的な単位である市町村の立場を十分尊重すべきであることから，協議会など関係者の意見を聴いた上で，自治体が専決すべきである。議会の議決を要するとすれば，計画の内容が変更され，統一性，整合性がとれなくなるとともに，自治体の労力も相当なものになるおそれがある。よって，「議会の議決を経て」は削除すべきである。

また，12月4日段階の新聞によれば，この段階の案には市区町村から見れば，改悪といった反応が出たようである(9)。その見出しは，「自転車法改正　事実上の〝骨抜き〟撤退か。駐車場設置義務，鉄道事業者には課さず。全自連は『改悪』と反発　法案は来年の国会に持ち越し。」となっている。その内容を紹介する。

この法案の最大の攻防線は鉄道事業者に附置義務を課すかどうかであるが，運輸省と鉄道事業者の反対で，駐車場設置については「義務」の二文字はなく，すべて「協力」のまま。鉄道会社に対する用地提供などの義務化はいっさい抜き去られている。この「義務」化は通達により担保できるとの含みを持たしているが，これに対して全自連では，それができないから法改正を求めていたのであって，通達で義務づけられるというなら，なぜ法制化できないのか，全く理解できない，と反発したようである。これについて，読売新聞（1992年11月29日付け）の報道では，主管省の総務庁が，「通達などにより，鉄道会社のより主体的な協力を求めることで成果をあげたい」としているが，総務庁は，

(9)　都政新報1992年12月4日2面。

これは虚偽報道だとしているようである。

市区町村は自転車等の駐車対策の総合計画を作り，駐車場の整備目標や配置，放置自転車等の整理・撤去・保管など6項目を盛り込むこととされたが，この計画策定には1,000万円単位の出費が伴うので，今でも駐車場の整備で莫大な出費が必要な市区町村にとってさらに負担が増えることになる。

撤去した自転車の6ヶ月保管義務は実務からは後退で，保管場所の不足に拍車をかける，撤去の規定があっても，受け皿である駐車場の整備なしでは住民の理解は得られない。

また，全自連会長である練馬区長（岩波三郎）が法改正段階でした投書によれば，鉄道会社に駐車場設置の義務づけがなされなかった点が従来の自転車法の最大の欠陥であるとしている。現在，市区町村は自転車駐車場の整備のために膨大な財政負担を行なっている。自治体の中には一般会計の1%をこえる経費負担をしているところも多い。練馬区では1991＝平成3年度には自転車対策に28億円の経費を費やした。自転車駐車場の整備，特に用地の確保は市区町村にとって限界になりつつあり，鉄道事業者に用地負担義務を課す法改正を望むというものである(10)。

(3)　その後，改正法案は，後に紹介する現行法のようにまとまり，衆議院交通安全対策特別委員会の自転車駐車場整備等に関する小委員会，衆議院の交通安全特別委員会を経て，委員会提案で126回国会に提出され，衆議院の本会議で全会一致で可決された（1993年6月8日）。しかし，参議院のほうでは国会解散のあおりで廃案になった。この法案は，1993＝平成5年12月，改めて，第128回国会衆議院交通安全対策特別委員会に上程され，衆参両院を通過した。

前記の全自連の主張のなかでは，(2)（鉄道事業者の附置義務），(4)（地方税法の守秘義務の解除）は採用されていないが，(3)の6ヶ月保管の点は「相当の期間」保管して売却と修正され，(5)の議会の議決は削除された。(1)の鉄道事業者の協力義務は9月10日の仮案よりは強化された形で決着した。この点は後述する。

この案では，前記の全自連側の主たる主張つまり鉄道事業者の駐車場附置義務は排斥されたので，ある意味では全自連側の敗北という面もあるが，それは鉄道事業者と運輸省側の強力な反対，全会一致の国会ルールにもよる。ここで，

(10)　朝日新聞1992年12月21日論壇「駐輪場に協力少ない鉄道側」。

全自連が最後まで反対し，妥協しなかったら，自転車法改正は挫折し，今後同法改正に尽力してくれる国会議員は当分いなくなるであろうし，政治の場ではこの辺が妥協どころのようであった(11)。

4　国会の不透明さ

筆者は，その議論の内容を知ろうと，国会議事録を調査した。しかし，この法律は，いわゆる議員立法であるが，既に各党全員賛成であるので，実質の審議過程は国会提出前に終わっており，国会委員会では今更審議はせず，それにかけるのは形式にすぎない。小委員会では，政府委員から関係省庁の施策を聴取した後，突然起草案が上程され，審議なしで全員一致で可決されている。政府委員の説明が法案に反映するわけはないし，なぜこういう案になったのか，外部からはわからない。そして，委員会も，小委員会の審議を終えたら同日に直ちに開催し，すぐ趣旨説明を聞いて，議論なしに全員賛成である。しかも，これが参議院の地方行政委員会に送られた場合も，何の議論もなく賛成である(12)。委員会，小委員会に提出される前の段階では，関係方面と徹底して議論したなどといわれるが，その情報は非公開であるので，断片的に聞こえてくるが，なかなかその実態はつかめない。これは民主的とはいえない。

立案関係者は，関係方面の意見を十分に聴取しているから，これほど民主的なことはないと反論するであろう。たしかに，熱心に徹底的に議論されたことであろう。しかし，それは関係方面のそれぞれの利害にかかわることを部分的に聞いているだけで，広く意見を聞いているわけではないし，どのような条文にするかという段階では，案を広く世間に示して，修正案の提示を求めるということは，なされていないのである。案を入手した全自連の一部の者が大急ぎで意見書を提出しているだけである。このように国会の動きが外部からは何も見えないのでは，民主主義の理念にあわないのである。

---

(11)　松永・前掲注(8)39頁以下参照。

(12)　第126回国会衆議院交通安全対策特別委員会自転軍駐車場整備等に関する小委員会議録第1号（1993年6月8日），第126回国会衆議院交通安全対策特別委員会議録第6号（1993年6月8日），第128回国会衆議院交通安全対策特別委員会議録第2号（1993年12月1日），第128回国会参議院地方行政委員会会議録第3号（1993年12月15日）。なお，小委員会の議事は「自転車駐車場整備等に関する小委員会における審議概要」自転車・バイク・駐車場165号24頁以下，166号10頁以下（1993年9月号，10月号）にも出ている。

行政手続法で，行政の透明化を図ることにしたが，国会の透明化が必要であろう。たとえば，委員会，小委員会の提案の前になされる各党の議論を表に出すように，初めから委員会で議論するか，それとも委員会に提出する法案には詳細な理由をつけ，予想される批判にはあらかじめ反論するか，委員会に出す前に何度か理由付きの試案を公表して各方面から試案に対して意見を求める方法が欲しい。もっとも，この点は政府提案法案にも当てはまる(13)。

これに対しては，そんな情報公開型立法ではまとまるものもまとまらないと反論される。妥協は非公開の場でしかできないというのである。たしかにそういう面はある。しかし，今般施行される行政手続法や司法試験若年受験者優遇のための改革（司法試験第二次試験の論文式による試験の合格者の決定方法に関する規則，平成3年司法試験委員会規則1号）は法案になる前に何度も案を示して各方面の意見を聞くという民主的な方法をとったのであって，そんなに難しいことではないのである。なお，製造物責任法とか目下進行中の民事訴訟法改正も同様である。

しかも，こうした密室型妥協の場合には，今般の鉄道事業者のような業界の意向ばかりが強力に反映しやすいという，片寄った立法過程になりやすい。

また，基本線の妥協部分は密室で行なうとしても，法技術的な面はもっと公開したほうがよい案ができるのである。現在の方法では，法律ができるまでは，想定問答集を秘密で作成し，法律ができてから初めて解説書を出版するので，あとから解釈上の問題点で論争が起きる。それは本稿で以下に示すところである。法案を作成したら，想定問答集つきで理由を公表して，各方面の修正意見を聞いた上で，政治の責任で国会で議論し，最終案を作成すれば，運用上・解釈上の問題点も減るのである。

ちなみに，ドイツでは，政府は法案を作ると，理由もつけずに，すぐ国会に上程して，直ちに議決という日本的な方法ではなく，初めから詳しい注釈をつける。そこで，野党にとっても，在野の者にとっても，その案の当否の検討，修正案作成はそう難しくなく，その案をたたき台にして，修正案を出す。先に，根回し済みではないのである。こうして，政治的な妥協を行なうだけではなく，

(13)　こうした立法過程の問題点については，阿部泰隆「日本の立法過程管見」『立憲主義と現代　芦部信喜先生古稀記念』（有斐閣，1993年）303頁以下＝『政策法学の基本指針』所収，同「立法過程」法セミ1992年8月号，五十嵐敬喜『議員立法』（三省堂，1994年）。

理論的にもより洗練された条文ができあがるのである。

◆ Ⅳ　改正法の内容

1　原付の扱い

まず，これまでの自転車法は自転車のみを対象としているが，現場の実態に合わせ，自転車等として，50 ccまでの原動機付自転車も含むことにした（2条）（以下，かっこ内の条文は新自転車法のそれである）。

2　駐車場の設置努力義務の範囲

地方公共団体又は道路管理者に自転車等駐車場の設置努力義務が課される地域を，自転車等の駐車需要の著しい地域のほか，自転車等の駐車需要の著しくなることが予想される地域にまで広げた（5条1項）。

3　鉄道事業者の積極的協力義務

鉄道事業者の義務は従来は用地提供の申入れがあったとき，用地の譲渡，貸付などの措置を講ずることによって協力することになっていたが，改正法では駐車場等の設置の協力義務にまで拡大し，また，地方公共団体または道路管理者との協力体制の整備に努めるとされた。しかし，いずれも単なる協力義務にとどまっている（5条2項）。

4　附置義務対象地域の拡大

百貨店，スーパーマーケット，銀行，遊技場等自転車等の大量の駐車需要を生じさせる施設で条例で定めるものを新増築する者に課する自転車等駐車場の附置義務の対象地域に，商業地域，近隣商業地域のほか，その他自転車等の駐車需要の著しい地域内で条例で定める地域を加えた（5条4項）。

5　放置自転車等の処分など

放置自転車等に関する条項を新設し，まずは撤去努力義務を課す（5条6項）ほか，放置自転車等の即時撤去を認め，市区町村長に撤去した自転車等の保管，公示を義務づける（6条1，2項）とともに，「公示の日から相当の期間を経過してもなお当該自転車等を返還することができない場合においてその保管に不相当な費用を要するときは，条例で定めるところにより，当該自転車等を売却し，その売却した代金を保管することができる」とした。この場合において，売却できないと認められるときは廃棄などの処分をすることができるとされた（6条3項）。

公示から6ヶ月を経過してもなお，保管した自転車等（売却した代金を含む）を返還することができないときは，当該自転車等の所有権（代金を含む）は市町村に属するとした（6条4項）ほか，撤去，保管，公示，売却等に要した費用の利用者（所有者）負担も可能とした。その額は実費を勘案して市区町村の条例で定めることができるとした（6条5項）。これは遺失物法2条，道交法81条，51条，道路法44条の2などの類似の立法例（Ⅰ下31頁）を参考にしつつ，売却できる時点を「相当の期間を経過」という文言で示したものであろう。

6　自転車等の駐車対策総合計画

市区町村は駐車需要の著しい地域および著しくなることが予想される地域において，自転車等の駐車対策に関する総合計画を策定することができるという規定を設けた。総合計画で定める事項は，対象区域，計画目標および期間，駐車場の整備の目標量，配置，規模，設置主体，事業概要，設置に協力すべき鉄道事業者の講ずる措置，放置自転車等の整理，撤去等および撤去した自転車等の保管，処分などの実施方針，自転車等の正しい駐車方法の啓発に関する事項，自転車等駐車場の利用の調整に関する措置その他自転車等の駐車対策について必要な事項である（7条）。これは，鉄道事業者の駐車場設置義務が規定されなかった代替物で，それと協議の上その協力できる内容を規定することになった。一種の妥協案である。そして，総合計画において主要な自転車等駐車場の設置主体となった者および設置協力鉄道事業者となった者は，総合計画に従って必要な措置を講じなければならないとされている（以上，7条）。

前記のようにこの計画は議会の議決を要しない。

7　自転車の防犯登録

自転車の防犯登録は，新たに利用する自転車に関し公安委員会の指定する市区町村については義務化した（12条3項，附則2項，3項）。従来から利用している自転車に関して，又は公安委員会の指定のない市区町村では防犯登録を要しない。この市区町村の指定にあたっては，市区町村の意見に配慮するようにという通達が警察庁からでている（平成6年6月10日）。また，国家公安委員会規則で定める種類の自転車についても，従前の例によるとされている（法附則3項）が，これは幼児用に限られる（自転車の防犯登録を行う者の指定に関する規則＝平成6年6月6日国家公安委員会規則12号附則2項）。自転車の防犯登録を行なう者は一定の公益法人などを資格要件として指定される（上記国家公安委員会規則）。

従来は，防犯登録は任意であって，自転車の小売店ではしているが，スーパーなどは協力しないといわれているし，防犯協会も，市区町村の問い合わせに対し，自分の仕事ではないと感じているのか，なかなか返事をしないといわれていた。防犯協会が年間50億円といわれるおいしい商売を独占するのではないかという話があるが，この制度は，放置自転車の所有者の特定が目的で，衆議院委員会における決議，参議院委員会における付帯決議では，登録は従来通り，自転車商協同組合など現在の防犯登録の運営主体が継続してその実施に当たることを前提とするとされている。

これとの関連で，「都道府県警察は，市町村から……撤去した自転車等に関する資料の提供を求められたときは，速やかに協力するものとする。」(6条6項)。これは警察が防犯登録により負っている守秘義務を解除する規定である。この資料とは，撤去された自転車等に関する盗難・遺失の届出の有無，防犯登録上の所有者の氏名などをいう。警察庁の1994＝平成6年6月10日付け通達では，照会があった場合の対応窓口や対応方法を定め，市区町村に知らせておくとともに，資料の提供を求められたときには，速やかに当該資料を提供することとされている。

8　自転車等駐車対策協議会

自転車などの駐車対策に関する重要事項を市区町村長の諮問機関として調査審議する「自転車等駐車対策協議会」を市区町村の条例で設置できる（8条)。鉄道事業者に附置義務を課すためには前記の総合計画を策定しなければならないが，それにはこの協議会を設置しなければならない。委員資格は自治体毎に定めるようであるが，道路管理者，都道府県警察および鉄道事業者のほか，自転車等の駐車対策に利害関係を有する者として，地元商店街の代表者，自転車等の利用者などの住民で組織される(14)ことが予定されている。

9　駐車場の安全基準など

国は自転車等駐車場の安全性を確保するために，その構造及び設備に関して必要な技術的指針を定めることができる（9条2項）。都市計画などは自転車等の利用状況を適切に配慮して定めなければならない（10条）。

この改正法は，放置自転車問題に悩む多くの市区町村にとって，結構な規定を多数入れており，従前指摘された問題点をほぼ解決した。大前進であろう。しかし，それでも，改善の余地のある制度や規定もある。そもそも，この改正で，放置自転車等は減るのであろうか。以下，特にこの改正過程で問題になった論点毎に検討しよう。

◆ V　原付も対象に

これは原付も対象にしてよいという意味で，全自連の要望にも応ずるものである。原付を対象にしなければならないという趣旨ではない。これまで原付を対象としていた市区町村条例は正当化されるが，それでも，自動二輪は対象にされていない。これについて，警察の方が検討の上，対応することになっているというが，相変わらず消極的な権限争いをしなければよいが。実際，筆者の住む神戸市名谷の駅前の放置自転車撤去作業を見たところ，改正法が施行された最近でも，原付と自転車を撤去し，自動二輪を放置していた。放置自転車対策の前に，こうした「大物を見逃しては小物退治」の放置行政の解決が先決ではないか。

この問題は警察も入る自転車等駐車対策協議会で議論して策定される総合計画で論じられると考えられるかもしれないが，自動二輪は新法でいう自転車等に入らないので，ここでの議論の対象にはならない建前である。

なお，この法律の立法過程においては，原付に本法を適用する点では，自治省は，自治体の放置対策を実効ならしめる点で賛成であるが，警察庁は，原付に関しては道交法との関係もあり，本法に含めるのは問題で，もし含めるとなると法的な議論としては四輪も自治体で撤去できることになるので，旧法が妥当だとしている。しかし，それなら，「大物を見逃しては小物退治」にならないような対策を講ずることが先決ではなかろうか。

また，総務庁は，原付を対象とすることは，すでに100以上の自治体が条例

---

(14)　総務庁長官官房交通安全対策室長通知総交第123号（1994年6月10日）。

で原付を対象としていることなどから現実にかなっているとしている。この種の発想は中央官庁によく見られるが，では，原付を対象としている自治体が少数なら無視してよいということになりかねない。原付で困っている自治体が1ヶ所でもあれば，それに権限を与えるのが筋で，この考えは地方自治を無視している。

Ⅵ　鉄道事業者の附置義務（権力的義務づけ手法）の挫折

1　鉄道事業者の附置義務の根拠

市区町村側は前記のように鉄道事業者の附置義務を最大の要求として臨み，これに対して，運輸省・鉄道側は大変な危機感をもって反対した。政治の力学としては，全自連側が敗北したようにも見えるが，法律の理論的な観点からはどうであろうか。

総務庁の報告書19頁では，附置義務について次のように述べている。「駅周辺の駐輪場整備を促進するためには，鉄道事業者の原因者としての立場をより明確にする意味で，鉄道事業者による駐輪場の整備，あるいは，地方公共団体又は道路管理者が駐輪場の整備を行なう場合に用地の提供等の応分の負担を義務づける方向で自転車法を改正することが必要である」としている。

そして，Ⅲ3で述べたように，全自連は駅も新増設の場合にはスーパー等と同様に自転車等駐車場の設置義務を負うべきだと主張した。

これに対し，運輸省鉄道局の主張は，入手資料によれば，次のようであった。

(1)　従前の自転車法5条による鉄道事業者の用地提供協力義務により，協力している。鉄道事業者（国鉄清算事業団を含む）の用地提供による駐車場の設置は1990年度末で約2,400ヶ所，73万㎡に達し，駐車場設置箇所全体で8,735ヶ所の内，約3割について協力している（この点，Ⅰ2で述べたデータと若干異なるが，なぜかわからない）。用地の提供代価は一般代価と比較してその大半が1割未満（公租公課相当額が多い。場合によっては無償）と，かなり低廉な代価で協力している。

(2)　自転車の利用は基本的には自動車と同様に道路利用であり，駐車場はそのための利便施設として，一義的には地方公共団体又は道路管理者において整備すべきものである。

(3)　鉄道駅は，街づくりの核となる都市計画法上の都市施設として位置づけられる場合が多く，鉄道利用以外のさまざまな目的のために人が集まる場所となっている。このため，駅周辺の放置自転車には買物客など，鉄道の非利用者も多数含まれている。

(4)　駅は，利用者にとってはあくまで最終目的地に到達するための通過点にすぎない。通勤者の平均通勤時間（おおむね鉄道の利用時間）が片道60分程度であるのに対し，駐輪の平均時間は11時間をこえている。この(3)，(4)の点ではスーパーや遊技場とは異なるところである。

(5)　鉄道事業者は，すでに相当程度の用地を提供しており，提供可能用地が少なくなっていることに加え，駅前適地の用地難から実効を期しがたい。

(6)　自ら用地を確保して駐輪場を整備するとなると，その経費は膨大となり，鉄道事業者にとって過大な負担を強いることになる。

また，その費用を運賃に転嫁せざるをえないから，自転車を利用しない多数の鉄道利用者との間で負担の不公平を生ずる。

(7)　鉄道事業者の義務としては，従前同様用地提供協力義務にとどめることが適切である。そして，市町村に設けられる自転車等駐車対策協議会に鉄道事業者も参加させ，当該協議会で鉄道事業者の協力内容も含めた総合計画を策定し，これを実施させる仕組みが適切であり，運輸省としても，鉄道事業者の協力体制の強化，提供可能用地の精査などについて，鉄道事業者をよりいっそう強力に指導するものとする。

結局は，この運輸省の主張がほぼ通って，駅側に附置義務を課すことは見送られた。

2　私　　見

(1)　私見では，駅への附置義務規定の導入には次のような法的問題点があると思う。まず，全自連が主張した鉄道駅への附置義務は，一般には既設の駅にも課すような主張ととられるが，前述のⅢ 3の資料によれば，新増設に限っている。もともと，自転車法はスーパーに課している附置義務規定にしても，新増設に限っており，既存のスーパーには関係がない。これは，既成事実に対して新規の規制をする場合には実際的な対応可能性を考慮するほか，既得権尊重の法理による。そこで，鉄道駅への附置義務規定も，これと横並びとすることが必要と考えたものであろう。

たしかに，新増設の場合でも，鉄道だけは附置義務を免れるのでは不均衡にも見えるので，その義務づけは一つの施策ではある。しかし，現在，鉄道駅の新設はほとんどなく，問題は既設の駅なので，こんな規定をおいても，現在の放置自転車等問題の解決にはならない。したがって，この意味でも附置義務規定が入るかどうかは，今回の立法では本来たいした論点ではなかったはずなのである。鉄道への附置義務規定の創設がこの立法の天王山と考えた向きは，案外，既存の駅にも附置義務を課せるのは当然であると思い込んでいた節はなかったか。ただし，それなら，既存のスーパーに関しても附置義務を課す法改正を一緒に行わないと法体系の整合性が害されよう。

(2)　鉄道の負担において駅前放置自転車問題を解決しようとするならば，既存の駅にも附置義務を課す手法を導入する必要がある。それは法的に許容されるであろうか。入手資料によれば，建設省は，この立法過程において，附置義務の既設部分への遡及は困難である，新設・増設部分に適用されるのが適切である，と主張したようである。これに対して，全自連はどのように反論したのであろうか。

私見によれば，遡及的義務づけも許容されないわけではない，公害工場に対する環境規制の強化とか，既存のデパート・ホテルに対するスプリンクラーの設置の義務づけのような手法に前例を見る（拙著Ⅲ第四編第五章を参照されたい)。しかし，新増設の規制よりは緩和するか，相当の猶予期間をおくのが通常である。駅への附置義務に関しては，駅周辺に鉄道側が提供しうる自転車等の駐車場用地がはたしてどれだけあるのかという問題と関連し，できないものはできないから，一律の義務づけはきついであろう。もっとも，この点は，駅側に土地がなければ，それに代わる現金の提供を求めて，市区町村側が駐車場を整備することにすればよいのであって，駅側に適切な土地がないことは附置義務を免れる理由とはならないであろう。また，従来の附置義務規定では，建設省都市局長通達（昭和56年11月28日建設省都市開発101号標準自転車駐車場附置義務条例）により，店舗面積に応じた一律の駐車場設置義務を課しているが，これでは，自転車等の利用の多いところと少ないところがあるために実態に合わない結果になる。実態にあった駐車場の規模を駅の義務とするためには個別具体的な判断を要し，従来のような一律の機械的な計算方式ではなく，行政の裁量で決めるか，両当事者の合意で決めるシステムを導入する必要があろう（Ⅰ上35頁で述べた)。その前提としては，鉄道のほうでは，自転車等の駐車場の設置余力がどれだけあるのか，情報を公開する制度なり，市区町村の調査に応ずる制度が必要になる。

そこで，駅への附置義務の規定はそのままでは導入しにくい点があったことは確かである。そして，その代わりに，総合計画の中に駅を取り込む手法が導入された。これは附置義務制度の難点を多少解決しているが，他方でまた新たな不備を抱えている。これについて次に述べる。

Ⅶ　駐車対策総合計画——合意による負担と行政指導手法

1　附置義務と総合計画

駅に駐車場の附置を義務づける代わりに，駐車対策総合計画の運用次第では，既存の駅にも駐車場を設置させることが可能な制度になった。

これは権力的・一方的な制度ではなく，計画策定を通じた合意による手法ということができる。

駐車対策総合計画の策定は市区町村にとっては義務ではない。これは，Ⅲ3で述べたように，市区町村側には余分な仕事を課す改悪だという意見も聞こえたが，義務ではないという意味では，市区町村にとって負担増ではない。しかし，駅に駐車場の設置義務を課すためには，この計画策定は不可欠のものである。この計画作成には数年と1,000万円単位の金がかかると聞く。市区町村からいえば，本来なら，デパート，スーパーと同じく法律で駐車場の設置義務を課してもらえば簡単だったということかもしれない。

しかし，デパート，スーパーの駐車場の設置義務は新増設の場合だけなので，同意なしでも課することができるが，既存の駅にその同意なしで一方的に駐車場の設置を義務づけることは，前記のように遡及禁止の法の原則からいって，多少気になるところであり，また，実際にどれだけの用地を提供させることができるのかも個々にあたって調査してみなければわからないところであって，法律による一律の義務づけがかならずしも有効な手法だとはいえない。それよりも，駅のほうまで取り込んで計画策定にあたらせれば，実際上はある程度までは駐車場の設置を遡及的に義務づけることが可能である。そうとすれば，これは有用な手法である。附置義務の賦課が権力的手法であるのと比較すると，これはいわば，「計画策定への参加を求めて合意を得る取込手法」とでもいえようか。

2　行政指導を通じた合意手法の実効性？

もっとも，この合意による制度では，鉄道側が協力するようになるか，不安もある。JR側は，出席するとしても，駐車場の負担をしたくないため，権限のあまりない下級の職員を毎回人を変えて代理で出し，審議を遅らせる作戦に出るかもしれない。市区町村ごとに鉄道の協力を求めても，協力するかどうかの意思決定は，本社の首脳に委ねられており，出先の権限ではないから，本社から協力せよという指示が出るまでは，現場での協力は前進しないであろう。この制度だけでは本社のほうに協力するように意思決定させることはできない。この制度がどのように動くかは結局は力関係で決まる面がある。もし，JR側か高圧的・非協力的に出れば，なんのための法改正だったかということになる。

そこで，そんなことのないように，衆議院の決議，参議院の附帯決議では，鉄道側の地方公共団体への協力について政府は十分指導することとされている。これを受けて，運輸省鉄道局長から鉄道事業者の協力を求める通達（鉄道局長鉄都第44号平成6年6月10日日本民営鉄道協会会長あて）が出ている。

これを見れば，鉄道事業者の協力体制に関して，この不安を払拭するように，具体的な指示がなされている。まずは，鉄道事業者が単なる協力者としての受身の体制から自転車等駐車対策協議会に参画し，駐車対策に関する措置を講じ，地方公共団体と道路管理者と協力体制を整備するというように，積極的・主体的に関与するようにとされている。そして，自転車等駐車対策協議会には責任者を参加させ，積極的かつ誠実に対応することとし，総合計画案の協議の際には対応窓口を明確にすることとし，高架下，駅前広場，法面などの駅周辺用地のうち，自転車等駐車場利用可能な用地を精査することとされているのである。

実は，運輸省がこの趣旨の通達を出すということは，1992年10月の妥協時点ですでに方針を固め，妥協案として示していたようである。

これは運輸省の行政指導である。駅の附置義務問題に関し，駅に法的な義務を課す代わりに，前記のように合意を得る手法をおき，それを行政指導で担保しようという，まさに日本的な対応である。この通りになされれば，駅への附置義務は実際上相当前進するであろうが，これがうまくいくかどうかは，運輸省がどこまで本気で民営鉄道会社を指導するかにかかっている。パート・スチュワーデス採用をやめよと航空会社を行政指導した亀井運輸大臣と同じくらいの元気があれば効果があろうが。実際には，JR側は本社の企画部門に窓口を設けるなど，対応する体制を整えているようである。

他方，行政手続法の制定に見られるように，行政指導の透明化か求められている今日，このように行政指導に頼る法的手法を新たに導入するのはやや感心しない。前記の行政指導の内容の多くは，全自連の前記の批判に見るように法律に書き込むことが可能であり，本来法律化すべきことではなかったか。

それとも，これを受けて，市区町村が条例を改正し，自転車等駐車対策協議会には駅利用者への駐車場設置に関し責任を有する民間鉄道の経営者などを構成員とすること，鉄道事業者は自転車等駐車対策に協力し，高架下，駅前広場，法面などの駅周辺用地を精査し，自転車等駐車場に利用可能かどうかの情報を提供しなければならないといった規定をおけばどうであろうか。鉄道事業者としては，勝手な条例を制定されても従えないなどと反発することができる社会的な情勢ではなくなっているので，それなりに効果を持つのではないか。

なお，建設省都市局長・道路局長（都街発第20号道交発第41号平成6年6月10日）から，各都道府県知事・指定都市市長・地建局長などに対し，「道路管理者にあっては，市区町村が自転車等駐車対策協議会を設置しようとする場合には，積極的にこれに参画し，道路整備計画等道路の整備方針を踏まえ，効果的な総合計画が策定されるように適切に対応すること」という通達が出されている。

3　本法の効果

この法改正の効果に関しては，その法的手法が合意とか行政指導という，効果のはっきりしないものであるため，目下，判断材料に欠く状態であるが，本法施行直前の新聞報道を紹介する(15)。

これは，「放置自転車一掃／進まぬ駅前駐輪場設置 協力義務 あいまい ペダル重い改正法　鉄道側『用地難しい』自治体は静観」というタイトルで，次のように報道する。改正自転車法で，鉄道側は今後駅付近の用地を自治体に貸すなど，放置自転車の受け皿づくりに努める行動が求められる。JR東日本は今年度駐車場用地として，計13ヶ所を自治体に貸すことに決めた。総武線平井駅前では約2,800㎡ある駅前広場の地下をそっくり提供し，現在江戸川区が約3,000台を収容する地下駐車場の建設工事を進めている。これまでは，放置自転車問題の窓口がなかったり，自治体に高圧的態度をとるなど，対応が悪かったが，これからは少しでも貸せる土地は貸したいと前向きな態度を強調している。しかし，同社の用地提供件数を見ると，昨年度から9件減っている。空地

(15)　日本経済新聞1994年6月4日夕刊1面。

が足りないと言い訳している。今年度約20ヶ所の土地を貸すJR西日本でも，多くの土地は国鉄清算事業団が引き継いでおり，余分な土地はあまりないという。私鉄も協力したいが，スペースがないと苦しい回答をしている。自治体側は，鉄道事業者側に話合いの窓口すら作っていないところが多いので，鉄道側に必要なのは用地提供だけではなく，積極的な姿勢と対話であると指摘している。

そこで，この行政指導通りに行なわれれば，この問題もかなり解決することになる。しかし，その担保は必ずしもない。現状では，市区町村側が団結してことにあたるしか，JR側と対抗する方法はないと思う。

私見では総合計画による合意形成手法でも，駅側に法的な義務づけを課す方法があったはずだと思う。たとえば，この通達では，「鉄道事業者は，鉄道駅周辺における自転車等の駐車需要が大量に発生している実情を十分に認識し」とされているが，単に認識するだけで，なぜ鉄道駅に協力義務を課すことができるのか，不明である。やはり，「鉄道駅は，自転車等の駐車需要を大量に発生させる原因者であることを認識し」といった文章が欲しかったし，法文にもその旨定めるべきであった。そして，鉄道事業者は，利用自転車等数の推移，自転車等駐車場の利用可能数，放置自転車等の状況を調査し，その結果を考慮して，放置自転車等をおおむね収容できるだけの駐車場を市町村と協力してその駅周辺に設置する責務を負う，といった規定があれば，計画への協力もより得られやすくなったのではないか。

これに対して，前記の附置義務の手法でも，市区町村のほうから一方的に機械的に必要台数を割り当てるという手法は機能しないので，合理的な運用を期待する場合には，ある程度までは合意形成手法に近づいた立法を考えるべきである。たとえば，市区町村は鉄道の駅毎に，利用自転車等数の推移，自転車等駐車場の利用可能数，放置自転車等の状況を調査し，その結果を考慮して，当該駅を経営する鉄道事業者に対し，放置自転車等をおおむね収容できるだけの駐車場をその駅周辺に設置するように求めることができるとする。この場合において，鉄道事業者が駅周辺に提供することができる土地を有しないときは，それに代えて，駐車場の経営に必要な費用の提供を求めることができる，とする。これは規定は権力的であるが，実際には駐車場の規模や代替金の額については交渉の余地が大きいものであるから，合意形成手法なり交渉による行政行為手法に近くなる。

なお，今，放置自転車対策の審議会を作っている市区町村では審議会を改組するか，似た審議会を作ることになる。

Ⅷ　撤去・保管・売却・処分の根拠規定

1　保管と返還――合理的な制度設計の試み

(1)　全自連は，前記のように，法改正への要望として，放置自転車等の撤去・処分の法的根拠を明確にせよと要求していた。一般的にいえば，他人の財産を勝手に撤去して処分することは許されないのであるが，条例を作れば，その例外とすることができるのか，法律の根拠がなければ自転車等の処分は許容されないのか，問題があるからである。これはⅠ(下)30頁以下で検討したことがあるが，新法は全自連の要望に応えたものである。

この法律は条例に処分などの権限を授権した。放置自転車等対策を要綱によって行なっていた市区町村は，条例を制定しないと，この法律に基づく権力を行使できない。

撤去から売却までの期間に関しては，立法過程では，遺失物法にならって6ヶ月を要するという改悪案が出ていた。これでは財産権を保護するという名目のもとに，めったに取りに来ない財産を守るために大変な保管費用をかけるという非効率を惹起する。あるいは，道路法・道交法の横並びで，3ヶ月保管などと定められる可能性があった。筆者もそうならないように予防的に批判的見解を述べていた。15日とかそれなりの期間保管して，引取りがなければ売却して代金を保管すればよいというものである(16)。

この点をちょっと数字で説明したい。撤去された自転車等のうち何台が何日目に引取りに来るかは地域によっても状況によっても保管料の額によっても異なるので，一律的なことはいえないが，たとえば，6ヶ月間保管の制度で，100台撤去したところ，1ヶ月経っても，残っているのが50台として，6ヶ月以内に取りに来る者がかりにあと3人とすると，3人の権利を守るために，残りの47台を，保管料の徴収可能性がないのに保管しなければならず，それは税金か，保管料の値上げ，つまりは，早期に引き取っている者の負担になる。こうした負担がのんびりと引取りに来る者の権利の保障と引き合うかが問題である。一方において，売却されたために所有権を失う者は，早期に引取りに行かな

(16)　拙著Ⅲ448頁，Ⅰ下32頁。

かった落ち度があるのであるから，代金の返還請求権が保障されれば，受忍の限界内といえようし，他方，自転車等を長期間保管するのはほとんど無駄であり，しかも，その間に自転車等が錆びたりして商品価値が下がるので，高い値段のうちに売却して，資源をリサイクルし行政の管理費用をねん出するほうが合理的である。これを考慮すれば，6ヶ月などの長期間保管する必要はなく，せいぜい保管期間は1ヶ月，あるいは2週間くらいとして，後は売却しても良いのではないか。

しかも，期間が1ヶ月とか2週間と決まれば，これまでなら6ヶ月後に引き取っていた者の大部分もその期間内に引き取ることになるのではないか。また，保管料を日割り計算で，毎日100円くらいにしておけば，速やかに引取りに来るから，この期間をすぎてから引取りに来ようとする者は極めて少ないであろう。

制度の設計においては，このように権利の保護だけではなく，制度運営の経済的合理性も考慮すべきなのである。

(2)　結局は改正法では「公示の日から相当の期間」で売却できるとされたので，この改正は私見の方向にもそうものである。この「相当の期間」は，総務庁の通達によれば，返還の実績や所有者確認に要する時間などを考慮して設定する必要があるということである[17]。市区町村としては，防犯登録などにより所有者探しをするほか，盗難車でないかどうかを警察に問い合わせることになる。そこで，返還・引取りのために通常必要な期間をすぎれば，2週間でも1ヶ月でも処分できることになる。これは従来の市区町村実務を追認しただけではなく，「相当の期間」という不確定概念により，効率的な行政運営に貢献する。ただし，代金は6ヶ月間は市区町村には帰属せずに，返還のために保管せよとして，財産権の保護を図っている建前である。

警察に盗難車かどうか，防犯登録している所有者は誰か問い合わせても，従来は返事が遅いといった問題が各地であったようであるが，1994年6月10日の警察庁通達では，「都道府県警察では，あらかじめ，照会があった場合の対応窓口や対応方法を定め，市町村に知らせておくとともに，資料の提供を求められたときは，速やかに資料を提供すること」とされている。

なお，警察に盗難車かどうか問い合わせて，盗難車となれば，所有者に返還

(17)　前掲(14)総務庁長官官房交通安全対策室長通知総交第123号（1994年6月10日）。

するはずであるが，盗難届が出ているので，返還のための問合せをすると，移転などにより現住所不明になってしまい，返還できないケースが出る。その場合，放置自転車ではないとわかったので，処分する訳にもいかず，むしろ，警察としては犯罪の証拠品として，公訴時効の期間7年間（刑訴法205条）保管しなければならないという建前になって困ってしまうことが起きる。警察は本音をいえば，盗難照会などしてくれるなということのようである。盗難品とはわかっても，所有者探しの努力をして捜せなければ，保管費用もかかることであるから，処分してよいということにはできないのであろうか？

(3)　防犯登録の義務化はこれから利用される自転車にかぎる。すでに利用されている自転車が撤去・売却されてしまった場合には，防犯登録が義務化されていないので，市区町村からの連絡もなく，実際上は所有権を証明できずに，金を取り返せない者がかなりでるであろう。問題はあるが，保管費用・行政の効率性とのかねあいで，やむをえない。現場では所有権の証明をどうするのかが問題になる。売却する市区町村としては，車体番号，防犯登録番号は記録するであろうが，所有者の方がその番号が自分の物だと証明するのは容易ではない。

(4)　この公示の方法としては，保管した旨を日を付して撤去現場などに立看板などにより掲示する方法が考えられる。公示の日が売却，所有権の帰属の起算日になるので，公示のさいにはその日付けを付することになる(18)。

市区町村長は，自転車等を保管したときは，条例で定めるところによりその旨を公示しなければならないほか，自転車等を利用者に返還するため必要な措置を講ずるよう努めるものとするとして，後半は努力義務とされている（法6条2項）。返還に必要な措置を講ずるのは，他人のものを撤去した以上，当然の法的義務であるはずで，なぜ努力義務にとどめたのか，といった疑問が生ずるが，この法律の趣旨は，返還に必要な措置として法律上の義務とされるのは公示だけで，自転車等に記載された所有者名から連絡するなどは法的義務ではなく，市区町村が任意に行なっているものであるという趣旨である。総務庁の解釈では，特に，原付の場合，ナンバーから所有者を割り出せる市区町村の税務担当が守秘義務を理由に所有者照会に応じない場合には，現場での公示しかしようがないという(19)。ただ，筆者はこれについては九で後述するように疑

(18)　前掲(14)総務庁通知。

問を持つ。警察への盗難照会も私見では法的義務である。

(5)　保管した市区町村は善良なる管理者の注意義務を負う（民法400条）から，保管中に自転車等が盗難にあった場合には，賠償責任を負うと解するのが妥当である。

2　売却と元所有者の返還請求？

(1)　売却の単位としては，売却すべき自転車等の数量が多く，一台ずつ売却することが困難であると認められる場合には，適切に単価を設定して，何台かずつまとめて売却することもやむをえないという解説がなされている[(20)]。それは合理的な裁量にまかされていると思われるが，ポンコツも新品もまとめていくらというのはいきすぎと考える。

(2)　売却の方法が競争入札によるか随意契約によるかは各市区町村の条例で定めたルールによる。「その保管に不相当の費用を要するとき」とは，その自転車等の保管に要する費用の額が当該自転車等の価値（予想される売却価格）に比して著しく高額であるような場合をいうとか，自転車等の保管に要する費用とは，保管場所の維持管理費用，保管に要した人件費等の自転車等の保管に要する費用の合計額をいい，保管場所の設置にかかわる費用についても何らかの合理的な基準により勘案することになるという解説がある[(21)]。

これによれば，売却できるのは，保管費用が売却益に比して著しく高額な場合という。売却益とその自転車等に対する主観的な価値とは一致せず，売却益が低くても，所有者が大事に思う場合もあるので，保管費用が売却益に比して多少高いくらいでは売却できないというものであろう。しかし，自転車等の量産品については，客観的には価値は低いが，主観的には価値は高いといったことは少ないから，保管費用が高くなれば，引取りは少なくなる。それにもかかわらず，保管費用が売却益に比して著しく高額になるまで売却できずに保管しなければならないというこの解説の立場では，結局は引取りがめったにない自

---

(19)　都道府県交通安全対策主管課（室）宛て総務庁長官官房交通安全対策室事務連絡(1994年4月1日)。

(20)　全自連・改正「自転車法」要覧（1994年2月）（非売品）13頁。なお，これは総務庁担当者が全自連で行なった研修会の教材で，関係官庁の公式見解を示すものではないようである。

(21)　前掲(14)総務庁通知。全自連総務庁あて照会結果（1994年1月11日）：全自連・前掲(20)改正「自転車法」要覧27頁。

転車等を公費の負担でしばらくは保管することになる。これは理論的には疑問がある。自転車等は保管するにつれ，価値が下がり，保管費用は累積するはずであるが，その価値がマイナスに転ずる時点で売却してよいと理解すべきである。

この点については，市区町村毎に，あるいは保管場所毎に費用の試算をして，その結果を公表して欲しい。

(3)（ア）売却された場合でも，盗難品であった場合には，元の所有者は買受人から自転車等を取り戻せるのか。

総務庁の解釈では，改正自転車法6条4項に基づく所有権の市区町村への帰属は，遺失物法など他の類似法令の扱いと同様に考えれば，原始取得であるから，後に所有者が判明したとしても，所有権の市区町村への帰属は動かないものと考えられる。これに対して，同条3項により売却された自転車等については，売却が必ずしも所有権の所在を確定するものではないから，これが盗品または遺失物であることが判明した場合には，所有者から買受人に対して民法193条により返還請求がなされることもあるので，売却にあたっては，警察に盗難の照会を行なうことが適当であると解されている(22)。ここで，民法193条は動産の即時取得（民法192条）の例外として，盗難品または遺失物については元の所有者は2年間は現在の占有者に対して返還請求権を有するとする規定である。

さて，改正自転車法は「相当の期間」経過したら，売却してよいという権限を市区町村に与えた。こうした売却に関する規定がなければ，撤去した他人のものを売れば，民法上も不法行為になり，刑法上も窃盗なり遺失物横領罪になるが，条例ではその根拠として十分かどうか，疑問であるからである。この種の法律の基本となっているのは遺失物法2条であるが，この法律は遺失物を一定の場合に売却できること，その場合には警察署長は売却代金を保管し，6ヶ月間は元の所有者などに返還し（民法240条，遺失物法1条2項），それをすぎたら2ヶ月間は拾得者に返還しなければならない（民法240条，遺失物法14条）としている。

しかし，売却に応じた買受人の所有権取得に関しては特に規定していない。

(22) 前掲(19)都道府県交通安全対策主管課（室）宛て総務庁長官官房交通安全対策室事務連絡。

そこで，おそらくは，立案関係者の考えでは，購入者が所有権を取得するのは動産の即時取得の規定による（民法192条）ので，盗難品であった場合には，民法193条により２年間は元所有者が所有権を回復できるということになる。遺失物法では民法192，193条の適用を排除する趣旨の規定はないから，この解釈はやむをえない。自転車法のほか，道交法81条，51条も道路法44条の２も，同様の規定であるが，ここにも民法192，193条の適用を排除する趣旨の規定はないから，盗難の場合に元所有者の所有権を否定するだけの強い理由を見いだすのは困難である。そうすると，買受人の権利は制限されるが，民法194条により，占有者が盗品または遺失物を競売または公の市場またはそのものと同種のものを販売する商人から善意で買い受けたときは，被害者は占有者が払った代価を弁償しなければそのものを取り戻せないことになるから，売却された自転車等の買受人はその代価を元の所有者から受領できることになる。元の所有者は６ヶ月間はこの代価分を市区町村から取り戻せるのであるから，関係者の利害はこれにより適切に調整できるといってよい。ただ問題は，６ヶ月経つと，自転車等の売却代金は市区町村に帰属してしまい，元所有者に返還する必要はないのに，元所有者が買受人に対して返還請求するには代価を返さなければならないので，損してしまうということである。しかし，これも６ヶ月すぎればやむをえないとも思われる。もっとも，盗難品でも，６ヶ月経てば，市町村が当該自転車等の所有権を原始取得するから，市町村から買い受けた者も６ヶ月経てば，均衡上元所有者に返還する必要はないという解釈もありえよう。

（イ）　一応このように処理されるが，盗難品を売却すれば，混乱が生ずるし，所有者も，盗難品を発見するのは偶然であるから，通常は権利を喪失してしまう。ではどうすべきか。警察への盗難照会の方法が考えられるが，前記の総務庁の見解では，それは適当であるが，義務ではない，現場での公示でよいということのようである。しかし，撤去現場にいくら公示されても，盗難品の場合には所有者は気づかない。所有者は自分が置いた場所以外でバイク探しをするのは困難であるし，バイク窃盗犯は盗んだ場所とは違う場所に放置するのが通常だからである。これでは，所有者の権利保護に欠ける。そもそも一般的にいって，他人のものを撤去して売る以上，可能な範囲で所有者探しをするのは当然の法的義務であって，売る前に警察に盗難品かどうかの照会をしなければ違法であると考える。この点はこれまで，かならずしもきちんとやっていなかったといわれるので，早急な対応が必要である。

なお，バイクにはナンバーがついているから，軽自動車税を課税している市区町村の税務担当課に問い合わせることを認めれば，所有者探しはもっと容易になる。この点はⅨで述べる。

（ウ）　なお，元所有者から返還請求ができるとすれば，買受人の地位は不安定で，トラブルが起きることもあるので，自転車等はなるべく売却しないで，いっそ破砕してしまえという無駄な行動を誘発しかねないという議論がありうる。建前ではそんな行動はしてはならないことになっているが，実際問題としては，売却するかゴミとして処分するかは市区町村の認定によるところが大きいから，これを防ぐことは容易ではない。所有者の権利保護のためによかれと思って作った制度が実際上はその権利保護に役立たないどころか，もっと大きな無駄を招来する結果になるという心配がある。しかし，前記のように，元所有者は代価を払わないと返還請求できないから，買受人の地位が不安定というほどではなく，自転車等の売却を控えたほうがよいというほどのことはないというべきである。ただ，こうしたトラブルが生じたときには，法的な知識のある者がきちんと対応するシステムを用意する必要はある。

（エ）　以上は，放置自転車等の売却に民法193条の適用があるとする立場であるが，これに対して，別個の考えもありうる。自転車法（道交法，道路法も）は，たしかに，遺失物法にならってはいるが，本来は民法のレベルの特別法ではなく，公権力によって私人の財産を撤去・保管・売却する根拠となる特別の行政法規であるし，遺失物や盗品を念頭においた法律ではなく，所有者の意思に基づいて大量に放置された自転車等を対象とする法律で，ただ，その中にたまたま盗難品が混じっているが，その区別は外見からはできないというにすぎない。そこで，解釈論としても，民法・遺失物法の適用は排除され，所有者としては，たとえ盗難にあったものであっても，買主に即時取得の要件がととのわない場合でも，売却された以上，所有権を喪失し，その権利は単なる代金返還請求権に転化したとしていると解するというものである。

ちなみに，この自転車法の条文は道交法81条4項，51条11項，道路法44条の2にならっている。この売却に民法193条の適用があるかどうかに関しては，道交法関係では，若干の解説書を参照したが，適切な記述は見あたらず，警察庁交通企画課に問い合わせても，立法過程での議論は見あたらないということである。ただ，実際上，盗難品を警察が売却してしまうなどということは希有のことで，普通は盗難届がでているものであるし，車体番号などで所有者を捜せるはずということである。道路法では，44条の2の規定が入った平成3年度においては，すでにある道交法の立法スタイルで法制局審査をパスしたそうで，ここの論点は問題にされていないようである。道路法解説（大成出版社）の該当部分にもこの点の解説はでていないようである。

遺失物法関係の書物としては，注釈民法(7)（有斐閣，1968年）274頁以下，桝谷広＝石橋昭明『遺失物法解説』（警察図書出版，1959年）を参照したが，適切な叙述は発見できなかった。

（オ）　この(エ)で述べた説を立法論で実現する方法はなかったか。たしかに，民法の一般原則からいえば，盗まれたものが放置自転車の中に混じっていた場合，市町村がそれを売却したというだけで所有権を失うのは不合理であるから，民法193条を適用すべきだということになろう。しかし，原付はいくら高くても十数万円であるから所有者の保護をそれほど重視しなければならないかは疑問であり，「相当の期間」は所有者探しの手続をとっていることや，大量の放置自転車等の処分を円滑に運営するという観点からも，市町村が「相当の期間」自転車等の所有者探しを十分に行なった上で売却した場合には，元の所有者の買受人に対する権利は，それが盗難にあった場合でも消滅するという1ヶ条をおくのが妥当ではなかったか。

（カ）　ただ，以上は法律論であるが，実際には工夫の余地がある。まず，売却する場合に色を塗り変えたりすれば，元の所有者から買受人が返還請求されることもまずないであろう。また，もし，元の所有者が盗難車を撤去されて売却されたことを証明した場合には，現所有者は民法194条により代価を受領して当該自転車などを元所有者に返還することになるが，煩雑であるし，トラブルのもとであるから，市区町村は，元所有者が現所有者に対し有する返還請求権を放棄するなら，それより少しは良い自転車等を代替品として与える扱いにすれば良い。代替品は余って，困っているはずである。それは制度を円滑に運営する必要経費として正当視されよう。

(4)　廃棄等ができるのは「売却することができないと認められるとき」（改正自転車法6条3項）であるが，これは，自転車等がその機能を喪失しているなどの理由により，自転車等として売却することができない場合をいうが，それに該当するかどうかの判断は市区町村長に委ねられているという解説がある(23)。

障害者団体などに再生利用目的で無償譲渡するのは，廃棄などの処分に該当するが，そうすることができるのは売却できない場合に限る。売却できるのに無償譲渡・廃棄することは許されないことになる。売却優先である。

これまでは，撤去して一定期間保管したら，売却せず，障害者団体などに再生利用のために無償で譲渡したり，勝手に破砕していた市区町村が多い。その理由の中には，売却すると，元所有者が現れたときトラブルが生ずるとか，自転車商が売上げが減るとして反対するなどという理由もあるが，この法体系では，こうした理由は「売却することができないと認められるとき」には該当しないと思われるので，関係の市区町村は困惑していることであろう。

こうした制度は，他人のものを処分するのであるから，有価物であれば，6ヶ月間は代金を保管して，なるべく返還すべきで，代金の返還が不可能な無償譲渡・廃棄は原則として許されないという考えによるものであろう。遺失物法の体系に横並びしたものである。しかし，売却された後で，代金を請求しても，後述のように撤去・保管料と相殺され，所有者にはほとんど残らないのが通常であろうと思われるから，この制度は空理空論であり，撤去・保管料が当該自転車等の価格をこえると思われる段階で，市区町村がその自転車等の所有権を取得し，それを売却するも，障害者団体などに無償譲渡するも，その市区町村の財産の適正な処分の範囲内であれば，自由であるという制度にするべきであった。

ただし，上記の問題は建前の議論であって，実際には市区町村が売却できないと判断して無償譲渡してしまった場合に，それを売却できるはずであるから違法であるとして争う方法はほとんどないので，現場ではそれほど気にする必要もないか，それともそれなりに名目的な対価を得て売却したことにすればよいのではないか。

なお，売却価格よりも保管料のほうが高い場合には，市町村は自転車等の利用者にその差額を請求できるかという法律問題もある。実際上はそれに応ずる者はほとんどいないが，市町村に保管料請求権があるとすれば，債権管理をしていなければならないというややこしいことが起きる。利用者としても，自転車等を放棄すればもはや義務はないと思っていたら，債務があるということでは困るし，市町村が勝手に長く保管した場合には予想外に多額の債務が発生す

(23)　前掲(21)全自連総務庁あて照会結果：全自連・前掲(20)改正「自転車法」要覧28頁。

ることになってしまう。この点も，市町村で一ヶ条工夫する必要があろう。

また，売却を何台単位で行なうか，価値ある自転車等と無価値なものとをどう分類して売却するかはある程度まで市区町村の判断に委ねられるので，現場ではまとめて安く（あるいは無償で）譲渡し，譲受した障害者団体のほうで分類して，価値のあるものだけリサイクルすることも許されよう。鉄くずの価値が下がると，中にましなものが入っていても，全体としてはただということもあるのである。

自転車等として売却できない場合にも，修理すれば使える場合もあるが，廃棄するかどうかは市区町村長の合理的な裁量に任されているということである。また，売れなければ廃棄などするとされているが，「廃棄等の処分」には，廃棄のほか，解体，部品交換等を経て再生利用すること，再生利用を行なわせるために障害者の授産施設に対し無償譲渡すること，海外譲与を行なうことも含まれると解説されている(24)。

なお，衆議院の決議，参議院の附帯決議では，撤去自転車の再利用によるレンタサイクルの導入などにより，放置自転車の解消と資源の有効利用を図ることとされているし，私見としては，廃棄するかどうかを市区町村長の合理的な裁量に任さず，できるだけ再利用し，できない場合も有価物の回収をした上で，最終的に残ったものだけを廃棄するという処分のルールを作りたい。これはリサイクルと廃棄物法の問題で，自転車等の法律の問題ではないと反論されそうであるが，そんな縦割り意識で考えるから，リサイクルが進まないのである。

ここで，総務庁の説明では，障害者の授産施設に対し無償譲渡する場合（西宮市などが行なっている），当該自転車等の利用者の当該自転車等に対する所有権は，「買受人がないとき又は売却することができないと認められる」時点で消滅したものと扱って差支えないとされている(25)。条例だけで処分する場合には所有権を切断できるのかが大きな問題であったが，自転車法で所有権切断の規定を置いたことになるわけである。

また，この障害者施設で自転車を再生して利益をあげても，「廃棄等の処分」を行なった時点で，廃棄等の処分前における当該自転車等の利用者の所有

(24)　前掲(21)全自連総務庁あて照会結果，全自連・前掲(20)改正「自転車法」要覧28頁。

(25)　前掲(14)総務庁通知。前掲(21)全自連総務庁あて照会結果，全自連・前掲(20)改正「自転車法」要覧28頁。

権は消滅したのであるし，価値を生じたのは再生作業によるものであるから，当該代金を利用者に返還する必要はない。

(5)　売却した自転車に瑕疵があった場合，当該市区町村は売主として，責任を負わなければならないかという問題があるが，はじめから中古品で，修理しないという条件で売れば，責任は生じないと思われる。また，トラブルを避けるためには，個人には販売せず，業者にのみ販売し，業者が修理・点検の上販売することにすれば，それに瑕疵があっても，行政の責任にはならないものと思われる。この点では，欠陥バドミントン・ラケット公売事件において税関長の注意義務を製造業者の注意義務よりも軽減した最判昭和58年10月20日（判時1102号48頁）が参考になろう[(26)]。

3　費用の徴収

放置自転車等の撤去・保管・公示・売却などの措置に要した費用は，条例の定めるところにより，当該自転車等の利用者の負担とすることができる。これは自転車等を引き取る者からこれらの費用を徴収できる根拠規定である。この場合において，負担すべき金額は，「当該費用につき実費を勘案して条例でその額を定めたときは，その定めた額とする」として（6条5項），条例で定めた定額によりうるとしている。実際上，定額方式でなければ動かないから，これは実際的かつ合理的であり，それなりに合理的な計算の根拠が示されれば，その額は立法者の裁量によるものとして，適法というべきである。問題はその計算の方法の合理性であるが，撤去・公示・保管費用の合計を，引取りに来た者に負担させるとすれば，撤去されたが，結局は引取りに来ない自転車にかかった費用分も，引取りに来た者に負担させることになる。ちなみに，自動車のレッカー移動事業は赤字にならないように経営されているので，駐車違反だとして通報があって出動したが，逃げられて空振りになった分の費用は捕まった者に負担させていることになるが，これは実費の負担といえるのか，いささか疑問を感ずる[(27)]。引取りに来なかった者の分は返還を求める者にかかった実費ではないとして計算すべきであり，その計算の根拠を公開すべきである。

保管費用の決め方は種々あるようであるが，1日いくらとして，雪だるま式

---

(26)　阿部泰隆『国家補償法』（有斐閣，1988年）155，157頁参照。

(27)　拙著Ⅲ429頁，拙稿「駐車違反対策と道交法・車庫法の改正」ジュリ963号（1990年）111頁＝本書

に増えるようにしておけば早く引取りに来るので，保管場所の費用が節約できる。

売却したあとで，自転車等の利用者がその代金の返還を求めて来た場合には，売却代金を返還する代わりに，その保管・公示・売却費用を徴収することになると解説されている[28]。この2つの債権は履行期も来て相殺適状にあるから相殺して，残金を返還することになる（民法505条）。ここで，この種の債権は公法上の債権であるから，民法上の相殺規定の適用があるのかという疑問を抱く向きもあろう。しかし，税金との相殺と違ってこの場合に相殺禁止規定はないし（国税通則法122条，地方税法20条の9），国立大学の授業料債権と国に対する工事代金債権のような無関係な債権ではなく，同一物から生ずる債権であるから，相殺適状にあるかどうかを判断するのも容易であって，相殺を認めるのが解釈上も政策的にも合理的である。しかし，売却できるのは「その保管に不相当の費用を要するとき」に限られているので，残金が出ないのが通常であろう。すなわち，代金保管は空理空論であろうと考える。代金を保管する制度のもとではそれなりに帳簿を作る必要があるので，保管費用が自転車等の売却代金よりも高い場合に関しては，売却の時点で相殺し，もはや代金保管の必要はないという扱いをしたほうがよさそうである。

4　鎖の切断

鎖（チェーン）につないである放置自転車等を撤去するさいに，鎖を切断することが許されるかという法律問題がある。筆者はこれに関し，Ⅱ(下)12頁以下で両論ある旨論じ，刑事訴訟法111条，民事執行法123条のようにこれを許容する明文の規定をおくほうが望ましいとしていたが，今回の法改正でもこれは無視された。しかし，総務庁の事務連絡[29]では，鎖を切断することが自転車等を撤去するために不可欠の場合には，その切断は撤去権限の範囲内であり，また，鎖の損壊については，放置禁止区域に自転車等を放置し，鎖で施錠した本人の所業によるものであるから，補償は不要としている。

---

(28)　前掲(21)全自連総務庁あて照会結果，全自連・前掲(20)改正「自転車法」要覧28頁。

(29)　前掲(19)都道府県交通安全対策主管課（室）宛て総務庁長官官房交通安全対策室事務連絡（1994年4月1日）。

5　効率的な制度の提案

この改正法はこれまで市町村が行なっていた施策を正当化したいという発想によるが，市町村のこれまでの施策も不合理な現行法の制約のもとにあるから，法改正の際には，本来はこれまでの施策にこだわらずに，放置自転車対策を適切に行なうという政策目的をゼロから提示し，それにふさわしい法的手段を用意すべきものである。この法律は，すでに示唆したことで，繰返しにはなるが，建前にこだわった弊害がある。その問題を２点指摘し，代案を提示したい。

(1)　この法律は，なるべく長く保管せよ，売却できるのも処分できるのも，それなりに理由がある場合に限っており，所有権取得は６ヶ月後として，引取りがないから勝手に売るといったことを認めていない。これは所有権を保護するためである。

しかし，そんなことをいっていると，保管しているうちに自転車等の価値はだんだん下落してゴミになってしまう。値段が下がって，保管費用がかかってから初めて売れるので，金ばかりかかる。それを避けようとすれば，雨ざらしで保管して，さっさとゴミにして処分するとか，まだなんとか使えるものをゴミ扱いで破砕してしまう行動を誘発する。

これでは，所有者の財産を守る制度がかえって無駄を生じている。法の建前にこだわり，法が現実にどのように運用されるかを知らない立法スタイルである。たかが放置自転車等である。高価なものでもないし，大事なものが盗難にあったというならさっさと届け出るはずであるから，10日も取りに来なければ，売却して代金だけ保管して返却できるようにし，元の所有者は買受人に対して理由がなんであれ返還請求はできないように明定すべきではなかったか。もちろん，その前提には，警察が盗難照会に迅速に応じ，市区町村の税制課が原付の所有者照会に応ずることが必要である。この私見の提案では，所有者の権利はほぼ守られているのであるし，買受人の権利も守られ，市区町村は保管費用の無駄を生ぜず，自転車等はリサイクルに回るのが増え，相対的にみれば合理的ではなかったか。

所有権の偏重システムから，効率的で合理的な法システムを開発する必要がある。

市区町村としては，現行法のもとでも，法律をできるだけ柔軟に解釈して，できるだけ早く，放置自転車等に価値のある間に売却して，資源のリサイクル，経費の節減になるように運用すべきであろう。

(2)　このシステムは，費用の徴収は原因者負担といった性格づけで，制裁ではないという前提で作られている。その結果，撤去や保管の費用をかければかけるほど，たくさんの費用を徴収でき，制裁的な効果を生むということになり，行政のほうが経費節約に努力して，真面目に計算し，費用を安くすれば，放置自転車は減りにくいという不都合が生ずる。

また，このように放置自転車等をわざわざ遠方まで運び，保管場所を確保して，金をかけるのは経済的に効率的ではない。行政の方も撤去・保管には金も人もかかるから，撤去はときどきしかできないので，自転車等の利用者のほうも，今日は多分捕まらないと期待して，違反してしまう。いくら取締りをしても，蠅を追うように自転車等が放置されるのは，捕まるリスクが低いからである。こんな効果が上がらない行政を真面目にやっているのは，それこそ無駄である。捕まるほうも運が悪いというだけであり，しかも，遠方の保管場所に取りに行かなければならないので，とんでもない迷惑である。

筆者の評価では，自転車法は改正されても，この点は変わらず，相変わらずのイタチゴッコで，放置自転車等の問題解決にはほとんど寄与しないと考える。

そこで，制度を変えて，金をなるべくかけない効率的な制度で，かつ違反抑止効果を持つ制度を作ることを考えるべきであった。私見では次のような制度設計をすべきである。

放置されている自転車等は邪魔なのであるから，移動する必要があると主張されるが，何も遠方に運ばなくとも，近くの道路の脇に整理しておけば，なんとか交通の用は果たせる。そして，その自転車等に自動車の駐車違反で使われているようなステッカーをつける。これは簡単な作業であるから，頻繁に行なう。利用者は，近くの自転車等駐車場の事務室に出頭すれば，制裁金と引換にステッカーを外してもらえる。ステッカーには「放置しないでください」などと大書しておけば，これをつけて走るのは恥ずかしいから，普通の者は出頭するであろう。それでもだめなら，自転車に鍵をかける制度を導入する。

この制度のもとでは，撤去・保管の費用がかからない。自転車等をちょっと移動して，ステッカーなり鍵をつける費用，返還の費用がかかるだけである。費用が安いから，頻繁に発動できるので，違反のリスクは高くなるから，抑止効果も大きい。そうすると，放置自転車は少なくなるから交通の邪魔にはならない。放置されている自転車等は邪魔なのであるから，移動する必要があるという主張は，きわめて近視眼的で，この制度の総合的な効果を見ない見解である。

こうするために，返還の際に，費用ではなく制裁金をとる必要がある。そして，制裁でも，それほど重要ではないから，行政手続法の適用を除外する。その制裁金を自転車の場合1日目1,000円，あとは1日100円（原付は倍）くらいとする。そして，最大10日間で売却してよいとする。

なお，ステッカーなり鍵をつけたまま，1週間もそのままになっていれば，撤去して保管し，盗難かどうかの調査をしたうえで売却してもよい。

こうすれば，違反はずっと減り，行政の経費も節約できる。筆者は自動車にも同様の車輪止めシステムの導入を主張してきたが，自動車に関しては，やっと実現した(30)。次は自転車等の番である。こういう私見を立法過程で紹介できる仕組みがないことが残念である。立法過程をオープンにして欲しい一つの理由である。

このシステムは国法に根拠があれば，なおありかたいが，条例でも若干の修正で作れよう。違反した自転車等には違反したという印にステッカーをつけること，あるいは鍵をかけて，道路脇に整理すること，整理料として（罰金とか制裁金ではなく）数百円徴収すること，その納入と引換にステッカーを解除することなどを決めるのである。現場での現金取扱いは難しいといった意見もあろうが，自転車駐車場での料金徴収と同じく，一連番号のついた納入告知書と領収書を同時に発行すればよい。

もちろん，こうした手法で放置自転車等を一掃するには，実際上は，駐車場が整備されている（受け皿論）か，そうでなくても，放置自転車等を一掃したほうがよいという社会的コンセンサスが必要であろう。この社会的コンセンサスの作り方であるが，自転車を撤去された者は，撤去した役人が悪いのだと怒鳴り込んで来たりして，放置自転車担当の仕事は大変なのだという。しかし，それは役人が放置禁止区域を設定するからであって，議会と住民参加で放置禁止区域を設定してもらって，行政はもっぱらそれを執行するという立場に徹すれば，住民からいくら怒鳴られても，自分のせいではありません，文句は議会に言ってくださいとして，粛々と執行できるはずである。

(30)　阿部『政策法務からの提言』（日本評論社，1993年）37頁以下，I下37頁以下。

6　撤去などに計画策定の義務づけ？

なお，総務庁報告書は，地方公共団体が放置禁止区域の設定，撤去・処分などを行なう場合，放置自転車対策推進計画の策定を義務づける必要があるとしていた。たしかに，それも一つの考えであろうが，これまでそんな計画がなくとも実際に放置自転車対策を行なってきているのであって，あとからそんなことを義務づけられても，仕事が増えるだけである。もともと，放置自転車等の対策は自治事務であるから，国家は地方公共団体に権限を与えるだけで十分で，それ以上にこうした締めつけ立法をするのは不適切である。

成立した改正法では，地方公共団体が放置禁止区域の設定，撤去・処分などを行なう場合には条例によるとされているだけで，放置自転車対策推進計画の策定は義務づけられていないから，この報告書の提案は採用されなかったとみられる。

前記の駐車対策総合計画には放置自転車等の整理，撤去等及び撤去した自転車等の保管，処分等の実施方針が定められるが，この計画がなくとも，放置自転車等の整理，撤去等及び撤去した自転車等の保管，処分は従来通り行なえるのである。

7　計画と議会の議決

日本では計画は行政の専権で行なうもので，議会に任せるとずたずたになってしまうと心配する向きが多い(31)。当初，議会の議決を要するとなっていた総合計画に対して全自連がⅢ3で述べたように反対したのもその趣旨である。しかし，欧米では，計画は民主的な妥協で作るもので，行政官はその材料を提供するだけだという発想が多い。放置禁止区域でも，役人が決めるから，役人が住民の非難の矢面に立たされるのであって，議会に任せたらどうであろうか。

8　駐車場放置自転車等の処分

この法律が撤去・処分を授権した放置自転車等とは，「自転車等駐車場以外の場所に置かれている自転車等であって，当該自転車等の利用者が当該自転車等を離れて直ちに移動することができない状態にあるものをいう」(5条6項)ので，自転車等駐車場に置かれている自転車等はその対象外である。これにつ

(31)　この点の現行法の状況に関しては，拙著Ⅲ 558頁参照。

いては，自転車駐車場条例で定めることになる。

放置自転車等の撤去・処分は権力的なものなので，法律の授権を要するというのが一般的な考え方であろうが，駐車場に入れたまま引取りに来ない自転車等に関しては，駐車場に入れるときの契約において一定期間内に引取りがなければ撤去・処分することができる旨の条項を入れることができるであろう。後者は附合契約であるから，法律の授権がなくとも駐車場管理条例に規定をおけるであろう。

Ⅸ　防犯登録と原付所有者名の守秘義務

1　自転車の場合

防犯登録は従来は努力義務であったが，新たに利用する自転車について義務化され，都道府県公安委員会が指定する者がこれを管理し，市区町村からの問合わせに対して，警察がただちに返事する体制ができる（6条6項，12条3項，附則2，3項）。そこで，防犯登録をしているかぎりは，放置自転車として撤去されても，連絡してもらえる。

防犯登録は新たに利用される自転車にのみ適用される。これまで利用していた自転車に防犯登録を義務づけるのは，一種の遡及立法であって，それだけの必要性がないとできないし，実効性もないから，無理であろう。そのため，当分の間は防犯登録のない自転車が多いから，撤去された自転車の所有者探しは従前通り困難である。所有者のほうから名乗り出ようにも，盗難車の場合には，どこに保管されているかわからないので，探せない現状にある。

なお，防犯登録のついた中古自転車を撤去して，所有者が引き取らないので，売却する場合には，防犯登録は新たにつけるのであろうか？

2　原付の場合

(1)　以上は自転車の場合であるが，原付に関しては，所有者のデータは市区町村が軽自動車税の課税のために保管している。原付に関しては，普通乗用車と異なり，所有権の登録もなく，自転車と同じなので，そのナンバーはもっぱら課税のためである。撤去した場合に，所有者に引取りを求めるにはこのデータが必要であるが，自治省市町村税課によれば守秘義務の関係で教えないという。前記Ⅲ3のように全自連はこの守秘義務を解除する規定の導入を求め，この法律の立案中に聞いたところでは自治省と調整中ということであったが，結局は自治省の見解が通ったらしく，なんらの改正も指示もなく従来通りである。

新聞報道によれば(32)，自治省市町村税課は，ミニバイク所有者の確定のためにナンバープレートを使うことについては，検討もしていない，ナンバーは軽自動車税課税のためのもので，用途以外には使えない，課税台帳からデータを出すことになりプライバシーの問題があるので，基本的にはできないと思うと話しているということである。

総務庁交通安全対策室は，法律上は撤去した場合，現場の掲示や広報などなんらかの方法で公示することになっており，直接に本人に通知しなくとも権利保護の面で欠けることはないと判断している(33)。たしかに，駅前などに置いていた自転車等がなくなれば，盗まれたか，市区町村に撤去されたかのいずれかであるから，所有者のほうから名乗り出るべきもので，役所からの通知がなければ権利保護に欠けるというほどのものではないという。

しかし，それにしても不親切である。さらに，盗まれて，よそで放置されているのを撤去・保管された場合には，自分が放置したところの公示を見ても，当該自転車等の保管されている保管場所にたどりつけるわけではないので，権利保護に欠ける。もっとも，この点は道路管理者が警察に盗難品の照会をすれば，解決できようが，盗難届出をしていなければどうしようもない。

(2)　そこで，やはり，ナンバーから所有者を探して，連絡する，少なくとも警察に盗難照会をするくらいの親切行政が必要ではなかろうかという気がする。

そこで，現場の扱いを見ると，このナンバー問合わせに答えるかどうかは，市区町村によって方針が異なっているらしい。前記の報道によれば，足立区交通安全対策課では，法改正を機にミニバイクも規制の対象にしようとしたが，同じ区役所の課税課では，ナンバー照会は守秘義務があるから難しいとの回答だったという。

北区では他の自治体からのナンバー照会には答えないが，照会があったミニバイクの持主に北区が代わりに通知している。守秘義務があるからといって，

---

(32)　朝日新聞1994年1月13日「あなたのミニバイク撤去処分に『ご用心』ナンバー照会困難 戻らぬ場合も」。

(33)　前掲(19)都道府県交通安全対策主管課（室）宛て総務庁長官官房交通安全対策室事務連絡。

持主に何の通知もしないで処分してしまうのは不適切だという観点で，守秘義務と放置車問題の板挟みを解決する窮余の策ということである。

関西の某市が撤去した原付に関しては，筆者の問合わせによれば，同市の税制課は回答するが，他の市町では，回答がないもの，電話で回答するもの，所有者に代わりに連絡しますというものなどがあるようである。

(3)　ここで，地方税法の守秘義務の範囲を研究しなければならない。財産の有無は他人に知られたくない情報であって，行政上も職務上の秘密に該当するし，課税の情報は税金以外には利用してはならないが，しかし，一般的にはともかく，少なくとも，撤去した原付を返還するために，原付の返還担当者にだけ（行政の内部だけで）知らせることが守秘義務に反するのであろうか。この点，某市税制課課税指導係は次のように理論化して説明している。

第一に，照会目的には社会的正当性がある。撤去した原付の返還が目的だから。

第二に，照会に答えるという法益のほうが知られたくないという個人の利益よりも優越している。所有者名の情報提供は所有者の権利保護のためであるし，その情報は原付返還担当者から先には漏れないからである。

第三に，手段は非代替的である。ナンバープレートの番号から所有者名を知るには税務当局に問い合わせるしかないからである。

第四に，付随的であるが，この情報に接近しうるのは，撤去を担当している道路管理課の中でも一部の職員に限定しており，また，知らせるのは原付の所有者の氏名と住所だけで，電話番号までは知らせない。某市税制課では，某市の土木局からの問合わせだけではなく，隣接の市などからの問合わせがあった場合も同様の取扱いをしているということである。

某市の説明はまことに筋が通っていると思う。

(4)　では，自治省の立場ではこの場合に，ナンバー照会に回答することは，本当に守秘義務に違反するのか。ここで，自治省関係者の解説を紹介しよう(34)。

これは，「軽自動車の所有者，ナンバー等の照会に回答することは，一般的には適当ではない」というまとめのもとに，次のような実例をあげている。

---

(34)　市町村事務要覧税務Ⅰ総則Ⅰ485頁（加除式，ぎょうせい）。

〈実　例〉

問　軽自動車の所有者，ナンバー等について他人のものを次の者から照会があつた場合は，回答してよろしいか。

①　住民より所有者の確認をしたいとの電話があつた場合

②　学校より生徒指導のため学校附近に駐車してある，単車の所有者を知りたい旨の口頭申請があつた場合

③　農協より“自賠責”の事務処理上軽自動車（ナンバー）の所有者を説明してほしい旨の文書申請があつた場合

④「警察より」として電話によりナンバーの問い合わせがあつた場合

答　①～④について回答することは適当でないものと解する。

①～③については，第三者の照会に対する回答が，所有者の不利益となるおそれがあり，回答することは適当でないものと解する。

④については，警察等の照会（例えば，刑事訴訟法第197条の規定によるもの）であつても，その捜査の内容，目的等が真に必要な場合に限り，応ずるよう慎重に対処すべきであり，ましてや設問のような，電話での問い合わせでは，身分確認ができない等の理由により，回答することは適当でないものと解する。

この例①から③では，上記の道路管理者からの照会とは異なって，個人の財産所有関係が公になってしまうので，私見でも回答することは適当ではない。④の場合でも，電話問合わせでは，警察を名乗れば教えてもらえることになり，守秘義務の意味がなくなるので，この実例は妥当である。警察が正式の文書で法令に基づいて問い合わせる場合には回答することが場合によっては許容されるという点も賛成である。これに対し，道路管理者が放置原付のナンバーから所有者を照会する場合は，上記の某市の主張するように，所有者に返還するために所有者名を知ることが真に必要であるし，所有者の利益を害さないので，警察からの正式の問合わせに近いと考えることができる。とすれば，自治省も前記のように「一般的には適当でない」としているにとどまるので，自治省の見解によっても，この場合には，ナンバー照会は許容されるというべきではなかろうか。

(5)　この見解では，守秘義務に反しないとして所有者名を教えることは適法であるが，それでは，逆に守秘義務に反するとして所有者名を教えないこと

は適法であるのか，違法になるのか。私見では，市区町村が他人の原付を権力によって撤去した以上，その返還のために必要な調査をするのは，その調査に過大な費用なり時間がかからないかぎりは，所有者の権利保護の観点からも当然の法的要請である。現場での公示では足りない。そして，原付のナンバーのデータを保有しているのも普通は同じ市区町村（隣の市区町村ということもあるが）であるから，その調査に過大な費用がかかることはありえず，道路管理者と税務主管課は協力して，原付を所有者に返還するように情報を提供しあうべきである。自治省の立場も理解できるが，本来所有者の権利を守るべき守秘義務論で所有者の権利を剥奪するのは，税務当局が制度全体を見ずに単に課税関係しか念頭にないという縦割行政の悪弊のきらいがありそうである。そうとすれば，税務主管課から守秘義務を理由に所有者を教えてもらえない市区町村では，現場での公示以外に所有者を確認する措置を講ずることはしなくてもよいという，前記の総務庁の解説にも賛成できない。

(6)　ただ，実際上は，価値のある原付であれば，放置したところになければ所有者はすぐ警察と市区町村に問い合わせるであろうから，もしそれをしなかった場合には過失が認められるであろう。そこで，市区町村が警察に盗難照会をしているかぎりは，市区町村の課税関係課に問合わせをしなかった場合でも，それを理由に損害賠償請求がまともに認容される可能性はそう大きくはない。

(7)　なお，前記のように防犯登録した自転車に関しては，その所有者名を市区町村に提供することは守秘義務に反しないという規定がわざわざおかれたのであるから，原付のデータは課税のためだとか，撤去されたらすぐ名乗り出るべきだという理由はあるにせよ，本来，この法改正のさいには，守秘義務の例外として，同様の規定をおくべきであった。

X　その他

1　路上駐車場の料金

路上の駐車場は道路通行無料の原則上無料にしなければならないが，それでは近隣の路外駐車場と比較して不均衡であるし，人件費もかかるので，実際には整理料名目で取っている（拙著Ⅲ 201頁）。これは地方自治法227条の手数料であるとして位置づけられている。ただし，整理料であるから，駐車場の用地費，建設費・維持管理費は取れないはずで，単に整理する職員の人件費，事務費くらいしか取れない。これは建設省の見解でもある(35)。しかし，道路上で整理したら費用を取れるのでは，交通警官が交通整理をしただけで費用を取れるようなもので，理屈には合わないように思う。また，近隣の駐車場が維持管理費，場合によっては原価を取っているとすると，同じ駐車という受益に対して駐車料金に差がありすぎるのは不均衡すぎる。本来なら，パーキング・メーターと同様に法律の根拠をおくべきである。

なお，路上の駐車場でも，供用を廃止して，地方公共団体に移管し公の施設として管理条例を制定して地方自治法225条の使用料を徴収するとか，公益法人に譲与・貸与して管理させるという方法，地方公共団体や公益法人に道路法32条による占用許可をして，同様に地方公共団体の公の施設として管理させるとか公益法人に管理させるという方法がある(36)。そうすれば，使用料を徴収できる。

2　自転車等駐車場の附置義務を課す地域の範囲

従来の附置義務規定が，その対象を商業地域と近隣商業地域に限定していたことはI(上)33頁で指摘した。新法がその対象地域を拡充したことは，地域限定手法の限界を克服するものとして妥当であるが，こんなものは初めから市区町村の自主的判断に委せればよいので，対象地域を法律で限定する必要はないのである。

3　自転車駐車場の税の減免措置

これについては，平成5年度の税制改正において，いわゆる自転車駐車場整備促進税制が創設され，一定の自転車駐車場の設置について国税，地方税の軽減措置が設けられた。具体的には，所得税・法人税については，地下式・立体式の（1）都市計画自転車駐車場，（2）一定の一般公共用自転車駐車場の用に供する建築物及び機械装置について，当初5年間100分の17の割増償却（租税特別措置法14条4項4号の4，同法施行令7条20項），都市計画自転車駐車場に対する事業所税の非課税措置（地方税法701条の34第31号），地下式・立体

(35)　西植博・前掲注(1)「最近の自転車駐車場整備について」(1993年10月21日全自連研修会資料）15，16頁。
(36)　西植博・前掲注(1)15頁。

式の都市計画自転車駐車場の用に供する家屋及び償却資産に対する不動産取得税・固定資産税の軽減（不動産取得税は家屋のみ，固定資産税は５年間の措置，地上分３分の２，地下部分２分の１に軽減）がそうである。

このうち，不動産取得税・固定資産税の軽減に関しては，法令はなく，自治省の関係課長からの内かん（平成５年４月１日自治固26号自治省固定資産税課長，同日自治府33号自治省府県税課長）により，地方公共団体に減免を求めているが，その減収分に関しては地方交付税による補塡措置はない。もともと，この制度は全国で一つしか普及していないし，都市計画決定をされると，当該土地の他への転用が永久にしばられることへの不安から，利用も進まない。減収補塡もなければ，市区町村のほうも積極的にはなれないであろうし，そもそも地方税の減免は地方公共団体の自主的判断によるべきで，なぜ自治省の課長の内かんなどで減免を求めるのであろうか。

4　交付税措置

市区町村の負担増については，その設置にかかる駐車場についてだけ交付税措置をする。自転車駐車場の維持管理費の一定額が平成５年度に限り特別地方交付税で措置される（特別交付税に関する省令附則８項５号）。これは建設費をいれないので，市区町村の負担分のごく一部を軽減するにすぎない。これは毎年12月期までに再検討して決める制度であるから，平成６年度にどうなるかは，本稿執筆の平成６年８月現在まだわからない。「放置自転車対策に要する経費が多額であること」が３月期の交付税算定で考慮される（特別交付税に関する省令５条３項ロ25）。しかし，これは多数の考慮要素の一つにすぎないので，放置自転車対策でいくらでているかはわからない。

なお，大蔵省は，前記の立法過程での意見では，撤去・処分措置は自治体の固有事務であるから，補助金よりも地方交付税によるのが適切であるとしている。

5　駐車場への助成

これまでも，自転車駐車場の設置に対する助成制度はある[37]。特定交通安全施設等整備事業，街路事業などであり，少しずつ拡充されてきているが，市区町村からいえばまだまだ不十分ということであろう。鉄道駅への附置義務が見送られた代わりに，助成額を増額するといった取引はできなかったのかと気になるし，鉄道と交渉したが，鉄道側には駐車場の設置場所が見つからないような場合には，鉄道に応分の負担金を課する制度，それができなければ国庫助成の対象とするといった制度も考えられるが，今回の自転車法の改正に際しては，助成制度は拡充されてはいないようである。大蔵省によれば，行革審が厳しいところから補助制度の拡充は困難な情勢ということである。

6 地　方　債

地方公共団体が実施する自転車駐車場及び自転車道の整備のうち，一方で都市計画事業として行なわれるものについては，国庫補助金に伴う地方負担額について一般公共事業債により措置する。地方単独事業については従来一般単独事業債として措置されてきたが，平成4年度から都市生活環境整備特別対策事業を創設し，そのなかで自転車駐車場等に対する地方債措置を講じ，その元利償還金について交付税措置を行なっている(38)。

XI　む　す　び

本稿は単なる一つの法改正の解説ではなく，結局は合理的な法システムを求める筆者の一連の作業の一つになった。放置自転車の研究などをしている筆者には，そんな研究は「放置」して，高尚な「法治行政」の研究をするようにといった意見を寄せる向きもあるが，これはたかが自転車法の研究ではないし，ここまで読まれた読者には，筆者が「法治行政」の研究を放置しているわけではないこともわかってもらえるであろう。

しかし，私見に賛成してもらえるかどうかはともかくとして，そもそも立法過程には届かない。地方公共団体側は，全自連を結成し，国会に陳情し，法案

---

(37)　Ⅱ注(2)自転車法——解説と運用72頁，濱川敦「街路事業による自転車・バイク駐車場整備とその実績」自転車・バイク駐車場162号（1993年6月号）6頁以下，寺尾豊「街路事業における都市計画自転車駐車場整備の状況について」自転車・バイク駐車場114号（1989年5月号）4頁，西植博前掲「最近の自転車駐車場整備について」9頁。

(38)　沢井自治大臣官房企画室長説明「自転車駐車場整備等に関する小委員会における審議概要」自転車・バイク駐車場166号（1993年10月号）14頁，総務庁長官官房交通安全対策室・自転車の安全利用の促進及び自転車駐車場の整備に関する関係省庁の施策（1994年5月）19頁以下。

に対して修正意見を提出しており，大変な頑張りようである。ただ，全自連側が提出したのは出された案に対する修正案という形であって，放置自転車対策という政策目的を実現するにはどのような法システムが望ましいかという形で積極的に提言するようにはなっていない。

そこで，地方公共団体側は，望蜀の感ではあるが，より本格的な対案を用意して，立法を迫るべきではないかと提言したい。また，法律ができると，担当官庁によるその解釈や通達，場合によってはモデル条例の提示を待つ姿勢が一般的であるが，本来は，地方公共団体のほうから，より合理的な解釈を示す姿勢が望ましい。

これに対して，地方公共団体は，全自連を旗揚げし，できた改正自転車法の勉強をし，条例改正や運用方針の変更を準備するだけで大変で，中央官庁のような立法・解釈のノウハウを持たないから，対案づくりはできるわけがないと反論されよう。その通りで，本来は，前記のような立法過程の透明化が先決問題であろうし，自治体側の努力は高く評価する。ただ，筆者の理想論としては，自治体の国政参加の規定（地方自治法263条の3第2項）もできたから，前記のような期待を持っているということである。

そのためには金もかかろうが，全国の市区町村は練馬区の28億円を初めとして放置自転車等対策に膨大な金をつぎ込んでいるのであるから，そのほんの1％でも，0.1％でもつぎ込めば，十分であろう。それが成功すれば，結局は安上がりの合理的な法システムができるから，かかった金は回収でき，お釣りがくるのである。これこそ地方分権と行政改革なのである。これは自転車法改正の場合ばかりではなく，廃棄物処理法の改正の問題でも感じたが，地方公共団体に関する法令一般の問題である。

【追記】　本稿を草するに当たっては，西宮市安全対策課課長補佐杉本憲治氏，交通評論家諸岡昭二氏，総理府交通安全対策室参事官補中村貴志氏，練馬区交通対策課長平野和範氏をはじめ，関係官庁の多数の方々のお世話になった。厚く感謝する次第である。

なお，諸岡氏の「改正自転車法の解説」がその後，1994年12月に東京経済社から出版された。

10月25日夜9時30分のNHKクローズアップ現代は，放置自転車対策を特集していた。NHKの特集はいつもながら法的な視点がないのが遺憾であるが，本稿を補充する点を述べると，Ⅵで述べた，鉄道事業者が附置義務に反対する理由について，運輸省は，駅利用者のうち自転車に乗ってくるのは10％で，その人のために自転車置き場を整備して，運賃値上げに跳ね返らせるのは合理性がないとしている。豊島区では1年間に1万8,000台を撤去し，その費用は，処分費を含め，1台あたり4,500円かかっている。都内の自治体の放置自転車対策費は71億円だという。まことに無駄であるが，その対策として，放置して恥ずかしいと思う気持ちを，などとまとめていたが，これでは，解決にならないと思う。恥ずかしいと思う気持ちにさせるには，ステッカーでも貼ればよい。

また，自転車が増える理由に，バスが渋滞で，遅れることが挙げられているが，たとえば，バス優先レーンを設置して，そこに入って，バスを邪魔する自動車は，写真を取って，相当の反則金を取る制度を作るとか，バスの乗降をできるだけスムーズにするために，切符はバス停で事前に購入することにし，バスの中で両替とかお釣りとかは言わせないようにしたらどうか。

【追記】　自転車については，本書に収録したものの他，「放置二輪車対策の法と政策（上）（下）」自研60巻1号19～39頁，60巻2号17～43頁（1984年），「放置自転車対策あれこれ」自治セミ42巻12号4-9頁＝「放置自転車対策は現場留置が決め手だ」『やわらか頭の法戦略』113頁以下がある。後者は，本文のⅧ3で述べたことを詳しく論じたものである。

本論文で提起した問題について，参考までに，神戸市自転車等の放置の防止及び自転車駐車場の整備に関する条例をみると，本文Ⅳで扱ったことについて，対象は自転車と原付で，自動二輪は入っていない。返還の際の費用は，自転車2000円，原付4000円である。撤去の前日までに盗難届を出さないと，これは免除されない。鉄道事業者については，自転車駐車場の設置努力義務，新築施設における駐車場の附置義務は協力義務である。Ⅷで述べたことであるが，保管は1ヶ月である。Ⅸで述べたことであるが，自転車には防犯登録，原付にはナンバーがあるが，警察に問い合わせるのは盗難に遭ったかどうかだけで，盗難でなければ，それ以上問い合わせしないので，所有者に連絡はしない。原付については，同じ市役所の税制課に問い合わせて，個人情報保護の例外として，情報を貰えば所有者が判明するが，そのようなこともやっていない。自転車，原付の利用者は，それが消えたら盗難に遭ったか，撤去されたか，どっちかであるから，本人から問い合わせよということである。

第4章　自転車駐車場有料化の法と政策（1987年）

Ⅰ　はじめに

自転車（以下，原付，自動二輪を含む）の放置対策の要は，放置禁止区域の設定と駐車場の有料化をまさに車の両輪として併用することである。放置自転車対策については以前に詳細に述べた（拙稿「放置二輪車対策の法と政策」自治研究60巻1，2号，以下，拙稿と略す）ので，ここに，駐車場有料化の法律・政策問題を検討する。駐車場有料化はかなりの自治体で実施され（建設省都市局街路課の集計によると昭和53年から60年までに整備された自転車駐車場196か所のうち31％が有料とのことである），また，実施の検討がなされているが，問題は少なくない。ここでは，具体的には有料化の必要性を説明し，その法的根拠を検討し，駐車場の運営システムのあり方を提言する。最後に，放置自転車対策についてその後に判明した法律問題を付言する。

なお，本稿は筆者自身の調査と神戸市自転車駐車場対策検討委員会（委員長小高剛大阪市立大学教授）における筆者の発言を中心としたものであるが，同委員会における出席者各位の発言や事務局提出資料からも多大の教示を受けている。記して謝意を表する。

Ⅱ　有料化の必要性

1　自転車駐車場不足

自転車の駅前等放置は第一線の自治体である市区町村を悩まし，各地で，放置自転車撤去対策がとられつつあるとともに，他方，同時に自転車駐車場も建設されつつある。しかしまだまだ問題は解消しない。まず，駐車場と放置禁止区域指定対策の関係について場合を分けて説明してみる。なお，放置禁止区域に指定されていない地域については，駐車場を有料化した場合はもちろん，それを無料としても駐車場のスペースよりも自転車が多ければ自転車は道路にあふれるが，その対策は，ここでは考察しない。それは第一には上記の拙稿で考察した放置禁止対策の問題だからである。ここでは駐車場の周辺が放置禁止区域に指定されていることを前提とする。

駐車場	放置禁止区域	対　　策
(1)満員	自転車放置あり	放置自転車撤去，駐車場有料化・増設
(2)空	放置	撤去
(3)満員	なし	有料化・増設
(4)空	なし	不要

(1)の場合には，自転車は駐車場でも満員で，放置禁止区域にもあふれているので，それを撤去したところで問題は解決しない。駐車場を増設するか，自転車の総量を抑制するしかない。神戸市にはその例が多い。(2)の場合には，駐車場は空いているから，放置自転車撤去対策により自転車を駐車場に追い込めばよい（徳島市の駅前駐車場はこの例で，目下満員にならないそうである）。(3)の場合には，撤去対策は効果をあげたが，駐車場が満員なので，その増設か，有料化を図って自転車の総量を抑制する必要がある。(4)の場合はもちろん対策を必要としない。

(1)，(3)の場合を見ると，特に，駅周辺の駐車場が不足している。しかも，放置自転車対策により自転車を撤去して，撤去・保管料を徴収する施策を講ずると，駐車場の需要が増える。その結果，相当数の自転車が駐車場からはみ出すわけである。少なくともそのような地域が多い。これに対して，どのように対処するべきか。駐車場の増設と，駐車場にはいる自転車の管理，自転車の総量抑制などが考えられる。

2　駐車場の増設

まず，当然のことながら，自転車愛好派からは，自転車は便利で健康にもよく経済的であるから，その利用に制約を課すなど本末転倒で，駐車場をどんどん増設すべきであるという見解も出される。まさにその通りで，かなりの地域では自転車利用の増加に応えて駐車場を増設すべきであろう。福岡市や神戸市，横浜市では，基本的にはこうした考え方で，駐車場の少ない地域では放置がひどくても放置禁止区域に指定せず，放置台数の約7割を収容できる駐車場が設置されてからはじめて放置禁止区域に指定する扱いをとっているようである。なお，残りの3割は，放置禁止区域の指定による利用減を期待しているが，駐車場が無料であるかぎりなかなか利用は減らないので対策を必要とする。

他方，駐車場を新規に建設するのは，財源・用地不足のため容易ではなく，それほど進展しない。特に地価が高く，用地取得が困難である一方で，公共交通機関が便利であったり，徒歩でも通える地域（たとえば，神戸の三宮，大阪の駅前，京都市中心部等）では，新規の駐車場を建設しないで，既存の駐車場ですませるとともに，自転車放置禁止措置を講ずるべきであるとも考えられる。

したがって，駐車場が自転車の駐車需要に応ずるまで建設されるわけではなく，駐車場建設だけでは問題は解消しない。そこで，駐車場の利用の仕方について何らかの管理方法を導入することが考えられる。

3　先着順無料自転車駐車場の問題点

現在では，放置禁止対策をとりつつも，駐車場については，特に利用資格を定めないで，毎日先着順で無料で利用させているところが多い。それが満員にならなければ問題はないが，満員になるところでは，そうした駐車場の利用のさせ方には，いくつかの不合理が生じている。神戸市にはその例が多い（筆者の利用する名谷の駐車場は（当時）そうである）。

(1)　まず，自転車の利用者は，放置自転車として撤去されないように，駐車場のなかに駐車しようとするため，駐車場のスペースを越える自転車が駐車場に持ちこまれ，駐車場が乱雑になる。ひどいのになると，他人の自転車を押しのけて自分の自転車を中に入れるとか聞く。

(2)　次に，駐車場は空いていると思って自転車で出かけたところ満員の場合，いまさら引き返すわけにもいかず，放置することになる。これを道徳論で批判してもしようがない。事前に自転車の利用を思いとどまらせる方法がないのである。特に，早朝勤務の者は駐車場を利用でき，遅出の者は駐車場が満員のため駐車場外に駐車せざるをえないことが多く，そのため撤去されるという差が出るが，早出か遅出かで差が出るのも，合理的ではない。

(3)　駐車場の利用が無料であるため，自転車の利用台数が増加し，なかでも1キロ以内など，徒歩でも不便とはいえない者の自転車利用が多い。もっとも，それは地域により異なるが，京都市交通環境整備委員会の提言（昭和59年6月）によると，駅から半径1キロ以内が60%もある。神戸市の昭和60年10月の調査によると，1キロ以内が阪神青木駅では93%，深江駅では97%である。ただし，塩屋駅では1キロ以内は8%だけで，1キロから2キロまでが70%，鈴蘭台駅でも1キロ以内は61%である。これでははたして駐車場を設置すべきかも一般的には問題であり，地域毎に必要性を検討すべきである。また，いくら駐車場を建設しても，それは自転車需要を誘発し，まさにさいの河原の石積で，追いつかない。

(4)　こうしてあふれる自転車を撤去するばかりではイタチゴッコで問題の解決にならないし，撤去される方にも不満が残る。

4　無料を前提とした駐車スペース配分の諸方法の問題点

(1)　このような事情を前提とすれば，少なくとも当面は，現にある駐車スペースを利用希望者間に配分し，配分を受けないで自転車を利用したため駐車場外に放置せざるをえない自転車は断固撤去することが必要である。そのためには駐車スペースの配分方法が合理的であることが前提となる。

その方法としては，無料を前提として抽選や先着順による登録制，行政による許可制，事前の規制なしの毎日の先着順もありうるが，それぞれ不合理が大きい。

(2)　まず，抽選は，一見公平に見えて真に必要な者は必ずしも当選せず，さほど必要でない者が当選するとか，当選者には実質的には税金で特別補助をしていると同じであるが，それだけの公益性はないといった問題を生ずる。

(3)　先着順による登録制も同様で，希望者が多ければ，早起きして順番を取ったとか，他人に（往々にして有料で）依頼して順位を確保したというだけで特別補助を受けることになる不合理を生ずる。許可制は，自転車を利用する必要性に応じて，真に必要な者にのみ許可するもので，一見，合理的に見える。しかし，自転車の必要性について適切に判断する基準はない（判断基準は人により異なる）から，適切な運用は困難で，不満が残る。たとえば，駅からの距離を基準とし遠距離の者にのみ許可するといった基準は一見合理的であるが，地域によっては遠距離だがバスが便利であるとか，比較的近距離だがバスが不便である（バス停からは遠い，バスの便数が少ない，早朝深夜帰宅のため出勤時間や帰宅時間にはバスがない，1日に何度も自宅に帰る等）といった者もいる。自宅から駅に直行するだけでなく，いろいろ回り道の必要がある者もいる。距離も，駅からの直線距離か，道路に沿った距離かの意見の違いもある。皆が納得する基準を設定することは困難である。また，駅から遠いというだけで，特定の者が無料のサービスを受ける合理的根拠があるのか，疑問である。駅から遠いということは各人が任意に住居を設定した結果であり，住居費もそれだけ安いのが普通だからである。

(4)　事前の規制なしの先着順は現在かなり行なわれているシステムであるが，これでは早起きは三文の得どころでなく，早朝勤務の者が絶対的に有利で，遅出の者が不利になる不合理がある。

5　有料化の手法の合理性

そこで，駐車スペースの配分を行政が権力的にするのでなく，有料化という経済的インセンティブによって行なうのが合理的である。その理由は次の通りである。

(1)　自転車の利用者は，自宅から駅まで（あるいは駅から勤務先・通学先まで）の往復の方法として，徒歩，自転車，バス，自動車など，種々の方法の選択肢を有している。これまでは駐車場が無料であったから自転車を利用していた者も，それが有料であれば，他の方法を選択するかもしれない。たとえば，駐車料金が月1,500円であれば，1キロ以内の自転車利用者の50%が徒歩に転換するかもしれない。それが月3,000円になれば，同じく70%が徒歩なりバスに転換するかもしれない。どの程度転換するかは実験してみなければわからないし，地域により異なるが，それは自転車利用者の各人の価値観に基づく自主的な選択によるもので，行政からの押し付けや籤運によるものではないから，納得しやすいものである。たとえば，近距離でも，自転車に大きな価値を見いだす者は駐車料金を払うであろうし，遠距離でも，駐車料金が惜しくて，徒歩で歩く時間と体力をいとわぬ者は自転車をやめるであろう。そうすると，金さえ払えば駐車場を利用でき，撤去される心配はなくなるので，善良な者には安心である。もっとも，この点は，タダよりいいものはないと感ずる利用者からの反発は強いが，利用者の個人の利益だけでなく，自転車の放置を防止するという大局的見地に立って考えると，有料化は籤（くじ）や許可制よりは合理的である。

(2)　駐車料を徴収する制度を導入することにより，不要不急の自転車利用を抑制する効果が期待される。横浜市の例では放置禁止対策と自転車駐車場の有料化を昭和60年10月から同時に実施したところ，利用台数が30%減少したという。駐車場が無料であると，前述のように，不必要な駐車需要を惹起して，駐車場を建設しても，イタチゴッコになり，問題の解決にならないので，適切な負担を求めて，自転車の不必要な需要を抑制する必要があるのである。

(3)　また，このシステムは，負担の公平という観点にも合致する。駐車場は駅前の一等地の地価の高い場所を占領する。駐車場を作らなければ，他により利益のあがる利用方法はいくらでもある土地である。自転車の利用者はそういう価値のある土地を独占的に利用しているのであるから，対価を支払うのが当然である。たかが自転車というが，駅前の一等地であれば案外高くつくらしい。自転車駐車場のスペースは通路を含めて自転車1台当り1.2〜1.4平方メートル必要である。これは時価100万円以上はするところが多い。無料駐車場の場合，自転車利用者はそういう土地をタダで占有しているわけである。

(4)　問題は，金銭による解決については，金持優遇との批判がつきまとう点である。福岡市で駐車場有料化に踏み切った時の新聞記事では，家族数人が自転車を利用する家庭では家計にひびくという反発が強かったようである。従来無料であったものが急に有料化されるのであるから，こうした反発は理解できないことはない。家族割引を主張する新聞論調もあった。

しかし，バスに乗ればもっとかかり，また，民間の駐車場に入れれば当然料金は取られるのである。駐車料金が惜しいというのであれば歩けばよいのである。身障者なら歩けない者も多いが，自転車利用者で歩けない者はいないから問題はない。あるいは，遠距離の者は徒歩では歩けないので自転車を利用するのだという反論もあろうが，その分，住居費は安いはずであるし，自転車利用者が駐車場のスペースより多い地域では駐車場に来た時にすでに満員で，利用できず，駐車場外に駐車すれば放置自転車条例で撤去されるという不利益を生じているのに対して，駐車場を有料化すれば近距離の者のかなりは徒歩に切りかえるから，駐車場のスペースに余裕ができ，遠距離の者は駐車場を利用しやすくなるのであって，駐車場の有料化は遠距離の者にはむしろ有利ともいえるのである。

家族割引は結局は他人の負担になるのであるし，他の交通機関にも例がない。金が天から降ってくるという前提ならともかく，さもなければ，家族が多くても，受けるサービスに対する応分の負担はすべきである。

(5)　民間駐車場との関係も政策的には考慮する必要がある。公共駐車場が無料ないし原価を下回ってサービスすれば，民間駐車場は育成されず，駐車場の不足は続き，それを行政が埋めなければならない。これに対して，行政が駐車料金を民間並にすれば，駐車場の不足分に民間が参入する可能性がでるので，行政としても駐車場の整備に追われることが少なくなりやすい。利用者にも便利になろう。

(6)　無料駐車場には長期間放置している自転車が多いが，有料化により回転効率を向上させることができ，無料のシステムの下では駐車場が満員のため駐車場外に駐車せざるをえない自転車を収容することが可能である。

(7)　なお，有料化の理由として，盗難防止，駐車場内の秩序維持をあげる見解もある。しかし，盗難防止なら，所有者が鍵をかけて自主的に防衛すればよいことで，わざわざ監視人を置く必要があるとは思えない。鍵をかけた自転車まで盗まれるのなら別論だが，目下はそれほどではあるまい。監視人の給料を払ってまで監視して欲しいというのが自転車の利用者の意見であろうか（なお，有料化したとしても有人監視が必要かどうかは疑問である，4駐車場の管理・運営システム参照）。

駐車場内に自転車が散乱したり，他人の自転車の上に乗せる者がいるから整理する必要があるという意見もあるが，その原因は駐車スペース以上の自転車が駐車場内に持ち込まれるからであって，同一の数の自転車を駐車場内におくという前提で整理しても，上手に整理できるわけはない。その程度の整理サービスのために駐車料を払えといわれても，自転車利用者としては賛成できないであろう。

(8)　有料化にあたって決まって論じられるのが生活保護家庭の減免，身障者の減免である。しかし，生活保護家庭は，現在では課税最低限以上の収入があり，そのほかに各種の無料の優遇措置を受け，4人家族を例とすると，実質年収は250万円から300万円近く，これに対して，地方税の課税最低限は，わずか104万円である。国の所得税のそれも132万円である。給与所得者なら給与所得控除があり，それには経費以上の分もあるが，それでも，実質年収が150万円程度以上から課税されている。こうした現状においては，生活保護家庭だからといって，その制度以外に特に優遇する根拠はない。

身障者でも自転車に乗れるくらいなら特に優遇する程のことはないように思える。原付，自動二輪ならやや別ではあろうが，歩くのは不便だが，原付なら便利という身障者に限定する必要はあろう。

(9)　なお，このように放置自転車対策においては，放置禁止区域の設定と取締り，駐車場の設置とその有料化が車の両輪として必要であって，その一方だけでは有効な対策とはならない。神戸市の昭和60年度市民全世帯アンケートでは，あなたは駅周辺の放置自転車問題を解決するためにどのようにすればよいと思われますか，次のうちからお考えにもっとも近いものを，一つ選んで

○をつけてください，と質問して次の回答を得ている。つまり，有料の置場を増やす（32.4%），登録制にして登録料を徴収する（21.4%），撤去対策の回数を増やす（15.3%），違反した放置自転車の撤去料を上げる（14.8%），自転車の鑑札制度を導入する（10.6%），その他（5.7%）。

これは市当局が，駐車場有料化は市民の意向でもあるとする根拠となっている。しかし，筆者はこのアンケートでは回答のしようがない。有料化だけを単独に実施しても，効果はあがらない。これらの施策は組み合わせてこそ効果があがるものであるから，一つ選べといわれても選びようはないのである。

ついでながら，役所が行政施策の根拠とするアンケートにはこの種の不適切なものが多い。情報公開の導入についての賛否を問うアンケートでも，賛成，反対のそれぞれについて理由を選んでもらう方式で，賛成者は情報が豊かになり，行政に参加しやすくなるなどとし，反対意見はプライバシーが守れなくなる，としているが，これは同一の制度の両側面であるから，いずれの理由もあたっているのである。制度作りにあたっては，制度のマイナス面をなるべく減らし，積極面を伸ばすことが必要で，この両者の比較考量が必要なのである。それは単純なアンケートでは解明できない。

Ⅲ　駐車場の設置形態と有料化の法的根拠

有料化するには法律的な根拠を整備しなければならない。それは駐車場の法的な性格により異なる。しかし，どのシステムにも難点がある。相対的優劣があるのみである。

1　駐車場設置の諸形態

(1)　行政（自治体）が道路とは無関係の場所に駐車場を設置する場合には，それを公の施設として位置づけることになる。その設置は条例により，その料金は公の施設の利用料金として条例で定めることになる。その管理は公共的団体に委託できる。徳島市は駅前の広場の地下に駐車場を設置しているが，それは道路の地下ではなく，市の行政財産（地上には緑と空間を設ける）を利用している。その管理は市の駐車場公社に委託している。

(2)　あるいは，行政が駐車場用地を取得して外郭団体に貸与し，そこで民間並に駐車場を経営するという方法もある。この方法では，公の施設にならないので，その利用料金を条例で定めるという必要はないが，自治体の財産を外郭団体に安く貸与することは適切かという問題が生ずる。自治体が経営しているのにこの方法をとっているものもある。

(3)　道路の地下に駐車場を設置する方法がある。これは駐車場の設置者が道路管理者から道路法32条1項5号「地下街，地下室，通路その他これらに類する施設」にあたるとして道路占用の許可をうける方法である。同じ自治体が一方で道路管理者として占用の許可をし，他方で公の施設の設置主体として，占用許可を受けるというわけである。神戸市でも，三宮駐車場（自動車駐車場）は，道路の地下にあり，神戸市が道路管理者から占用許可を受けているものである。その利用料金は原価主義であるが，地代はかかっていないので，建設費と維持管理費を利用料金でまかなう方式である。その方法は自転車の駐車場にも活用できるはずである。ただ，建設本省では，その例は承知していないと聞く。

(4)　次に道路管理者が道路に接して自転車駐車場を設置する方法がある。道路法は，道路に接する自動車駐車場で道路管理者の設けるものを道路の附属物としているだけでなく（2条2項6号），道路に接する自転車駐車場で道路管理者の設けるものも同様としている（道路法施行令34条の3第5号，昭和49年に追加）。そもそも道路上ではなく，単に道路に接しているだけで，駐車場がなぜ道路に含まれるのか，という問題があるが，道路管理者が道路管理上の必要により設置するものであるから，道路とするということのようである。こうして，自治体が建設省都市局の街路事業の補助を得て駐車場を設置する場合には，それが道路上ではなく，単に道路に接しているだけでも，道路の附属物として，道路とする扱いになっている（建設省都市局の通達，昭和54年5月）。なお，そのためには，道路の区域決定が必要である。

(5)　最後に，道路上に設置する方法がある。自動車の駐車場を路上に設置する方法は駐車場法で規定されているが，自転車の路上駐車場については規定がない。自転車の置場が車道に設置されることはないが，歩道の一部を占拠する自転車駐車場は現に存在する。神戸の阪急六甲の例は自転車・原付駐車場と表示され，ポールと屋根を付けている。この種のものは他都市にも存在する。

歩道は歩行者の通行の用に供するものであるから，それを自転車の駐車場にすることは許されるのかという問題があるが，道路管理者が交通の状況を見て，歩行者の妨げにならない範囲で自転車用にすることまで禁止されるものではあるまい。

2　料金徴収の法的根拠

(1)　上記のうち，(1) ～ (3)までについては料金を徴収することができるのは明白である。これに対して，道路を利用する(4)，(5)については解釈上難問がある。

道路の通行は道路法25条で渡船施設または橋に関しては有料にすることができるとされ，また，道路整備特別措置法に基づいて建設される有料道路はもちろん有料であるが，その反対解釈として，それ以外の道路の通行は無料である。また，自動車の場合には駐車場法で，路上の駐車場つまりパーキング・メーターを有料とする特別の規定がある。しかし，こうした特別の規定がないかぎり，駐車は通行の一態様であるから，原則に戻って無料で，自転車の路上駐車を有料にすることはできないと考えられそうである。

また，建設省の担当官が執筆している『道路法逐条解説』（全国加除法令，24頁）では，道路の附属物たる自動車・自転車駐車場は，道路の無料公開の原則により道路整備特別措置法によるものを除き原則無料とすると述べている。

(2)　ところが，上記の都市局の通達によると，自転車駐車場の利用については，無料が原則であるが，必要に応じ自転車駐車場の利用者との契約により，自転車の駐車料を支払わせることができる，とされている。

自治体ではこの通達によって自転車の駐車料を徴収しているところもあるようである。

しかし，この通達には理由が付けられておらず，理論的には理解するのが難しい。まず，原則無料のものが，契約によればなぜ駐車料金を徴収できるのか，本来無料で駐車できるのに，契約しなければ駐車できず，それは有料だというのは納得のいく説明ではない。そんな単純な議論が成立するなら，道路の通行は無料が原則であるが，交通整理に要した費用は通行車両との契約により通行料として徴収できるということにもなりそうである。

また，この場合，徴収できる駐車料の範囲は何か，駐車場の建設費用も徴収できるのか，単に駐車場の管理費用のみかも明確ではない。恐らく後者ではあろうが。

ある自治体では，この通達にいう駐車料は，自転車駐車場の使用料であるが，本来無償であるべき道路の使用料ではなく，有人管理実施し整理等に要する経費の一部を利用者から徴収するもので，使用料ではあるが，その性格は整理料であり，名称も駐車料としているものという説明をしている。

(3)　私見では，自転車の路上駐車を無料とするためにはそれが道路無料公開の原則の適用外と説明する必要があると考える。たとえば，道路上で事故を起せば，その車はJAFに移動してもらったりすることになり，その費用は自動車の所有者等が払うことになる。自転車の整理は，交通警官の交通整理とは異なるという必要がある。

つまり，私見によれば，道路の通行は原則として無料であり，一時的な駐車は通行の一態様ではある（自転車で走るというためには時には駐車する必要があり，駐車は走行に通常付随する行為である）から無料であるべきであるが，朝来て停車し夕方引き取る（あるいは逆に夕方置いていって朝引き取る）行為を恒常的に行なうのは，通行に通常付随する範囲を越えて，道路を独占的に利用することであり，その駐車している長時間の間他の一般公共の利用を阻害しているのである。この点に鑑みると，自転車の長時間駐車は道路無料公開の原則の適用外というべきである。そうすると，自転車の駐車から整理料金を徴収することが道路法に直接違反するわけではない。しかし，積極的に駐車料を徴収するにはそれなりの積極的な根拠が必要である。

その一つの説明としては，駐車している自転車の管理は通常の道路管理費用ではないから，その管理費用は，駐車場の利用者から徴収することができるということで，上記のある自治体の説明と同様になる。

(4)　もう一つ別の考えを述べると，Ⅲ1(5)の場合，現在は，道路管理者が歩道の一部を自転車駐車場としているが，それは自転車駐車場としての利用も道路としての利用であるという理解を前提としていると思われる。しかし，自転車駐車場となればその部分は一般の公共の用には供されず，一般の通行は不可能になるのであるから，もはや道路としての利用はなされていないというべきである。そこで，道路上を道路としての利用以外の利用に供するのであるから，道路の占用許可の制度を活用する方法が考えられる。その方法として，私見では次の二つの方法を考えつく。

まず，道路法32条1項6号は，「露店，商品置場その他これらに類する施設」について占用許可をすることができるとしている。自転車駐車場もこれに該当するならば，自治体が道路管理者から道路の占用許可を受けて自転車駐車場を設置することができるわけである（道路の地下に占用許可を受けて自転車駐車場を設置する前記の手法と同様）。ところで，従来，この規定の適用を受けるものとしては，売店，靴みがき，コインロッカー，材料置場など一時的なものが念頭におかれていたから，自転車駐車場のために道路占用許可をするという解釈は恐らく従来なかったものである。そこで，道路の占用許可の制度を拡張すると，道路の本来の機能が阻害されるという観点からの反論はありそうである。

確かに，自転車駐車場が歩道を全面占拠したり，歩車道の区別のないところに設置されるなら，それは道路本来の機能を害するという難点がある。しかし，そういうことのないよう特に配慮して，つまり，歩道が広いところで，その一部を削って，道路の本来の機能があまり阻害されない範囲で自転車駐車場のための道路占用の許可をするのであれば，不都合とはいえないであろう。それに，現実にはすでに道路管理者が歩道の一部を自転車駐車場として利用させているのであるから，道路管理者から自治体に道路の占用許可をして，自治体が公の施設として自転車駐車場を設置するという方式を認めたところで，道路の機能が新たに害されることにはならないのである。

第二に，自転車の駐車も道路の占用として，道路管理者から自転車の利用者に個々に占用許可を与えて占用料を取るという方法が考えられる。普通に道路の占用といえば，より継続的なものであるし，交通機関以外のものの占用をいうものであるから，こうした解釈は新規ではある。しかし，新規の事態には新規の解釈もある程度までは必要である。特に，道路に区画して，自転車の駐車スペースを決めれば，占用という観念にもなじみやすいと思う。

この解釈は定期利用については妥当すると思うが，ただ困るのは一時利用である。道路の占用許可は継続利用を対象とするから（道路法 32 条１項），１日だけの駐車はその要件を満たしにくいことである。また，道路の占用許可を受けるには，申請書の提出を必要とする（道路法 32 条２項）が，いちいちそういう書類を提出するのは邪魔くさい。駐車場もコインを入れるだけで利用できるようにする必要があるからである。

3　料金の法的性格

料金を徴収する根拠として，受益者負担金，分担金，使用料，手数料などという説明があるが，法律的にはどれが妥当であろうか。

受益者負担金は道路法にも規定があるが，それは道路に関する工事によって著しく利益を受ける者に課すもので（61 条），駐車料金とは性質を異にする。あるいは，それと無関係に，条例による受益者負担金であろうか。条例では地方自治法224条の分担金の制度により「数人又は普通地方公共団体の一部に対し利益のある事件に関し，その必要な費用に充てるため，当該事件により特に利益を受ける者から，その受益の限度において，徴収することができる」。その要件の「数人」とは，地域的に関係のない特定多数人であるが（長野士郎『逐条地方自治法第9次改訂版』694頁），駐車場の設置は当該地域の不特定多数人の利益になるのであって，分担金にはややあてはまりにくい。「普通地方公共団体の一部」を利するとは，地域的に普通地方公共団体の一部を利することをいう。駐車場はそれにあたりそうであるが，この程度で分担金を地域から徴収する例はなさそうである。駐車場の設置ではなく，設置された駐車場からうける毎日の自転車管理というサービスにより利益を受けるのだという点に着目してみると，それは分担金というより手数料に近いように見える。

手数料とは，特定の者のためにする事務について徴収することができるもので（地方自治法227条1項），身分証明，入学試験，各種許可，印鑑証明，公簿閲覧などに関して徴収されている。自転車の管理も特定の者のための事務と見ることができるであろうか。それは道路管理の必要上していると考えると，手数料の観念にはあたらないが，自転車利用者のために自転車を整理しているとすると，この手数料にあたりそうである。

しかし，道路無料公開の原則がある以上，自治体はそれに反する制度を作ることはできないから，路上駐車場の利用者から手数料を徴収するためには，駐車は道路の通行ではないという前記のような理論的な武装が先に必要である。

公の施設の利用については使用料を徴収することができる（地方自治法225条）。駐車場を公の施設として設置する場合には駐車料はやはりこの使用料である。この方法では単なる整理費用のほかに土地代，建設費など原価を徴収することができる。

ただ，使用料の徴収には駐車場を公の施設として設置することが前提となるが，それには道路管理者が駐車スペースを作ったというだけでは足りず，地方公共団体がそれを公の施設として条例に基づいて設置する必要がある。

4　機関委任事務としての道路管理の難点

（1）　道路の管理権限は，国，都道府県，市町村に分かれている。そして，自転車問題の対策は実際上は第一線の自治体である市町村の負担とされ，国（建設省）や都道府県は積極的ではない。しかし，住民は，国道，都道府県道，市町村道の区別なく，自転車を放置するし，路上（あるいは道路に接する）駐車場を作る必要性もこの間に区別はない。

そうすると，市町村は，国道や都道府県道において路上等駐車場を作る必要に迫られる。それは市町村の権限内に属するか。放置自転車撤去対策についても，市町村が国道，都道府県道上でそれをなしうるかという同様の問題が存した。この問題は国道，都道府県道に関する市町村(長)の権限にかかわるので，まずそれを見よう。

(2)　建設大臣が直轄で管理する国道（指定区間内）以外の都道府県知事が管理する国道の管理権は指定市の市長に機関委任されている（道路法17条1項，地方自治法別表第4の1の(20))。都道府県道の管理権は，指定市に団体委任されている（道路法17条1項，地方自治法別表第2の1の(5))。指定市以外の市(長）については都道府県知事との協議により同様に管理権が委任される（道路法17条2項)。町村(長）にはそうした管理権は委任されない。

(3)　放置自転車撤去対策の場合には，それを道路管理権に基づくとすれば，市町村が国道や都道府県道上において対策を講ずることはできない（ただし，指定市は都道府県道の管理権を有するので，そのかぎりで例外として可能）ことになり，放置自転車問題は道路交通による障害と見ると，それは道交法に基づく警察の権限となる。しかし，放置自転車対策をより広く生活妨害の防止，都市機能障害の防止とすると，市町村は，管理権や権原を有しない国道や都道府県道についても，その管轄の範囲内では，放置自転車撤去対策を講ずることが可能となろう。放置自転車条例についてはこうした論理で，権限の難問をクリアーすることがなんとかできたといえる（拙稿・自治研究60巻2号18頁)。

(4)　これに対して，自転車駐車場の設置管理は，広くは公害防止を目的とするが，直接には，住民へのサービスの提供を目的とする。それは管理権なり権原のない場所では許されまい。そこで，国道や都道府県道の管理権を委任されていない市町村(長）が，その路上を自転車駐車場にすることはできまい。

指定市(長）の場合には管理権が委任されている。まず，道府県道の管理権は指定市に団体委任されているので，その管理は指定市道と同様になる。これは問題はない。

国道の管理権は指定市の市長に機関委任されている。そこで，市長は，道路管理権により，国道の歩道の一部を自転車の駐車場として，指定することができそうである。そして，自転車駐車場の管理は，国の機関としての市長がするとすれば，それについては条例は制定できないので，市長の規則で定めることになる。前記2(2)(3)の整理料方式の場合，その料金は規則で定めることになろうか。それとも，自転車駐車場の設置自体は国の機関としての市長がするとしても，そこにはいる自転車の整理自体は市自身の自治事務として，その整理料を条例で定めるということが可能であろうか。

これに対して，前記Ⅲ1(4)の場合，国の機関としての市長が，団体としての市に対して，道路占用許可をし，団体としての市が公の施設として自転車駐車場を整備し，市民に利用させるか，国の機関としての市長が市民に個々に道路占用許可をすることになる。その占用料は道路法39条で条例で定める。公の施設の使用料はもちろん条例による（地方自治法244条の2第9項，225条）。

(5)　いずれにせよ，法制度は明確ではない。国は自治体を通過する道路を有しながら，自治体の街づくりを阻害する制度をおいている。放置自転車対策，駐車場の設置運営という程度のものは，第一線の自治体の任務として，国自身が乗り出す必要はないが，自治体がそうした任務を果たそうとするとき，それを阻止することのないような制度的整備が望まれる。

【追記】 分権改革により機関委任事務が廃止され，4(2)で述べた国道，都道府県道の管理権は自治事務又は法定受託事務となったので，上記の問題はほぼ解消した。

Ⅳ　料金システムのあり方

1　料金システム――原価との関係

自転車駐車場の設置，管理・運営にかかる費用は，その設置の方法により異なる。民有地を取得して設置するのであれば，土地代と建設費，管理費のすべてを原価にいれなければ，原価主義とはいえない。有料道路に自転車駐車場を設置する場合には原価はすべて料金で徴収する。これに反して，一般道路用地を利用する場合には，土地代はすでに道路会計が支払っているので，駐車場の費用としては駐車場の建設費と管理費だけとなる。道路の占用許可を受ける場合には，その占用料は費用に含まれる。

料金システムについては，営利目的，収支相償う，原価を割る低料金，無料といろいろある。そのいずれをとるかは，自転車の利用者に対して税金で補助するべきかどうかを考えて決める立法政策の問題である。たとえば，他の行政サービス（バス，水道等）の扱いとの均衡，税負担と利用者負担のかね合いに関する住民の意向で決まる。自動車の路上駐車場の駐車料金は神戸では60分300円などと，民間よりやや低額に思えるが，これも一つの決め方である。公営の自転車駐車場の利用料金については，民間の自転車駐車場の料金との均衡も必要である。民間では駐車場の料金として土地の取得費までは計算に入れていないのが多いと聞く。つまり，土地の有効利用方法が見つかるまでの仮の利用方法として駐車場として利用されるので，固定資産税・都市計画税のほか，ある程度の管理費がまかなえる料金に設定されるといわれる。そうすると，行政が土地を取得して駐車場を建設する場合でも，これとの均衡上土地の原価までは回収しにくいという問題がある。

2　実　　例

某市は，駐車料金は公共施設である自転車駐車場の施設使用料として徴収するものではなく，有人管理実施に伴い必要となる経費の一部を駐車料として利用者から徴収するものであるとする。その料金は，まず他都市および市内の民営自転車駐車場の一時駐車料金等を考慮して，一時駐車料金を，自転車100円／日，原付150円／日と決定し，そのうえで定期の料金は，地下鉄の定期料金の算定方法と同様に，自転車の場合，一般は，100円／日×30日×0.65=1,950円（100円未満，切り捨てで1,900円），通学は100円／日×30日×0.4=1,200円としている。

筆者は当初この資料には納得できなかった。まず一時駐車料金であるが，それが有人管理の経費であるとするならば，自転車1台の管理費用がなぜ100円／日もするのか。1人で1日50台も管理すれば，相当の給料がでる。神戸市の名谷では自転車が5,000台あるというが，管理人が100人（定期利用者を考慮しても50人）も必要であるとは考えられない。管理費用なら，管理の仕方にもよるが，まだまだ安く管理できるはずであろうと。しかし，いくつかの自治体に問いあわせても，管理費はもっとかかって赤字であるという。なるべく費用のかからない管理形態が望まれる。

また，管理費用は市内一律ではなく，施設（屋根のあるなし）によりかなり異なる。その差を料金に反映させているところがある。駅に近い駐車場をいくらか高くしているところもある。適切であろう。次に定期の割引の率であるが，地下鉄なら雨天でも利用するが，自転車は雨天の日は利用しない者が多い。自転車の月平均利用率は地下鉄より低いから，それを調査して，割引率をもっと大きくすべきではないか。

3　需要の調整システム

一般に原価主義が採用されるが，これには次のような問題点がある。第一には，一般的に原価がかかると駐車料金は高くなるというだけであるが，料金が高ければ空きがでて，安ければ，満員となり，問題の解決にならないおそれがある。第二に，原価主義でも施設毎にするか，同一自治体全体での原価主義にするかという問題がある。施設毎の原価主義だと，近隣にある駐車場のなかでもその設置形態により料金に差ができ（たとえば，路上駐車場は管理費だけ，道路に接する駐車場で，国庫補助があれば，それを引いた建設費と管理費だけ，新規に土地を購入すれば土地代，建設費，管理費のすべてがかかる），サービスに変わりはないので，利用者は安い方に流れ，適切に利用されない。また，同一市内のある地域の駐車場は整理料金だけ，ある地域では土地の取得費まで駐車料金に反映させるというのでは，利用者の納得はえられない。第三に，同一自治体内全体としての原価主義とし，その内部では同一の料金体系とすると，需給関係の差から駐車場の過密と閑古鳥の現状は解消されまい。そして，過密の駐車場から閑古鳥の鳴く駐車場にいわゆる内部補助をすることになり，それぞれのところで経費節約をするインセンティブは働きにくい。第四に，原価主義のなかでも，整理料金方式であれば，整理費用自体は，駐車場の設置形態によって大きく左右されることはないので，同一自治体内では統一料金にすることが可能にみえる。しかし，そうすると，駐車場によって需給関係が異なるので，駐車場の過疎と過密という現象は依然解消されない。

そこで，駐車場のシステムで大切なことは，駐車需要を丁度駐車場のスペースに合うように，施設毎に異なる料金により調整することである。そのためには駐車料金は原価と無関係に，駐車場毎に需要に応じて調整（希望者が多ければ高く，希望者が少なければ安く）するべきである。自治体内一律料金は不適切である。同一の自治体で地域により料金が異なると高い方の住民から反発を受けるが，神戸のように広い自治体なら，地域差があるのもやむをえない。

ただ，これだけの方式では，すでに駐車場がたくさんある地域と，これから造るべき地域とでは不公平であるともいえる。ある程度駐車場が公平に普及しないと実施しにくい面はある。これから造るべき地域では当面は駐車料金をこの方式で定めて需要を抑制しつつ，早期に駐車場を建設すべきであろうか。

この需給を反映した料金がどの程度になるのか，各種の事情に左右されることで，予めわかることではない。ただ，上記の整理料金程度で，不要不急の自転車が実際にある程度減少しているところを見ると，実務上は，この整理の実費の範囲内で，需給関係を見て料金を決めればよいのであろうか。しかし，整理料金の範囲内で料金を決めたら，自転車の駐車需要があまり減少せず，駐車場が満員という地域も考えられる。その地域については，整理料金以上の駐車料金を徴収する制度をおきたい。しかし，こうしたシステムを導入するためには，Ⅲの1で述べた駐車場の設置形態のうち，建設費や土地の取得費を徴収できないシステムがあることが阻害要因となる。法制度としては，どこでも，土地代や建設費まで原価に反映させることができるとしつつ，それを減額した料金体系にする方が妥当である。ただ，この制度では料金設定の裁量が広くなるので，その算定の根拠を公開させ，利用者の代表も参加した機関で十分に審議する必要はある。

Ⅴ　駐車場の管理・運営システム

1　駐車場の管理

まず，駐車場の定員と希望者のズレをどう調整するかが問題である。先着順や抽選なら，前述した問題点がある。なるべく希望者全員が駐車場を利用できるようにする必要がある。

スペースを各人毎に指定席として，一つずつ用意するか。そうすると，利用者は安心だが，利用されない無駄な空間が増え，指定を受けられなかったばかりに，空いているのに利用できないという不合理が生ずる。利用希望者全員が利用できない小さい施設であれば，指定席とせず，定員の二割増しとか，余分に利用券を発行し，万一満員のときは，他の駐車場に行かせるとか，路上駐車を認めることにすればよい。路上でも整理しておけば，それほど不都合はない。整理員はそうした仕事をすべきである。もちろん，利用券にはそのことを承知させる文言をいれるべきである。

席を各人毎に指定するのではなく，10台毎に指定するという案もあるが，それも不要と思う。駐車場毎に指定すればよい。もし，指定席方式なら，皆，行先（一般には駅）に近い方を好むので，どう割り当てるかという問題が起きる。

管理人は各施設毎に常駐すべきか。そうすると管理は万全となるが，いかにも無駄で，利用者から見ると高くつく。なるべく安く管理する方法を考案する必要がある。たとえば，定期利用者は自転車にシールを張り，管理人は時々見まわりにきて，シールのない自転車を撤去して，引き取りを求める者から，一定の金銭を徴収することにすればよい。

1日間の利用者についてはいちいち入庫時間を記録して，24時間単位で料金を徴収しているところがあるが，管理費がかかる。コイン・ロッカーのように，コインを入れると駐車できる方式はどうだろうか。

2　門　限　等

門限は何時にするか。福岡市では夜10時で，新聞報道によると，早すぎるという不満が多い。そこで，24時間出し入れできるフリー・スペースを設けたが，それをすべての駐車場に拡大するのはどうであろうか。管理人は朝6時から夕方くらいまでにしてそれ以後の駐車は無料にすればよい。横浜市はそうしている。利用者の少ない祝祭日，休日も無料にして管理人は不在とすればよい。なお，徳島市の駅前の地下駐車場は夜9時から朝7時まで閉鎖されて，利用できないが，不満はないそうである。ただ，この駐車場は，一般の駅前の駐車場と異なり，朝，自宅から乗って来て，夕方持ち帰るのでなく，夜間においてあった自転車に朝乗って学校や勤務先に行き，夕方置いていくという利用のされ方をしているので，夕方9時以降に利用する者が少ないからであろう。

3　管理責任

駐車場に入れている間に盗まれたら，管理者の賠償責任は発生するか。これは駐車場の管理責任の範囲の問題である。料金を取った以上，善管注意義務が発生するという見方が多いかもしれない。そして，そうした義務は民法上のものであるとすれば，条例でそれを修正することはできない。しかし，料金が善管注意義務に見あうほどかどうかが問題である。管理人が常駐するシステムなら，盗難防止の責任もあろう。他方，管理人は，無断駐車を取り締まり，乱雑に置かれている自転車を整理するだけで，駐車料金もそれに見あうものなら，盗難防止の監視を常時していなくとも，管理責任は発生しないというべきである。そうした考え方で管理する場合には，利用者に対して，その旨十分に告知して，それを契約内容とすることが適切であろう。

Ⅵ　放置対策とのリンク

現在の移動保管の手法では，撤去部隊が来て，放置禁止区域に放置してある自転車を遠方に運搬するので，たまにしか撤去できないし，遠方に運び保管するので無駄が多い。その方法を踏襲すると，駐車場のそばの放置禁止区域に自転車が放置されていても，管理人は手出しできないという結果になる。駐車場を有料にして管理人を常駐させるなら，管理人には駐車場内の管理のほかに，その周辺にある放置自転車を撤去して，駐車場内の空いた場所に移動して，返還の際移動保管料を徴収する権限を与えるべきである。第3章Ⅷ5ではそうした現場留置を提案していた(1)。管理人にそういうように働くインセンティブを与えるためには，撤去手数料を与えるという給料体系にすればよい。ただし，やたらと撤去しないよう，撤去すべきでないものを撤去した場合には撤去手数料の相当倍数返還させるべきである。

Ⅶ　国法の改正への要望

現行法では駐車場に対して適切な対応に欠け，現場の自治体では対策に苦慮していることはすでに述べたところである。つまり，路上なり道路に接する駐車場において料金を徴収する法的根拠があいまいであること，徴収できるとしても，管理費（整理料）だけという名目が必要になるらしいので，月1,500円などの利用料金は高すぎて根拠を欠きそうであること，あるいはこれだけ取るためにわざわざ丁寧な管理をすることになりそうであって，行革の思想に反すること，それでも，駐車需要の多いところでは満員になり，その需要の少ないところではかえって閑古鳥が鳴きそうであることなどがその問題点である。現場では，筆者のような理屈を述べる者はおらず，単に駐車料金が高いか安いかを問題とするぐらいではあるが，法治国家である以上，国法のレベルにおいても適切な対応が期待される。筆者の意見では正面から経済的インセンティブの

(1)　拙稿で現場留置を提案したとき忘れたことであるが，自動車のレッカー移動も，道交法51条によると，原則は50メートル以内に移動するのであって，そこに場所がないときはじめて他へ移動するというシステムになっている。つまり原則は現場留置に近いシステムであることである。その方が比例原則の観点でも，経費の点でも合理的である。自転車の移動の場合だけ，わざわざ遠方へ移動するのは合理性を欠くし，均衡がとれないので，自転車についても現場留置を原則とするべきである。

方式をとる利用料金を公認して欲しいところである。

【追記】 山本康幸『実務立法演習』（商事法務，2007年）は，「強制力のある駐輪場の整備が必要である。そこで，誰を対象として整備義務を課すのかという問題であるが，当該自転車の利用者が利用する鉄道又は大規模な小売店等の事業者とすべきであると考える。これらの事業者は，その提供ずる鉄道や物販の施設を利用ずるために自転車で来る客を対象として事業を展開しているわけであり，そこで利益を上げているのであるから，一種の報償責任を有するものと思われる。」（206頁）と述べる。しかし，ここでは，既存の鉄道に義務づけすることの問題点には触れられていない。

そして，次のような反対論が考えられるとする（223頁）。

報償責任を理由とするとしても，本件は民事関係ではないのであるから，それだけでは根拠に乏しい。

「これを憲法第29条により保障されている財産権との関係で判断すると，公共の福祉の見地からの制約として罰則をもって設置を義務づける施設というのは，たとえば消防法に基づく消防の用に供する設備や建築基準法の防火壁などのように，その建物や施設自体が持つ火災や緊急の場合の危険性にかんがみ，これを除去したり軽減したりするためのものであれば理解できる。ところが，……自転車車等駐輪場は，それ自体がスーパーマーケット等や鉄道の駅自体が持つ危険性や害悪を除去するために不可欠な設備とまではなかなか断定できないのではないか。したがって，たとえば，そのスーパーマーケット前や鉄道の駅前に放置自転車があふれて如何ともし難く，これを除去するいろいろな方法を試してみたがいずれも効果がなく，指定管理者や指定鉄道事業者からも協力を得られずに他に手段がなく，かくしてこのまま放置しておくとよほどの害悪の発生が懸念されるというような特殊な事情がない限り，それを刑事罰で担保しようとすることは難しいのではないかと考える。」

やはり，既存の駅に義務付けるのは法的には無理という私見が正当化されそうである。

◆ 第3部 ◆

土地問題

第1章　自然破壊・開発資本ボロ儲けのリゾートはいらない（1990年）

◆ I　すばらしいリゾート？

余暇の時代を迎えて，リゾート開発を支援するために，総合保養地域整備法（いわゆるリゾート法）が制定された（昭和62年71号）。

そのシステムは，簡単にいえば，施設を指定して，その整備のための基本方針を示し，地域（重点整備地区，特定地区）を指定して，あとはアメを出すというものである。アメとは，この法律で指定されたところは，保安林の指定，農地の転用許可，埋立免許などの規制が緩和され，各種財政援助があって，リゾートが整備しやすくなるとか，公共資金が優先的に投下されるということである。

そこで，目下，国をあげて，リゾートブームである。いかにもすばらしいリゾートができそうで，バラ色の夢を描くパンフレットが氾濫している。しかし，このシステムが成功しうるかいささか気になる。それは筆者が近著（後掲参考文献）で強調した日本の土地法制の構造的欠陥のためである。ここではそのうち重要な若干の点を簡単に説明しよう。

◆ II　現行法ではほとんど規制できない濫開発

1　限られている都市計画法の規制対象

総合保養地域整備法第1条に規定する「整備に関する基本方針」（昭和62年10月15日公表）では，「調和のとれた総合保養地域にふさわしい空間形成を図り，濫開発を防止するため，国土利用計画法及びこれに関連する土地利用関連法令の適切な運用などを図ることにより適正かつ合理的な土地利用の推進に努めること」とされている。しかし，これら土地利用関連法令はこの目的を達成するために有効な手段を提供していない。

開発を規制する法律の主たるものは都市計画法であるので，ここではこの法律に限って説明する。これは国土全体ではなく，都市計画区域のみ規制している。都市計画区域は，一定の要件に該当する必要があり（都市計画法5条，同施行令2条），実際の指定状況を見ると，たとえば，リゾートブームにわく淡路島では，指定されているのは州本市など一部だけである。そこで，建設省サイドでは都市計画区域の拡張を図る必要があるとしている。

2　都市計画区域を拡げても

しかし，都市計画区域を拡張しても，あまり役には立たない。以下，これを説明しよう。

まず，都市計画区域は市街化区域と市街化調整区域に分けられる。このうち，前者は市街化を促進する地域で，後者は市街化を抑制する地域である。後者に指定されれば，居住を伴う開発は原則として禁止され，例外として開発が許可されるときは，厳しい条件がつけられ，濫開発はできない。市街化区域に指定されると，住居地域，商業地域，工業地域など，8種類の用途地域のいずれかに指定され，土地の利用が制限されるので，同様に無秩序な建築はできないし，開発許可制度により無秩序な開発は禁止される。ただし，同じ開発許可でも，市街化調整区域では農林漁業用以外は特に適正な内容のものでなければ許可されないというシステムであるが，市街化区域内のものは，技術的な基準を満たせば許可される原則許可のシステムとなっているし，しかも，ゴルフ場はいずれの地域でも規制は甘い。

ところが，この市街化区域と市街化調整区域，開発許可の制度は，「当分の間」は，大都市，その周辺の都市など，つまりは，首都圏，中部圏，近畿圏などのほか，人口10万以上の市の区域にのみ適用があり（都市計画法附則3項，同施行令4条），田舎には適用がない。そこで，リゾートの来るような田舎は，都市計画区域に指定されても，市街化区域と市街化調整区域の線引きがなされないため，開発については市街化区域と同様に扱われる。そのうえ，用途地域の規制は必ずしもなされない。これで開発を適切に規制するのは容易ではない。

3　規制強化は難しい

この制度はできてからすでに20年，社会は変わり，今日ではこの「当分の間」はすぎたはずであって，この特例は廃止すべきであろう。しかし，この特例を廃止するということは，現在市街化区域と同様の扱いとなっている未線引きの都市計画区域の多くの地域を市街化調整区域にするということであって，土地所有者にはなんの利益もないから，開発を望む土地所有者の反対のために実際上困難であろう。

一般論をいえば，国土の開発を原則自由にしておいて，規制しようとするから，ムチばかりに見えて，規制は有効に機能しない。規制を有効にするには，法律の原則を逆転させ，国土の開発を原則禁止にし，国家が開発権を付与するシステムに転換すれば，開発を求める者には，種々の負担をつけることができて，均衡のとれたシステムになるのである。

4　大きい濫開発のおそれ

さらに，白地地域といわれる都市計画区域外のところはもっと問題である。それは都市化の不安はないとして，都市計画法上は放置されているが，リゾート地域になれば，濫開発のおそれが大きい。

こうしてリゾート地域においては無秩序な開発がなされる可能性が大きい。自然破壊はもちろんであるが，リゾートと称して，水道もこないところを濫開発して売り逃げする業者がでて，購入者が大損する。

Ⅲ　条例が頼みの綱

1　規制権限はあるか

そこで，自治体の対応が期待されるが，現行法では，こうした地域の特殊事情に応ずることができるように，都市計画区域を拡張したり，市町村限りでも条例で自由に土地利用規制したりできる明示的な制度がない。そこで，まずは，法律の授権がないときでも，条例で土地利用規制ができるかどうかが問題になる。この点については，争いがある。伝統的にいえば，これは公用制限的規制であるから，ため池が危険だという理由（警察制限的理由）で条例によるその利用規制を合憲とした，有名な奈良県ため池条例の判例（最大判昭38・6・26刑集17巻5号21頁）は参考にならず，財産権を公共のために制限することに該当し，法律によるべきだ（憲法29条2項）とか，都市計画法で規制しないとしている白地地域をも規制するのであるから，国法が規制しないとして保障した財産権を制限するもので，条例制定権の限界をこえるといった議論がなされる。筆者自身は土地利用規制は元来地域的課題であるから，国法が専占するという伝統的理論は憲法で保障した地方自治の本旨（憲法92条）に反するもので，当然に条例の権限内にあると思うが，自治体としては，危ない橋を渡りたくないので，規制する場合でも条例によらず，いわゆる指導要綱を活用するのが普通である。別荘地の分譲広告で，「都市計画区域外の無指定地，指導により建坪率○○%」としているのがそれである。それは行政指導にすぎず，法的に強制できるものではないために，自治体ではその実効性を確保するのに苦労し，業者に甘くなったり，あるいは，強制しようとすれば，ごみを収集しない，水道を供給しないといった反法治国家的方法を使用することになる。さらには，環境の悪い別荘を買ってどうせ被害に遭うのは住民ではないからか，真面目に取り組まなかったりする自治体もある。

2　兵庫県の意欲的な条例

これに対し，兵庫県は条例制定権の問題を積極に解し，リゾート地域の土地利用を規制する全国初の，画期的な条例（淡路地域の良好な地域環境の形成に関する条例，1989年4月）を制定した。それは，淡路地域を，リゾート施設整備区域，開発を抑制する開発調整区域，それ以外の開発指導区域の三種に区分し，前二者について開発行為に関して知事の許可制を導入する。不許可となったためにその土地の利用に著しく支障をきたすときは，土地所有者などは，知事に対して当該土地の買取り希望の申し出をすることができる（ただし，この規制は財産権の内在的制約内で，買取りや補償の請求権は認められない)。この土地利用区域を指定するには，公聴会，公告縦覧などの住民参加の制度がおかれている。あわせて，同県の都市景観条例を淡路島にも適用し，リゾート施設整備区域でもその指定ができることにして，建築物の配置，意匠，色彩，高さなどをコントロールし，グレードの高いリゾート施設の整備を図る。たいへん意欲的で，ぜひ実現してほしい。

3　苦労させられる自治体

しかし，障害が予想される。その最大のものは，土地利用を規制するための右の区域の指定がスムーズにいくかということである。すでに淡路島では，開発を見込んで土地の買占め・暴騰現象がみられる。リゾート施設整備地域に指定されて損なことはなく，開発調整区域に指定されると開発が抑制されて儲け損なうという現実では，いまから開発調整区域に指定するについては，土地所有者の反対が強いであろう。住民参加を求めれば，出てくるのは，規制されると財産価値が下がるという土地所有者が多く，良好な自然を残そうという市民の力はどうしても弱くなる。土地所有者を説得するため，開発が禁止される開発調整区域の一種地域では固定資産税を軽減するなどの施策とともに，住民，マスコミ一体で，緑豊かな淡路島を将来に残そうという雰囲気をつくるのが肝心であろう。

こうした条例は，地価騰貴の前に制定し，かつ，地域指定して，しかる後にリゾート法の指定を受ければ運用がより容易であったろう。国が，地価騰貴に対して，何の対策も講じずに，リゾートブームをあおって，自治体に構想を練らせるから，後手後手対策となりやすく，自治体の現場では苦労するのである。

◈ Ⅳ　フランスに学ぶ――開発利益を公に吸収する手法

1　こんなリゾート開発は失敗する

余暇の時代なら，欧米なみに，長期滞在型のリゾートが必要である。そのためには，安いことが必要条件である。しかし，日本では，地価高騰防止の満足な対策がないから，リゾート地域は開発ラッシュと土地の買占めで，地価高騰が激しく（淡路島など），その結果，リゾートの宿泊料等も高額になり，一般の庶民が長期間滞在できるものになるとは思えない。国土利用計画法による監視区域の設定が地価対策の唯一の手法であるが，地価は需給関係で決まるもので，行政が監視すれば安く定着するものではないから，その機能には限界がありすぎる。また，国内のリゾートが高ければ，お客の目はいずれは東南アジアのリゾートなどに向く可能性も高いのである。しかも，全国に何カ所もできると，過当競争になって，結局は，リゾート開発は失敗するところが多いであろうと予測される。

2　安く快適なヨーロッパのリゾート

ヨーロッパで長期のバカンスが盛んなのも，安いペンションが多く，あるいはキャンピングカーで，宿賃タダで過ごすからである。その例を昨夏訪ねたリゾート先進地，フランスのラングドックのリゾート開発でみてみよう。

フランスには，長期整備区域（ZAD，zone d'aménagement différé）という都市計画制度があり，この区域に入った土地について，行政は，従前の土地の価格を基準として先買権を行使できる制度になっている。この開発を担当する政府機関が，これで指定する前に密かに土地を買って，それを相場としてから，ZADに指定した。そして，開発する前の湿地帯を1平方メートル3フランで先行買収して，開発後に売り出したのである。こうして開発利益を公に吸収する手法が法律的に制度化されているのである。

もう少し具体的にいえば，ZADで指定したのは海岸に沿って走る高速道路と海岸の間の10キロ幅，2万5000 haで，このうち4000 haが開発可能な地域である。それ以外は開発は許容されない。例外は農家が自分の家を作るような場合である。

開発区域内の土地は国が取得して，開発公社（県と市で作っている）に売り，基盤整備させる。できた土地は民間に売り，建築させる。このとき，儲け過ぎないように条件を付けることはしていないようであるが，需給関係で調整されているようである。開発区域内の開発しない土地は市町村に属する。

このリゾートの一つとして1974年に創設された市町村であるグランド・モットの海水浴場を訪ねた。どこまでも続く遠浅の砂浜で，砂も小さく，石がなく，ましてガラスはなく，泳ぎやすい。ホテル代はホテルの格，季節（オフ・シーズンか，ピークの時期か）により違うが，ピークの時期で，ダブルで一泊200フランから500～600フランくらいまでが多い。日本円では5000円から1万円ちょっとという感じである。1週間契約などなら安くなる。一戸建ては500㎡の敷地にプール付きで，1800万円とか報道されている。ゴルフ場は1日4000円くらいとか。この街は建築家が競争して作ったデザインで，建物の外観は変わっている。冒頭の写真をご覧いただきたい。開発区域と規制区域がはっきり区別されているのがわかろう。

3　日本への示唆

これを参考に，わが国の法システムか提案すれば，こうなる。リゾートとして整備する地域では，先行的に，地価を凍結する。地域指定をしたら，地域内の土地売買についてはすべて公共団体の先買権を認める。私人間の投機的な取引がないから，地価は高騰しないし，公共団体はそれを買っておいて，リゾートとしてその地域が整備されて，地価が高騰したら売り出す。その儲けで，事業費を捻出する。なるべく税金は使わない。リゾートの内容は，なるべく自然を利用する。自然の改変はしない。金のかかる整備もなるべくしない。長期滞在型にする。これでも，土地所有者は儲け損なっただけで，従前の地価の補償は得られるから，違憲にはならない。

わが国のリゾート法の発案者は，リゾート開発が地価高騰，結局は国土の濫開発，自然破壊，リゾート自身の失敗を予見しつつ，あえて提案したのであろうか。かりにそうとすると，それはなぜか。それは誰が儲かるか考えればわかる。地価高騰で，土地所有者，不動産業者が儲かるのであるから，そうした業界から，政治献金でも受け取った者がこうした法律を作ったと推測するのはうがちすぎか。特に，十数年前の列島改造論の際におよそ開発もできないような土地を買い込んで，以後開発を凍結されて困った企業が開発を許容されたことから考えると，これはそうした企業救済策であるとも考えられるのである。とにかく真実は闇，藪の中であるが，こうした問題の多い法律がなぜかくも簡単に国会を通過して問題視されないか，摩訶不思議な国である。

4　マリーナ・ゴルフ場をなぜ作る

海辺のリゾートには施設の一つとして，マリーナを用意する。しかし，ある試算によれば，500隻の船を置くマリーナに100億円（1隻あたり2000万円）かかるといわれているので，まだまだ庶民にはゼイタクであり，公費で整備するべきものではない。マイカーの車庫さえ，自分で用意するのに，レジャーボートのためにマリーナを公費で整備するのでは世の中逆さまである。公金を投入するなら，住宅が先決であって，多くの国民が地価高騰でマイホームを取得できないと嘆いているのに，マリーナ整備などとは基本的に誤っている。先進国と比較して日本では海洋性レジャーが遅れているともいうが，しかし，もっと大事な住宅がもっと遅れているのであって，比較するときはその問題だけ外国と比較するのではなく，国内問題と比較する必要がある。整備するなら，民間資金によるべきだが，それは相当に高いマリーナになることは必定である。

ゴルフ場が多すぎるとして，指導要綱を作ってその開発を凍結している兵庫県も，リゾートにはゴルフ場は不可欠な施設らしく，淡路島のリゾート法の重点整備区域では，例外として，ゴルフ場を許容する。しかし，大規模な自然破壊，農薬・肥料汚染の不安のあるゴルフ場をなぜたくさん作るのであろうか。しかも，これは家族滞在型施設ではないのである。これについては現行法はまともに規制していないので，自然保護，農薬・肥料汚染防止などの観点に立ったゴルフ場規制条例が必要であろう。

Ⅴ　むすび

以上から明らかなように，リゾート法は，開発にともなう弊害を防止する何らの手段なく，「リゾートの夢破れて山河無し」の自然破壊を後世に残す可能性が高いのに，対策を権限のない自治体にもっぱら押しつけて，濫開発を押し進め，庶民にその所得で余暇を楽しむ機会を与えうるかどうかわからないまま，国民の税金で土地所有者と土木業者，開発資本のみ儲けさせる，天下の悪法である。大規模な開発を促進するリゾート法を制定するときは，同時に，濫開発と地価高騰によるボロ儲けを予見して，土地利用規制をする法制度を整備しておくべきであった。

日本ではなぜ，こうした規制をしなかったか。一つの推測では，土地利用規制という発想が少なく，しかも，リゾート法は規制を緩和する法律であるから，規制を強化することなど，考えられなかったのかもしれない。しかし，無秩序なリゾートには誰も来ないであろうから，よりよいリゾートを作るための規制なら必要なのであって，無秩序な緩和は結局は角を矯めて牛を殺す結果を招来することに気づくべきであった。

他の推測では，国は，前記基本方針に土地利用について言及しているように，こうした問題点を熟知していたが，立法化のエネルギーまでは高まらなかったということであろう。しかし，自治体では，規制しなければ困るので，苦労している。これでは，国はあおるだけあおって，難しい問題は自治体に押しつけていることにならないか。

そこで，これからリゾート法の指定を受けようという自治体は，焦ることなく，本章で述べたような事前の対策を講じた上で，リゾートを誘致すべきである。そんな対策をすれば，開発業者の意欲を阻害して，リゾートは来ないかもしれないが，失敗や濫開発の可能性が高いものはむしろ来ないほうがよいくらいに考えるべきであろう。

すでに走ってしまっている自治体は，これからでもその規模を縮小し，規制条例を制定し，開発負担金の徴収方法を工夫して，少しでも妥当な開発を心がけるべきである。

〈**参考文献**〉

本稿全体の土地利用規制の発想，開発利益の公的吸収の考え方，住民参加については，『国土開発と環境保全』第1部第1，2章，第4部第3章に詳しいので，併せて参照されたい。フランスのZADと先買権については，稲本洋之助ほか編著『ヨーロッパの土地法制』（東京大学出版会，1983年）93頁以下〔吉田克己〕，渡辺洋三・稲本洋之助編『現代土地法の研究(下)』（岩波書店，1983年）78頁以下，93頁以下，121頁以下〔原田純孝，吉田克己，鎌田薫〕。淡路島条例については，藤本忠昭「淡路地域の良好な地域環境の形成に関する条例の制定」自治研究65巻12号（1989年），さらに，宮本憲一ほか「貧困なる精神・日本環境報告――リゾート法を考える」朝日ジャーナル1989年11月3，10，17，24日号，佐藤誠編『ドキュメント・リゾート』（日本評論社，1989年），『リゾート地域整備――制度と構想事例』（公共投資ジャーナル社，1988年）参照。

第2章　開発権(益)を所有者から公共の手に
――土地問題解決の鍵は開発権の公有化だ(1990年)

Ⅰ　はじめに

土地問題の解決を阻害するガンは開発権を私有化している現行法制である。土地基本法も，その点は従来同様であるから，土地問題の解決にはとうてい役立たず，開発権を公有化することこそ，公平かつ適切な問題解決の鍵である。従来の議論ではこの一番肝心なところが見過ごされていたのである。

Ⅱ　土地成金と学歴苦労

1　政治の失敗

我が国は経済大国などといわれ，GNP自由世界第2位の生産の果実が国民の福祉に貢献しているなどと誤解を与えているが，実質は土地の泡膨れ経済で，土地の所有者だけが不当に儲けていて，土地なき民はローンと称する借金地獄に生活水準を大幅に切り詰めなければならない，土地持ちの現代型奴隷となっている。経済白書でさえ，土地の所有者と土地を所有しない者の格差が無視できないものとなっていることを指摘している時代である。行政や政治は国民が健康なとき真面目に働けばそれなりの生活が保障され，病気になっても働けなくなっても，最低の生活が保障されるようにすることを最大の目標とすべきであると考えるが，その点からいえば，我が国の政治も行政も失格である。

2　現代の奴隷たる給与所得者

日本は学歴社会などと，学歴を積めばいかにも優雅な生活が送れるかのような誤解があるが，学歴を積み，その後研鑽し，過労死を覚悟して，家庭平和も勤務時間も度外視して働いて激しい競争に勝ち抜いたとしても，せいぜい上級管理職で，仕事は多忙な割に収入はたいしたことなく，しかも，筆者くらいの中間管理職クラス（課税所得600万円から）でさえ，限界所得に対する限界税率は45％（所得税30％，住民税15％）にもなって，消費税の導入にともなう所得税の軽減は焼石に水で，勤労意欲が失せてくる時代である。

【追記】 現在は課税所得900万円から所得税30%，住民税10%，1800万円からそれぞれ40%，10%である（プラス復興増税）。

大学の非常勤講師など，教授クラスで1時間5,000円くらい，残業単価に毛の生えたような手当であるのに，税引後は3,000円にもならない。子供の家庭教師代にも及ばず，大学入学以来30年間筆者の教育時間1時間当たりの限界手取り所得は1文も上がらない。筆者がこのように発言すると，税金は一割引かれるだけでないの，阿部は高額所得者だなぁと誤解されるらしいので，併せて説明すると，大学の同級生の中では最低クラスの給与に原稿料や講演料などの副収入がある程度あると，最初に10%天引きされるだけでなく，確定申告で追加納税し，さらに，翌年度の住民税にはねかえるのである。このことは非常勤講師や審議会委員など，世間の人にはあまり縁のない副業の場合ばかりでなく，一般のサラリーマンが，昇給したり，単身赴任手当をもらった場合でも同様で，本体の給与に合算され，経費はほとんど引けないので，半分は税金なのである。しかも，給与所得者の収入はガラス張りであるから，名目上の所得は増え，所得制限のある福祉施策の恩恵に浴すことは困難で，サラリーマンの子供は奨学金も借りられないのでピーピーし，農家や自営業者の子供は高級車に乗ったり外国旅行をしたりしても，奨学金を借りているなどの矛盾は少なくない。

こうした有様であるから，給与の格差が少ない我が国では，学歴で手取り所得に差をつけるのは困難である。まして，今日土地から取得してマイホームと言うのは大都市圏では不可能である。臨時行政改革推進審議会の行財政改革推進委員会はこの3月，高齢化がピークになる2020年ころでも，国民負担率を50%未満にとどめるという，国民負担率の高め修正提言をしようとしているが，この上負担を強化されるのは冗談ではない。

もっとも，一般の給与所得者からみると，筆者クラスでもうらやましい。同情に値しないということになろうが，これは自分から見える一寸上のクラスだけをねたみ，雲の上のことはわからない不合理な思考である。たとえば，20代で税務署長というと，人はうらやましがるが，30代の国税局部長，40代の国税局長，国会議員のことは問題にしない。問題なのは働かずして巨富を得る者であって，給与所得の多少上のクラスではないのである。

このように，給与所得者は手取り所得はたいして増えないのに，単身赴任，過労死，難しい職場，ストレスと苦労している現代の奴隷であって，学歴天国などというものではないのである。そろそろこういう事情が世間にも理解され，この頃では，勉強や仕事で努力するより，都市周辺の土地所有者の娘（土地付き娘）を探せといった逆玉の輿の時代だという者も出る始末で，国の発展の原動力である国民の勤労意欲も減退するのではないかと気がかりである。

3　ウハウハの土地成金－開発権(益)所有者帰属の原則

他方，土地所有者の方は，濡れ手に泡でぼろ儲けである。こうした事態が生ずる理由は現行法が開発自由の原則に立ち，地価上昇の利益は個人の所有者に帰属するという前提をおいているためである。わかりやすい代表的な例をあげよう。

最近京都で，山の木をモヒカン刈りのように勝手に伐採したところ，みっともないから宅地開発を許容するという決定が出た(1)。こんな山は，もともと雑木林にしか利用できないのであって，そうしたものとして取引きされるべきであるが，行政から開発許可を取れば，一等地に開発でき，その増加益を懐に入れることができるのは不合理ではないか。

もともと，禿山だったところも，新空港用などのために土砂を売る。跡地は危険になり，緑化を義務づける法律上の制度もなく，いっそ宅地化すればと，開発が許可される。地主にとっては一石二鳥である。

目下話題の農地の宅地並み課税の議論は農地でも宅地に転用できるものは宅地なみに固定資産税を負担してもらおうということで，現行制度の中では一歩進んでいる。しかし，それが実現しても，満足な解決にはならない。その理由としては，固定資産税が安いので，農地の一部を切り売りするだけであるとか，その宅地は結局は不動産業者に買い占められ，庶民が安く入手できるようにはならないということがしばしば指摘される。しかし，問題はそれだけではない。農地が宅地として大量に供給されても，農家と不動産業者がぼろ儲けするだけである。このぼろ儲けの構造をなくさなければ，庶民が取得できるような住宅は供給されない。しかも，もともと，農地の多くは戦後の農地改革で農業政策のために，地主から強制的に取りあげて当時の小作人に特別安く売り渡したものであるから，農業用に供するという条件がつくべきものであって，宅地転用

(1)　モヒカン刈り事件については，阿部『行政法の解釈2』所収。

権は国家に留保すべきであった。今から宅地転用による増加益を農民から国家のものへと制度を変えても，こうしたいきさつがある以上，農民から不服をいわれる筋合いはない。農家が宅地並み課税に反対するなら，少なくとも，宅地転用権を国家に返上してからにすべきである。

神戸市は，山を買収して新市街地を建設して，時価よりは多少安く住宅地を提供している。公共施設の費用は宅地の価格に織り込まれているので，宅地の購入者は，地価高騰で財産を増やしているとはいえ，一世帯一戸である以上，まだたいしたことはない。問題は，市の開発地の周辺の土地所有者である。彼らの所有地はもともと狐か狸（いや，うさぎかねずみ）くらいしか住めなかった山林であるが，自分は何の努力もしなかったのに，市のニュータウン建設事業のおかげで高騰したので，彼らは，山を切り売りして御殿を建て，なお末代まで安定した生活を送ることができる状態で，相続争いだけが悩みであるという贅沢さである。

筑波や関西の学園都市の周辺の土地はもともと都市の価格はつかなかったはずであるが，開発により高騰し，地主は一部切り売りすれば悠々自適の生活を送れるために，売り急ぎせず，高値安定を維持している。筑波に行けばマイホームを持てると思って東京から転勤した研究者は当てがはずれ，ノーベル賞クラスの研究者でも狭い官舎住まいである。

関西新空港へのアクセス道路の買収が地価高騰で進んでいない。新空港とそれに関連する公共投資のおかげで，大阪南部の土地所有者にとっては千載一遇の好機であるためか，値上げを要求して粘っているのである。

新横浜，新大阪，西明石駅の周辺などは新幹線の駅ができて一等地になり，周辺の地主はぼろ儲けした。旧国鉄が周辺の土地を先行買収する制度があれば[(2)]，地価高騰分は国鉄の利益となって，事業費に当てることもでき，国鉄民営化後も残っている膨大な国民負担を減らせたのである。

某企業は川崎の容積率200％の土地を買い，700％に上げてもらって，50億円以上の含み資産ができたという。

企業は，地価高騰のおり，銀行から借り入れては土地を買いまくって儲け，経費を増大させて節税し，しかも，土地を買って，儲けるときは，ダミーの赤

(2)　台湾の区段徴収の制度では，周辺一帯を買収して，開発により付加価値をつけ，地主に土地の一部を返す。開発利益は行政が獲得する。この制度を日本でも導入してほしい。

字法人に安く譲渡して，そこからまた譲渡させるなどの手口で，節税を図っている。

自治体が企業誘致のためにとった優遇措置では，税制の優遇，関連公共施設の優先整備などのほか，造成地の低廉譲渡が多い。その土地は企業の所有地になっているため，企業は撤退し，当初の誘致目的が達成できなくなっても，その資産の含み益は企業の私有財産となってしまう。本来，自治体が優遇措置を講じたのは特定の産業発展のためであったから，その理由が消滅したら，その含み益は本来自治体のものになるべきであった(3)。

Ⅲ　各種制度や事業の歪み

この開発権(益)私人帰属の原則は，土地成金のほか，さらに，次のように各種の不合理を生じさせている。

1　公共事業の困難

まず，日本では，貿易摩擦を解消するためにも，内需拡大が大切だとか，道路，公園，住宅，下水道など，社会資本の整備が遅れているとして，日米構造協議でも問題とされ，その方面へと予算をつけなければならないといわれる。しかし，いくら予算をつけても無駄金に近い。むしろ，土地所有者を肥らせるだけで，公共事業はいくらも進まず，かえって地価高騰を惹起して庶民の生活を苦しめる。その理由は第一に，公共事業の対象となった土地は限定され，売り手独占の構造が形成されるため，地主が地価高騰を見越して，売らず，交渉に時間がかかるためである。第二に，その間にも地価が高騰するため，補償金を上げると，最初に買収に応じた地主が差額請求したりする。公共事業主体は，自らの事業によりつり上がった地価に対し補償しなければならないという矛盾に追い込まれる。第三に，これは公共事業と地価の間に直接の因果関係がある場合であるが，それほど直接的な因果関係がない場合でも，都市の地価高騰のために，道路事業などでは事業に占める土地代が98％などと異常に膨大となり，事業経費をいくらつぎ込んでも，土地所有者に吸い取られるだけで，事業は進まない。公営住宅を建設するにも，地価高騰のために，土地取得が困難である。第四に，公共事業費を増やすと，地価高騰を惹起して，公共事業は自分

(3)　阿部『環境法総論と自然・海浜環境』318頁，388頁以下。

で自分の首を絞めることになる。現在の制度のもとでは，公共事業はいくら金をつぎ込んでも進まないわけである。アメリカは日本に圧力をかけるが，こうした日本の制度の構造的欠陥にも目を向けないと，効果はないだろう。第五に，さらに，公共事業は事業本体だけでも予算が足りないためか，道路の交通公害に対しては訴訟で負けたくらいではなかなか補償せず，道路予定地として都市計画決定したところは何十年も事業にかかれないのに無補償のまま土地の利用を凍結する。開発利益を吸収すればこうした補償財源はすぐ出るのであるが。

最近は，こうした陸上の公共事業の困難を回避するため，地下空間が注目を浴びている。しかし，地下にも所有権が及ぶとか，相変わらず所有者のあぶく銭を保障するような議論を前提にしている。開発利益を公有化すれば，地上の利用も容易になるが，地下空間はもちろん公共の物である（後述第５章)。

2　さいの河原の石づみシステム

我が国の街は開発自由の原則で，無秩序に造られているところが多い。下水道，公園など公共施設もなく，道路も狭く，曲がりくねっているところが多い。これでは良好な住環境を次代に残せない。欧米から日本に来る者がびっくりするのは，経済大国の国民がうさぎ小屋に住んでいるというだけではなく，彼らの水準でいえば，スラム街に住んでいるという事実である。こうした街を改良しようとする場合，同じ面積の土地から公共用地をひねり出すため，減歩により土地所有者にも応分の負担を求める区画整理という手法がとられるが，土地は自由に利用できるという観念のこびりついている所有者から，土地のただ取りという反対が根づよいため，減歩にもかかわらず，相当の公共資金を投下する。こうして，スラム街的なものを改良するのに公金を投下しているのに，他方では，開発自由の原則のもとに，またまたスラム街が造成される。これでは問題は永久に解決しない。公金ばかり食う，さいの河原の石づみシステムである。目下，河川，湖沼の汚染の主因は生活雑排水であるとして，その対策が進められているが，生活雑排水の無処理放流を許容しつつ，あとで下水道や合併処理浄化槽を設置させるから，後手後手対策で金もかかる。開発自由の原則を否定すれば，生活雑排水を処理しなければ開発できないという制度を簡単に導入できるのである[(4)]。

---

(4)　阿部『廃棄物法制の研究』第５部第２章。

3　受益者負担金制度・宅地開発税の機能不全と開発指導要綱の活用

現行法には開発に伴う利益を吸収する制度がないということはない。道路，ダム，自然公園，港湾，河川，下水道などの受益者負担金の制度がそうである。しかし，これは利用しにくい。その理由は，現行法は地価上昇分は土地所有者のものという前提で，その上で，特別の利益をはきださせようとするために，一方的に賦課するシステムをとらざるをえず，交換条件になりにくいし，受益要件の合理的な判定システムを作るのが簡単ではなく，反発を招きやすいためである。

実際に利用されているのは，下水道負担金だけである。これは下水道の財源確保のために，受益地の価格が上昇するという理屈で，地域も明確であるために，その一部（3分の1から5分の1）を負担させるものである。下水道事業を行うに当たって受益者負担金を徴収することは法律上の要件にはならないが，受益者負担金を徴収している都市に国庫補助と起債が優先的に認められることとされている（昭和40・10・25建設省都市局長＝自治省財政局長通達「公共下水道事業の実施に伴う受益者負担金制度の採用について」）。そこで，多くの市町村ではこの徴収に対して抵抗があるために本音は徴収したくないが，徴収しないと国庫補助の点で不利になるために名目的に（たとえば，西宮市で1平方メートル当たり108円。したがって，200平方メートルの宅地で，わずかに，21,600円）導入しているだけである。ある意味では地方自治を制限しているこの補助制度が受益者負担金の徴収を支えている。

今般の土地基本法も受益者負担とか開発利益の吸収とかを唱えているが，現行法のままではどうせ機能しないシステムとなってしまう。

宅地開発に伴う公共施設の整備費用を徴収し，多少は開発利益の公的吸収に仕えようとする制度として，現行法では宅地開発税（地方税法703条の3）がある。しかし，これは徴収しうる税額が安く（1平方メートル500円まで），廃棄物処理施設，学校，幼稚園，保育所などには使えないように使途が限定され，市街化調整区域には適用されないなど，制約が多いため，市町村からは歓迎されず，実際には活用されていないといわれる。こうした制約をおいた理由は，開発自由，開発益の所有者帰属の原則の上にたって，開発によって必要となる財政需要をまかなう方針であるため，財産権を制限しすぎないように萎縮したシステムになるからである。

これに反し，開発指導要綱は市町村が各種の公共施設管理者の同意（都市計画法32条）とか開発許可，建築確認，公共施設の整備などをテコに開発負担金を寄付という形式で納入させるシステムで，法形式が寄付であるため，元来金額や使途の制約がなく，これら各種のテコを利用するため，徴収が容易である。そのため，受益者負担金とは逆で，取りやすいところから取るシステムで，機能するというよりも，機能しすぎて，いきすぎとなっている。そこで，目下，建設省は規制緩和の観点からいきすぎを是正するように指導している。たとえば，開発負担金の根拠となる道路は6メーター道路までで，公園面積は最大でも開発面積の6%までにせよとしている。

しかし，いずれにせよ，開発負担金は行政が有する各種の武器をテコにする制度であるから，形式は任意の寄付でも，実態は半強制である。したがって，法治行政の見地からは問題が多く，条例化によって法治行政違反を解消すべきではないかとも考えられるが，当局にはそうした動きはなさそうである。その理由は，現在でも，開発負担金を違法とする判例は稀であって，実際に機能しているから，見直す必要はないという実務的な発想のほか，法制度化するとすれば，開発と負担の因果関係を証明しなければならないが，それは困難で，現在行われているような開発負担金は財産権を制限しすぎるおそれがあるためであろう。開発自由の原則の下での制限や負担金の賦課には困難が伴うのである。

4　土地利用計画制度の機能不全

我が国でも，都市計画法で，市街化調整区域など，開発を抑制する計画制度がある。しかし，十分機能しているわけではない。開発を抑制されると損し，開発できる区域に編入されるとぼろ儲けできるという制度のもとでは，特に農業を真に続けたい者以外は市街化調整区域の指定をいやがるので，市街化区域への編入を望む圧力ないしそもそも都市計画区域に編入されたくないという圧力が強く，選挙区のゲリマンダリング同様に，利益誘導型に線引されやすい。市街化区域はおおむね10年以内に市街化を図る区域として制度化されたのに，非常に広く設定されたのは，このためである。最近は福岡で，担当課長が圧力に負けて市街化区域へ編入するよう努力するという覚書を書かされ，圧力をかけた方は強要罪で逮捕されるという事件が発生したが，これも同様の制度的欠陥のためである。また，我が国では，自然保護のためにナショナル・トラスト運動(5)などにより浄財を集めて，雑木林を高値で買い取らざるを得ない愚を犯しているが，その理由は雑木林でも開発できるようにされているためである。

兵庫県では，リゾート・ブームに湧く淡路島の濫開発を抑える画期的な土地利用規制条例を制定したが，開発自由の原則のもとでは規制に対する抵抗が強く，途中で骨抜きになる可能性も少なくない。

このほか，土地関係では機能しない法律が少なくない。国土利用計画法では遊休地の利用勧告制度がある。勧告に従わなければ買収できるが，それでは反発が多すぎて，実際には使えず，同法の制定以来計画提出は44件あるが，勧告例は一つもないといわれる。新都市基盤整備法（1972年）は自治体に土地の収用権を与えて，区画整理を併用して，人口5万人程度の規模の都市を各地に作る計画であったが，地元の反対にあって，適用されたことはない。この点については，国は収用権などの権限を自治体に与え，地域開発の道具をすべて用意したつもりであるが，自治体側は，開発地域の地権者全員の同意をえなければ計画を推進できない事情にあり，少しでも強権発動を匂わせれば，たちまち地元の政治家が動いて，計画が吹きとんでしまうケースが多いからだ，といわれる（日本経済新聞1990年2月9日「土地を考える」）。

そのとおりで，収用法は機能しにくいのであるが，その理由は，土地はもっていたら値上がりで得，収用されたら正当な時価補償をもらっても損という制度があるからである。制度を根本から変えて，土地を持っていても儲からない，行政に開発してもらえば儲かるというシステムに変えれば，たちまち収用に応ずるのである。

都市緑地保全法でも，民有地を指定して緑地として残そうとしているが，地主に開発意欲があると，指定困難で，利用しにくい制度になっている。

現在全国的にゴルフ場ブームである。金余り現象によるゴルフ会員権の値上がりを背景として，ゴルフ場の造成は会員権さえ売れればプレーする者がいなくとも儲かるという仕組みがこのブームを支えている。そして，リゾート開発奨励政策がこれを規制せず放任している。法的には，全国どこでも，技術的な基準さえ満たせばゴルフ場を開発できるという開発自由の原則と，それによって発生した値上がり益はすべて土地所有者のものになるという開発利益地主独占のシステムがこれを支えている。しかし，このままでは，農業・肥料による水汚染問題，森林伐採による保水力の低下もさることながら，限られた国土の用

(5)　阿部『環境法総論と自然・海浜環境』263頁以下。

途が偏在し，将来の土地の利用の仕方が著しく制限されてしまう。これについては，ゴルフ場の総量規制制度を含めた土地利用計画制度を法制度化するとともに，開発利益の公的吸収制度を併せ導入すれば，均衡ある国土の利用を図ることができよう。

◈ Ⅳ　開発権(益)の公有化の提唱

1　制度の設計

公平な負担を目標に，あめとむちを適切に利用できるシステムでなければならない。また，財産権は保障し，かつ，財産所有者に一般財源で付加価値をつけることがないシステムである必要がある。

その観点からすれば，開発権(益)所有者帰属の原則をとる現行法は欠陥法であり，基本的には，開発権は公共のものという前提で制度をつくるべきである。そうすれば，開発益は公共に吸収されても文句はいえない。いったんこの制度ができれば，前述した問題点はほぼ解消し，収用も容易であり，開発事業も協力してもらえる。

具体的には，国土全般にわたって，開発自由の原則を制限し，土地の現状利用に沿った通常の利用のみ保障する。そして，適切な開発計画に従い，開発負担金を適切に納入してはじめて開発ができるとする。農地なら農地としてのみ保障する。都市計画区域外の白地地域は現状では自由に開発できるので，都市計画区域への編入が嫌われるが，開発の自由を否定すれば，その土地利用を適切にコントロールすることができる。公共施設の整った街でなければ開発が禁止されるから，濫開発のあとで公費で区画整理などという愚はすべてなくなる。宅地でも，通常の高さ，たとえば，三階建てをこえれば，国家ないし自治体が開発権を持つとする。地下も同様である。高層建築は自治体から許可を得て建築する。すべて，いわゆるインセンティブ・ゾーニングになる。そこで，土地所有者は自治体と交渉して，開発負担金を払う。これなら自治体は交渉権を有するから，開発を適切にコントロールできる。容積率のアップの際は当然に市町村に負担金を払うとか，低家賃住宅を造るように義務づけられる。現行のゾーニングによる容積率は土地所有者の建築権の限界でなく，自治体が建築権を与える限界となる。

工場用地を住宅，商業用地に転換するにも，ゾーニングの変更を必要とし，負担金の交渉ができるようにする。

受益者負担金，開発負担金を税金として制度化すると，因果関係の立証が困難で，十分には期待できないが，固定資産税では開発利益を十分に吸収できない場合に，ある程度の機能不全を承知で制度化するべき場合がある。しかし，開発権を公有化すれば，受益者負担金を必要とするのは既存の開発地であるから，将来の譲渡所得税でまかなえばすむ問題ともいえる。

この私見でも生ずる土地の利益については譲渡所得税などで徴収する。法人が赤字と相殺して納税しないという不合理対策も考え，土地の譲渡所得税は分離課税にする。

私見では税収は増えるし，公共事業は容易になるから，所得税や住民税は大幅減税でき，給与所得者でも容易に良好な環境の住宅を取得できるようになる。

個人の土地の不当な儲けは相続税で対応することにより公共に吸収できる。世間では，親の財産はそっくり相続できると思いこんで，相続税には反発が多いが，相続税を払うほど残ったのは社会のおかげであるし，親は相続税を払った残りしか残さなかったと思えば腹も立たないのである。ちなみに，この観点からいえば，相続税は被相続人が納税して残額を相続させることにし，ただ，その手続を相続人がするという制度に変えた方が納得が得られる。そして，むしろ，人生の出発点ではあまり大きな資産の差があるのは不公平であって，たまたま親が資産家でもせいぜい1，2億円程度までしか相続できないことにし，その相続税を資金に，家庭的に恵まれない子供等に，成人するまでは十分な生活費を保障されるようにすべきである。金持ちの家に生まれるか家庭的に恵まれない子になるかは運不運であって，本人の責任ではないから，あまり差をつけるべきでないのである。

なお，法人には相続が起きないので，地価再評価税などを徴収すべきである。埋立地など，安く買った企業はこの段階で利益の一部を吐き出すべきである。それでは企業にとって負担だと反対が出るが，では個人の所得税や相続税はどうなのであろうか。また，株の高い一流企業が経費をかけて社内ではウハウハなのに法人税を納めず，個人には残業手当や役職手当，原稿料などのようなささやかな所得にも課税（苛税）するのも不均衡である。

2　提起される疑問への回答

これでは社会主義ではないかという議論を聞く。しかし，資本主義の枠内の制度である。資本で儲けるのはよいが，土地で不当に儲けるなというだけである。

こんな制度は革命的ではないかという疑問がだされるが，実はすでに市街化調整区域の導入で実践されているし，西ドイツでは国土全体が開発制限区域であり，フランスでも，開発を制限して地価の安いうちに先行買収したり，容積率150％など以上は公共の物という発想で制度ができている。

違憲ではないかとの疑問に対しては，普通の土地所有，現状の土地利用は認めるのであり，あぶく銭を吸収するだけであるから，合憲である。上記の諸外国の法制度も，違憲となっているわけではない。むしろ，土地の開発益を土地所有者にのみ帰属させる現行法の方が貧富の格差を不合理にも増大させ，違憲の疑いがある。

国民の多くが土地持ちになった今，この提案では，土地所有者が反発して，実現不可能ではないかという意見がありそうである。しかし，私見では，開発権を公共の物にするとか，都市でも四階建て以上の分の建築権が公共の物というだけで，普通の住宅を有している一般の市民の権利を制限する議論ではない。普通並みではない開発のみを問題とするのであるから，理解は得られるはずである。

株が下がるという意見に対しては，その通りで，今の株は地価の含み益や土地から生じた金余り現象によるから，私見が実現されたら，株は下がろうが，あぶく銭が減るだけで，そのかわり勤労所得の価値が上がるのである。

地価を抑制して資産格差を是正しようとする立場に対しては，規制より高度利用だという議論がある。むしろ，不動産業界などもこの議論に乗っているのであろう。これを紹介しよう。すなわち，地価抑制論は，地価をあげるか下げるか，所得や資産をどう配分するかという「ゼロサムゲーム」の考え方に陥る。つまり，土地のパイを奪い合うために，道義論や感情論が支配的になり，スケープゴート探しによる持てるものへの攻撃が始まる。その結果，地価を抑制するために，土地の取引や利用に対する監視や規制が強化される傾向を持つ。皮肉なことに，規制はパイ全体を縮めてしまい，分け前の争いをさらに悪化させ，資金をさらに海外に流出させる。そこで，土地利用の非効率性を取り除き，パイを大きくして，誰でもが以前より大きな分け前にあずかれるような「プラスサム・ゲーム」を実現することである。土地を高度利用して，有効利用を促進するのである。そうすれば，住宅一戸当たり価格や家賃が下がる。そのために，第一に，規制緩和，つまり，地価監視区域のような土地の取引規制を撤廃するとともに，都市計画や建築基準法による土地利用規制を緩和する。第二に，土地の保有税を引き上げると同時に，土地売却益への課税を軽減する。その結果，誰もがより大きなパイの分け前にあずかれる結果になろう（宮尾尊弘「土地問題「プラスサム」の発想必要」日本経済新聞1990年2月19日）。

これは私見とは違う規制強化論への，供給拡大論からの批判であるが，私見からすれば，これは国土を無秩序に開発して，土地所有者には自由に儲けさせ，あとは野となれ山となれという議論に思える。その若干を指摘したい。

第一に，持てる者への攻撃は決してスケープゴート探しではなく，憲法の平等原則・公共性の原理からの主張である。私見では，美空ひばりなどはいくら稼ごうが，本人の力によるから，結構である。むしろ，あれだけの人物はめったにいないし，苦労で早死にする位であるから，むしろ遺産が案外残らなかったと気の毒に思う。しかし，土地による儲けはなんらの努力なしに，むしろ社会の発展のおかげでえられたもので，社会へ還元すべきである。

パイを大きくすること自体は私見でも賛成である。しかし，規制を緩和して得られた利益を所有者に帰属させるのでなく，基本的に社会に還元するシステムを作るべきであるというのが私見の主張である。右の説では，規制を緩和し，譲渡所得税を軽減するのであるから，土地成金をますます増やすだけである。しかも，それではパイは増えないと筆者は考える。なぜなら，土地所有者にとって，土地はますます有利な資産になるから，なおさら手放さないのである。たしかに，保有税を強化し，譲渡所得税を軽減すると，一時的には土地の売り物がでるが，土地所有者は大金持ちであるから，地価を下げるほどに投げ売りをする必要がなく，地価が下がるようであれば，また売り控えるからである。むしろ，私見を実現すれば，土地所有者は土地はもっているだけでは価値を生まないので，開発しようとするであろうから，供給は増えよう。

第三に，地価監視区域を緩和したら，土地の供給が増えて，家賃は下がるであろうか。地価監視区域を設定しないと，投機的な取引が増えて（土地ころがし）地価は暴騰する（したがって，家賃も上がる）というのが普通の見方であろう。土地の供給が増えるわけではないのである。なお，私見では，経済取引特に価格に対する法的な規制は所詮無理なシステムであって，緊急避難的に対症療法的になされるべきであり，根治療法は本稿で述べたような別個の手法が必要である。

第四に，都市計画や建築基準を緩和してしまえば，それこそ乱雑な都市ができ，良好な住環境は形成されないどころか，将来にはまた区画整理などの際の河原の石づみの必要を生ずる。その資金はどこからでてくるのかも問題である。

第五に，日米構造協議でアメリカが日本の土地政策について要求しているのがこの「プラスサム」の考え方であるというが，アメリカでは，自治体のゾーニング条例で土地利用を規制し，ボストンやサンフランシスコでは，容積率を一般的には低くし，それをあげるインセンティブ・ゾーニングと引き換えに，開発負担金（impact fee）を徴収するシステムを制度化したりしているのであって，アメリカが日本に対して，国土を無秩序に開発させ，土地成金を作れと要求しているとはとても思えない。

私見は政治献金がすべてを支配する現在の自民党政治のもとでは簡単には実現しないが，もし国民投票で制度化する方法があれば悠々勝つはずである。

本稿で簡単に触れた点も含め，私見の詳細については，『国土開発と環境保全』第１部第１，２章，『国家補償法』第２編，「自然破壊・開発資本ボロ儲けのリゾートはいらない」法セミ1990年２月号＝本書第３部第１章，「税制の欠陥と対策の方向」税務弘報37巻７号（1989年），「生活雑排水対策の法的課題」公害と対策1989年７，８月号＝『廃棄物法制の研究』第５部第２章を参照されたい。

第3章　ウォーターフロント開発法制の課題（1990年）

I　はじめに

港湾は単に物流空間，生産空間ではなく，「二十一世紀への港湾」（運輸省港湾局，1985年4月）が示すように，人々が働き，憩い，生活する街そのものであり，「総合的な港湾空間の創造」は時代の要請である。運輸省も，この総合的な港湾空間の創造を合い言葉に各種の施策を展開している。それは従来の自然を破壊し，殺伐としたコンクリートジャングルの中で，ただただ経済的効率性を追求した高度経済成長政策を反省し，自然海浜の保全や創造，港湾の浄化，レクリエーション施設の建設，リゾート建設の促進，アメニティーの重視等を唱っている。これは遅ればせながらも一応よい方向で，この方向での施策の推進を望むものである。

思うに，こうした「総合的港湾空間の創造」を実現するための施策の中には，国民の税金の使用方法として政策的に妥当性を吟味する必要があるものもあり，また，法的な整備がなければ実現しないものも少なくない。その法的整備の中には，港湾局だけで対処できるものもあるが，建設省その他との総合的な調整が必要なものもある。「総合的な」ものが必要なのは，港湾空間にかぎらず，行政・政治そのもの，施策そのものである。そうした課題を先送りにして，縦割的に事業費を取って事業をするだけならば，またまた従来の乱開発の弊害を生じ，事業自体も適切に行えないものも生ずる。

本稿はこのような観点から，今後の港湾空間の形成にさいして法的に留意すべき課題をいくつか述べることにする。

II　埋立て法制の改革

公有水面埋立法はもともと国土の発展を海に求めざるをえないわが国で国土の形成に大きな貢献をした。しかし，現在，東京湾や大阪湾には自然の海浜はほとんどなく，汐干狩りや海水浴はほとんどできず，野鳥公園などはほんの例外としてやっと残っているという状況である。社会にも自然にも調和が必要である。

諸外国で日本の埋立てを説明すると，いかにもいきすぎという反応が多い。パリの設備省の担当官は神戸港のような埋立てをするとすれば生態系重視の世論の反発を招き不可能といっていたし，ボストンは埋立てで発展してきたが，現在は抑制している。サンフランシスコ湾で原則埋立て禁止法ができたのも，このままいけば，埋立てが進んで運河になってしまうとの危惧感によるのである。本年から開始された公共事業関係者日米交流計画の一環として来日したアメリカの行政関係者は神戸の開発を視察して，アメリカでは山を切り崩して埋立てをするという案を出したら住民からリンチを受けるが，神戸では市民の合意をどのようにして取り付けたのか等の質問が相次いだそうである（朝日新聞1990年6月12日29面，神戸版）。

日本でも20年くらい前から，入浜権運動など埋立て反対の住民運動が生まれているが，これは国際的にみても理由がある。行政側は住民の運動の声を取り入れた港湾計画をつくるべき時代である。

わが国でも，昭和48年にこうした情勢，特に閉鎖性水域の汚染問題も絡んで，埋立法は環境に配慮するように改正され，瀬戸内海環境保全特別措置法も制定された（当時は臨時措置法）。しかし，これは環境の観点から若干のチェックポイントをつけただけであって，規制力が足りない。しかもこの規制だけでは，それぞれの埋立てだけでは全体に対する影響は少ないとして各個撃破され，埋立てのもたらす経済的利益が強調されてどんどん埋立てられるというシステムとなっている。では埋立法制をどのように変えるべきか。

まず，埋立てが経済的に利益にならないようにすべきである。現行法は3%の埋立免許料（自治体は免除），工事費及び漁業補償費だけで住民のたいした抵抗なく陸地を取得できるので，経済的に埋立ての圧力がかかるのである。

そこで，海も国有財産と考え，国有財産の適切な活用という観点から，埋立て免許に際しては埋立て免許を受ける者に適正価格で売る（埋立て免許料を大幅値上げする）方向への政策転換が必要である。五大湖のあるミシガン州では埋立てが儲からないように近隣の地価と埋立て経費の差額は国家に納入させている。

埋立てがどうしても必要としても，なるべく海を長持ちさせるシステムが必要である。たとえば，ゴミで島を造るフェニックス計画においてはリサイクルを進め，事業をなるべくゆっくり進行させるシステムが必要である。同じ埋立てにしても，関西新空港やフェニックスがそれぞれ別々に土砂を探して埋め立てるのは無駄で，建設残土ならまずは可能な範囲で関西新空港用に利用し，それでもどうしても出る分についてフェニックスで受け入れるべきであると筆者は主張してきた[(1)]が，最近ようやく新空港の一部を産業廃棄物で埋め立てるという動きが出てきたところである（毎日新聞1990年5月30日夕刊1面）。

自然海浜の必要性が理解されたのか，人工海浜造成事業がある。しかし，人工の海浜は自然のものにはなかなかならない。高砂の人工海浜は180メートルに14億円かかり，この人工海水浴場はヘドロに埋まってしまった。代わりを造ればよいという発想ではなく，限られた自然は残して，さらに自然を造り出すという発想が必要である。総合的な港湾空間の創造という視点では，庶民の憩いの場の確保，自然の創造，自然破壊の禁止という視点が必要であり，そのために海浜保全地域の制度を作って広範に指定すべきである。

この私見については，この規制緩和の時代において，規制を強化するのかと反論されるが，規制緩和とは，民間が自分の資力で自由に競争できるように，競争を阻害する規制を緩和すべきだという議論である。ところが，ここでは，本来民間のものではなく，国民のいわば共有財産をどのように利用するかという問題であるから，規制を緩和して民間の分捕り合戦に任せるのではなく，むしろ規制を強化して，適切な利用を心がけるべきである。

Ⅲ　土地問題解決と開発利益の吸収

こうした私見に対しては，では土地の不足はどう解決するかと反論される。しかし，日本では土地が不足しているのではなく，土地政策が不足しているだけである。既存の土地を有効利用しないで，土地を持った者が儲かるシステムとしているから，ますます土地投機が行われ，利用可能な土地は不足するのである。その点の私見の詳細はここでは論ずる余裕はないが，土地の投機や公共事業による開発によっては所有者が儲けることができないシステムに変えればよいのである。関係官庁が自己の権限の枠を越えて一致協力すれば問題は一挙解決のはずである。

しかも，運輸省では海浜に緑地をとり，歴史的環境空間を形成するなど，アメニティーを重視し，リゾートの開発も推進している。その成功のためには結

(1)　『環境法総論と自然・海浜環境』第3部第6章。

局は土地問題の解決が必要である。それを怠って事業を推進すれば，地価高騰で，結局は事業は進まず，リゾートは庶民にはとても手の届かぬ高いものになり，自分で自分の首を絞めることになる。

付言するに，リゾート法は手をあげたところをどんどん認めているので，供給過多になる心配がある。一般的にいって，我国では，中央官庁が新しい政策を打ち出すとき，施策の総容量という観点が不足している。工業団地用の埋立地が全国的に売れ残ったのもそのためである。いま推進されているリゾートも，需要を考慮して，全国数カ所にとどめ，それが成功したら次という発想をすべきであった。

東京湾，大阪湾に大規模な人工島を建設する案がよくでるが，環境や海上交通に与える影響もさることながら，巨費を投じて造った島は高くつくので，高度経済成長を前提としなければできないし，しかも，同じ金をかけるなら，ちょっと離れた地域を開発した方が安いし，日本社会全体の均衡ある発展に寄与する。

現行制度のもとでも，ちょっと工夫すれば，土地問題のかなりは解決し，総合的な港湾空間の整備も容易になる。それを若干述べると，まず，開発利益の吸収のシステムを作ることである。港湾の土地は港湾整備のおかげで高騰している。しかも，それを規制緩和で商業地に転換すれば，ますます高騰する。それは本来は所有者の投資によるのではないから，公共が吸収するのが筋である。その方法については，たとえば，臨港地区条例で規制を緩和する条件として，一定の金額の納入を求める制度を作ればよい。港湾整備事業の資金もできよう。ただの規制緩和だけでは，土地所有者の利益になるだけであるし，規制緩和の圧力もかかるだけである。

次に，従来，海浜の埋め立て地は企業に原価で，つまりは自然をただと評価して安く分譲された。地価高騰の今日，企業はそれを含み益に，金を借りては新しい事業をしたり，土地を買って地価高騰に拍車をかけるなど，問題行動までしている。しかし，諸外国では行政のコントロール権を保持するためにも，公有地は分譲せずに，リースにするところが多い。わが国でも，公有地は分譲せずに，賃貸にして，湾岸の開発地の資産化を防ぐべきであり，分譲するにしても分譲価格は原価ではなく時価の入札制にすべきであり，さらに，その後は含み益の一部は自治体に納入させ，譲渡した場合には，何年後であろうと，物価上昇率と地価上昇率の差の相当部分は分譲した公共団体に納入する制度を作るべきである。そうすると，企業の方は，分譲地を担保に融資を受けることが容易ではないから，資本力のある企業しか進出できないこととなるが，中小企業への分譲は，他の政策的手段が講じられるべきであろう。

Ⅳ　公共財産・港湾水域の適切な管理

海水浴場の茶店などの海浜の占用料は兵庫県須磨の例で，100平方メートル1カ月1万円もしない。車1台の駐車料金より安いのである。お客がたくさん集まり，値段は自由に決められるのであるから，事実上ぼろ儲けであろう。占用料が安い以上，その飲食物などにも，安くするように条件をつけるべきなのである。フランスの海浜の占用許可制度ではそうしているといわれる。

現在，港湾区域の新しい利用方法として，ホテル，博物館，駐車場用の船などに水域の占用許可を出す方法が注目されている。これについてはどの水域にどの船などの占用許可を出すかについて，その選択基準をどのように決めるか，その手続のあり方が問題となる。

港湾内の水域の利用計画を作って，それに合うものを認めるというのが普通の発想であろうが，どの程度の希望があるかはやってみなければわからない面がある。希望の少ないところでは1件毎に審査して，希望が増えたら総合的な利用計画を作るというのも方法であろう。

その占用料金についても，規則などで陸域地価に比準して均一料金として定めるというのが日本の普通の発想であろうが，それはしばしば市場の実勢とずれる結果となる。そこで，たとえば，希望する企業が複数ある時は，そのプロジェクトの内容のよしあしのほかに，いくらの料金を払うかも企業に提示させ，それを考慮して，よい方に許可するという方法や入札方式も考えられる。

こうした新規のプロジェクトは本当に儲るかどうかわからないし，予想外に儲ることもある。そこで，占用料も，基本料金のほかに，売上比例方式を合わせ導入することも考えられる。その具体的方法については別の機会に述べたい。

各地の港で，経済情勢などを考慮して，適切な方式を選択すべきであろう。

Ⅴ　港湾空間のレジャー用への開放

海洋性レジャーの時代とかいわれ，マリーナを整備する時代となっている。しかし，公営で安く提供することには賛成しがたい。陸の駐車場でさえ，自分で持つべきものであるから，現在ある公営マリーナも民間並の料金をとるべきである[2]。しかも，この種のものは，いくら必要と予測して造り安く提供すると供給が需要を惹起して，またまた必要になるのは放置自転車と駐輪場問題にみるとおりである。従来の行政は需要に応えることを主眼としていたがこれからは，政策科学的行政であるべきである。

大阪の堺第7―3区の埋立地で，産業廃棄物処分場として護岸を造ったが，その内側がよい釣り場になってしまったので，自然を生かして海釣り公園にという要望が出ている（朝日新聞1990年5月7日夕刊14面）。担当している役所は廃棄物処分を扱っているので，レジャーまでは手が回らないが，今日魚釣りも行政が関与して振興しているレジャーであるから，行政が総合的観点から，ある程度の海釣り公園を整備したほうがよいのではないか。

筆者は防波堤は同時に可能な範囲で国民の釣りというレクリエーションに開放すべきであり，そのためにも，岸壁に落ちた場合につかまれる手摺りを設置するなど安全策を強化すべきであると考える。

大阪北港の埋立地の利用方法としてスポーツ・レクリエーション施設を設けるが，その一環として，ゴルフ場を造るというプラン（朝日新聞1990年5月17日夕刊1面）がある。しかし，ここはむしろ貴重な親水空間としての資質を生かした，市民のニーズに応えたスポーツ・レクリエーション空間とすべきであろう。

運輸省も，環境保全課・国民レクリエーション課を作れば，自然海浜も残せるし，海水浴場も造れ，魚釣りもでき，庶民の賞賛を浴びること確実である。

◈ Ⅵ　総合的な港街造りへの対応

港湾と陸域の街は一体として計画すべきである。たとえば，港が発展すれば，交通需要，駐車需要も増える。港湾の水域占用として，ホテル船，レストラン船，ダンスパーティー船，駐車場船を認めれば，もちろん同様である。ホテル船，レストラン船などに駐車場がなければ，その近隣は違法駐車で一杯になる。そもそもは陸の方に満足な都市計画がなく，交通公害が起きようと，大規模小売り店は造れるという制度が不合理なのであるが，そうした無規制状態のまま，需要を惹起させる施策をとるべきではなく，あわせて総合的な対策が必要なのである。

(2)　『政策法務からの提言』167頁以下。

本稿に述べた私見は，『国土開発と環境保全』に詳細に述べたところ，あるいはそれを港湾に応用したところであるので，あわせてご参照いただきたい。

【追記】 本稿で述べたことは注(1)に詳しい。

第４章　地価高騰下の土地法制の課題（1990 年）

◆ Ⅰ　濫開発・値上がり儲けの土地社会の弊害

1　はじめに

目下の土地問題の根本のガンは開発自由の原則である。国民の多くは自分の土地は自由に開発し，儲けることができるので，開発規制は損だと思いこんできたが，実はこのシステムは結局は濫開発を許容して，不健全な街を造り，かつ，開発利益は地主に吸収されるので，大多数の庶民は土地所有者に搾取される結果となる。この弊害に正面から挑戦しなければ土地問題はまともには解決しない。

私見では，結論的には，所有者には土地の現状利用は許容する（既得権の尊重）が，それをこえて開発したり，用途変更したり，高層ビルを建てたりと，有利に利用するさいは，自治体のきちんとした土地利用計画に適合させ，かつ開発利益を公共のために吐き出させるシステムを作るべきである。そうすれば，土地では儲らないから，公平であるし，地価も鎮静して，庶民も住宅を取得できる。この詳細については，本書の他の論考と末尾に掲げた文献を参照されたい。

今回の土地問題対策としては，融資規制をすべきであった，日銀の公定歩合の操作（利上げ）が遅れた，都心で土地を売った者の買い換え需要が地価を押し上げた，法人が利子損金算入の特典，含み益期待，金あまり現象などで土地転がしに参入した，保有税を強化すべきであった等，種々の主張がなされている。それはそれとして正当であるが，それだけでは，開発利益で儲るという制度の上で微調整を試みるだけである。問題の根本に遡れば，上記のような解決が必要である。

しかし，この問題点がわかっていない議論が普通である。今回の土地基本法は単なる理念を断片的に掲げているだけで，問題を解決しようとする断固たる姿勢があるようにはとても思えない。しかも，この理念を実現する方策がないし，組織もない。すなわち，土地基本法の理念を実現しようとすれば，それに基づく施策を作り実現する組織が必要である。それには縦割行政の弊を除去する強大な権力がいる。しかし，そうした組織はできていないのであるから，結局は従来の縦割行政のままで，課単位で立法する事になる。それは従来の法のシステムを維持することを意味する。そんなことでは土地問題には対処できない。

この点はこれまでも何度か述べてきたが，なるべく重複を避けるように，最近の例を中心に日本社会を歪めているこの例をいくつかあげて説明しよう。

2　開発益の奴隷

まず，地価高騰が是正を要する理由としては資産格差の拡大と庶民の住宅取得の困難をもたらしたため，といわれる。そして，住宅価格がサラリーマンの年収の何倍までなら許容範囲などといわれる。しかし，それは議論の根本を誤っている。平均的サラリーマン（その他土地無し庶民を含めて）がなんとか取得できる価格であれば許容されるのであろうか。そんな価格が実現しても，土地所有者はなんにもしないで地価高騰の利益を受け，多くのサラリーマンは過労死を覚悟で遠距離通勤してローン地獄の苦労にさらされる。サラリーマンは土地所有者の奴隷あるいは鵜飼いの鵜になっているのである。いずれにしても，平均より下では住宅は買えない。これは初めから不合理であったのであって，土地所有者の不当な開発・値上がり益はすべて公共の手に戻して，庶民にはなるべく安く住宅を供給するようにすべきである。極端にいえば，建築費を別にして土地代だけでいえば，年収の何倍などといわず，一戸かぎりで，年収だけでも，その半額でも買えるようにして欲しいものである。

3　賃貸住宅などの不採算

駐車場や賃貸住宅は遊休地を利用して造るもので，土地を取得して営業するなら採算割れになる現実があるが，それは地価が賃料から計算して高すぎるという異常なあぶく経済の事態にあるからである。土地を買って賃貸住宅を造っても採算が合うくらいの地価相場でなければならない。

ワンルームマンション投資というのが節税効果があるとして宣伝されている。おかしなことに，借金して，ワンルームマンションを買って賃貸すると，大赤字なのに利用されている。それは赤字を給与所得などから控除できるので，減税になり，いずれマンションの価格が上がれば儲るというものである。常にマンションの価格が高騰しなければ最後には誰かがババを引く。これは異常な経済活動である。

4　公共事業の困難

日米構造協議で，公共事業を拡大せよという圧力がかかり，道路，公園，下水道など生活関連事業の予算を増やそうかという雰囲気で，産業界や建設省などはほくほくである。むしろ，業界がアメリカに情報提供して都合のよい圧力をかけさしている（ヤラセ）ではないかとも思う。しかし，公共事業が地価を上げてきた現実に照らせば，またまた地価高騰を惹起するであろう。そして，公共事業費は結局は土地に吸い取られるだけで，事業はいくらも進まないことになる。しかも，地主は値上がり期待で，買収には応じてくれない，少なくとも，代替地を要求するので，公共事業体はまたまた無理しても土地を購入せざるを得ず，地価高騰を惹起する。

その典型例として，関西新空港へのアクセス道路用地の取得は困難を極めている。土地所有者はこの値上がりの時代に売らないからである。関西学園都市でも，地価高騰で，事業は進まない。関西は地盤高揚のために大型プロジェクトをたくさん一度に誘致し，活気があってよい，景気がいいなどといっていたが，土地政策なしで大事業をすると，地価高騰し，結局は事業もやりにくくなることを忘れていた。私見のように，私人は開発できないことにし，公共が開発する前に土地を入手する制度を作れば，こんな問題は生じないのである。

5　ナショナル・トラストは存続困難

和歌山県田辺市の天神崎はナショナル・トラスト運動により浄財を集めて，土地を購入し，開発から守った。しかし，天神崎の全体を買い取ったわけではないから，その買収地の隣接地が環境がよいリゾートとして開発されそうになっている。いまでは地価が上がって，浄財ではとても買える状況にはない。ナショナル・トラスト運動による天神崎保全が裏目に出ているのである（神戸新聞1990年5月13日9面）。この運動はイギリスで，環境保全のために，ナショナル・トラスト運動と称して，浄財を集めて，広大な民有地を買い取った成果に倣っているのであるが，しかし，私見では，地価の高い日本では浄財ではとても買いきれないと考えるので，この運動の前途には悲観的である，むしろ，開発権の公有化と土地利用規制の運動をすべきである。私見のように，開発権が公共の物であれば，地主は開発するためには自治体のいうとおりにし，開発利益も提供するであろうし，地価は高騰しない。買取りなどしなくとも，保全すべき土地は現状凍結すればよい。もっとも，自治体が開発志向であるために，土地利用規制をしてくれないからこうした買取り運動が行われるのであるから，運動の当事者には同情するが，それは結局は日本では問題の解決にはならない対症療法にとどまる。あるいは，土地は金になるという雰囲気を作る逆効果を生ずる。なお，田辺市なども，リゾートを誘致して開発したがっているので，土地利用規制には反対なのであろうが，それはこの地価高騰を招き，結局は自治体自身の事業もできなくなって，自分で自分の首を締めることになる。開発と保全を調和させることが必要なのである。

6　都市の緑化

都市の緑化を図る方法としては，都市緑地保存法による都市緑地保全地区の制度があるが，その指定は機能しない。地価高騰の今日，地主が補償なしで永久に保全に協力するわけはないからである。各地で，若干の補助金のもとに，土地所有者の協力を得て，貴重な樹木や緑を保全した等と報道されるが，それも地主が当分は開発しなくともよいと判断した場合に利用されるだけであって，地主がマンション経営でもしたくなったら，樹木も切り倒されるのである。そこで，緑化基金などを作って，買い取ろうという動きがあるが，地価高騰に追いつけないのはナショナル・トラストと同様である。私見の立場に立てば，開発により緑地を減らす場合にはそのある程度の割合を復元させる義務を課す条件をつける制度を作ることができるし，その方がまだ実効性がある。

7　リゾート

リゾート地域は公共用地を必要とするが，地価高騰で，その確保も困難になった。濫開発を防止しようにも，地主は開発規制には反対で，適切なリゾートにはならない。濫開発防止のためのいわゆる淡路条例を制定した兵庫県では土地利用の規制の線引をしたが，国立公園や県の自然環境保全地域，貴重な動植物の生息分布地域は開発規制の厳しい地域にすべきだとする主張は入れられなかったという（朝日新聞1990年5月9日－21面）。開発自由の原則のもとでは，誰でも，自分の土地だけ規制されるのは損だから，規制に反対する。規制は機能しにくいのである。これに反し，逆に開発は原則禁止で，開発のさいは計画的に，かつ開発利益を自治体に納入し，公共施設を整備して初めて行えるというシステムであれば，規制はスムーズに行えるのである。

8　明日香保存――土地利用規制に不満

万葉の里奈良県明日香村には開発規制の代償にと明日香保存特別法（1980年）により，土地の買い上げ，農業などの振興事業，国庫補助のかさ上げの制度があるが，この地価高騰で，開発でき，大阪のベットタウンになった隣（橿原市）と比較して地価で10倍の差（坪10万円と100万円の差）ができ，地元ではまるでベルリンの壁のようだと，地価格差・私権制限に不満が大きくなった（朝日新聞1990年4月28日－21面）。規制だけでは不満が大きくなって，制度がいつまで通用するか，問題である。隣の街の土地所有者が地価高騰で儲けているのを放置して，明日香の方に我慢させるのは困難である。しかし，明日香の方に，地価の差額を補償するのも，財政的に不可能であるだけではなく，土地所有者に濡れ手で粟で儲けさせるという不合理がある。むしろ，隣の橿原市の方の開発利益を公共のものとする制度を考案しないと，問題は永久に解決しない。

同様に，濫開発が進むと，開発できない市街化調整区域にも不満が高まるであろう。

9　埋立て――神戸沖空港，フェニックス

神戸市は神戸沖空港を人工島ポートアイランドの沖に計画しているが。その事業費は必要面積の倍を埋め立て，売却してねん出しようという方針である。これは地価高騰のメリットをいかす都市経営で，いってみれば，不動産業である。しかし，本当によいことだけなのか。埋立てが儲るから，大阪湾は，瀬戸内海環境保全特別措置法で埋立ては厳に抑制すべきものとされているにもかかわらず，あいかわらずの埋立てラッシュである。埋立てが儲るシステムをやめないと，大阪湾は運河になってしまう。

フェニックス計画と称して，現在尼崎沖に建設中のごみの島は平成6年に満杯になる予定で，そのあとの事業として，兵庫県などは西宮沖の海面埋立てを研究しているようである。瀬戸内海の埋立ては厳に抑制すべきなのに，兵庫県では，地価高騰の今日陸地では処分地が見つからないので，海を埋立てる必要があるとしている（朝日新聞1990年5月11日）。担当者とすれば，その方がや

り易いが，これでは自然海岸がなくなるだけではなく，大阪湾はまもなく運河になってしまうし，船の操船もますます困難になる。少しくらいいいではないか，どこの自治体も，自分の領土欲しさに埋立てたがる。まるで，道交法違反でつかまった者が1人くらいいいではないかと，駐車場がないんだからといっているのと同じである。この問題を解決するにも，結局は陸地の土地問題の解決が必要である。

最近ごみ処分場の設置には反対が多く，陸に造りにくいので海に造るのである。しかし，フェニックス計画では後で，各種の用途に利用できるように，ゴミといっても，建設残土などを中心に埋立てるのであるから，陸地に同じ処分地を造っても，その跡地は利用できるはずであって，所有者にとっては，かえって有難いものではないだろうか。できた陸上の埋立地の利用計画を土地所有者と協議し，ある程度の利益を還元すれば，かえって歓迎ではなかろうか。

10　大阪空港の存続問題

もともと現空港の騒音問題解消のために海上空港（関西新空港）を建設したのに，いざとなると，当局は空港を撤去すると，地元経済界へ悪影響が生ずると称して空港の維持存続を図る。これでは詐欺政策である。その上で，新空港の拡充，神戸沖空港など，なぜそんなにいちどに沢山造るのか。大阪空港の跡地の利用方法として，きちんとした住宅地を造ればよい。関西の住宅難，地価高騰対策になる。しかし，担当が運輸省であるから，自省の管轄内で考える。これでは考える対策にも限度がある。大きな組織で考えなければならない。なお，この点，建設省系の研究会は空港を廃止し，ビジネス街にせよとしている（朝日新聞1990年6月9日夕刊1面）。

Ⅱ　若干の対症療法の提案

1　はじめに

以上の提案は土地問題の根本治療法で，法律の改正を要し，自治体レベルではとても解決できない。一般には開発益は地主のものという前提で，対症療法を行っている。したがって，筆者の見解は実現不可能で，実務を知らない評論家の見解扱いされる。問題は何が実務かであって，現行制度を前提にしなければ実務家ではないというのもおかしなものである。法制度を変えるのも実務家である。しかし，ここでは，現場の実務家にも多少は役立つ提案を付け加えておこう。

2　自治体の分譲地

神戸市あたりでは自宅があっても，他の住民でも応募できるようにしている。応募倍率が低かったときに商売になるようにそうしたものだが，その結果競争率が上がり，土地転がしの不動産業者が多数応募しているとかで，土地が高騰して，結局は庶民が買える住宅はなくなる。こうした先を読まない短期的な経営をしていると，いずれ住宅供給事業は失敗に終わり，自殺行為となる。地価高騰の今日では，本当に住宅を必要とする者にのみ応募させるように，当選決定後審査会でも開いて，現在の住居の登記簿，写真等を添付させ，理由を説明させるようにすべきである。手間はかかるが，それで，本当に住宅を必要とする者以外は応募しなくなるから，競争率はぐっと落ち，地価高騰にも歯止めをかけることになる。自治体の土地分譲の担当者としては，売れなければ困るが，売れればいくら高くとも自分の知ったことではないという構造になっていて，それが地価高騰を促進しているので，分譲地の分譲方式について，公共的な観点から議論する場が欲しいものである。

3　大阪湾岸のりんくうタウン

関西新空港の対岸で大阪府が埋立てを進めたりんくうタウンの土地は企業に分譲する。最高は駅前広場の1平方メートル153万円で，高いというが，企業はいずれ儲るとみて買うのである。造成に要した原価ではなく，時価を基準に分譲価格を算定したというが，参考にされている新大阪駅前は1250万円，地下鉄御堂筋線江坂駅前1500万円，大阪ビジネスパーク750万円，南海泉佐野駅周辺220万円等と比較して見ればすぐ上がることは当然予測できる。10年間は公有水面埋立法で転売，目的外使用禁止であるが，さらに10年間転売を大阪府の承認事項として，ぼろ儲け対策を行うという。

私見では，いずれは地価は急上昇し，その含み益は分譲を受けた企業の物になる。それが初めからわかっているのだから，むしろ売らないで，自治体が保有して含み益が出た頃に売ればよい。30年間のリースなど，企業には利用させ，その後は大阪府がその土地を取り返して，売るとか，賃貸するとかすれば，土地の値上がり益は住民の物になるのである。ちなみに東京の臨海副都心は借地方式で利用させるようである。(日本経済新聞1990年5月26日)。なお，最初の10年間の転売禁止は法律に基づくものであるから，機能するはずであるが，実際には取り返すのはやっかいで，あとの10年の分は単なる指導であるから，どこまで機能するか，心配である。違反したら，買い戻す仮登記でもしておきたい。

リースだと，銀行ローンもつけにくいとか，企業はいろいろ不服をいうが，本当に必要なところにだけ分譲するようにすればよいのである。このように，分譲を受けた企業が儲けるシステムを作っておいて，分譲希望が多いから埋立てるという方式がおかしい。もとは大阪湾では限られた自然海浜なのであって，なるべく保存すべきであったのであるから，需要はなるべく少ない方法を選ぶべきであった。

4　用途変更の際の区画整理，地区計画などの義務づけ

土地の用途変更に際しては，計画的な街造りを進めるとともに，上昇する地価を社会に還元するための諸方策を講ずるべきである。わが国では，大規模開発に際しては宅地開発指導要綱により，そうした方法が講じられているが，あくまで指導にとどまるために，法治行政違反のほか，種々問題がある。

ここで，参考になるのが，台湾の全国土地問題会議が本年行った提案である。筆者のところに台湾から留学してきている陳立夫（神戸大学大学院法学研究科前期課程学生）が台湾で調査してきたところによれば，その提案は次のようである。土地の用途地域の変更（農業地域を住宅地域に変更するような場合）は，都市全体の発展に応ずる必要がある。変更後，土地の価格または使用価格が上昇するものは，「地利共享」の原則に基づいて，その利益を社会に還元するために，必要な公共施設用地を負担または提供する義務がある。このため，土地区画整理，区段徵収または，その他の適当な方法によって施行するべきであるとされている。あるいは，都市計画を策定・変更する場合にはあらかじめ，区画内の土地に対する開発方式を決め，また，都市計画書に定める。ここで，区段徵収とは，日本にはない広い範囲を対象とする収用制度である。政府が特定の事業目的のために，必要な地区を定めて，その土地及び定着物をすべて収用して公共施設を整備し，宅地造成を行った上で，公共施設用地及び公営住宅に供する土地以外の宅地を売却するさいに，もとの所有者が総面積の40－50％までの土地を優先購入することができる制度である。政府は残りの50－60％の土地を取得できる。

これは土地所有者にも開発利益を与えながら，土地を供出させて，良好な市街地を造る制度である。この提案は，土地の用途の変更による利益を公共のために吐き出させ，計画的な街造りをしようというものである。わが法制に対する示唆を述べる。

用途の変更にさいしては現行制度では制約がないので，無秩序な開発がなされ，開発利益は地主のものになり，自治体はその後始末の公共施設の整備に追われる。そこで，用途の変更に際しては，必ず区画整理をすること，あるいは地区計画を作るなど公共的な計画に従って開発することと決めるべきである。市街化区域に編入されていて，住居地域になっていても，現況が山林など，住居以外の用途に利用されている場合には同様とする。湾岸の工業地域を商業用，住宅用に開発する場合も同様である。

ちなみに，脱稿後に入手した東京都住宅政策懇談会報告（平成2年4月24日）も地区計画と用途地城や容積率の見直しとの連動を提唱している。

原稿提出後の情報であるが，つけ加えておきたいことがある。神戸市内の県立神戸高校の裏山がマンション用に開発され，教育環境が害されると反対運動がおきた。そこで，兵庫県はこれを開発できる県有地と交換することにした。20数億円の評価という。しかし，学校の裏山など，ただの雑木林であるから，本来二束三文であるべきであり，開発できるとしても開発利益を公共の手に納入させれば20数億円も手元には残らないはずである。なぜそんなに高額で買うのか。しかも，裏山を市街化区域に指定しておくからこうした問題がおきるので，市街化調整区域にしておくべきであった。

今からでも，県下の山林で市街化区域内のものは急いで市街化調整区域に線引きすべきである。さもないと，山林を次々と高価で買うか，乱開発を許容するかのいずれかの事態が生じよう。

【追記】　広島市では西部丘陵都市建設に際し，広島市が整備する根幹的な都市基盤施設整備によって上昇する開発予定区域内の開発利益の増進分のうち5割を公共に還元する負担ルールができた（1989年11月）。具体的にはインフラ整備前の総評価額は1200億円で，整備後はそれは2000億円になるから，その差額800億円の半分を公共に還元させるという。大いに前進である。ただ，私見では，インフラ整備前はただのはげ山で，値打ちがないはずであるから，それに1200億円の評価をするシステムが不合理であると思う。

本稿で簡単に触れた点も含め，私見の詳細については，『国土開発と環境保全』（1989年）第1部第1，2章，『国家補償法』，「自然破壊・開発資本ぼろ儲けのリゾートはいらない」法セミ1990年2月号＝本書第3部第1章，「税制の欠陥と対策の方向」税務弘報37巻7号（1989年），「開発権（益）を所有者から公共の手に――土地問題解決の鍵は開発権の公有化だ――」法律のひろば1990年4月号＝本書第3部第2章を参照されたい。なお，右の拙著『国土開発と環境保全』については，磯部力の書評（法律時報1990年7月号），国家補償法については，宇賀克也（ジュリスト931号），畠山武道（法セミ1989年4月号）の書評がある。あわせて参照されたい。

さらに，本文の陳立夫は台湾政治大学地政学科教授（前学科長）である。本章で述べたナショナル・トラスト，フェニックスなどについては，『環境法総論と自然・海浜環境』において，より詳しくあげている。

第5章　大深度地下利用の法律問題（1996年）

I　はじめに

1　大深度地下利用[(1)]の必要

都市の地下は，地下室，地下街，地下鉄，水道，下水道，放水路，通信網など，種々の目的で利用されている[(2)]。土地所有者以外の者がこれを利用するためには，民法269条ノ2の区分地上権，土地収用法上の使用権などの設定を受けることが必要である。

---

(1)　これについてさしあたり収集した法律論文および関連論文としては，次のようなものがある（土地収用法や損失補償法の一般的なものは原則として除いた。今後の追加あり)。以下，引用は，これらの表示からわかる範囲で簡略化する。本文のなかでもかっこ内で簡単に引用する。阿部泰隆『国家補償法』（有斐閣，1988年），同『行政の法システム』（有斐閣，1992年），小沢道一『〈改訂版〉逐条解説土地収用法』（ぎょうせい，1995年），坂田龍松『暮しをかえる大深度地下の空間利用』（日刊工業新聞社，1989年），竹下恵喜男『地下補償の実務』（清文社，1995年），竹村忠明『借地借家法と補償』（清文社，1995年），同『土地収用法と補償』（清文社，1992年），陶野郁雄『大深度地下開発と地下環境』（鹿島出版会，1990年），梨本幸男『空中・地下／海・山の利用権と評価』（清文社，1991年），成田頼明『土地政策と法』（弘文堂，1989年）274頁以下，平井堯『地下都市は可能か』（鹿島出版会，1991年），平松弘光『地下利用権概論』（公人社，1995年），松下三佐男『公共用地買収・地権者の知恵——現場からの報告〈改訂版〉』（旺史社，1984年），宮崎賢『用地補償と鑑定評価』（清文社，1994年），補償実務研究会『用地補償ハンドブック改訂版』（ぎょうせい，1993年）。

阿部泰隆「沖縄宮古島の地下ダムと地下水」自治研究61巻10号99頁以下＝本書第4部第2章，同「地下水の利用と保全」ジュリ総合特集23号現代の水問題（1981年）223頁以下＝本書第4部第1章，石田喜久夫「地下所有権の制限の可能性と限界」ジュリ913号10頁以下（1988年），伊藤進「大深度地下空間に対する土地所有権の限界」法律論叢61巻4・5合併号585～618頁（1989年），稲本洋之助「地下空間の公共的整備・利用と土地所有権（特集　地下空間の開発と利用）」季刊日本不動産学会誌4巻4号45～54頁（1898年），尾島俊雄・三宅紀治・稲本洋之助・角地徳久・石原舜介「都市地下空間の開発と利用〈シンポジウム〉」季刊日本不動産学会誌5巻2号3～26頁（1989年），尾島俊雄「大深度地下空間——安全な有効利用を（論点）」読売新聞1990年3月8日，鎌田薫・岩城謙二「大深度地下利用の問題点〈対談〉」法令ニュース24巻4号16～30頁（1989年），鎌田薫「大深度地下の公的利用と土地所有権（上）

(中)(中2)(下)――運輸省の大深度地下鉄道構想を中心として」NBL 412号6～11頁(1988年)，414号18～23頁（1988年)，423号28～32頁（1989年)，424号25～33頁(1989年)，茅野泰幸「大深度地下鉄道構想」都市問題研究40巻12号（1988年）84頁以下，小高剛「大深度地下利用の法的問題点（特集 土地対策の新局面――土地基本法をめぐって)」法律のひろば43巻4号43～48頁（1990年)，同「公共事業のための用地買収と土地問題――不動産研究会報告（4)」自治研究68巻8号76～89頁（1992年)，同「新たな都市基盤整備の手法」都市問題の理論と手法（都市問題研究会，1991年)，篠塚昭次「地下空間の利用　管理はいかにあるべきか――法理論と政策の接点を考える（特集　ジオ・フロント開発の将来)」エコノミスト66巻46号22～27頁（1988年)，園部逸夫「大深度地下鉄道の構想と法的課題」ジュリ913号4頁以下（1988年)，高田賢造・華山謙「土地収用法（戦後土地政策の展開――政策立案者にたずねる2)」土地住宅問題119号13～25頁（1984年)，竹内謙「何のための大深度地下利用――現状では無秩序開発」朝日新聞1988年12月21日，戸波江二「財産権の保障とその制限」法セミ466号（1993年）74頁以下，同「財産権の制限と補償」法セミ467号（1993年）72頁以下，成田彰次「大深度地下の公共利用実現のために」不動産鑑定26巻1号17～23頁（1989年)，斗ヶ沢秀俊「ちょっと待て　大深度地下利用　置き去りの防災・環境　法制化より先に安全の徹底研究を」毎日新聞1989年4月5日4面，成田頼明「公共事業等のための地下利用――とくに大深度地下利用の立法化をめぐって『行政法の争点〈新版〉(ジュリスト増刊　法律学の争点シリーズ9)』274～277頁（1990年)，同「空中・地下・海の利用をめぐる法律問題（土地をめぐる法の課題)」『転換期の土地問題（ジュリスト増刊総合特集34)』249～254頁（1984年，同・前掲『土地政策と法』所収)，平林忠正 「Utilization of very deep underground areas and disaster prevention measures」Local Government Review in Japan 17巻69～77頁（1989年)，野村好弘「大深度地下利用と法（1)(2)」法律のひろば42巻8号79～80頁，42巻9号61～65頁（1989年)，東川始比古「都市空間の開発と利用（特集　都市と再開発)」都市問題78巻4号55～73頁（1987年)，平松弘光「大深度地下利用問題と土地収用法の地下使用（1)(2)」法令解説資料総覧97号86～95頁，98号86～91頁（1990年)，同「都市の地下利用と土地収用法（1)(2)」法令解説資料総覧75巻95～104頁，76巻86～96頁(1988年)，藤原博「地下研究施設をめぐって――岩手弁護士会(特集　回顧と展望――弁護士会・弁護士会連合会の活動)」自由と正義41巻3号137～139頁(1990年)，ビゼ＝ベルナール，稲本洋之助・鈴木隆／訳「市街地の複合事業における地下の利用――法学的視点から」季刊日本不動産学会誌5巻2号27～38頁（1989年)，水本浩「地下利用と法制度（特集　都市と地下)」地域開発1984年7月号17～21頁，湊正愛「大深度地下法案――その背景と内容」月刊企業法務4巻11号58～59頁（1988年)，宮野秋彦「地下都市空間と災害対策」朝日新聞1983年8月31日，宮下恵喜男・宮崎隆寛・成田彰次・藤村和夫・桐山良賢「土地価格と地下利用（上)(下)〈座談会〉」不動産鑑定26巻1号2～16頁（1989年)，26巻3号2～11頁（1989年)，矢野進一「都市空間の有効利用（1)(2)（土地行政法と自治体15，16)」法令解説資料総覧81巻126～134頁（1988年)，82巻82～90頁（1988年）

「特集　地下の有効利用と私権」ジュリ913号（1988年)，園部逸夫，石田喜久夫，成田頼明論文所収（成田頼明論文は，同・前掲『土地政策と法』所収)，「大深度地下利用法制懇談会報告書」季刊日本不動産学会誌4巻4号76～82頁(1989年)，「特集　地下空間利用の法律問題」ジュリ856号（1986年)，「地下空間の開発と利用〈特集〉」

これに対して，建築物の基礎が及ばない深い地下なら，土地所有者の同意も補償もなしで，利用できないかという問題が提起された。これが，いわゆる大深度地下利用である。大深度地下とは，建築物の地下室も建物の基礎も及ばない地下空間である。東京・大阪では，高層建築物の基礎として利用されている深度は，深いものでも70メートル以浅で，地下室は8階以内である(3)。

これより深い地下空間に，地下鉄，新幹線，河川，下水道，上水道，電気・ガス管，通信網その他の公共・公益施設を建設するというのが大深度地下利用プロジェクトである(4)。大深度地下はジオ・フロントと称され，大都市圏に

季刊日本不動産学会誌4巻4号45〜71頁(1989年)，「特集・地下と都市」地域開発234号，「ジオ・フロント開発の将来〈特集〉」エコノミスト66巻46号12〜27頁（1988年)「立法の目　大深度地下利用は都市問題の救世主？」法セミ411号4頁（1989年）

(2)　平井・地下都市は可能か，坂田・暮しをかえる大深度地下の空間利用，地域開発234号「特集・地下と都市」，「地表は過密，オフィスはもぐる」朝日新聞1988年7月30日夕刊7面など

(3)　国土庁報告資料（1996年6月大深度地下利用国会議員連盟総会）の資料。これによれば，地下室は，現在のところ，経済上（オフィスに向かないという需要の限界）あるいは法令上（建物の容積率）の制約により，地下30−40メートルが利用の限界である。基礎の杭は，東京では一般に地下50−60メートルまで利用している。いちばん深い例を挙げると，大阪ワールド・トレードセンタービルの基礎は地下65メートル，東京のスカイシティ南砂のそれが地下63メートルという。地下鉄，道路，電気，ガス，上下水道，通信施設は一般に地下50メートルまで利用しているが，地下鉄の一番深いのは横浜市交3号線の地下51メートル，下水道の一番深いのは東京の大田西幹線地下57メートルという。首都高速湾岸線は杭の先端が地下77メートルに及んでいる。深さ50メートル以上の深い井戸は，各地にある程度ある。大都市では最も深くて300メートルである。数は，東京都区部で36本，横浜市で41本，大阪市で5本，神戸市で30本，京都市で45本という。温泉井は，東京都区部で30本，横浜市で44本，京都市で16本，大阪市で18本，神戸市で69本で，もっとも深いものは地下2000メートルに及んでいる。

なお，今回の企画である日本の大都会における大深度地下利用とは別であるが，深い地下利用の例を挙げると，ロシアのボーリング坑（13,000メートル)，南アフリカの鉱山（3,578メートル），新潟の白蓮洞（450メートル），青函トンネル（海面下240メートル），フィンランドの石油岩盤備蓄（90−150メートル），モスクワの地下鉄（100メートル）ということである。高い方は，カナダのCNタワー（555メートル)，アメリカのシアーズタワービル（442メートル)，ちなみに，東京タワーは333メートル，東京都庁舎は243メートル，ピラミッドは147メートルという。『追記』その後，台北，上海，ドバイに超高層建築物が完成している。

(4)　各省が挙げる利用可能性の主なものとして，建設省：道路，河川，下水道施設。運輸省：地下鉄，新幹線。厚生省：浄水場，配水地，廃棄物処理施設。通産省：電気・ガス・工業用水道・複合エネルギー供給施設，地下自動物流センター，情報処理セン

残された最後のフロンティアとして，特にバブル時代，各方面からその開発が期待されていた。

この事業の利点は，地上の土地利用であれば，権利関係が細分化し，輻輳していることもあって，買収交渉・収用手続に時間と費用を要し(5)，とにかく

ター，石油備蓄基地。郵政省：電気通信ケーブル，通信システム，テレビ会議施設，携帯電話無線中継基地，高速郵便輸送網。農水省：農業用水トンネル，地下ダム。科学技術庁：研究開発と安全快適な生活環境の場の実現。民間：鉄道，オフィス，商業，娯楽，情報，物流，博物館，プール，スキー場，イベントホール，物資貯蔵庫，都市災害防災シェルターなど。

さらに，大深度の利用は大都会ばかりではなく，地方都市でも，有意義である。「地下空間利用の構想次々　ゴミ焼却場や劇場　優れる保温，遮音，耐震性」徳島新聞 1993 年 2 月 22 日 3 面，「地下空間の可能性を探る　稲田義紀さん　脚光浴びる快適性，省エネ」神戸新聞 1989 年 4 月 5 日 3 面参照

(5)　用地買収に手間暇かかることに関しては，小高剛「公共事業のための用地買収と土地問題」自治研究 68 巻 8 号 76 頁以下（1992 年）総務庁・公共用地の取得に関する行政監察結果報告書，同・公共用地の取得に関する行政監察結果に基づく勧告（1995 年）参照。大深度地下鉄の経済性については，注（6）運輸経済研究センター報告書 51 頁以下

東京の地下鉄半蔵門線工事で，反対派は 260 人に一坪ずつ共有持ち分を贈与して，権利者は日本の南から北までどころか，アルゼンチン，アメリカにまで及んで，手続を困難ならしめた。それで，工事が 6 年遅れたといった事態が，運輸省が大深度地下鉄構想を練るに至った一つの契機らしい。これは，渋谷－三越前間の 9・6 キロで工期 16 年，このうち，交渉開始から収用委員会の裁決まで 14 年かかったとされている。この事件の概要は，梨本・65 頁以下，東京地判昭和 63・3・29 判時 1283 号 109 頁。

収用委員会は第三者機関で，事業者からみれば事業に責任がないために遅いといった不満がある。また，反対運動がこれに直接物理的・心理的圧力をかけるケースもあるという。

これに対し，平松『地下利用権概論』238 頁は，半蔵門事件では，起業者と権利者の協議から裁決手続までは 12 年 3 ヶ月かかったが，そのうち，裁決手続にかかったのは 2 年 10 ヶ月に過ぎないので，事業認定が行われるまでの手続に問題があったと推測すべきだとしている。

たしかに，問題は収用裁決手続だけではないか，無数の権利者相手の手続は無駄な時間をかけることの一例であろう。

用地補償率は，道路工事費のうち補償費の割合で，平成 4 年度でみると，東京都では 58・6%，政令市（東京都を含む）で 48・6% である（建設省・道路統計年報)。東京の環状 2 号線新橋－虎ノ門間は，1350 メートルに 1 兆円もかかり，その 99% が用地買収費という（1987 年，阿部『国家補償法』279 頁)。バブル期の話であるが，朝日新聞 1988 年 2 月 13 日「地下権制限へ立法化を検討」は次のように伝えている。現在，地下鉄建設に伴う地権者への補償金は，通常の土地買収価格の 60% 程度に達しており，地下鉄建設のコストを大きく押し上げているだけでなく，地権者が反対すると工事が大きく遅れる。帝都高速度交通営団が板橋区岩淵町から駒込，飯田橋，四谷，永田町，

進まないのに対し，大深度であれば，この難点がクリアーできて，用地取得の費用と時間を要せずに技術だけで短期間に工事が行えるし，鉄道では，交通計画上最適の場所に直線コースを設定できるので，立地自由度が拡大して便利であり，時間短縮も図れるなど，経済的にも有利であると期待されることにある。そのほかに，工学的にも，都市の地上における高速道路とは異なって，周辺空間への影響が少ないとか，耐震性があり，防音効果，断熱性・恒温性が高い等の利点もある。そこで，今後の社会資本の整備の円滑化を図るためにも，大深度地下利用の促進が期待される。

ただし，そのためには，環境面で問題がなく，十分な安全性が確認できることが大前提であるほか，大深度では，土地所有者にはいっさい断らずに，トンネルなり空間を建設し，維持できるという理論的根拠と法制度が必要である。また，地上の方がふさわしい利用を，費用と収用手続だけのために地下に潜らせることのないように，事業認定手続や土地収用手続を簡略化することや，ゴネ得補償制度を改善する法的工夫を行うことも望ましいが，それは本稿の対象外とする。

2　大深度地下利用法制検討の経緯

1988年(昭和63年) 6月15日，臨時行政改革推進審議会は，「地価等土地対策に関する答申」において，「都心部への鉄道の乗り入れや大都市の道路，水路等社会資本整備の円滑化に資するよう，大深度地下の公的利用に関する制度を創設するため，検討を進める。」とした。

政府は，これを受けて，同月28日，「総合土地対策要綱」で，「都心部への

目黒を通り，東急目蒲線に抜けるように計画している7号線は都心部を通るため，公道以外の民有地の下を通る部分では膨大な補償金が必要である。営団地下鉄の半蔵門線の場合，1987年12月に日本橋人形町付近では計画路線上の地権者に3・3平方メートルで2900万円，140平方メートルで13億円といった具合であった。大阪市では地下鉄が民有地の下を通る（深いところで30メートル）場合，時価の半額くらいの補償をしている。地下鉄鶴見緑地線（花の万博のアクセスで京橋－鶴見緑地間5・2キロの場合，買収が14件，約1300平方メートルで，約9億円という。地上権設定は都心に近いところが多く，18件約4000平方メートルで，約12億円，ただし，大阪市では，鶴見緑地線の総事業費が約1000億円だから，そんなに問題にならないといっているそうである。ただし，こんな親方日の丸の姿勢だから，補償費が暴騰するので，本稿のテーマとは異なるが，補償金が不当に高くならないようなシステムを開発する必要がある。

鉄道の乗り入れや大都市の道路，水路等社会資本整備の円滑化に資するよう，大深度地下の公的利用に関する制度を創設するため，所要の法律案を次期通常国会に提出すべく準備を進める」と，閣議決定した。そこで，関係各省は，バスに乗り遅れまいとしてか，1988年中に大急ぎでそれぞれ研究会を開き，大深度地下利用の法制度を提案していた(6)。建設省法案は，「大深度地下使用についての土地収用法の適用の特例等に関する法律案」，厚生省・農水省・通産省・運輸省・郵政省案は，一本にまとまり，「大都市地域の大深度地下における特定社会資本の整備の円滑化に関する法律案」と称していた。

しかし，内閣官房のほか，9つにも及ぶ関係省庁（環境庁，国土庁，厚生省，農水省，通産省，運輸省，郵政省，建設省，自治省），特に建設省とその他の官庁の間で，土地収用法の特別法か，各省管轄の特別法かが対立したまま，法律案の一本化の調整ができず，1989年（平成元年）5月，国会提出が断念された。

3　臨時大深度地下利用調査会の設置

その後，日米構造協議最終報告書（1990年），総合土地政策推進要綱（1991年）において，大深度地下利用を推進する方向の提案があり，1995年になって，リニア中央エクスプレス国会議員連盟臨時総会において，臨時大深度地下利用調査会設置法の制定推進に関する決議が採択され，議員立法により，臨時大深度地下利用調査会設置法（平成7年法律113号）が1995年6月に制定された。

これはもともと意図された大深度地下利用法ではなく，それに関して，問題点をより深く検討し，関係各省の合意を取れるような検討をする場を設定するための法律である。その目的は，「土地利用に係る社会経済情勢の変化にかんがみ，大深度地下の適正かつ計画的な利用の確保とその公共的利用の円滑化に資するため」というもので，臨時大深度地下利用調査会（以下，単に，調査会という）は，「内閣総理大臣の諮問に応じ，大深度地下の利用に関する諸問題

(6)　建設省では，「大深度地下利用法制懇談会報告書」日本不動産学会誌4巻4号76頁（1989年），運輸省では，財団法人運輸経済研究センター「大深度地下鉄道の整備に関する調査研究報告書」（1988年），厚生省は，「大深度水道管路構想について」（1989年），郵政省は，「大深度地下利用研究会報告書」（1988年），通産省は，「大深度地下利用に係る法制度上の課題について」（1989年）。各省の法案の概要は，成田『土地政策と法』289頁，鎌田・NBL 424号33頁，小高「新たな都市基盤整備の手法」100頁

について，広く，かつ，総合的に検討を加え，大深度地下の利用に関する基本理念及び施策の基本となる事項並びに大深度地下の公共的利用の円滑化を図るための施策に関する事項（基本理念等という）について調査審議する」ほか，これに関して，内閣総理大臣に意見を述べることができる。」調査会は，この調査審議にあたって，「安全の確保及び環境の保全に関する事項について特に配慮しなければならない。」内閣総理大臣は，この諮問に対する答申または意見を受けたときはこれを尊重しなければならない。委員は，12人以内で組織するものとされ，委員は両議院の同意を得て内閣総理大臣が任命するとして，行政改革推進委員会並みの格の高い委員会とされている。

1995年11月には，この調査会が設置され，初会合が行われた。委員は12人で，法律関係は味村治（元最高裁判事，元内閣法制局長官），藤田宙靖（東北大学教授，行政法），鎌田薫（早稲田大学教授，民法）である。

目下，この場で，大深度地下利用の法制と技術・安全・環境面の検討が行われている。後者については，技術・安全・環境部会が設置されて，検討が進められている。

この法律は三年の時限立法で，1996(平成8)年度末に中間答申をまとめ，1998(平成10)年春頃を目途に最終答申をまとめる予定になっている。法制面では，平成8年度中にまとめる中間報告では，土地所有権制限の考え方，大深度地下を利用する権利の性格，損失，補償の要否といった法制度の基本的考え方を扱い，平成9年度には，具体的な制度と施策，つまりは，事業手続（対象事業・事業主体・大深度地下の認定など），大深度地下を利用する権利の取得手法，大深度地下利用と地上施設との関係，土地利用に関する既存の制度との調整，今後の手順，支援方策について調査審議を行う。

このうち，大深度地下の利用権の付与と所有権制限のための手続をどうするか，特に，その判断権者をどの組織にするか（建設省が土地収用手続の特例という形で持つのか，各省が独自の公企業特権付与手続を有するのか），各種の事業相互の関連・調整はどのように行うのかといった点は，いちばん生臭く，難しい。

これまでの法律学の動向を見れば，大深度には所有権は及ぶが，補償を要しないという点では意見の一致がみられるが，そこから先はなかなか意見がまとまらないようである。

当時，筆者はこの問題に関心を持ち，簡単ながら，大深度地下の無償利用を肯定するような論述をしたことがある(7)。この問題が改めて検討されている今日，合理的な法制度を提案すべく，すでに存在する多数の先行業績を参考に，その法制面の検討に参入したい。

Ⅱ　大深度に土地所有権は及ぶか

1　大深度の定義

大深度とは，厚生省ほかの法案によれば，「大都市地域の地下のうち，建築物の地下室が存する地表からの深さとして政令で定める深さより下であり，かつ，建築物を支持することのできる地盤として政令で定める要件を満たすものより下の地下をいう」と定義される。建設省案では，「大深度地下とは，大都市地域の地下のうち，次の各号に定める深さのいずれか深いものより下の地下の区域をいう。①地下室等が通常存する深さであって政令で定める深さ②通常の工作物を支持することのできる地盤であって政令で定める要件を満たすものの表面の深さ」としており，「通常の」という限定文言がついているほかは，ほぼ同様である。要するに，地下室として通常利用しうる部分と建築物の基礎のいずれよりも深い方ということである。

東京の地質をみると，西部山手台地では比較的強固な洪積台地で，東部下町地域では軟弱な沖積低地と，異なるため，建築物の基礎の深さも，前者が20－30メートル，後者が60－70メートルに及ぶとかいうように異なっている。したがって，大深度とは一律に何メートル以深と決めることはできない。地域ごとに，または，後述の手続で個々に判定するしかない。右記の関係省の案では，これを政令で定めることになっているが，それでも東京都内を一律にではなく，地域を分けて決めるべきであろう。

ただ，これより深ければ無限に利用するわけではなく，建設省案では，事業の実施可能性の観点から，深さ100メートルまでを検討の対象にしている。

2　井戸を掘れるから，大深度にも所有権が及ぶ――民法207条の通説的解釈

(1)　既存の井戸や温泉を大深度地下利用の事業のために移転，廃止させる必要が生じた場合には，補償を要するのは当然である。問題は，将来井戸を掘るかもしれないし，よそでは井戸を掘っているから，大深度まで土地所有権が及ぶといえるのかにある。

---

(7)　阿部『国家補償法』310頁，同『行政の法システム』269頁

民法207条は，「土地の所有権は法令の制限の範囲内に於いて其土地の上下に及ぶ。」（原文カタカナ）としている。この意味について，まず，一般に理解されているところを紹介する。

民法典が制定された明治20年代には，土地所有権は地上地下無限に及ぶという説（無限定説）も有力であったが，この考え方は昭和に入ってからは影響力を失い，今日の民法学上の通説は限定説であって，スイス民法667条「土地の所有権は，その行使について利益の存する限度において空中及び地下に及ぶ。」，ドイツ民法第905条但書き「土地所有者はこれを禁止するなんらの利益もない高所または深所における侵害を禁止することはできない。」にならって，これは地下の中心までではなく，「利益の及ぶ限度」としている(8)。

内閣法制局長官は1987年12月7日参議院土地問題等に関する特別委員会において，民法207条の意味に関し，次のように答弁している。

「土地の所有権は法令によって制限されない限り，無限の上空あるいは地球の最深部までいく，そういうことではございませんで，その行使について利益の存する限度で地上及び地下に及ぶと，そういうことを意味するのであって，高空あるいは地下の深部などで土地所有権の行使につきまして利益がないところには土地所有権は及ばない，このように解釈されているところでございます。」

(2)　土地収用の用地実務では，1962年に閣議決定された「公共用地の取得に伴う損失補償基準要綱」20条は，「空間又は地下の使用に対しては，……土地の利用が妨げられる程度に応じて適正に定めた割合を乗じて得た額をもって補償するものとする。」と定めている。そして，「公共用地の取得に伴う損失補償基準細則」（1963年12月12日中央用地対策連絡協議会理事会決定）の第12の2項で，別添参考第7「土地の立体利用率及び阻害率について」を参考とするものとしている。これは非常に専門技術的であるが，深度別の地下利用率は（または阻害率）は，地下40メートルで阻害なしとなっている。

---

(8)　詳細は，伊藤・590頁，鎌田・NBL 414号18頁などの研究に譲る。無限定説として，梅謙次郎，富井政章説が挙げられている。

この説にも，ドイツ流の消極的限定説，スイス流の積極的限定説があるが，伊藤は後者に立って，利益の及ばないところでは所有権が及ばないとしている。外国法については，ジュリ856号の特集，フランス法については，ビゼ・27頁以下，三本木健治『公共空間論』（1992年，山海堂）116頁以下，141頁以下。

この損失補償基準要綱の解説[9]によれば，トンネルの場合，出入口付近の土地のみ買収し，その他の部分にはなんらの権利を設定しない例が多いという。地下数十メートルに及ぶ地下の使用については，土地の通常利用可能な範囲をこえるものであり，いわゆる自由使用の概念に該当するものと解されるという。

これを見れば，この地下空間には土地所有者は利益を有しないので，所有権が及ばず，道路や鉄道の事業者が，これを無主の空間として利用していると見るしかない（鎌田・NBL 423号29頁）。

神戸市の道路公社からのヒアリングによれば，その新神戸トンネルもそうである。北陸地方建設局でのインタビュー調査（1995年）によれば，金沢東部環状道路のトンネル補償でも，土被り10メートルまでは買収し，その下は，影響があれば補償し，40―50メートルより深ければ補償しないということであった。山口県の鍾乳洞は，地表から80メートルくらい深くにあるが，地表の所有者とは無関係に自治体が管理していると聞いた。

(3)　限定説の理解についても，論者の間でかならずしも意見が一致しない。いくつかの説を紹介する。

園部逸夫は，東京圏において現に存する井戸がもっとも深いもので400メートルに達するというのであるから，「現に存する井戸の部分について所有権を否定するというわけにはいかず，といって，たまたま井戸が存しなければ所有権が及ばないというのもおかしな話であるから，観念的には，すべての土地において所有権が極めて深いところまで及んでいると解するのが妥当である。」（園部・ジュリ913号7頁，運輸経済研究センター報告書61頁）としている。

石田喜久夫は，温泉掘削は土地所有権に含まれるし，1000メートルも掘れば，温泉が出るから，所有権の支配がたかだか地下60メートルに限定されるというのは社会の常識にも合致しないという。これは所有権の客体は支配可能な限りでの地表面の上下としているので，支配可能性説ともいわれるが，スイス民法のように解するのが妥当としているところからみて，利益の及ぶところ所有権ありという立場であると解することができる（石田・ジュリ913号11頁，14頁注（15））。

戸波江二（法セミ466号78頁）は，土地所有権は，地上の一般的な土地利用

(9)　小林忠雄編『最新改訂版公共用地の取得に伴う損失補償基準要綱の解説』（近代図書，1993年）111頁

が妨げられない程度ないし地上の権利者が一般的に地下を利用できる程度までは所有権が及んでいると考えるべきであるという。そして，実際に，建物の基礎（井戸との関係では，土地所有権は地下水利用権を含まないと解する余地がある）として利用されているかぎりで，所有権はその深さまで及んでいるといえる。また，土地所有権の範囲については土地ごとに差異があるべきではないから，現在地下を利用していない土地についても，所有権は同様の深さにまで及んでいると解されるとする(10)。

小高剛(11)は，民法学の基本的立場からすれば，次のように考えるとしている。すなわち，「建物の高さ制限の場合には，建築物所有という方法による上空に対する支配の制限が問題になるのに反して，地下鉄道等の建設による地下空間の排他的支配は，土地所有者の地下空間に対する排他的支配を全面的に不可能ならしめる点において相違する。そして，土地所有権者の効力の及ぶ『土地の上下』の範囲を具体的に確定することは困難であり，大深度地下の範囲を法定することにも無理があること，また，大都市においても，かなりの深度に及ぶ井戸が掘られているので，大深度地下に土地所有権の実質的効力が及んでいないとは言い難いことを考えるならば，結論的に土地所有者の承諾を得ないで，所有者の用益にまったく支障のない深度の空間を利用することは，たとえ所有者の利益を害しないとしても，不可能とみなければならない。したがって，起業者は土地所有者に対して損失の補償をしなければならないということになる。」民法学では利益が及ばなければ土地所有権も及ばないのであるから，所有者の用益にまったく支障のない深度の空間を利用することについても補償を要すると本当に言うのか，いささか気になるが，このような理解もあるわけである。

各省の案も，民法学の通説から出発し，大深度も温泉，井戸などに利用されてきたことから，土地所有権が及んでいることを否定できないということから出発している。

---

(10)　ただし，戸波が，続いて，東京の場合，実施に地下80メートルに達するビルの土台や400メートルを超える井戸があることを前提に，その深さまで土地所有権が及んでいるので，地下70―80メートルの土地の利用を制限して，公共事業のために用いることは合憲かという問題を提起している点では，東京の建物の基礎は現在最高は60メートル台で（前注(3)），大深度地下利用構想はこれよりも深いところを利用しようとしているので，この設例は適切ではない。

(11)　小高『新たな都市基盤整備の手法』110頁参照

(4)　これに対して，無限定説に近い見解もある。

世間では，大深度地下利用の最大のハードルは，私権制限で，法理論上は，「土地の所有者の私権は，上空は無制限，地下は地球の中心まで及ぶと解することができる」とする見解がある(12)。

前述した山のトンネルを土地所有者の同意を得ないで掘っている例について，公的機関が不法行為を犯しかねない問題を抱えつつ，公共事業を実施しているのが実態である，という意見がある（成田彰次・19頁）。

さらに，土地所有権は利益の及ぶ限度で及ぶという理論は，判例上確立しているわけではないから，実際には地下鉄その他の地下利用施設を造る場合には，買収・収用・契約によって土地利用権を取得しなければならないという意見（水本浩・地域開発1984年7月号20頁）がある。これにならって，限定説には実務上限界があり，結局，「土地所有者の承諾を得ないで，所有者の用益にまったく支障のない深さの部分を制限して地下鉄を建設しようとする事は，たとえ土地所有者の利益を害しないとしてもできるとは言えないであろう」という意見（藤井俊二・ジュリ856号17頁）がある(13)。

(5)　なお，将来，技術が発達すれば，地上の土地所有者はこの地下空間をより深く利用することができるようになるかもしれない。利益の及ぶ範囲というとき，現在享受している利益だけではなく，将来利益の享受の可能性があればたりるといわれる（鎌田・NBL 414号22頁）。大深度は，土地所有者が通常は利用していない空間だといいながら，現実には大深度地下空間も利用できるのであるから，土地所有者に利用の利益はないから，その部分を地下鉄道の敷

---

(12)　湊「大深度地下法案」58頁。これは1988年12月に国会に「大深度地下利用法案」が提出されようとしたときの解説である。同様に，簡単ながら，無限定説によっているように見えるものとして，東川・58頁

(13)　ただし，本文の前者の水本説は，公益的地下利用については一定深度以下には所有権が及ばないとする立法が必要で，土地所有者に利益の存する限度を超える権能を保留することを否定しても，大方の承認が得られるのではないかとしているので，本文の藤井説とは異なる。しかも，この水本説は，「通常の土地所有権の利益の存する限度を超える深部を公共の用に供する場合（例，地下鉄のための利用）にも，その土地の所有権または使用権を契約または土地収用によって取得するという方法をとっている」と述べている（水本浩・地域開発1984年7月号18頁）ので，本稿でいう大深度よりも浅い地下にも所有権が及ばないとする立法が許されるという立場のようである。したがって，藤井説が無限定説を採りつつ，水本説を自説のために引用するのは間違っているように思う。

設などのために自由に無償で利用できるという議論はできないといった意見（鎌田・法令ニュース24巻4号21頁）もある。

3　私見――地下水には所有権は及ばない

(1)　このように，一般には，大深度にも井戸や温泉を掘る利益が及んでいるから，土地所有権が及んでいると考えられている。たとえば，鎌田（法令ニュース24巻4号23頁）は，大深度にも私的所有権を認めて，一定の要件を満たしたものだけを例外的に私的所有権を制限することができるという構成の方がなじみやすいと述べ，それに続いて，大深度地下空間に土地の所有権が及んでいないという発想になったとき，大深度地下部分について井戸を掘る権限はいったいなんだろうという問題も起きると指摘している。そして，所有権の制限なりその内容の確定の当否は，このことを前提に議論されている。

しかし，利益が及ぶことから，なぜ所有権が当然に及ぶことになるのか，その利益を法的に保護に値すると評価して初めて所有権が及ぶということではないのか，そして，井戸を掘る利益は所有権が大深度まで及ぶことの根拠なのか，筆者は疑問をもっている。

(2)　論理的に考えると，井戸を誰からも文句言われずに深く掘ることができるためには，その地下に自分が所有権を有する必要はなく，無主の空間であってもよいのである。したがって，井戸を掘る利益が及んでいるというだけでは，それが所有権に基づく利益なのか，無主の空間の先占による利益なのかはわからない。地下深く掘っていくと，どこからか，所有権の行使ではなく，無主の空間をたまたま先に掘っていると解釈することも論理的には可能であるからである。

民法の通説の見解では，地下何千メートルでも地表の所有者が普通に利用できるほど技術が発展すれば，そこにまで土地所有権が及ぶことになる。しかし，それは土地所有権をあまりに絶対視する発想ではなかろうか。もともと，土地所有権が「利益の及ぶ限度で」地下に及ぶと解する前提としては，そんなに技術が発展することは具体的には予見されていたかったはずで，普通の井戸くらいが念頭におかれていたというべきであろう。それを前提とすれば，その立論は妥当であろうが，技術の無限なる発展が期待される今日，土地所有権が「利益の及ぶ限度で」地下に及ぶという説を額面通り受け取っていたのでは，所有者の権利ばかり拡大し，社会の利益の公平なる配分という点でも疑問である。

(3)　ここで，地下水は誰のものか，という問題を扱う必要がある。日本では地下水は土地所有権に含まれるという地下水私水説が通説である(14)。大深度地下利用に関する学説はすべてこのことを前提としているようである。もし，このように，地下水が地表の土地所有者の所有物であれば，所有権が地下深く及んでいることになる。

しかし，なぜなのであろうか。地下水は土壌の構成部分であるとして，砂，砂利と同じく，土地所有権に含まれると考えるのであろうか。

砂，砂利は流れないので，所有者の手中に入るのは，地表の土地所有権の真下の部分に限るが，地下水はゆっくりではあるが流れており，特に，どこかで汲み上げすれば，その地下水位が低下するから，周辺の土地所有者の土地の地下の地下水が集まってくる。地上でも，ちょうど，自分の土地だけ周辺よりも低く掘れば，周辺から水が流入するのと同じである。この場合，この水は所有権の構成部分であろうか。上流から自分の池を通って水が流れていくとき，水は自分の池に入っている間だけ，自分の所有物であろうか。それなら，そこからまた流出すれば，またまた所有権を失うことになるが，それは奇妙ではないか。自分の土地に鳥が止まったというだけで所有権を取得し，飛んで行くと所有権を失うというのが奇妙であるのと同じである。この鳥は土地所有権の構成部分ではないが，地上の水も同じであって，さらには，地下の水も同じである。それを自分の手中に入れて支配して始めて所有権を取得するというべきである。地下の井戸に貯まっただけではだめで，それを他に流出しないように捕まえて初めて所有権を取得したというべきである。ちなみに，河川法2条2項は，河川の流水は所有権の対象にならないと定めているが，流水は支配可能性がないから，これは創設規定ではなく，当然のことを定めた確認規定であると考える（戦前の河川法でも同様であった(15)）。

温泉は土地所有権に含まれるという構成になっている。たとえば，「温泉の掘削及び利用に関する権利は土地所有権の内容をなすもの，すなわち，温泉を

(14)　原田尚彦『行政法要論全訂第3版』（学陽書房，1994年）59頁参照。ただし，金沢良雄＝三本木健治『水法論』（共立出版，1979年）147頁以下，三本木健治『水と社会と環境と』（山海堂，1988年）112頁，136頁，142頁，153頁のそれぞれの頁以下，金沢良雄『水資源制度論』（有斐閣，1982年）22頁，151頁，281頁以下参照。これらにおいては，地下水公水論に近い立場が表明されている。また，判例も前記水法論155頁以下参照。また，阿部「地下水の利用と保全――その法的システム」ジュリ増刊総合特集23現代の水問題（1981年）223頁以下＝本書第4部第1章。

地下水の一種として土地所有権者が土地所有権に基づき，その土地を掘削してそれより湧出する温泉を自由に利用処分し得る権利である」（福岡高判昭和31年11月8日高裁民集9巻11号653頁）とされる。これは一般的な考え方であろう。温泉の井戸を設置するのは地表の所有権の行使であるから，土地の権原を必要とするのは当然である。しかし，深く掘る場合に，そこまで土地所有権が及んでいると解する必要はない。無主の空間に先に届いたという解釈でも済むわけである。温泉法3条は，「温泉をゆう出させる目的で土地を掘さくしようとする者は」許可を受けなければならず，その者は「掘さくに必要な土地を掘さくのために使用する権利を有する者でなければならない。」と規定しているが，この趣旨は，地下深くまで所有権を有することを要求していると読む必要はない。

そうすると，地下の水（温泉水）も，取得するまでは，地表を流れる水と同じく，無主物であって，公共のものである。地下深く掘れば，温泉や井戸水が湧き出てくるから，所有権は地下深く及んでいるという地下水私水説は論理的ではない。

(4)　では，土地所有者が地下水を取水できる根拠は何か。河川の沿岸の者には，公水である河川水の取水権を認める制度（アメリカの一部にある沿岸者の取水権）が考えられ，少なくとも，他人に迷惑を及ぼさない限度で河川の水を取水する自由使用権が認められている。これを類推すれば，地表の土地所有者は地下水の存在する地下に他人よりも先に到達し（途中までは所有権に基づいて掘り進んだが，どこからかは所有権によらずに無主の空間を掘り進んだとも言える），他人の地下水採取に悪影響を及ぼさない範囲で地下水の取水権（ないし，取水の自由）を有するというべきである。地下水が土地所有権に含まれるという趣旨は実はこのことを意味してきたというべきである。

このように，この地下水取水権が所有権そのものではなく，河川の沿岸の者の取水権なり河川水の自由使用と同じということであれば，取水権をコントロールするのは公共であることになり，土地所有者には，余剰の水しか取水する権利がないという結論になる。これは，地下水の採取の規制の根拠・限界論に

---

(15)　戦前の河川法は，河川の敷地までも民有地の性格を失うとしていたが，戦後は河川の敷地になっても所有権は消えないとしただけで，河川の流水が所有権の対象に入らない点は変わりはない。ここで，河川の流水には伏流水も入るという（建設省『河川法解説』［全国加除，1980年］28頁）。

大きな影響を与える。

地下水を通説のように財産権の一部と把握すれば，その採取を規制することは，財産権の制限に当たるから，地盤沈下などの大きな影響がないと許されないという発想に連なる。その結果，規制に消極的になり，規制が遅れる。「法は社会の発展に遅れる」という筆者の公理[16]の一例である。現行法は一般にそういうシステムである。

これに対し，私見の立場であれば，地下水の取水権は財産権そのものではなく，たまたま地下水の湧出する場所の地表に立地していることにより一定範囲で公水の配分を受けるだけなので，地盤沈下などの具体的な危険がなくとも，公水を他に配分する必要があれば規制できる。もちろん，公水の配分を受ける権利が慣行水利権のように成立していて，財産権に近いという反論はあろう。温泉権などの実質はそのようなものかもしれないが，それでも，水自体に対して財産権が及んでいるものではないという私見の立場では，慣行水利権は公共の水の配分であるから，必要の限度をこえては配分されないことになる（最判昭和37・4・10民集16巻4号699頁，ジュリ行政判例百選（第3版）38頁)。その点で，財産権的構成とは大違いである。

たとえば，飲料水の不足する地域では，地下水の採取は水道局を優先し，個人には採取を禁止することも可能になるし，地下ダムの直上の土地所有者がダムに溜まった水を採取することを禁止することも法的に可能になる[17]。現在，地下ダム（地表から地下へダムの堰堤を縦に建設して，地下水の流れを遮断して，土壌中に地下水を貯蔵し，地上から井戸を掘って，地下水を汲み上げる施設）が造られている沖縄県・宮古島では，私人の土地の下に水を貯めて，公が取水しているが，これはきちんと詰められたものではないが，法律的には土地所有者の権利はこの地下水にまで及ばないことを前提としているのではなかろうか。

土地所有者は地下深く井戸を掘れるから，井戸の届くところの地下水にまでも所有権が及ぶという民法の通説を信奉する者は，地下ダムをどのように説明するのであろうか。地下ダムの建設にいちいち地表の所有者の同意を要するのか。土地所有者は人（自分）の地下に勝手に地下水を貯めるなと妨害排除請求でもなしうるのか。土地所有者にそこまで強い権利を認めるのはいきすぎのよ

(16)　阿部『政策法学の基本指針』(弘文堂，1996年）112頁

(17)　もっとも，宮古島では，実際上は本文で心配するような問題は起きないようである。阿部「沖縄宮古島の地下ダムと地下水」104頁以下＝本書第4部第2章

うに思う。

このように，私見では，井戸や温泉を掘るのは土地所有者の権利ではなく，たまたま地下水のあるところの沿岸者として，それを自由使用している（場合によっては，慣習法上取水権が成立している）と考える。その地下水が地下ダムの建設によって涵養されたものである場合には，河に堰を造った者が取水する権利を有するのと同じで，自然に流れてくる地下水とは異なって，土地所有者にはそれを取水する権利はないのである。

(5)　地下水をすでに取水しているところに大深度地下利用事業を行って，地下水の取水を阻害すれば，取水権が成立していたと解するにせよ，地下水の自由使用を行っていたと解するにせよ，既存の施設を廃止させ，既存の利益を剝奪するから補償が必要である。道路の改築工事のために土地の一部が収用されたことによって，水路へのアクセスができなくなる場合のいわゆるみぞかき補償（土地収用法93条），公有水面の埋立工事によって排水権が妨げられる場合の排水権者の同意（同意取得のための補償）（公有水面埋立法5条3，4号，4条3項1号）は類似の例である。

これに対し，これまで地下水を取水していない者に対し，これから地下水の取水を制限・禁止するのは，基本的には財産権の制限ではなく，公共財の配分を拒否するというにすぎないから，国家が公共の必要に応じて自由に行えるはずである。宮古島では，宮古島地下水保護管理条例（昭和47年条例第16号）により，地下水の採取については，「水源の保護及び飲料水の供給に支障を来すおそれがないと認める場合でなければ」許可してはならないという，飲料水の供給を優先する規定をおいているが，これはそうした地下水公水論の考え方に立っているのである[18]。

そうすると，地下水を取水できるから，土地所有権が大深度に及ぶとはいえず，大深度地下利用事業により井戸や温泉が掘れなくなっても，所有権が侵害されたとはかならずしもいえず，せいぜいのところ，将来の取水の自由の期待が害された程度というべきである。これは，水利権を持たない河川の沿岸の者が，将来取水設備を設けて取水しようとしていたところ，上流の工事のために水量が減って，（あるいは，河川の流域が変更されて）取水できなくなった場合と似たようなものである。

(18)　阿部「沖縄宮古島の地下ダムと地下水」106頁＝本書第4部第2章.

(6)　このような考え方に立てば，大深度地下利用によって地下水の採取が妨害される場合でも，それは，地表の土地所有者に公水たる地下水を配分するよりも，公共事業のために地下を利用させることを優先するもので，国家の資源配分政策と位置づけることができる。そうとすれば，地下水の採取が，大深度地下利用のために制限されても，既存の施設以外については，補償は不要というべきである。それは財産権を侵害するものではない。

これは解釈論であるが，争いが生ずる（というよりも，これまでの解釈に反する）ので，立法的な解決が望まれる。大深度には，そもそも所有権は及ばないということを法令で確認するべきである。それは，立法技術的には，民法207条の「法令による制限」にあたり，憲法29条2項にいう所有権の内容を定めた法律にあたる。

Ⅲ　立法論による所有権の制限

1　論　　点

(1)　私見では，大深度地下には土地所有権は及ばないが，一般には，大深度地下にまでも井戸を掘れるから，所有権は，微弱ではあるが，地下深く及んでいると信じられている。臨時大深度地下利用調査会もその立場で検討を進めているようであるから，以下，私見を離れて，その観点から考える。

前述した土地所有権の及ぶ範囲に関する無限定説と限定説を説明する論述を見ると，論者の真意はともかくとして，民法207条に「法令の制限」という文言があることを忘れて議論しているような錯覚に陥る（鎌田・NBL 412号9頁，414号18頁，伊藤・590頁，茅野・88頁，運輸経済研究センター報告書45頁の論述を見よ）。民法207条を「文字通りに解すれば上は宇宙の果てから下は地球の中心まで及んでいるように見える」といった表現がそれである。

しかし，大深度地下利用構想は，「法令の制限」をつけようという立法論を提示しているのであって，現行法のまま解釈で片づけようとしているわけではない。そこで，地下1000メートルまで掘れば温泉が出るから，所有権が及んでいるといった問題の把握の仕方は的はずれである。ここでの議論は，民法207条の「法令の制限」がないと思い込んだ場合の解釈論よりも，「法令の制限」の意味を明らかにする解釈論及び法令の制限を追加しようという立法論に重点をおく必要がある(19)。そして，もし，法令の制限がない現状では大深度にも所有権が及んでいるとしても，立法論でも大深度地下利用構想を正当化する方法がないのかが肝心の争点である。

(2)　運輸省ほかの各省の案では，大深度地下には所有権が及んでいるが，ほとんど利用されていないので，これを公共事業のために無償で使用できる制度を作ることができるという。

すなわち，運輸経済研究センターの報告書61頁以下はおおむね次のように説明する。大深度地下空間は，現実の利用も，今後の利用の見込みもない地下空間であるところから，ここにおける所有権はあくまで観念的，抽象的なものにすぎないのに対し，国が，緊急の鉄道整備の必要性から大深度地下空間を利用する特権（トンネル敷設権）を公企業に与えることによる公共の利益はきわめて大きいから，公的な利用を優先させる目的でこうした特権を認めることは合理的である。そして，大深度地下におけるトンネル敷設権設定は，事業の公共性と，そこが土地所有者にとって利用の見込みもない空間であることから，憲法29条2項により，本来財産権に内在する制約であり，補償は要しない。

この案では，トンネル敷設権の性質はもう一つはっきりしないが，郵政省案では，同様の立場をとりつつ，大深度地下を利用できる権利は，国が設定する公法上の権利とし，その設定により土地所有権などの行使が制約される効果を付与する制度としている。そして，私法上の権利として構成する立場，都市計画制限にならって，一定の基準に適合する場合にのみ，大深度の地下の利用を許可する都市計画制限に類する制度とする構成を退けている。また，補償の要否については，憲法29条2項の財産権の内在的制約論をあげ，また，3項による場合でも，損失を生じないから補償は不要と主張している。

厚生省の報告書では，土地所有者などにおいて通常利用可能性のない大深度地下空間の利用は，土地所有者の所有権を侵害するものとは考えられず，水道施設の整備という公共目的のために無償でこれを利用することは許されるとしている。

通産省案は，公物説，鉱業権応用説を否定したあと（これについては後述），大深度地下の法的性格を論ずる必要はなく，それを公共的・公益的な施設整備のために優先する領域として法律上設定し，これにより土地所有者による大深度地下への妨害排除請求権はもとより，自らの利用についても，権利調整の円

---

(19)　このことは当然のことであるが，明言するものとして，たとえば，玉田弘毅「地下開発と地下所有権の課題と展望」梅澤忠雄監修『地下空間の活用とその可能性』（地域科学研究会，1989年）135頁以下，野村・ひろば42巻8号79頁

滑化に必要な限度であれば制限を課すことができるという立場である。そして，補償は不要とする。

(3)　しかし，いかにほとんど利用されていないとはいえ，土地所有権が及んでいるとする以上，土地所有者は，一般的には他人の侵入，まして工事・現状変更を拒否できるはずである。たとえば，砂漠や前人未到の高山は利用されていなくても，所有者は所有権に基づいて立入禁止の措置をとることが許されよう。そこで，大深度地下について，国家が第三者に無償で勝手に利用させる制度を作ることのできる理屈は何か，これらの案では必ずしもはっきりしない。もう少し説明と工夫が必要であろう。

私見では，大深度地下には土地所有権は及ばないと（土地所有権の対象から外す。公物化）法律で決め，そこでのトンネルなどの建設を一定の事業者に許容すること（後述２），あるいは，大深度地下の土地の使用権を所有者（その他の権利者を含む）の関与を経ずに補償もせずに所有者から取り上げ，一定の事業者に付与すること（後述３）が憲法上許されないかという角度からアプローチするべきである。２は不適切で，３が妥当という主張が多いが，私見では理論的にはいずれも成立する。

２　大深度地下の公物化

(1)　一つの方法としては，阻害率ゼロになる大深度地下空間には私的な土地所有権は及ばないという趣旨の法律を制定することが考えられる。

（ア）　筆者のように，大深度から地下水を取水することは土地所有権に含まれる権利ではないと解すれば，これは当然のことの確認立法ということになる。

伊藤（607頁）も次のように述べる。大深度地下空間は利益の及んでいない空間であるから，所有権の及んでいない空間である。それは現行法の解釈でも承認されるが，特別法で明定するほうがよい。その際，大深度地下空間の所有権の帰属の関係も，国庫に帰属するものと明記するのか，それとも所有権の効力は大深度地下には及ばないと明記するにとどめ，その結果大深度地下空間も支配可能な不動産であることには変わりはないから，それを無主の不動産と解して民法239条２項により国庫に帰属するものと解釈する[20]のか，いずれも可能と思われる，としている。そして，大深度空間の管理と利用に関する法律を設けることが必要であると。

（イ）　さらに，筆者は，大深度にも地表の所有者の利益が及んでいるとする通説の立場に立っても，右のような立法が憲法上可能であると考える。

憲法29条1項は財産権を保障しているが，財産権の内容は法律で定めることになっており（同2項），財産権を公共のために「用ひ」れば，補償が必要である（同3項）。この三つの項の間の関係は難しい。憲法で保護された財産権の内容を法律で定めるのは矛盾のように見えるので，混乱している面がある。しかし，財産権はすべて法律による定めを必要とし，また，現実にも規定があるので，財産権は本質的に法律依存的権利である。したがって，憲法上保護される財産権とは，法律で内容が定められ，法的権利として保障された財産権を意味すると解さざるをえない（戸波・法セミ466号74頁以下）。そうすると，財産権は法律で制限できるが，民法207条の文理から予想されるように法令で自由に制限できる，というわけではない。財産権の核心部分は憲法上の保障を受けるものであるが，その周辺部分は法律で制限できるというべきであろう。

その境界線の判断は困難であるが，いずれにせよ，大深度地下のように通常利用されておらず，所有者の利益がごく微弱で，土地収用の対象になっても，阻害率がゼロのため補償を得られない(21)空間は，財産権の核心部分ではないから，法律でも制限できないほどの憲法上の保護に値するものではなく，法令によって所有権が及ばないと決めることは，憲法の財産権保障の制度には反しないというべきである。

大深度まで井戸を掘るなどの場合には，土地所有者に，所有権に基づいてではなく，河川の沿岸者の取水の自由と同じ地位において，大深度地下利用を妨げない範囲で許容する制度をおけばよい。

(2)　これに対しては反論があるので，再反論しておこう。

（ア）　まず，大深度地下も民有に属するという一般の前提に立った場合，大

(20)　なお，この考えによれば，大深度地下空間は国有地になるが，従来は一つの不動産と考えられていた地表から地下までの部分を，特別の規定もなく私有地と国有地に分けることは物権法の考えになじまないであろう。そこで，大深度地下空間を国有地とするには特別の法律が必要である。そうした特別法があれば，そこでの利用については，特に公共性の高い事業にだけ許容する制度を作ることができよう。ただ，特別法で大深度地下空間だけを国有地とするとしても，それは通常の売買可能な普通財産ではなく，また，常に公共の用に供している行政財産でもない。普通の国有財産の制度では説明がつきがたいものであることは確かである。

(21)　前回述べたように地下の利用のさいの補償に関してとられている考え方は，阻害率に応じた補償である。その詳細は，宮下・第1章，梨本・7頁以下

深度地下空間一般を国家が管理する公物と構成するには，財産権を制限するので，それだけの公共目的が必要である。ところが，現実に大深度地下利用構想のない地域では，公共目的がないので，法律により財産権を制限する理由にはならない(22)のではないか。

しかし，それは財産権を公共のために制限することができるという憲法29条3項を根拠として制度を設計する場合である。これに対し，ここで述べる理論構成は，財産権の内容は法律で定めるという憲法29条2項に基づいて，大深度地下は初めから民有に属しないと決めるのである。特定の公共事業を念頭において，そのために大深度の土地所有権を制限するのではなく，先に土地所有権の内容を決め，それで土地所有権の内容からはずされた部分について，公共事業に利用させるという順序で制度を設計するものである。したがって，前記の議論はこの場合には妥当しない。

（イ）　また，大深度地下を土地所有権の範囲外とするこうした案に対して，差し当たりの目的は，各種の公共事業の用地を円滑に確保しようという点にあることからすれば，大深度地下一般を土地所有権から切り離すのは過大な制限であるという意見がある（鎌田・NBL 423号29頁，30頁，小高・法律のひろば43巻4号46頁，建設省報告書77頁）。

たしかに，さしあたりの目的からすればそうであるが，私見は，さしあたりの目的抜きに，一般理論的に考察して，大深度の地下の所有権の法的位置づけを行うことによって，結果として，さしあたりの目的も達せられるというアプローチを採っているのである。

---

(22)　たとえば，稲本（不動産学会誌4巻4号50−51頁）は，地下鉄道を建設する緊急の必要から大深度空間一般の私的利用制限を正当化するとは考えにくいし，憲法29条2項は，都市計画による土地利用制限には適合しても，公共事業による社会資本整備というだけで所有権の内容を制限することには疑問があるとする。そこで，大深度地下空間で企図されるそれぞれの開発事業がその目的及び内容において合理的なものであり，強制的な使用権の成立について手続的保障がある場合にのみ，大深度地下空間の公共的利用を許容し，そのことによって土地所有者に経済的損失が生じないかぎり，補償義務を免脱するものとする，どちらかと言えば古典的解決の方がこの種の問題に向いているという。

運輸経済研究センター案（前注(6)69頁）は，大深度地下利用による所有権の制約は内在的なものとして，憲法29条2項を根拠に無補償としているが，建設省案（不動産学会誌4巻4号78頁）は，こうした立論は適切ではないと反論する。この点は，大深度地下公物化の議論をすればクリアーできる。

しかも，私見では，大深度地下空間一般に土地所有権を否定しても，地表の所有者には，前記のように井戸掘削を許すので，土地所有者にとって特に過大な制限にはならないであろう。したがって，この見解には賛成できない。

（ウ）　さらに，野村（ひろば42巻8号79頁）は，大深度地下の所有権を法律で一律に制限できることを認めつつ，その必要があるのは大都会だけで，全国的ではないし，また，数百メートルの深さに及ぶ井戸や温泉利用が行われていることから，一律的な所有権限界を定めることは困難である（この点，稲本・不動産学会誌4巻4号50頁も同旨）という。さらに，大深度地下の深さは地質や地盤の状況などによっても異なるので，その範囲を法律で地表から50メートルなどと一義的に明示することはできないと。

これに対して，筆者は次のように定めればよいと思う。土地所有者は，他の法令によって制限されないかぎりは，土地の地下を建物及び工作物の基礎のために自由に利用することができる。土地所有者の所有権はその基礎に影響が及ばない地下空間には及ばない。ただし，土地所有者は，許可を受けた大深度地下利用事業を妨げないかぎりにおいて，その地下を井戸及び温泉のために利用することができると。土地所有権の範囲をいちいち地下何メートルなどと法令で明示しなくとも，個別の事業の許可手続において，建物・工作物の基礎に影響が及ばない地下空間であるかどうかを判断する手続をおけば，所有権は建築及び井戸の利用という観点に関するかぎり十分に保護されることになる。

（エ）　野村は，この引用部分に続いて，大深度地下の所有権を一律に制限すれば，余りに強い私権制限に踏み切るとの印象を与え，政策的に望ましくないとして，ケース・バイ・ケースで，大深度地下の利用に伴って損失が生ずるかどうかを見ていくのが妥当であるとする。

しかし，前記の私見によれば，土地所有者は，大深度地下利用を妨げないかぎりは井戸や温泉も利用でき，建築も可能であるから，実害はほとんどないので，強い私権制限に踏み切ったなどとはいえない。

⑶　現在は民法学の通説によっても，温泉も掘れない数千メートルの深さ（いわば，超大深度地下空間）には所有権が及んでいないが，今述べたような法律を制定すれば，大深度地下空間は，それと同様になり，さしあたりは，すべて国有でも民有でもない無主の空間になってしまって，誰でも先占して自由使用できることになろう。そうすると，事業者が勝手に掘ったりして，東京・大阪の地下はプロジェクト・ラッシュで大混乱に陥る。そこで，この難点を回避

する必要がある。

そのための方法としては，後述のように，大深度にも私的所有権があって，一定の要件を備えた公共的な事業だけが例外的に私的所有権を制限できるという構成の方がなじみやすいと思っている者が多そうである(23)。また，特定のプロジェクトのために大深度地下空間を利用させる制度を作るときに，大深度地下空間全部を公物だと理論構成する必要もなく，端的に，特定の公共目的のための土地利用の制限と考えればよいという立場もある。しかし，このように他の方法があるからといって，公物説が不適当ということはできない。いずれも成り立つかどうか，いずれも成り立つ場合には，その優劣の検討が必要である。

私見では，そのためには，大深度地下空間を公物化するのが適切であると考える。大深度は私法上は無主の空間（所有権は及ばない）ではあるが，空や海のように，国家が公法上管理する空間であると考えるのである。この説によれば，地下利用のスプロール（無秩序な開発）を防止し，適正な利用秩序（いわば交通整理）を確保する見地から，許可制などでコントロールすることが可能になる。その場合，空中を飛行機が飛ぶのとは異なって，許可権者には地下空間の独占的な使用を認めることになるから，公物（河川，海浜など）の使用規制についていえば，一般使用や許可使用ではなく，特許使用に準ずる発想が必要であろう。これは公有水面埋立権に類似するといえよう。そして，その特許使用権を省庁ごとに与えていたのでは混乱するので，大深度地下国家管理法による省庁横断的な調整が必要である。土地所有権が及んでいないとすれば誰でも使えるのかという問題提起に対しては，このようにして十分に答えることができる。

(4)　運輸経済研究センターの公企業特権たるトンネル敷設権の考えでは，法律に基づき，大深度地下空間を，「土地所有者の利用の見込みがなく，鉄道を敷設しても土地所有者に損失を与えるおそれのない地下空間」として政令で規定し，これを利用する地下利用特権を設定することが可能としている。その趣旨ははっきりしないが，大深度に土地所有権を認めつつそれを第三者に利用

---

(23)　稲本（前注(1)），鎌田（法令ニュース23頁）。また，鎌田は，必要のない大深度地下空間は，当面土地所有者の私的所有権の及んでいる範囲としておき，必要ある部分だけを制限するというほうが実務的にも明確だろうと述べている。

させるというよりも，「法令の制限」内で所有権が及ぶとする民法207条を活用し，大深度には所有権は及ばないと決めて，それを国家が一定の公共事業に利用させるのであろうか。そうすれば，前記の私見と同様になる(24)。ただ，もしこの立場が，大深度地下空間の所有権はすべて制限されるのではなく，公共目的のある範囲内に限るとする趣旨であるとすれば，公共事業が行われる空間だけ所有権が存在しなくなるという奇妙な理論構成になってしまう。大深度は，公共目的があろうがなかろうが，深い海，超大深度の空間（数千メートルの深さ）と同じく所有権が及ばないとして，それを国家が管理することにすべきである。鎌田（法令ニュース23頁）は，大深度地下空間に所有権が乃んでいないという発想になったとき，大深度地下部分について井戸を掘る権限は何かという問題が起きると指摘しているが，その解決は，公物の自由使用としての取水として説明すればよい。

通産省案では，大深度地下を河川や海洋と同様に，その性質上私人の任意の利用に適さず，公共的・公益的利用に供されるべき一種の「自然公物」とする考え方があるとして，この場合，土地所有者はこの公物性を妨げる私権の行使はできないとする。これは大深度にも私人の所有権が残っているが，公物扱いするというので，私有公物，あるいは，民有地が流域の変更や地盤沈下で水没した場合(25)と同様に考えるのであろう。

これに対して，通産省案は，この考え方には，第三者が大深度地下を利用する場合，土地所有者に対する補償問題が依然として残るという問題点を指摘している。また，小高（「新たな都市基盤整備の手法」116―117頁）は，大深度地下につき河川の敷地と同様に私権の行使を制限する方法をとるとしても，現に河状を呈している民有地を河川管理者が管理するためには，当該民有地を河川

(24)　成田頼明『土地問題と法』283頁も，運輸経済センターの案にあるトンネル敷設権について，おそらく，大深度地下空間を土地所有権から切り離し，特別法によって土地所有者の承諾も補償もなしに，行政庁の設権的行政処分に基づいて新たな公法上の権利を設定するというものであろう，また，これは，鉱業権，採石権，漁業権のような物権ではなく，公有水面埋立権や流水占用権のような公法上の権利と考えられるが，登記との関係，移転性・譲渡性の有無，差押え・仮処分との関係，抵当権設定などの可否などはいっさい不明であると論評している。小高「新たな都市基盤整備の手法」121頁もこれに追随する。この指摘の前半は当たっている。後半のうち，移転性・譲渡性は，トンネルの事業を引き継ぐかぎりは認めることにすればよい。そのかぎりで，差押え・仮処分も可能になる。登記は認めた方がよいが，なくても都市計画一般と同じで，土地利用の制限は可能である。

区域として認定しなければならず，大深度地下に同様の認定をするためにはその範囲を特定するという問題をクリアーしなければならないなどの理由をあげて，大深度地下を自然公物的に構想することは，技術的にかなり難しいとしている。

しかし，私見は，大深度地下を海のように私人の所有権の及ばない公物と構成するものであるから，この難点は無関係であり，私見の自然公物説を排斥する理由にはならない。大深度地下の範囲を特定する必要がないことは（2)(ウ)ですでに述べた。

3　公共目的のための所有権制限・大深度地下利用権の第三者への付与

(1)　しかし，大深度地下空間には所有権を及ぼさないという特別立法を制定しないとすれば，土地の権利者以外は誰も大深度地下空間を先占できるわけではないし，国家も勝手にその利用権を第三者に付与するわけにはいかない。それにもかかわらず，土地所有権が及ぶ大深度地下において利用する権利を国が土地所有者から無償で剝奪し，起業者に与える法律を制定できるのか否か，できるとすれば，その根拠は何か，その取得手続をどう設計するかが問題になる。

(2)　まず，これを，公共目的による財産権の制限という理屈で理解する方法がある。類似の例は，民法207条の「法令の制限」として，一般に，鉱業法のほか，狩猟法，航空法，建築基準法，建築物用地下水採取規制法などがあげられる。所有権が及んでいる地下の土地利用を禁止することは，ここでいう「法令の制限」であると考えるのである。

なお，鉱業法は所有者にとっては大変な経済的価値のある空間を所有権から切り離すので，利益がほとんど及んでいないことを根拠に所有権を制限する大深度地下利用構想とは異質の考え方に立っている。したがって，私見では，鉱業権類似説は採らない[(26)]。

---

(25)　海面下に私所有権が存在しうるかどうかに関しては，もとからの海ならともかく，もともと陸地であったものが自然に海没したり，人工的に港湾になった場合にはなお所有権は残る。この私見は最高裁でも承認されている。阿部泰隆『行政法の解釈』（信山社，1990年）15，52頁，最判昭和61・12・16民集40巻7号1236頁。そして，所有権が残るのであれば，それを海の状態で管理しなければならないという点では，民有地も公物としての制約に服することになるが，それを海以外の公共事業のために利用しようという場合には，補償する必要があろう。

こうした制限の際に補償を要するかどうかについては，まずは，類似例である，航空法による建築制限，道路法44条の沿道制限（無補償）をみよう。航空法49，50条によれば，本来の用途地域の指定では建てられる建物が，空港周辺では建てられないように規制されている。この高さ制限は空港という公共性の高い施設による土地利用の制限（公用制限の一種である負担制限）であるが，既存の建物を壊すためには補償が必要（航空法49条3項）であることは当然として，今後の建築禁止に関しては，一定のものを除いて（航空法50条1項，地表から10メートルの高さまでは建築禁止の場合通常生ずる損失の補償が必要である）補償は不要とされている。これは，将来10メートルを超える建物を建てることがそれなりに高い可能性をもって予想される場合でも，補償は不要というのであろう(27)。

高速自動車国道法13条，14条，15条の特別沿道区域は航空法と似ているが，道路法の沿道制限は公物との相隣関係に基づく内在的制約として，補償は要しないと解されている(28)。

大深度地下利用に戻ると，大深度は定義上通常の建物利用には影響を与えず，単に井戸，温泉の利用に影響を与えるのみの地下空間であるが，大深度地下利用が必要な大都会では，その利用は地盤沈下対策のため実際上は制限されていて，ほとんど見込みがない。大深度地下利用によって奪われる利益は，上記の空港（高さ10メートルを超える建物を建てたいこともあろう）や道路の側（最大幅20メートルもの建築制限が行われる）の建築制限と比較すれば，はるかに小さい，確実性の薄い，軽微なものであろう。しかも，市街化調整区域の指定のように土地所有者に大きな不利益を及ぼす制度でも補償は不要とされている。したがって，これには補償は不要と考える(29)。戸波（法セミ466号78頁），石田（14頁）も，その趣旨は必ずしもはっきりしないが，結論として同旨と推察

---

(26)　成田頼明も，鉱業法の例にならい，事業者からの出願に基づいて行政処分により大深度地下空間に物権とみなされる地下利用権を設定するという方式も考えられるが，これは土地所有者の承諾及び補償なしでのトンネル掘削を認めているわけではないし，国・地方公共団体などによってなされる道路開設のような公共事業にはやはり不適当としている（成田頼明『土地政策と法』284－285頁）。

(27)　公共の用に供する飛行場のような，公共の利益に基づく制限は，土地の所有者などの財産権に内在する制約であって，法律で定める場合には補償を要しないという解説がある。山口真弘『航空法規解説』（財団法人航空振興財団，1976年）207頁以下参照。

(28)　道路法令研究会『道路法解説』（大成出版社，1994年）285頁

される。

(3)　しかし，大深度地下利用構想では，土地所有権を制限するだけではなく，第三者の利用に供するので，所有権の制限の発想は必ずしも妥当ではない。鎌田（法令ニュース19頁）は，航空法の土地利用制限と同じように一定の制限を課すことによって補償なしで地下鉄を建設することができるようにしようという発想があったが，土地所有権の行使を制限することと，地下鉄道の施設を敷設するのはちょっと違うのではないかということで，地下鉄を敷設するための権原は何かが問題になったと指摘している。

通産省案では，航空法の制限との関係では，「単なる不作為義務であればともかく，他の利用により侵害された場合においてもなお補償を不要とすることについて説得的であるかどうかを疑問視する意見もある」と記述されている。

航空法の制限を考えると，土地所有者の土地の利用は制限するが，制限された空間を飛行する特別な権利を航空会社に与えるわけではない。そこで，騒音などの公害を理由とする差止め，損害賠償はありうるし，さらには，飛行機が所有権を侵害しているというだけの理由による差止め訴訟もありえないではない。そういう想定される事態についても特段の規定はおかれていない。それは土地所有者と空港ないし航空会社の民事上の関係に任されているのである。そこで，大深度でも同様に，土地所有者に利用制限規定をおき，あとは，大深度地下空間を利用する事業者と地表の所有者などとの民事上の権利関係に任せるという考え方もできる。そして，誰が大深度を利用できるかは，飛行機の航空管制と同様に，別個の規制に任されるのである。

ただ，それでも，空を飛ぶのは自由であり，それによる地上への影響も一過性にとどまるが，大深度地下の利用は永久的であるから，これを同視する上記のような発想が適切かどうかは問題である。

(4)　これに対しては，単に土地所有者の建築の自由を制限するだけではなく，その上空に関し航空機の通過という公の利益のための法定地役権を課す制度を導入すればよい。フランスでは，航空機が私有地の上空を自由に航行できる旨を規定した「航空に関する1924年3月31日法」の解釈としてこうした解釈がみられるということであり，同様の立法を行えばよいのである（伊藤・612

---

(29)　財産権の制限と補償に関しては，一般論として，文献多数であるが，さしあたり，阿部『国家補償法』（有斐閣，1988年）268頁以下

頁)。

(5)（ア）ただ，それでも，航空機の航行とトンネルの建設は違うという見方もありうるので，大深度地下の利用は，土地所有権の1部を所有者から無償で剝奪して，第三者に付与するものという観点から考えよう。これは建設省案に近い考えである。同案では，個別の事業認定により通常の建物利用，大深度地下利用を阻害しないことを確認する場合には補償は不要とされている。しかし，これにも種々疑問が寄せられている。

（イ）まず，石田（ジュリ913号14頁）は，損害が軽微であるからといって，一般的に無補償の権利剝奪が許されるわけではないから，なにがしかの補償を土地所有者に与えるのが妥当という。成田頼明（『土地政策と法』284頁）は，大深度地下にも所有権が及ぶことは否定できないという前提に立って（根拠は井戸の掘削のようである)，土地所有者から区分地上権を設定してもらうか土地収用法の使用に持ち込む方法があるとし，立体利用阻害がまったく考えられない場合には，地表の利用と切り離した定型的・名目的な補償またはゼロ補償とするという案を紹介している。小高（「新たな都市基盤整備の手法」110頁）は，先に紹介したように，民法の基本的立場からすれば，土地所有者の承諾を得ないで，所有者の用益にまったく支障のない空間を利用することは，たとえ所有者の利益を害しないとしても，不可能で，補償が必要であるとする。

しかし，ここでは，明らかに阻害率がゼロの地下を大深度とするという定義をして話を進めれば，損害がないのであるから，そこでは国家が無償で使用権を設定することも許されるというべきである（同旨，戸波・法セミ467号76頁，伊藤・614頁)。また，名目的であれ，補償金を出すとすれば，権利者を確定しなければならないから，権利者の探索，土地の測量，買収交渉など，途方もない時間と労力を要し，大深度の地下利用を構想する意味がない。収用手続を迅速化すれば解決する問題ではないのである。

出される疑問は，むしろ，今提案されている大深度の利用がはたして土地所有者の利用をいっさい妨げないのかという観点からのように思える（平松・法令解説資料総覧97号93頁，98号87頁以下参照）が，それはここでの議論ではない。大都市での井戸・温泉の利用可能性は一般には考慮外とすべきである。

また，「大深度地下空間に限られるとはいえ，補償請求権を法律上否定された土地所有権というのは，一体何なんだろうか。」（平松・法令解説資料総覧98号89頁，同『地下利用権概論』256頁）という疑問も出されているが，それは，地下に鉱業権が設定された土地所有権や，阻害率ゼロとされた山のトンネルのような場合にも起きることである。

大深度を公共事業に利用しようというときに，土地所有者に利用の利益はないから，その部分を地下鉄道などの建設のために無償で利用できるという議論は矛盾であるという意見（鎌田・法令ニュース21頁）がある。たしかに，大深度地下空間は公共事業には利用できるのであるから，利用できない空間ではないが，通常の土地所有者にとっては利用の方法がないのであるから，その開発権を国家が法律によって取り上げることは，矛盾ではない。

なお，鉱業権は土地所有者にとっては大きな経済的利益であるが，国家的な理由で第三者に設定し，土地所有者には補償しない。大深度地下の使用権は，土地所有者にとってはたいした利益ではなく，国家的に重要だと考えると，国家が無償で使用することができるのは当然である。

（ウ）　大深度地下利用権の設定手続は，普通に考えれば収用手続によることになるが，土地所有者などの権利者・関係人の関与する手続を採っても，明らかに補償がゼロであることが確実であることを確認する制度をおいて，大深度地下の使用権を一定の公共事業者に付与する制度とすべきである。これを補償ゼロ収用制度と名づけよう。これはもともと対物的な処分であり，誰が関与しても，結果に変わりはないと考えれば，土地所有者や関係人に収用手続のように丁寧に関与させる必要はなく，土地や物件の測量などはさしあたり不要とし，この地域でこの深さであれば阻害率がゼロかどうかを論じさせればよい(30)。ただ，それでも，財産権を公共のために剝奪する以上，事業認定のような公共性の判断手続は必要である。なお，明らかに補償ゼロになるかどうかが微妙な空間に関しては，一般の収用手続により補償額を決定（ゼロ裁決になることも多かろう）すればよい。この手続の詳細は**四**で後述する。

トンネル敷設権の理論構成が問題になっているが，公共事業のための土地の無償使用権の強制的設定と考えればよい。

---

(30)　野村（ひろば42巻8号79頁）は，2(2)(エ)の引用部分に続いて，ケース・バイ・ケースで，大深度地下の利用に伴って損失が生ずるかどうかを見ていくのが妥当であり，井戸との関係では損失補償問題が生じよう，ビルなどとの関係では，支持層より下の地下に限定して使用権を設定するようにすれば，補償は不要と考えられるとしている。補償不要の点は賛成であるが，ケース・バイ・ケースの点は個々に収用手続で判断するのではなく，本文のような仕組みをつくるべきである。

（エ）　井戸，温泉を掘削する利益は，既存のものを禁止するなら補償が必要なのは当然にしても，新規のものは，大都会ではまず許されないから，通常の土地利用には含まれず，補償は不要と考える。しかし，井戸や温泉を掘るのが一般的な地域で（たとえば，石和温泉の下にトンネルを建設する場合），大深度地下利用事業のために温泉を掘るのが禁止されるならば，地下水が土地所有権に含まれるとする立場ではもちろん，含まれないとする私見でも，慣行上の取水の利益はそれなりに保護されるべきであるから，通常生ずる損失を補償すべきことになろう。この場合の補償額の算定方法には議論がある(31)が，たまたまその大深度地下が公共事業のために利用される結果生じた地価低落分と考えるのが合理的である。地価低落分の判定は，自然公園法の指定などでは判断が困難であるが，この場合には，大深度の土地利用は限定的であるから，同じ地域で，大深度地下利用がなされる土地となされない土地の価格の動向を調べることによって判断できよう。また，土地の買取り補償という方法もある（航空法50条参照）。

この場合の補償手続を収用裁決手続によらせる方法もあるが，それでは土地所有者がいろいろ言い出せば手続に時間がかかって，無駄である。起業者に大深度の利用権を付与する際には，井戸や温泉の掘削の利益を無視して判断する制度をおいて，事業を開始し，もし，井戸や温泉を掘れなくなったから地価が低落したと主張する者がいる場合には，事業を妨げることなく，それに関して別個収用手続あるいは個別の事業法の中で事後に判断する制度（事後補償）をおけばよい。

（オ）　将来，技術の発展により，大深度地下を地表の土地所有者が利用できるようになるかもしれないとか，用途地域の変更や特定街区の指定などで高度利用が行われうることを理由に補償を要するという意見もあるらしいが，規制する時点でその利益が市場価格に反映し，通常保護に値するものになっていなければ，「正当な」補償の枠内には入ってこないというべきである（同旨，建設省案79頁）。将来，土地所有者が大深度を利用できるようになった場合には，その時点で補償せよ（事後補償）という意見もあるようであるが，現時点で補償なしに土地所有権を制限できるのであれば，それは，土地所有権の一部を永久に取得したと同じく将来にわたって効力を有するのである。その旨，法律で

(31)　阿部『国家補償法』282頁以下

定めればよい。これでは土地所有者の協力は得られないという意見（梨本・55頁）もあるが，土地所有者の利益の最大化を図ってきたのがこれまでの土地法制の誤りである。

4　公物管理権の空間的限界

(1)　地表（または浅深度，以下，同様）の公物と大深度の公物が同じ土地の上下に存在するとき，それぞれの管理権はどこまで及ぶのか，あとから設置する方は先に設置した方から公物の占用許可を取る必要があるのかという問題がある。

もともと，道路の管理権は公法上の物権的支配権であるから，土地所有権と同様に地上・地下に及ぶという考えがあった。そこで，民有地の空間の一部だけ高速道路を通して貰った場合にもこの考え方を適用し，その民有地の方が道路占用許可をとらなければならないという意見もあった(32)。

(2)　しかし，これでは，民有地の方は，土地の空間的な一部だけ道路用に貸した（区分地上権を設定した）のに，土地の残りの部分にも道路管理権が及ぶことになって，まるでひさしを貸したら母屋を取られるようなものである。右記の地表と大深度の公物の例でいえば，管理権が競合してしまう。

思うに，道路管理権が道路の上下に及ぶのは，公法上の物権的支配権などという，法律に根拠のない得体の知れない物によるのではなく，道路の敷地の完全な所有権を背景とするからであって，所有権もないのに，道路とした以上，管理権が道路の上下に及ぶとする法的根拠はない。他人所有の土地を道路と決定しても，無効であるから，所有権を背景とせずに，管理権だけがでてくるわけではないのである。

その後立体道路制度が創設された（道路法47条の5）のは基本的にはこの考え方に従ったものであろう。これは道路の区域を立体的に決定すると，道路の管理者は道路の管理をこの立体的な区域内で行い，それ以外の区域は自由な利用領域としたものである。道路法4条の私権制限も占用許可も，この立体的な区域内で効力を有することになる(33)。河川法58条の2以下にも，立体河川制

(32)　磯部力「道路敷地の空間利用」土地問題双書26号（1988年）112頁以下，成田頼明説がこれに近かったことは，同書139頁。これに対する筆者の反論は，本文のほか阿部泰隆発言・土地問題双書26号112，136頁以下。この問題の概観として，磯村篤範「公物管理権の空間的範囲」ジュリ行政法の争点（新版）160頁

度がおかれた。

(3)　大深度には土地所有権が及ばない（あるいは，制限される）という立法をするかぎりは，道路などの地表の公物の下の大深度にも土地所有権が及ばないから，その管理権も及ばず，地表の道路管理者の許可制度などは適用されない。逆に，大深度に道路，河川などの公物が設置された場合，その管理権が当該地下部分をこえて地表に及ぶわけはない。このように，地表の道路の下の大深度に地下道路を建設する場合も，立体的にまったく別個の道路管理権が，それぞれ別個の権原に基づいて存在するのである。これを明らかにするためには，それぞれの管理権の立体的範囲を明定したうえ，ひとこと，大深度地下利用を許可された者は，道路法，河川法，都市公園法などの公物管理法の許可を取ることを要しないという趣旨で，条文上明確にすればよい。これまでも同様の考え方（通産省報告書8頁，運輸経済研究センター報告書70頁，鎌田・NBL 424号29頁）があったが，成田頼明説（同・土地問題と法278－279頁，さらに287頁参照）も最近はこれに近い。

なお，普通財産なら民有地と同じであるから，なおさら，国公有地だという理由で特別のルールをおく必要はない。

Ⅳ　大深度地下利用特権付与手続

1　収用手続との異同

(1)　3の検討によれば，大深度の地下利用特権を土地所有者に断らずに無補償で特定の公共事業者に付与することができる。そのためには，大深度地下の公物化と，大深度地下利用権の第三者への付与という二つの方法がある。

大深度地下の公物化の手法の場合には，井戸，温泉以外の阻害率が定型的にゼロと考えられるところでは，所有権は及ばないが，井戸，温泉を掘る自由は土地所有者に残されていることになる。そして，大深度地下管理法を作って，特定の公共事業者にその利用権を付与することになる。

この手続では，阻害率がゼロかどうかの判断，大深度地下利用の公共性，優先順位，鉱業権・温泉・井戸の掘削権などとの調整（鉱業権との調整につき，成田頼明『土地政策と法』286－287頁参照），安全面・環境面の問題のチェックを

(33)　榊正剛「道路の立体的利用」法時64巻3号28頁（1992年），前注(10)道路法解説336頁

行い，場合によっては，大深度地下の立体的な都市計画を定めることになる。

大深度地下利用権の第三者への付与の方法による場合も，同様の判断が必要である。したがって，大深度地下無償利用のための法的根拠と手続とは関係がないといってよい。

この大深度地下利用権の付与手続についてはⅢ3でも簡単に述べたところであるが，ここで多少本格的に展開する。

(2)　この手続と収用手続の異同を考える。

鎌田（NBL 423号31－32頁）は，土地収用手続を排除する理由が十分あるかを検討している。その理由としては，次の三つが考えられるという。①地価が著しく高騰し，土地負担が増大していること，②緊急な公共施設整備の必要があるのに，土地収用法の手続によっていたのでは，その実現が困難であり，地価の上昇に対する不当な期待によって，この傾向はますます助長されると予想されること，③土地収用法の対象事業以外の事業についても，大深度地下空間の無償使用を認めようとすること。

そして，鎌田は次のように論ずる。しかし，補償額に関しては，阻害率がゼロなら補償なしとした裁決例も存在するのであって，①は土地収用法の適用を排除すべき決定的な理由にはならない。かりに，原則として補償不要という点に着目して土地収用法の適用を排除するとしても，たとえば，補償に関する手続を経ないままに公共施設を設置しうるが，具体的な損失を立証した者に対しては，事後補償を行うなど，土地収用法と同じ原理に基づく特別措置法をおくことを否定する理由にはならない。したがって，ここでは，②，③の点についての政策的配慮が，土地収用法が対象事業の範囲を限定し，かつ，厳格な手続を定めていることの実質的な根拠を覆しうるほどの正当性を持ちうるか否かの判断が必要とされているといえようという。

しかし，この論法には賛成できない。①の点では，地価が高ければなおさら土地収用手続で土地所有者などを保護すべきである。鎌田説は，阻害率がゼロなら，収用手続でゼロと判断してもらえばよいというが，たまたま阻害率がゼロという程度の場合には丁寧な収用手続を要することとしても，定型的に阻害率がゼロの場合も，同じような手続を要するかがここでの問題である。この点，鎌田は，原則として補償不要という点に着目して，事前の収用手続を排除できても，事後補償を行うため収用手続によらせることを考えているようである。

②だけの理由であれば，収用手続を簡略化・迅速化する理由にはなろうが，

収用手続を省略する理由にはならない。鎌田の①，②の議論は，大深度地下利用の場合よりも，通常の地表の土地収用に当てはまるように思う

筆者は，大深度地下利用に関し収用手続を要しない理由を，三で述べたように，その利用が土地所有者の利益を害さない点に求めればよいと思う。また，土地収用の場合には事前補償が原則である（土地収用法95条1項）。土地を取られて，代金をもらえないのでは，代わりの土地を買えずに困ってしまうからである。しかし，大深度地下の使用の場合には，地表の土地は一応普通には使えるのであるから，事前補償が不可欠だということはないので，万一補償を要するようなことがあっても，まず土地の使用を認め，鎌田の述べるように，補償額の争いは事後に行う制度を創設するのが合理的である。

次に，平松（『地下利用権概論』259頁）は，大深度地下利用でも，さまざまな困難はあるにしても，基本的には従来からの手法と経験をもってすれば，現行法でもって対処できないことはないのであり，今すぐ新たな法律を制定しなければならない必然性があるとはとうてい思われないとしている。

しかし，そもそも，土地収用手続は，財産権を強制的に取り上げる関係で権利者を保護する慎重な手続がおかれているのであるが，土地所有権，借地権が細分化されている都会では，手続に必要な測量も，資料の用意も大変で，交渉も時間を要し，収用手続に入る前に時間がかかる(34)。これに対し，大深度地下利用の場合には，土地の利用の制限は実際上はほとんどなく，補償を出さないので，手間暇をかけたコストに見合うだけのものは存在しない。地表の土地収用なら，補償額ゼロということはあるが，それは例外であるのに対し，大深度地下利用の場合には補償額ゼロが通常であるから，後者に収用手続を適用することは無駄な手続で時間と費用を浪費する。収用手続をいかに簡略化しても，同じことである。そして，裁決手続を不要とすれば，その前の延々と続く事前の補償交渉は不要になるから，迅速に進む。なお，大深度地下の使用権設定の際，名目的ではあれ補償を出せという意見があるが，そうすれば，補償手続の費用の方がはるかに高くなってしまう。そういうことは現在でもあるが，例外であるのに，それを一般的な制度とするのも問題である。

成田頼明ほかは，トンネル敷設権の発想に対しては，浅深度では収用手続に

(34)　総務庁行政監察局『公共用地の取得に関する行政監察結果報告書』（1995年），総務庁『公共用地の取得に関する行政監察結果に基づく勧告』（1995年）参照

よることから，土地所有者間にアンバランスが生ずるおそれがある（成田頼明『土地政策と法』283頁。小高・ひろば47頁，稲本・不動産学会誌4巻4号52―53頁も同旨，さらに，鎌田・法令ニュース30頁参照）と批判する。

しかし，このアンバランスは，権利を収用されるか，そもそも補償に値する権利がないかの違いにより正当化できよう。現在でも，阻害率は深くなるほど下がり，結局はゼロになるから，どこかで差がつくのであって，それを目してアンバランスとは言えない。

小高は，この引用論文に続いて，収用手続によるという建設省の案について，大深度と浅中深度の利用権を別個に構成するという矛盾を回避できるとか，地下使用に関する現行の補償基準との整合性をとりやすいという利点があるとする。しかし，別個に構成しても，性質が違う以上矛盾ではないし，現行の補償基準で阻害率がゼロ，補償ゼロとするのと，それを一定の手続で初めから認定して，無補償でトンネル敷設権を付与するのと，そんなに違うのか。整合しないというほどの問題には思えない。

また，地表に近い部分の収用手続は都道府県知事または建設大臣が事業認定し，都道府県の収用委員会が裁決するが，大深度地下利用の場合には建設省案のように建設省管轄にすれば，知事へは権限を降ろさずに建設大臣が判断するであろう。これでは浅深度と大深度の判断権者と手続の整合性は保てない。ここでは，事業認定で行われる土地利用の公共性以外の判断，特に土地利用の優先順位を判断することからすれば，土地収用と一体とした判断が必要だということにはならない。

なお，これらの主張は，建設省の収用手続案を支持するように見えるが，実は，建設省の案でも，大深度地下利用の場合には，収用裁決手続は行わず，単に事業認定手続に乗せるというだけであるから，建設省案によっても，収用裁決手続を行う通常の浅深度の手続との間の右記のアンバランスは解消されないのである。

また，現在でも，山のトンネルは普通は地表の所有者の同意を得ないで掘っている。現在よりも，簡略化しようというのが制度創設の趣旨であるから，それを難しくしてはならない。

2　地表の権利者の参加手続

(1)　したがって，大深度地下利用にさいしては，土地収用法の裁決手続をそのまま適用すべきではない。むしろ，その適用を排除し，大深度の地下利用特権付与手続により，事業の公益性・他の事業に対する優先性のほか，地下の調査により，地表の建物の利用に通常支障を与えない範囲であることを確認すれば十分とすべきである(35)。この手続では，土地所有者などの権利者も，補償請求はできない。浅すぎたり，地盤の関係で，地表の建物利用に影響するような場合には，収用手続によれと主張できることにする（それに応じなかったら違法になる）。

この手続は，現行法の事業認定に合わせて考えれば，単に意見書提出という方法にとどめることも考えられるが，当局には，意見を集約し，それに対して基本的な回答を行うという義務を課すことも考えられる。

(2)　この手続参加権者は大深度地下の直上の土地所有者その他の権利者である。直上の土地の範囲は，地下の事業の計画に照らして，地表で図面に表すことが可能である。地表の土地所有権が争われていたりすれば，誰が権利者かは正確にはわからないし，土地が図面通りでなければ，収用手続では正確に測量を必要とするが，この手続ではそのようなややこしいことは不要と考える。

ここで参考になる制度の説明をする。土地収用法でも，事業認定の段階では，土地が起業地内にあるかどうかは確定しない。それは土地物件調査および調書作成で確定する（平松『地下利用権概論』240頁）。従来，浅深度の地下鉄を建設するとき，地上の土地を測量するのは，土地の買収交渉，地上権の設定の段階である。これは土地所有権を制限して補償をする必要があるからである。

航空法49，50条の土地利用制限の制度では，空港周辺は航空機の安全確保のために一定以上の高さの土地の利用が制限される。それは飛行場の設置の許可申請の際に，進入表面，転移表面，水平表面などが告示されることによって示される（航空法38条3項）。これを見れば，飛行場の予定地とその所有者の氏名・住所は縦覧に供されるが，着陸帯，進入区域，進入表面，水平表面，転

(35)　鎌田（NBL 424号28頁）では，大深度地下使用権を土地収用法とは別個の原理に基づいて構成する場合には，大深度地下空間の指定によって土地所有権が一般的に制限されるのであって，個別的な使用権付与によって，（既存物件の除去を除いて）土地所有権が制限されるのではないから，住民参加手続は，大深度地下空間指定の時に行えばよく，具体的な事業の段階では不要だという説明がある。ただ，私見では，この場合でも，大深度地下空間といった指定をいちいち行わず，個別の事業の許可手続で，建物の基礎への影響が一般的にないことを確認すればよいと考える（前記Ⅲ 2）ので，住民参加手続ないし権利者参加手続は具体の事業段階で行うことになる。

移表面は図面（地図）の上に平面的に示されるだけで，その土地所有者名は明らかにはされない。そして，公聴会では利害関係者の参加を求める（同法39条2項）。ここで，利害関係者とは，進入表面，水平表面，転移表面などの投影面内に所有権などを有する者である（航空法施行規則80条）。誰の権利が制限されるのかは右の図面の地表への投影図によってわかるようになっている。飛行場の設置許可の申請書には，予定する飛行場の進入表面，水平表面，もしくは転移表面の上に出る高さの物件またはこれらの表面に著しく近接した物件がある場合には，その状況を記載した書面を添付することが必要で，これには実測図が必要になる。これは原則として縮尺5000分の1の付近図において示される（航空法施行規則76条1項13号，同2項4号，77条4号）。したがって，すでに物件がある場合には，それが飛行場設置の障害になるかどうかを測量して判断することになる。しかし，まだ，物件を設置していないところで，どのくらいの高さの制限があるのかを，個々に土地所有者などにわかるように教えるようにはなっていない。ただ，実際上は，土地所有者から希望があれば，教えられるのではないかとも聞く。

都市計画決定をするときは，都市計画は総括図，計画図および計画書によって表示される（都計法14条1項）。そして，計画図および計画書における都市計画施設の区域などの表示は，土地に関し権利を有する者が自己の権利に係る土地がこれらの区域に含まれるかどうかを容易に判断することができるものでなければならない（同法14条2項）。計画図は縮尺2500分の1の平面図（都計法施行規則9条2項，ただし，当分の間，3000分の1。附則2項。ただし，実務上は，都市局長の通達（昭和44年9月10日都計発102号）により，できるだけ縮尺の大きい図面により作成することとされている）による。それ以上に，地表の土地所有者の権利を確定するために測量する必要はない。

以上の例を見ながら考えると，大深度地下利用構想の場合には，形式的には利用権の第三者への付与と構成しても，一般的に阻害率ゼロの場合に限定すれば，その実質は都市計画による所有権制限のようなものである。

また，もともと，大深度地下空間では，通常の土地利用は行われず，例外的に井戸を掘るくらいであれば，極めて微弱な権利であり，それを保障するために，その権利の価格とは比較にならない費用の支出を要求するのも社会的に効率的ではない。

さらに，ここで自分の土地の下が制限されているのかどうかを正確に知る必要があるのは，通常の建築の際ではなく，例外的に井戸や温泉を掘る場合である。そうとすれば，大深度の地下利用を行うときに，最初にいちいち地上の土地の測量を行うのは無駄である。実際に土地所有者が井戸を掘ろうという計画を立てた場合に初めて測量し，井戸が大深度地下利用を阻害するかどうかを判断すれば十分である。

そこで，大深度地下利用を行う際には，前述のように，地表の土地の権利関係を正確に測量して図示する必要はなく，どの土地の地下を利用するか，制限するかを都市計画の図のようなものに示せばよいと考える。そして，井戸や温泉を掘るなどの計画を有する者については，その申出に基づき，大深度地下利用を行っている事業者が，その負担で，正確な測量のうえ，その井戸などが大深度地下利用に影響をもたらすかどうかを調査することにする。そして，影響があれば，そのさい井戸の掘削などは禁止すべきである。

(3)　これに対して，意見書提出手続くらいでは，現行法の事業認定と同じで，事業認定庁も起業者も自己の見解を明らかにする義務を負っておらず，利害関係人の権利は守られないという批判がある（平松『地下利用権概論』235頁，245頁）。たしかにそうした問題はあるが，大深度地下利用の制度設計の際は，これまでの制度との整合性も必要であるし，これまでの事業認定の制度を改正するとしても，大深度地下利用による土地所有者の不利益は地表の利用よりははるかに低いから，この段階で大深度地下利用における土地所有者参加手続を強化するべきかどうかも問題である。ただ，事業認定書で，寄せられた意見に対して答えるべきであり，その答えがなければ，事業認定の取消訴訟で争えるので，それなりには事業認定の公益性も担保されるのではないか。

(4)　実は，建設省は土地収用法説ではあるが，建設大臣が事業認定をするだけで，土地収用裁決の手続は省略する案を示している。すなわち，事業認定申請書とその添付書類を一定期間公衆の縦覧に供し，利害関係人の意見書を求める（必要があると認めるときは公開による聴聞を行う）というだけである。したがって，建設省案は収用手続案と誤解されるが，実は事業認定を建設省が行うだけであって，収用手続は行わないのである。

(5)　ここで，土地所有者に通知するか，告示と現場での公示で済ますかという問題がある。建設省案（日本不動産学会誌4巻4号82頁）はこの点詳しく考察しているが，結論として，事業認定の効力自体は，通知ではなく告示によって発生するとするとともに，土地所有者に対する通知は補充的措置として位置づけて，事業者に義務づけることが適切であるとしている。賛成である。

もし，土地所有者への通知を事業認定の効力発生要件とした場合，相手方が多数に及ぶ点はともかくとして，登記簿上の名義人にすればよいのか，真の所有者などの権利者を相手としなければならないのかという問題がある。後者であるとすれば，真の所有者を探索するのに大変な手間暇がかかり，その間違いが事業認定の瑕疵を生じかねない難点がある。しかも，結局は補償しないのであるから，手間をかける価値はない。

(6)　大深度地下利用の手続を，大深度地下の所有権を剥奪するという点に求めれば，手続参加権者は上述のように土地に権利を有する者ということになるが，地下の工事によって安全・環境面での影響を危惧する者にも発言権を与えようというのであれば，その参加権者の範囲は周辺まで広がる。その場合には，その手続のルールは，収用手続から離れ，環境アセスメントの住民参加手続によることになる。

V　事業者相互の調整と優先順位

1　大深度地下利用の公共性の判断

右の手続では，大深度の地下利用の公共性の判定が必要である。建設省案では，これを土地収用法の特例として捉えるので，大深度地下利用の場合の事業認定の要件は土地収用法を若干修正しているだけである。同法では，収用できるためには，収用適格事業として列記された事業に該当し（同法3条），かつ，事業認定（20条）を受けなければならない。この大深度地下利用に関する建設省の案では，収用適格事業としては，道路，河川，下水道，鉄道，その他公共の利益となる事業とされ，事業認定の要件は，①この事業に該当するほか，②事業者が当該事業を施行する十分な意思と能力を有する者であること，③事業が大深度地下において施行されるものであり，かつ，通常の土地利用を阻害しないものであること，④事業計画が土地の適正かつ合理的な利用に寄与するものであること，⑤大深度地下を使用する公益上の必要があるものであること，とされている。そして，この事業の認定は建設大臣が公共用地審議会の議を経て行う。

これをみると，大深度地下利用の場合と通常の土地収用との違いは，③だけである。

他の省庁案を見ると，大深度地下を利用するには主務大臣の認可を要するが，その基準は，①一定の列記された事業（特定社会資本という）に該当し，②これを緊急に整備するために，大深度地下を使用する必要があること，③特定社会資本が大深度地下に存すること，④特定社会資本を設置する空間に除去または移設することが困難な工作物その他の物件が存在しないこと，⑤特定社会資本の設計上載荷重が大都市地域において通常想定される建築物の荷重として政令で定める荷重以上であること，⑥特定社会資本の設計上載荷重が既存の建築物および工作物の荷重以上であること，とされている。

④，⑤は技術的な規定であるし，これでは，大深度地下を使用する根拠は②だけで，あまりにも簡単である。

これを見ると，この手続では，申請された当該事業がそれだけで単独で公共性があるかどうかを判断することになる。

2　調整の必要性

ところで，大深度の地下は，無限の空間のような気がするが，実は，目下のところ経済的に利用可能な深さは，その支持層にもよるが，地下数10メートルから100メートルくらいの間の数10メートルのようであるから，同じ地域で実施可能な事業は限られる。

ここで，各省，各事業者が思い思いに事業を始め，それぞれ自分の事業には公共性があると主張したのでは，混乱するし，先に企画した事業が先に地下を分捕ることが可能である。しかも，地下の利用は一度行えば，永久に変えられないであろう。

そうなるとなおさら，陣取り合戦で，みんないろんな事業をでっち上げる心配がある。後発組は必要性が高いのに，先発組の地下空間を避けなければならず，事業計画に支障を生ずることも起きる。

3　各省協議案

この対策として，これまでの案では，建設省案も他の省庁案も，事前協議により事業者間の調整を行う（最終的には主務大臣間の協議）としている。建設省案によれば，大深度地下を使用しようとする事業者は，共同施行を希望する事業者，主たる事業者が設置する施設によって事業計画の変更が必要になる者等と事前に協議するものとすること，事業者間で協議が整わないときは，主務大臣間で協議するものとすることとされている（他の省庁案も似たようなものである）。

これまでも各種計画案が競合したら協議で解決してきた。新幹線と道路などの利用が競合したら，運輸大臣が建設大臣と協議してきた。都市施設は都市計画決定の段階で調整する。計画が決定されると，いわば先占したようなものであろう。道路や地下鉄，河川などを都市計画決定するときは，嵩上げ式か地下式かを決定する（都計法施行令６条１項１号，４号，施行規則７条２号，６号，この都市計画の図は縮尺3000分の１の図で示されている）。これは平面図であり，どの土地の下を通るかが決まるだけで，地下何メートルの深さを通るかは決まっていない。事業認可の段階の設計の概要も同様に平面図になっている（同法施行規則47条）が，この段階で，実際上は深さも決まっているので，他の事業と競合するときは，協議して調整するということである[(36)]。

4　大深度地下利用事業の優先順位

しかし，筆者としては，大深度地下利用については，単に各省の協議に任せたのでは，総合的な調整が必ずしもなされず，場当たり的に決められて将来困る心配があるので，その調整のルールつまりは優先順位を法定すべきであると考える。

その基本的な考え方としては，当分は，地上や浅深度地下空間に建設するのには時間と費用が巨額に上り，しかも，大深度地下空間に建設する緊急の必要性の高い特別の事業に限って認め，残りの大深度地下空間はなるべく次の世代に残しておくことにする。そこで，事業の公共性として，土地収用法の事業認定の規定が準用されるほか，その優先順位については，たとえば，

①　事業を行う緊急性が高く，かつ，近い将来事業に着手する見込みが高いもの，

②　地表や浅深度地下空間の利用では目的を達成することが困難であること，

③　公共性が高く，他に優先的に大深度地下の利用を認められるべき事業の妨げにならないこと，

といった基準をおき，これを計画段階で審査するようにすべきである。

---

(36)　この交差に関する費用負担などに関しては，建設省道路局路政課監修『《第３次改訂版》道路鉄道交差及び新交通・地下鉄等に関する事務要覧』（ぎょうせい，1995年）がある。

①は陣取りを禁止する趣旨である。

②はまずは，地表や浅深度での問題解決策をそれぞれの所管の縦割行政にとらわれずに，広く考えよという趣旨である。道路，河川，地下鉄など，地表や浅深度の利用では事業の目的を達成できないのかどうかをじっくり検討する必要がある。

③は，同じ大深度地下利用の場合でも，優先順位を定める必要があるということである。新幹線，地下鉄，河川，道路，水道管その他を相互に比較検討する必要がある。

収用法の適用対象事業以外にも大深度地下利用特権を認めようという提案（通産省案など）があるが，民間企業に私権を制限する特権を与えることはできない。財産権の制限の程度が軽微であり，民間でも公益的な事業であれば，これを肯定する余地もあるという意見（鎌田・NBL 424号27頁参照）もある。ただし，大深度地下が所有権の及ばない無主の空間だと捉える立場に立つならば，公有水面埋立ての例にならい，国家がそれを先占し，民間事業者にもそこでの活動を許容する制度を作ることができよう。

しかし，いずれにせよ，民間事業は優先度の点で原則として劣るものであるから，当分の間は認めずに，まずは，大深度地下利用の動向を確認すべきである。さらに，民間事業にこれを認めるならば，公共の空間の私的利用から得られる利益の公共還元策を同時に工夫する必要がある。海の埋立てが利権の対象になった愚を繰り返してはならない。

さらに，こうしていったんは計画が作られても，その後に新しい大深度地下利用計画が作られるときは，既存の計画事業の方も，当該部分の事業が進行するまでは，その路線変更，深さの見直しなども含めて，協議に応じなければならないとすべきである。

なお，大深度の地下の都市計画をつくれという意見もあるが，計画をつくるためには，将来の見通しがそれなりになければならない。しかし，大深度地下の利用に関しては，どのような用途がいつごろどれだけ必要であるかを判断することはおよそ無理である。無理に計画を作れば，必要性が薄いのに陣取り合戦する可能性が高い。当分の間は特に緊急に必要なもののみを認めて，そのうえで将来の姿を判断するのが妥当であろう。

5　判断権者

次に，この判断はどの行政庁の権限とするのが適当であろうか。

もともと，大深度地下利用法案が，関係各省の間の調整がつかずに国会に提出されなかった理由は，収用手続に準じた手続によるという建設省の案と，各省がそれぞれ独自の判断権をもつという運輸省ほかの案が対立して，最後までまとまらなかったためという。

この後者については，自省の所管する特定の公共事業に限定して考える運輸省，厚生省，農水省の構想と，土地収用法の適用対象事業以外にも，公共性を有する民間の産業・都市基盤整備事業を対象とする通産省と郵政省の構想がある（鎌田・NBL 424号27頁）。

この問題は，官僚と官庁の利害が絡むややこしい問題である。筆者などが介入して裁ける問題ではないが，論点を若干整理する。

ノウハウがあり，利害関係のない組織がいちばん良い。しかし，そんな組織はあるのか。建設省はノウハウをもっているが，自分自身が，地下河川，下水道，地下道路などの大深度地下利用のプロジェクトを有しているので，他省庁の事業と自省の事業の競合案件について適切な判断が行えるのかという疑問がある。事業認定で事業の公益性を判断するとき，客観的な立場で判断することは困難であり，少なくとも，客観的ではないという疑いの目をもって見られることだけは確かである。

もっとも，現行法の収用制度のもとでも，建設大臣は，たとえば，国道の建設事業では，右手で事業認定を申請し，左手で認定書を交付するといった一人二役を行っているので，客観的な判断をしているのかと疑惑の目でみられることもある。それにもかかわらず，これでも通用している以上，大深度地下利用の場合でも，建設大臣に判断権を与えてよいという意見もあろう。

建設省は，土地収用法のほかに，他方では都市計画法事業を所管している。この問題を地下の都市施設の設置の問題ととらえれば，建設省関連の権限ということになる。しかし，都市施設の設置に関する都市計画の権限は，都道府県知事にあって，建設大臣はその承認権を有するにすぎない。そこで，大深度地下利用の権限を都道府県知事に任せるのが適当かという問題になる。この問題も主としては東京と大阪で起きるのであるし，それは都市の土地利用の問題であるととらえれば，東京都知事と大阪府知事のもとで調整するという方法が考えられる。それは地方分権化時代の大都市政策としても妥当だという意見もあろう。しかし，全国幹線網や通勤新幹線，高速道路のように，事柄が単に一自治体の内部だけの問題ではなく，他にも関連する広域的な課題の場合には，地方の意見は聴くにしても，そこでストップされないように，中央政府が決定する方がよさそうである。

また，地表の大規模施設でも，現状では都市計画決定を経ていないものも多いから，この大深度地下利用の場合だけ，都市計画決定を要すると定めれば，現行制度との整合性がとれないという難点もある。

さらに，この手続では，事業の優先順位を判断する。そのためには，関係各省から独立した中立的な組織が権限を持つことが望ましい。大深度の地下の利用を将来を見据えて計画的に調整することのできる役所である。その際には，関係事業者の意見聴取の手続を正式の制度としてつくるべきである。根回し，政治力で決めてはならない。

なお，各省がそれぞれ他の省と協議しつつも，それぞれが自分のプロジェクトを認可できるシステムが一般的に導入されるようでは，混乱しやすい。しかし，特に優先順位の高いと認められる事業については，特例として，その省庁に任せるという方法も考えられる。

Ⅵ　その他の問題

1　適用対象地域――都会だけ？

大深度地下利用法の適用対象地域について，これまで出された各省の案はいずれも大都市地域に限るとしている。その理由は，土地所有権を制限するものであるから，その必要性・緊急性の高い地域においてのみ適用されればたりるということのようである。

鎌田（法令ニュース24巻4号26―7頁）は，大都会では大深度を利用する必要性が高く，井戸を掘るといった利用の保護の必要性はあまりないというので，所有権制限が正当化できるが，地方では井戸を掘るなどの必要性は大きくなり，公共事業のために大深度を利用する必要性は低下してくるから，無償で利用できるのは大都市部に限られるというのが今日の大勢だと思うと述べている。ただし，若干の省庁では大都市部に限る必要はないという考え方もなお残っていると聞いているという。

しかし，それでは，山の中のトンネルの適否は従来通りの曖昧な制度のままになってしまう。もし土地所有者が妨害排除訴訟などを提起したりすれば，いちいち相手にしなければならないのは大変な手間である。理論的にいっても，田舎では大深度を利用する必要性は低くても，必要がある事業があれば，それは保護されるべきではなかろうか。大都会以外は井戸を掘る権利がそんなに強いのか。大都会以外は大深度地下利用プロジェクトは滅多にないであろうから，自分の土地の下が利用され，運悪く井戸を掘れないということも少ないし，あればその者には地価の低落補償をすればよいのではなかろうか。

2　トンネルへの加害防止

大深度地下空間にトンネルが建設されたあとから，山とか地表を削って，トンネルの安全性を害してはならない。砂利や販売できる岩石が取れる山の場合，掘っているうちに，トンネルの安全性が害されることがおきる。砂利や岩石が経済的に採算の取れるものである場合には，トンネルの設置のさいに，地上権を設定することが望まれる。トンネルの設置の時点で山を削ることが予想されない場合には，あとで山を削ることを禁止する制度が必要である。これについて，土地所有者への収用手続をおけば，手続簡略化の制度の趣旨に反するし，むしろ，土地所有者から砂利採取法，採石法などの手続をふまえて，具体的な事業計画を添えた申出がある場合にのみ，その山を収用することにし，それ以外の場合には，トンネル建設の決定がなされた時点以降は，トンネルの安全性を害する行為をしてはならないという地下施設との立体的な（三次元的な）相隣関係の制限をおくべきではないか。

道路法44条，高速自動車道路法13条—16条（桜田誉「公物と相隣関係」ジュリ行政法の争点（新版）149頁以下参照）には，従来より横の相隣関係の規定があるが，これを地下空間の管理のために一般化すればよい。実は，立体道路の制度ができ，道路の区域は立体的に（空間または地下について上下の範囲を定めたもの）とすることができるようになった。この場合道路保全立体区域を指定することができる。そして，土地所有者は道路の構造に損害を及ぼす行為をすることを禁止される（道路法47条の5，47条の9，48条）。建設省当局者の解説によれば，この制限は公法上の相隣関係であり，財産権に内在する制約としての公用負担としての性格を有する。道路の有する公共性にかんがみ，原則自由な領域における過度の権利行使を行ってはならないとするものであり，適法な行為に特別の義務を課すものではない。よって，この立体保全区域の指定は，損失補償の対象とはならないと解されているということである(37)。

この種の規定は，地下河川の場合には，平成7年度にできた立体河川の制度にもおかれている（河川法58条の4，58条の6(38)）。

同様の必要は，道路，河川ばかりではなく，地下鉄，新幹線などでも起きるので，より一般的な法律で定めておく必要がある。もちろん，それは新幹線の場合，全国新幹線鉄道整備法の改正でも済むであろう。

Ⅶ　むすび

以上，公共と私の適切な調整，効率的な制度と権利保護などを念頭において検討したものである。大深度地下の利用を適切に行える法制度の早期実現を願って，パソコンを閉じる。

【追記】 その後，2000年に，大深度地下の公共的使用に関する特別措置法が成立した。国土交通大臣が事業者に地下利用の認可を行うと他の者の地下利用が制限されるシステムである。

対象地域は，首都圏，近畿圏，中部圏であり（施行令3条），リニア新幹線が通過する長野県，山梨県は含まれない。

(37)　榊正剛「道路の立体的利用」法時64巻3号29頁（1992年）。ただし，道路法令研究会編著『道路法解説』（大成出版社，1994年）では，補償の要否の説明はない。

(38)　建設省河川局水政課監修『改正河川法の解説と運用』（ぎょうせい，1995年）参照

◆ 第4部 ◆

地下水環境

第1章　地下水の利用と保全――その法的システム（1981年）

◆ I　地下水の利用と障害

1　地下水の資源性[(1)]

地下水は地表水と比べると，①恒温かつ，温泉[(2)]を除いて低温で，工業用水特に冷却水として最適で，②水質が良く，③都市のある平地や台地ではほとんどどこでも採取でき，④一度井戸を掘削すればその後の地下水採取経費はタダ同様に安く，⑤河川水と異なり法規制を受けず，また他の既得水利権と競合しないという，利用者にきわめて有利な特色を持つ。そこで，どこの国でも地下水は貴重な水資源の一つとして利用されているが，わが国は古来地下水に恵まれ，弥生時代から地下水が利用されてきたといわれる。

ただ，かつては技術の未発達から地下水の採取量も微々たるものであったが，大正期に深井戸の掘削機が，昭和30年代に水中モーターポンプが導入されてから地下水の利用量が飛躍的に増加した。現在わが国における地下水採取量は全国で年間約140億立方メートルであり，全供給水量の約16％に及ぶ。用途別の地下水利用状況では，工業用水が全体の半分以上（地下水依存率約40％）を占め，その70％が冷却用水である。タダ同然の地下水をまさに「湯水のごとく」使えたからこそ高度成長も可能だったのである。ついで，農業用水が約4分の1（地下水依存率約7％），生活用水が約5分の1（地下水依存率約24％）となっている。

2　地下水障害[(3)]

高度成長時代，地下水採取技術の発展・水需要の増加に伴い，自然に補給さ

---

(1)　「地下水の保全と利用」時の法令1054号（1976年），国土庁水資源局『水資源便覧昭和54年度』（創造書房）などによった。

(2)　温泉も地下水の一種であるが，本稿の対象外とする。その法的規制は温泉法により温泉源保護と公衆衛生の観点から行われている。

(3)　この項目は主に前注(1)水資源便覧，柴崎達雄『地盤沈下』（三省堂，1971年），ジュリスト582号（1975年）特集「地下水の利用と規制」によった。

れる以上の地下水が汲み上げられた。その結果，とくに昭和30年代から，各地で，地盤沈下をはじめ，海岸近くでの地下水の塩水化（塩害），地下水位の低下による井戸枯れ，地下工事現場やビルの地下室での酸欠による窒息死事故，地下の生態系破壊などの地下水障害が発生し，社会問題となっている。特に，地盤沈下は今日全国で34都道府県58地域にわたり，沈下地域面積は8195平方キロメートル，そのうちいわゆるゼロメートル地帯は1118平方キロメートルに及んでいる。東京都江東区の累積沈下量は最大で約4・6メートルにも及ぶ。まさに，小説を地でいく『日本沈没』（小松左京，1973年）が実現しそうな感がある。この地盤沈下の原因はもともと自然現象と考えられていたが，今日では主としては地下水の過剰採取であることが判明している(4)。

こうした地盤沈下地帯は洪水，高潮，津波等の被害を受ける危険があるほか，排水不良・浸水に悩まされ，建物・橋・ガス管・水道管等に被害を生じている。しかも，地盤沈下は人工的には回復不可能な不可逆的公害である。

さらに，地盤沈下の被害のうち，これによって生じた各種の施設などの被害の復旧等に要する経費（外部不経済）だけを，汲み上げた水量と比較した場合でも，たとえば東京の江東地区で地下水1立方メートル当り230円，埼玉県東南部で250円という値がでており，これは現行の工業用水道料金より一桁高いものになるという(5)。地下水の過剰揚水の社会的費用がいかに大きいかがわかる。

3　法的対応の必要

そこで，地下水の特質を今後とも享受し，その有効な利用を図るとともに，地下水障害を未然に防止し，既然に排除することが必要である。その方法としては，地下水の利用の合理化，利用の規制，防災対策，地下水人工涵養事業などが考えられる。また，野積みされた廃棄物などから汚水が地下に浸透し，飲料水が汚染されることがあり，しかも，地下水はいったん汚染されると回復が難しいので対策を必要とする。法はそのための一つの有力な手段である。

(4)　和達清夫「地盤沈下について」都市問題研究15巻8号24頁以下（1963年）。
(5)　前注(1)「地下水の保全と利用」26頁。

Ⅱ　現行法の地下水対策とその問題点

1　私法的対応

水については古来公水論，私水論が激しく論じられてきたが，地下水についてはもともと土地の構成部分であり，土地所有権の目的物にすぎないとする私水説が一般的であった。土地所有権は法令の制限内に於て土地の上下に及ぶという民法207条がその実定法上の根拠とされる。そこで，明治大正時代は，土地を掘削して地下水を利用することは原則として土地所有者の権利に属するから，そのために他の土地において他人が利用する地下水に影響を及ぼしても，それは法律上許された権利行使の結果であって他人の権利を侵害したことにはならない，というのが主流的判例であった(6)。その後，土地所有者は他人の権利を侵害しない限度においてのみ地下水利用権を有し，その権利行使が社会観念上他人の認容の限度を逸脱すれば権利濫用として賠償責任を負う(7)との判例が出たが，また，反対の判例(8)も出て混乱していた(9)。

戦後は，水道用水として大量の地下水を汲み上げたため近隣の地下水を減少させ，これに海水を混入させ，数十年続いてきた養魚池，菖蒲園を廃業のやむなきに至らせた事例において，地下水は流動するもので，その量も無限ではないから，土地所有者の共同の資源であるとの観点の下に，地下水採取により他人の権利を侵害したことになるかどうかは共同資源利用上の利益の公平かつ妥当な分配という見地から判断すべきものとし，これらの行為を違法としたものが現れた(10)。

2　私法的救済の限界(11)

こうして今日地下水採取により被害を与えれば私法上も損害賠償なり差止め

---

(6)　大判明治38・12・20民録11輯1702頁。その他，神戸地判大正5・9・11新聞1204号31頁等。

(7)　大判昭和13・6・28新聞4301号12頁。大判昭和7・8・10新聞3453号15頁。

(8)　大判昭和13・7・11新聞4306号17頁。

(9)　判例の状況は判例体系民法物権(3)のほか，武田群嗣＝安田正鷹・水に関する学説判例総覧（松山房，1929年），金沢良雄＝三本木健治『水法論』（共立出版，1979年）に詳しい。武田軍治『地下水利用権論』（岩波書店，1942年）220頁は注(7)の大判昭和13・6・28に賛成し，注(8)の大判昭和13・7・11に反対している。

(10)　松山地宇和島支判昭和41・6・22判時461号50頁。

の義務を負うことになると思われるが，私法的救済には公害問題においてしばしば論じられるように大きな限界がある。

第一に，私法的救済はその性質上当事者間の相対的解決にすぎないから，特定の地下水採取が特定人に被害を与える因果関係の立証が可能であることが前提となるが，多数の地下水掘削によりはじめて地下水障害が発生する場合──それが普通である──には，自動車の排気ガス公害と同様原因者の範囲は特定しにくいので，私法的救済が機能しにくいことが少なくない。現に地下水汲み上げによる地盤沈下を理由として地下水汲み上げ禁止および損害賠償請求を求めた例で，地盤沈下による原告の被害が被告の地下水汲み上げによるとは認められないとされたことがある(12)。

第二に，私法上被害の未然防止を図る手段は差止訴訟であるが，被害発生の蓋然性もない段階では活用しにくく，被害発生の恐れがでてきた時はすでに遅すぎることになりがちである。すなわち，私法的救済は地下水障害の未然防止には役立たない。

3　行政規制の導入

予防にまさる公害対策はない。そのためには，地下水の採取を事前に行政的に規制する行政法システムが必要である。戦前も温泉鉱泉に関する地方長官の命令が一部に存在していたが，それはあまりに不備なため地下水立法の必要性が説かれていた(13)。今日では公害対策基本法2条が地盤沈下を典型7公害の一つに挙げており，国法としては，昭和31年に工業用水法，昭和37年にビル用水法（建築物用地下水の採取の規制に関する法律）が制定された。

4　ビル用水法・工業用水法の問題点

この法律は地下水の過剰採取を規制するため指定地域で許可制を置くもので，この点に関する最初の国法である点で意義があるが，他方，地下水採取者の土地所有権ないし産業発展への配慮があまりにも行き過ぎて，法的規制としては

(11)　この問題については，西原道雄「公害に対する私法的救済の特質と機能」戒能通孝編『公害法の研究』（日本評論社，1969年）40頁が有益。

(12)　佐賀地判昭和48・8・31判時725号92頁。これにつき，浅野直人「研究」福岡大学法学論叢19巻1号67頁以下がある。

(13)　武田軍治・前注(9)42頁以下，71頁以下。

きわめて不十分なものである。その実情は次の通りである。

(1) 地下水の過剰採取による障害は採取目的いかんにかかわらず発生するが，この法律は規制対象をビル用水法はビル用，工業用水法は工業用に限定し，バラバラに規制しているのみならず，生活用，農業用の地下水採取は取り上げていない。これは縦割行政に基づく縦割立法だからである（ビル用水法は環境庁，工業用水法は環境庁と通産省）。

(2) 法律の適用は指定地域に限定される。その指淀の要件は，地下水の採取により「地下水の水位が異常に低下し，塩水若しくは汚水が地下水の水源に混入し，又は地盤が沈下している」こと（工業用水法）なり，「地盤が沈下し，これに伴って高潮，出水等による災害が生ずるおそれがある」（ビル用水法）ことが要求されるので，この指定要件を充たした時は地盤沈下はすでに不可逆的に進行している。この法律は単にこれ以上の地盤沈下の速度を緩慢にする以上の効果をもたない。

(3) 地下水障害を防止するためには地下水の総採取量が自然の涵養量を上まわらないよう地下水域毎に安全揚水量を測定し，この範囲内で採取許容量を各揚水機毎に割り当てる必要があるが，現行法は揚水機の深さとポンプの吐出口の口径を規制するだけである。これでは揚水機の数が多い地域では過剰揚水は避け難い。揚水機の深さの規制は，当初浅い井戸のみ規制すれば十分との考えによったが，深い井戸による汲上げも地盤沈下に影響することが判明したので，現状では深さによる一律規制は有効性を失っている(14)。工業用水法の立法過程では井戸間隔を規制する案があり，これは総量規制として有効であろうが，他人の土地にも占有権を認めたことになるとの反論が出て通らなかった様である(15)。

(4) 工業用水法は地域指定の要件として，工業用水道の布設を要求しているので，たとえどんなに地盤沈下が激しい地域でも工業用水道が布設されなければ地下水採取を――既設井のみならず新設井についても――規制できないという欠陥がある。

(5) 地下水採取の許可には条件を附しうるが，条件は地下水の保全又は許可

(14) 産業構造審議会工業用水基本政策部会・地下水対策の基本的な方向について（中間答申）（1975年）32頁。

(15) 前注(3)柴崎・175頁。

事項の確実な実施を図るため必要最小限度に限り，かつ，その使用者に不当な義務を課さないものとして，地下水採取者の権利を最大限尊重している。

(6)　許可基準にみたないものも許可できる抜け道規定（工業用水法5条2項，ビル用水法4条3項）がある。

(7)　緊急の場合に地下水採取の制限を命ずる根拠規定はある（工業用水法14条，ビル用水法10条4項）が，要件が厳格にすぎ，被害防止には間に合わない。

(8)　地下水採取に伴う外部不経済を地下水採取者に負担させる制度がない。

5　自治体の試み

条例・要綱により許可制・届出制等何らかの方式により地下水採取の規制をしている自治体は昭和53年現在で22都道府県，88市町村にのぼっている[(16)]。たとえば，東京都公害防止条例は地下水揚水量の減少・水源転換等の勧告制度，大阪府公害防止条例は一定地域における地下水採取の許可制を置いている。これを前記のビル用水法，工業用水法と比べると，地下水の用途に関係なく一元的規制をしていること，原則として工業用水の整備を条件としていないことの点において地下水保全の観点からは進んだ立法と評価される。

神奈川県秦野市および座間市においては，地下水源保全対策費用に充当するため，市内企業と協定を締結して協力金を徴収している。その概要は**表1**の通りである。

沖縄の宮古島には地下水のみならず島内のすべての水源について一元的に管理し，しかも各種用水のうち飲料水を優先させるという特色ある条例[(17)]が存在する。これは水資源が特に限られている離島の特殊性によるものではあるが，我国の水法の将来のあるべき方向を示すものでもある。

Ⅲ　各種地下水管理法制改革案

すでにみたように現在の法制度は地下水の惹起する障害の対策としては不備である。そこで，現在の法制を根本的に検討し，地下水法を制定しようとする動きが昭和50年前後に各方面から出されてきた。国レベルにおける各種答

(16)　条例運用の実態は前注(14)44頁。

(17)　柴崎達雄ほか「水資源と自治――宮古島の地下水保護管理条例について――」水利科学1975年102号44頁以下。本書第4部第2章。

表１　自治体が地下水採取者から金銭徴収している事例

名称，根拠	目　的	対象者	内　　容	地下水の性質	備　　考
秦野市 （神奈川県） 地下水の保全及び利用の適正化に関する要綱（昭50）	地下水資源の保全と秩序ある利用	平均20㎥/日以上の地下水採取者 （業務の用に供するもの）	○協力金 協定書による 32社 75円/㎥（53年度） ○協力金の使途 地下水保全事業等に充当 （注入井，水田利用により人工涵養） ○総　額 年間 約28,000千円（53年度）	市民に共有にして有限なる資源＝公水	○地下水がほぼ唯一の水源市の上水道も地下水を利用
座間市 （神奈川県） 条例・要綱なし 49.4「水資源利用者協力金」徴収実施	地下水資源の保全	100㎥／日以上の地下水揚水企業	○協力金 協定書による 9社 ○協力金の使途 地下水資源の保全対策の総合的調査研究費用 ○総　額 年間 約10,000千円	――	○地下水がほぼ唯一の水源市の上水道も地下水を利用 ○地下水利用の現況（47年当時） 地下水の上水道利用 3万㎥/日 〃 企業利用4万㎥/日 利用可能量 5～6万㎥/日 ○全工場数　約30社 ○調査研究期間 49～51年度 継続 52～54年度 昭和56年度水位継続観測中

申・研究報告は**表2**，各省庁の法案は**表3**の通りである。この法案については目下内閣官房において調整中である。

これらの案は詳細に検討すると種々差異がみられる(18)が，基本的方向としては，地下水を公水化して，単に地盤沈下のみならず利用面も含めて総合的に管理しようとするものと，地下水の私水性を前提としつつ地盤沈下対策を強化しようとするものがある。

Ⅳ　問題点と今後の課題

ここでこれらの案について個々に詳細な検討を加える余裕はないが，いくつか重要項目をとりあげ，基本的な方向を明らかにしよう。

（18）　前注(3)ジュリスト582号30頁。

表2　各種答申，研究報告

名　称	目　的	対　象	規制対象地　域	規制内容（新規採取）	地下水の性質	金銭的負担	備　考
中央公害対策審議会　地盤沈下部会（環境庁 49.11）	地盤沈下対策→地下水採取規制制度の整備を図る	地下水（温泉，水溶性天然ガスを除く）	指定地域（1号 2号 3号）	許可制	—	地盤沈下防止対策の検討事項として地下水採取者に金銭的負担を課する→地下水採取規制の一手段 地盤沈下対策事業等の財源に充当	○現行2法では地盤沈下防止が十分でないため，発展的改正を図る ○総合的な水に関する法制度確立には更に多くの検討すべき問題が残されている。
古賀試案 自民党治水治山海岸特別委員会利水小委員会委員長（49）	地盤沈下対策	地下水	指定地域（1種 2種）	許可制	—	—	○地盤沈下対策緊急措置法案要綱（試案） ○時限立法 ○政府部内の調整が難行しているための折衷案
地下水管理制度研究会（建設省 49.11）	地下水の総合管理（全国土にわたる地下水利用の秩序化及び積極的な地下水保全）	地下水	国土全域地下水特別保全区域	許可制	公水化	地下水採取料→地下水の調査観測，保全事業等地下水管理費用の財源に充当 上記を除く地下水管理費用の負担は国及び地方公共団体	○地下水利用及び地下水汚染行為等の規制 ○地下水利用の合理化及び河川水利用への転換措置 ○地下水人工涵養，その他の地下水保全
資源調査会（科学技術庁 49.10）	地下水の総合管理 地下水の保全，使用のための総合的法制の整備	地下水	—	—	公水化	—	○長期的視野にたった地下水管理，地下水の人為的涵養の促進涵養における地下水汚染対策措置の必要性 ○地下水域単位の地下水管理とそのための水需要量，地表水，地下水等の計量化
産業構造審議会工業用水基本政策部会 ―中間答申―（通産省 50.11）	地下水障害の防止	地下水（工業用水）	指定地域	許可制	—	工業用水道利用者と地下水利用者との間の経済的負担の平準化（分担金の徴収） 一般的な採取料，採取税徴収は，徴収の根拠と限度が明確でなく，多くの問題点を包蔵している。	地下水対策の基本的方向 ○地下水採取規制の強化 ○工業用水道の建設促進と地下水転換の円滑化 ○工業用水使用合理化の推進と助成措置 ○地下水対策強化のための推進母体（工業用水使用管理組合）の設立 ○地下水位観測体制の確立と地下水涵養の推進 ○地下水対策についての統一性の保持のための方策

表3　地下水法案

名　称	目　的	対　象	対象区域	主たる内容	地下水の性質	金銭的負担	備　　考
地下水保全・地盤沈下防止法案 （環境庁 自民党）	地下水の水源保全 地盤沈下の防止 →地下水採取の規制等	地下水 温泉法 鉱業法 河川法 にかかるものを除く	規制地域 第1種規制地域 （著しい地盤沈下地域） 第2種規制地域 （障害発生，発生恐れ地域） 観察地域 （障害予防要観察地域）	→許可の条件設定 採取量報告義務 採取量削減命令 地下掘削行為の届出義務 →新規＝禁止 既設＝届出・期限付許可 →新規＝許可 既設＝届出 →届出 採取量報告義務	—	—	地下水採取適正化計画 地盤沈下等対策事業計画
工業用水法一部改正案 （通産省）	地下水障害の防止 →地下水使用の合理化 工業用水道への転換措置	地下水 工業用水のみ	新規規制地域 （障害発生，発生恐れ地域） 工業用水道転換地域 （障害発生，工業用水道敷設地域） 工業用水使用合理化地域 地下水使用合理化地域 （障害発生，工業用水要有効利用促進地域） 水需給ひっ迫地域 （工業用水供給不足，要有効利用促進地域）	→新規＝許可 →既設＝許可 工業用水道転換義務 →既設＝工業用水使用計画承認 →既設＝工業用水使用計画届出	—	工業用水使用管理組合内における地下水採取者と工業用水道転換者間の経済的負担の平準化 （賦課金の賦課支給）	現行法 指定地域内の新規採取＝許可 指定地域内の地下水採取の工業用水道への強制転換 工業用水使用管理組合の設置
地下水法案 （建設省）	国土の保全 水資源の適正利用 →地下水の適正保全利用のための総合管理	地下水 河川流水を除く	国土全域 地下水特別保全区域	→期限付許可 地下水利用合理化措置命令 →地下水汚染の禁止 地下掘削行為の許可	公水	地下水採取料 （地下水管理費用の相当の部分を償うもの） 被許可者の損失補償義務	地下水採取権利の譲渡の承認制 地下水保全事業

1　公水論による地下水の総合的管理か私水の公共的制約か

従来の法制度は地下水を土地の構成部分としつつ，その採取が種々の障害をもたらすことからそうした障害を防止するために必要な限度で地下水採取を規制するものであった。諸外国でもこうした私水の公共的制約という考え方に立って法体系を構成しているところが多い。

これに対して，近時地下水を公水化して水の総合的管理の一対象とすべきものとの考え方がある。というのは，地下水は同一の地下に永久に滞留しているものではなく，遅々としてではあれ流れており，大気中・地表・地下・海洋における水文学的循環の一環をなす天然資源である。そして，所有権は土地の上下に及ぶとはいえ，空気は土地所有権の対象ではなく，河川水も現行法では河川敷の所有権から切り離されて私権の対象とはならないとされている（河川法2条2項）ので，地下水も河川の流水と同様に土地所有権から切り離し，国民全体のものと把握すべきであり，その方が水を総合的に管理すべきものとする要請にこたえるからである。類似の立法例としては，未掘採の鉱物を掘採し取得する権利を与える権能を国が有するとする鉱業法がある。こうした考え方はローマ法以来西欧の地下水法制の底流にあるもので，これを基本的に採用した立法例がイスラエル，トルコ，ギリシャのほか，西ドイツ，スイスの州にみられる[19]。国際水法学会の勧告（1976年）も地下水の総合管理を求め[20]，我国でも建設省の地下水法案や地下水管理制度研究会の報告[21]はこの立場をとり，学問的にもかねて地下水の公水化の必要性が説かれている[22]。

この二つの考え方については，第一に実際的にどれだけ異なるかという問題がある。というのは，私水説によっても公共的制約を強調すればある程度の総合的水管理はできるし，公水説によってもすべての水を総合的に管理することは実際上困難を伴うからである。しかし，この二つの考え方は出発点は全く逆であるから，次にみるように，実際的にも異なる結論に達することがあろう。第二に，わが国の現状ではさしあたっては地盤沈下等地下水障害対策立法が必要であって，地下水の公水化立法を全国一律に実施するだけの緊急性は目下認められないであろうが，前記自治体の試み（Ⅱ5）にみるように，地域によってはこれを必要とするところもあるので，地域の実情によっては，地表水も地下水も一体として総合管理する道を開くのが妥当と思われる。

(19)　建設省河川局水政課『ヨーロッパの地下水制度』(1976年)。
(20)　前注(9)金沢＝三本木・244頁。
(21)　前注(3)ジュリスト582号61頁。
(22)　金沢良雄「水法の諸課題」『田中二郎先生古稀記念公法の理論下Ⅰ』(有斐閣，1977年) 1896頁。

2　採取規制の手法と基準

現行法の欠陥や自治体の施策，各種提案に照らすと，つぎの提案が可能であろうと思われる。

⑴　規制対象地域は全国全域とする（地下水管理制度研究会，建設省地下水法案）か，地域指定とするかが一つの問題である。前者では行政体制を全国的に整備することの困難という問題があり，後者では規制地域指定が遅すぎて手遅れになりやすいという問題がある。地下水の採取規制をするのはそれなりの必要性のある地域に限られようから，全国一律規制といっても実際上はある程度は地域を限定する必要があろう。地域指定をする場合は現行法やいくつかの法案にみられるように地下水障害のある地域として指定権者が障害を立証することを必要とすると手遅れになりやすいので，面積当り一定量以上の地下水が揚水されている地域ないし一定以上の揚水施設のある地域などを監視地域とし，少しでも異常があれば直ちに採取規制をすることができるようにすべきであろう。あるいは，規制地域指定の要件を地下水障害があることが明らかな地域といった厳格なものではなく，地下水障害の恐れのある地域という程度に緩和して定めるべきである。

⑵　現行法にみられる用途別地下水規制は原則として廃止して，一本の地下水規制にすべきであるが，現実には関係諸庁とその背後にある利益団体のセクショナリズムにはばまれる。現実の政治力学では妥協は不可避にせよ，各用途毎の特例はなるべく少なくすべきである。

⑶　地下水採取規制のためには許可基準が現実に機能しうるよう定められる必要がある。たとえば，地下水障害が生じることが明らかであると認められるときなどという基準では，行政は地下水採取者の権利を最大限に尊重するため，予防的規制をすることが困難である。また，現行法のように揚水機の吐出口の口径と深さという機械的基準は，適用はしやすいが，安全揚水量を越えて許可する恐れがある。私見では，採取規制を予防的になしうるようにするためには，その要件を地下水障害の可能性があるときというように緩く定めるべきである。さらに，障害のおそれのある地域では，地下水の採取規制は講学上の警察許可的なものから，限られた共同資源の適正配分という見地に立って，各地域毎に地下水利用計画を策定し，安全揚水量の範囲内で各施設毎に地下水採取許容量を割り当てるという計画および計画に基づく配分という手法に切りかえる必要があろう。建設省の地下水管理研究会案（同省の地下水法案にほぼ同じ）では地

下水保全利用基本方針により総合的水需給における地下水への依存量，適正地下水採取量，地下水質の規制基準，地下水保全のための措置等を定めることになっている。国土庁の地下水の保全及び地盤沈下の防止に関する法律案でも地下水採取適正化計画を定める。さらに，許容地下水採取量の用途別配分および既設井と新設井の間の優先順位ないし合理的配分基準が決定されてはじめて採取許可制度は地下水の有効利用と障害防止のために機能しうるものとなる。

この点で，地下水管理研究会案では既設井と新設井の間の利害調整については，井戸の新設により損失を受ける既設井利用者への通知とその者の意見の申し出という制度を構想している[(23)]が，無数の井戸のあるなかで個々の井戸の新設が個々の既設井にどんな損失を与えるかは証明しにくいから，右制度は必ずしも機能しうるものではないと思われる。筆者の見るところ，既設井にある程度従来通りの採取量を保障することも法的安定の見地から必要になるとともに，先に採取を開始したからといって永久に優先的に共同資源を独占しうるのも不合理な話であり，既設井といえども一定期間経過後は新設井と同一条件で地下水資源の配分に参加するものとすべきである[(24)]。その場合，需要が供給（安全揚水量）を上まわると，行政が一方的に配分決定するというのが伝統的な行政手法であるが，それは決め手となる基準を持たないので機能しにくいであろう。

そこで，後述する地下水採取料制度を経済的インセンティブとして位置づけ，それにより地下水への需要をコントロールする制度が構想されてしかるべきである。また，利害関係者の参加による水の配分という手法も，現実には自治体レベルで事実上行なわれているわけではあるが，法制度化すべきである。計画参加による行政決定の手法である。

また，地下水の安全揚水量が既設井の総採取量を下まわるときは，井戸の新設は原則としてすべて不許可にするとともに，既設井の採取許容量を一律に一定比率で削減するか，経済的インセンティブ，代替水源の開発を駆使して揚水量を安全圏内に抑制する施策を講ずべきである。そのためには地下水と地表水の行政による一体的総合的管理が必要である。

---

(23)　前注(3)ジュリスト582号62頁。
(24)　なお，カリフォルニア州における地下水配分の原則について，ショー・サトー「アメリカの水法」法協83巻11・12号（1966年）1528頁。

3　地下水の汚染防止

地下水の汚染を防止する制度としては，境界線より2メートル未満に下水溜，肥料溜を穿ってはならないとする規定（民法237条）があるが，不十分なので，ヨーロッパ諸国によく見られるように(25)，地下水源に近い地域を水保全地域として指定し，一定の汚染源となる活動（ビル建築，墓地・キャンプ場の設置，廃棄物の貯蔵等）を制限禁止するなどの方策が考えられる。右地下水管理研究会案もかかる観点から地下水特別保全区域の制度を置いている。これは新規の利用を禁止するだけでは財産権に内在する制約として補償を要しない場合が普通であろうが，既存の利用も制限禁止するとなるとその理由と程度いかんでは補償を要することになろう。今後検討されるべき課題である(26)。

4　地下水の人工涵養

地下水の人工涵養は，実験中のものが多いが，地下ダムなどわが国でもかなり行なわれつつある。

【追記】 その1例たる宮古島の地下ダムについては第2章で述べる。

これをめぐる法律問題はほとんど未開拓で，今後解明を要する(27)。たとえば，まず，この人工涵養事業により受益する地下水採取者から事業費用を受益者負担金なり地下水採取料の形で徴収する必要があろう。また，人工的に涵養された地下水が隣接地に流れ，隣接地所有者に勝手に汲み上げられることのないよう，近隣での地下水採取規制をすることが必要である。そうすると，地下水の人工涵養のため自己の土地の地下を利用された者が財産権の侵害として補償を求めうるかといった問題も生ずる(28)。

5　代替水源の確保と節水型社会の形成

地下水の採取規制を現実に行なうには地下水への需要を減らす施策が必要である。そのために工業用水道の建設が手厚い国庫補助を受けて行なわれ，工業

---

(25)　前注(19)9頁。

(26)　西ドイツの場合につき，Rüdiger Breuer, Öffentliches und privates Wasserrecht, C. H. Beck, 1976, Rdnr. 223 ff.

(27)　前注(9)金沢＝三本木・178頁以下に詳しい。

(28)　前注(24)サトー・1530頁参照。

用水道は上水道よりはるかに安い。産業界が自分で開発した地下水の利用を規制するのは慣行水利権の合理化の問題と同様難しいので，こうしたアメ的手法もある程度はやむを得ない。しかし他方，水は余っており水資源開発は不要との説[29]もある。水道法制も企業体であるから渇水期を除き水の販売に努力し，節水への意欲は少ない。地下水採取の規制のためには工業用水道建設や新たな水源地確保のような金を使うシステムばかり用いず，節水社会の法システムを構想すべきである[30]。

6　金銭徴収

地下水採取者から一定の金銭を徴収することが社会的に見て公平と考えられる場合があるが，それはその理論的根拠，徴収金の用途などにより徴収できる金額も異なってくる。まず，地下水障害対策（防災事業）に要する費用の徴収という原因者負担金的発想がある。海岸法31条，河川法67条，港湾法43条の3にその根拠規定があるが，多数の揚水施設による長期間にわたる地下水採取によってはじめて生ずる地下水障害につき負担割合を決定することは容易ではないであろう。公害の原因者に公害防止費用を負担させる法的根拠である公害防止事業費事業者負担法では地下水障害対策費用を徴収できる規定はない。これらの点を立法的に整備すべきであろう。

地下水を有効かつ永久に採取するためには公の手による地下水の管理と人工涵養が必要である。それに要する費用を一種の受益者負担金ないし分担金として徴収するシステムも考えられる（地下水管理研究会案）。

さらに，地下水採取者のもたらした障害とか，その者の受益とは直接関係なしに，地表水，水道事業等と地下水の総合的管理という観点から地下水利用をコントロールするため経済的インセンティブ[31]として採取料を徴収するとか，河川水の占用料と同じく，公共の水の使用料として徴収する考え方もある。この考え方では採取料賦課の要件は地下水障害の有無と切り離して自由に定めう

---

(29)　嶋津暉之「つくられた水不足神話」エコノミスト1981年3月24日号54頁以下。

(30)　阿部「環境・国土利用行政と行政改革」法律時報53巻4号120頁（1981年），『国土開発と環境保全』第1部第3章，「節水型社会の法システム」『国土開発と環境保全』第3部第1章，参照。

(31)　阿部「行政法学の課題と体系」ジュリスト731号45頁（1981年）＝『政策法学の基本指針』。

るし，その額も同様であるので，所有権に対する過大な制約となるかどうかは問題にならず，実務上機能しやすいシステムといえよう。しかし他方，これは地下水を土地所有権から切り離し公水化しないと成り立ち難いものであるし，土地所有者の強い反対も予想される。将来は，少なくとも水資源の不足する地域ではこうした考え方を採用することが必要である。

このほか，地下水採取に担税力を見い出して課税対象とする制度もありうるが，それを一般財源化するかぎり，地下水の適正な利用と障害防止にはさほど寄与しないであろう。

7　条例による地下水管理

国が十全な施策を講じない限り，自治体が独自に地下水管理システムを構想する必要があるが，それが条例によって可能かには種々問題がある。

⑴　第一に，国法より厳しい規制を条例ですることができるかについては大阪市の地盤沈下条例をめぐって見解が分かれた[32]。まず，工業用水法が制定されたがビル用水法が制定されていない段階で，条例によりビル用水のための地下水採取の規制をするについては，地盤沈下防止のため必要ある場合に工業用水法と同程度の規制をすることは可能であるとの自治省見解により昭和34年に大阪市地盤沈下防止条例が制定された。

次にこの条例と工業用水法では地盤沈下を防止できなかったので，工業用水法によって使用を許されている井戸も規制対象とすべく条例を改正できるかが問題となった。この問題は排出規制をとっている大気汚染防止法では密集地帯の汚染を防止できない場合に条例により上乗せできるか，というよく争われた問題と似ているが，大阪市は地下水汲上げ規制は条例によりなしうるとし，工業用水法との抵触の点では同法は工業の健全な発展を目的とし，条例は地盤沈下を目的とし，両者は目的を異にするので，抵触しないという見解をとった。しかし，ビル用水法が代りにできたのでこの条例案は結局成立しなかったということである。

そもそも地下水でも地表水でも地域的な特色をもち，全国一律の規制では適切な管理のできないところが少なくない。前記沖縄の宮古島や神奈川県秦野・座間市はその例であるが，工業地帯等揚水施設が乱立しているところも同様で

(32)　ジュリスト437号94頁以下（1969年）。

ある。そこで，国法で地下水の管理を定めるにしても，その地域にふさわしい定めを自治体の工夫により置くことを許容する明示の規定を置くべきであり，解釈論としても，国法の規制は全国の標準的な地域に対する最低基準にすぎないものとして，条例による規制範囲を可及的に拡大する必要がある。国法の制定解釈にあたっても地域の実情にふさわしい解決を妨げないことが望まれる。

(2)　地下水の公水化は法律によってはじめて可能か，自治体の条例でも可能かという問題がある。一つの考えでは，地下水公水化法が制定されていない以上，現行法は地下水を土地所有権の一内容としており，ビル用水法や工業用水法もこれを前提としているから，法律より下位の条例で地下水を土地所有権の内容から切り離して公水化することは法律に違反することになる(33)。

別の考え方では，土地所有権の制限は民法207条が「法令ノ制限内」においてと述べている通り，条例でも可能である。河川については国法の適用を受けない法定外公共物があるように地下水も国法でなければ規制できないわけではなく，むしろ地下水は大河というより小河川みたいなものであるから自治体による規制がふさわしい。国法で地下水を公水化しないから地下水が土地所有権に含まれるというのは，空気公有化法がないからといって空気が土地所有権に含まれるという人がいないことからわかるように，独断である。地下水は国法がなくとも公共のものとみてよい。そのとき公共のものイコール国有ではないから，国法と矛盾しない以上条例で公水化できる。ビル用水法や工業用水法も，地下水は土地所有権の構成部分と確定したとまではいえない。

今後なお議論されるべき論点である。

(3)　条例による地下水採取料徴収の可能性も現実に重要な論点である。ある自治体ではこれを検討したが，諸般の事情で見送ったことがある。地方自治法225条による受益者分担金や法定外普通税としての地下水採取税の新設，水利地益税の活用などが考えられるが，法制度上の制約もあり，簡単には実現できない。地下水の総合管理費用や経済的インセンティブとしての地下水採取料を地域によっては条例により徴収しうるよう法制度を構想することが今後の課題であり，中央の立法者に要請せられるところである。

---

(33)　原田尚彦『行政法要論（改訂増補版）』（学陽書房，1981年）59頁は，地下水の公水化は土地法制の基本にかかわるから法律で規定すべきであるとする。反対説として，前注（9）金沢＝三本木・167頁。

【追記】 地下水保全法は今なお制定されていないが，水循環基本法がようやく制定された。これについては，第4部第3章で触れている。

地下水の公水理論については，第3部第5章二でも説明している。

小澤英明『温泉法　地下水法特論』（白揚社，2013年）は，温泉，地下水に関する法，裁判を総合的に研究している（地下水利用権の法的性格については，34頁以下，370頁）。小澤は，「地下水は，誰かが汲み，所有の意思をもって占有を開始する段階でその者が無主物先占（民法239条）によりその所有権を取得する」（40頁）と述べる。宮﨑淳『水資源の保全と利用の法理：水法の基礎理論』（成文堂，2011年，361頁）は，水利権や地下水などに関する既出の論文を収録したもので，地下水は「汲み上げによって私的支配可能な領域に達するまでは無主の公共資源であり，地下水のコア部分には公共性があるが，土地所有権に基づく私的支配の領域に水が到達したときには，その公共性に土地所有権の私権性（＝財産権性）が覆い被さることにより地下水を採取できるようになる」旨指摘している。

筆者も同意見である。というよりも，筆者も，小澤が影響を受けている三本木健治や金沢良雄などの優れた説を借りているだけである。

なお，小澤（40頁注21）は，私見を注目される文献であるとし，地下水法制を計画に基づく配分という手法に切り換えるなど抜本的な改革の必要性を主張していると紹介しつつ，温泉の場合とずいぶん異なる取り扱いになると思われ，異論も少なくないだろうと言われるが，どのような異論なのかは，明確ではない。私見では，温泉であろうと，地下水であるから，土地の構成部分ではなく，単に河川の沿岸の者が河川水を取水できると同じく，土地所有者が，その土地から手が届く範囲の温泉を取水できるに過ぎない。温泉権というものも，営業のために大量に自由使用で取水しているから，慣行水利権のようになっているだけである。他の利用者との調整が必要になるのは当然で，その調整の原理は，権利濫用という民法的な理論はふさわしくないと思う。

小川竹一には「地下水保全条例と地下水利用権」『環境・公害法の理論と実践』（日本評論社，2004年，61頁以下），「地下水＝地域公水化論」（愛媛法学会雑誌42巻2号1頁以下，2016年）がある。後者は学説判例を整理し，地下水を公水と言うよりも地域公水としている。

第2章　沖縄宮古島の地下ダムと地下水（1985年）

Ⅰ　はじめに

これからの日本では水資源が生命線の一つと考えている筆者はかねて水と地下水問題にも関心を寄せているが，地下に水を貯える地下ダムという新しい方法がすでに宮古島で実験中であると聞いて，興味をそそられ，インタビューに赴いた。以下はそのメモである。主に地下ダムについて調査したが，あわせて飲料水用の地下水保全対策についても若干の知識を得たので，最後に記すことにする。法律問題はほとんどなかったので，素人の見聞録となったが，ご了解を得たい。

なお，調査にあたっては沖縄総合事務局農林水産部土地改良課長上床一義氏，同課企画指導官富田友幸氏，沖縄総合事務局八重山宮古総合農業開発調査事務所宮古支所長下地克己氏，特に富田氏に格別のご配慮をいただいた。「新しい水資源の開発――地下ダム」（公共事業通信社作）という映画の映写，現地案内，資料に基づく説明といたれりつくせりであった。記して謝意を表するとともに，理解の不十分な点はおわび申し上げる[(1)]。

---

(1)　宮古島の地下ダムについては，磯崎義正ほか「地下ダムによる地下水のかん養技術――宮古島実験地下ダムの概要」用水と廃水22巻1号（1980年）17頁以下，相場瑞夫ほか「宮古島における地下ダムの水文挙動」土と基礎31巻3号（1983年）17頁以下，『地下構造物ハンドブック』（建設産業調査会，1989年）364頁以下，農林水産省構造改善局計画部ほか『皆福ダム』（1981年）。地下水一般については，阿部泰隆「地下水の利用と保全」ジュリスト総合特集23号現代の水問題（1981年）223頁以下＝本書第4部第1章，金沢良雄＝三本木健治『水法論』（共立出版，1979年）147頁以下および上記阿部引用文献参照。そのほか，金沢良雄『水資源制度論』（有斐閣，1982年）も有益。最近では金子昇平「地下水の法律問題」駒沢大学法学部研究紀要42号（1984年），細川潔「地下水の利用調整と保全」福岡大学法学論叢92巻1・2・3・4号（1985年）がある。

Ⅱ　農業かんがい用地下ダム

1　宮古島の地層の特質

〔図〕 地下ダム構想

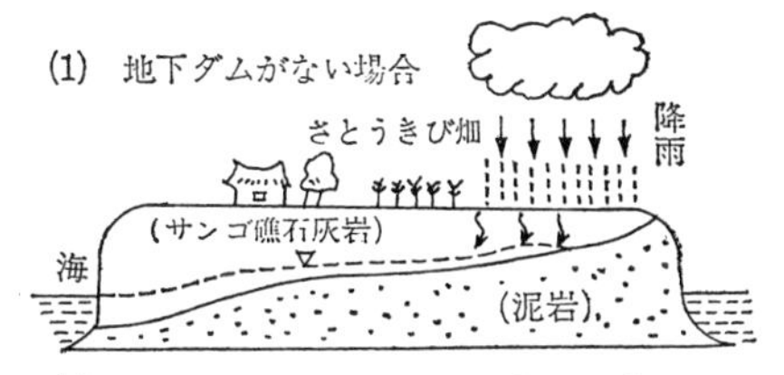

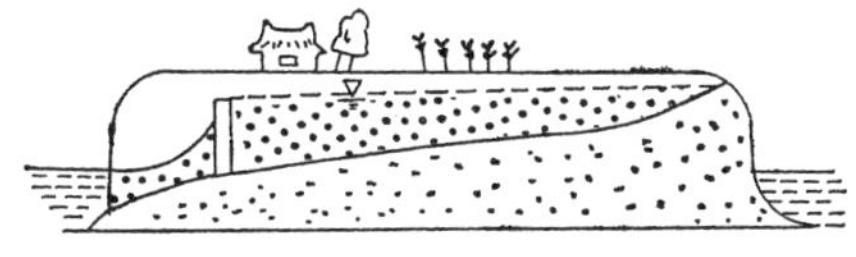

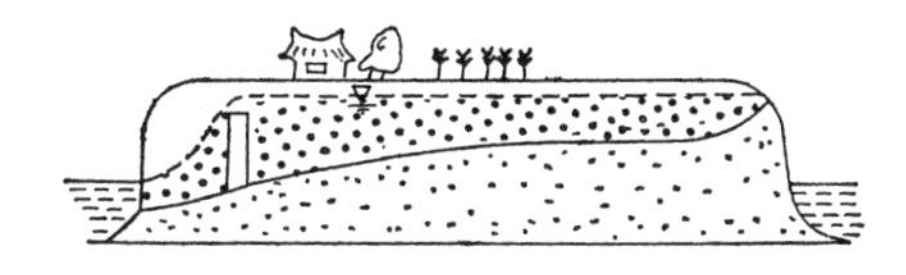

宮古島はサンゴ虫がつくったサンゴ礁が隆起してできた島である。その表土はサンゴ礁が風化した島尻マージという透水性の土で，その下が多孔質の石灰岩になっている。石灰岩にはその体積の10％ぐらいの空隙があり，水を通すが，その下に水を通さない灰色の泥岩（島尻粘土層）があるので，雨水は島尻マージと石灰岩を浸透して，ついで泥岩の上面に沿って石灰岩の中を海の方へ流出し，海岸部で湧泉となって現われる（図参照）。全降水量のうち，地下水流出量は全国平均では10％以下なのに，この島では約50％もある。そのためこの島は年降水量2,200ミリメートルにも達するのにかかわらず，地上には河川がないので，地上のダムは造りようがない。代わりに地下に河川があることになるので，これを利用しようというのである。

2　技術システム

現状では雨水が石灰岩を通って地下を海に流出するので，海岸の近くの地下に止水壁を造る。石灰岩にセメントを流入するなどによりダムの堤防のようなものを地下に造るのである。そうすると，雨水は石灰岩のなかに滞留するわけである。これを汲み上げてスプリンクラーで散水する。

地下ダムの利点としては，（ア）地下に貯水するため，地上のダムのように家屋や土地の水没がなく，ダム地域でも従前同様――ただし後述のような汚染対策を別にして――土地利用ができるし，（イ）ダム自体も破壊や管理ミス等による災害がなく，安全であり，したがって管理の大幅な合理化が可能ということがあげられている。また，（ウ）宮古島のように地上のダムを造りようもないところに造れるという利点もある。

スプリンクラー用の動力としては，風力発電も考えられるが，台風常襲地帯である関係上台風に耐えられるものを造る必要があり，目下ペイしないと計算されている。座間味島で実験的に供給している太陽光発電の方が安いとか，沖縄電力の電気を買った方が安いと見られている。しかし，地下水汲上げにかかる電気代は 10 アール当り年間 1 万円を越すことになり，畑地かんがいによるサトウキビの増加純収益の 2 割程度を占めることになるし，かんがい最盛期が電力の不足する時期と重なりやすいという問題も残る。

地下ダムの先例としては我国では昭和 48 年に建設された長崎県野母崎町樺島の例があるが，堤長 50 メートル，日取水量 200 トン足らずと小規模であるうえ，塩水浸入のため後年に追加工事が行なわれている。宮古島では昭和 54 年に調査用の地下ダムとして皆福（みなふく）ダムが完成した。これが本邦初の本格的地下ダムといえる。なお，このほか，福井県三方町に常神（つねがみ）ダムが建設中である。

右の皆福ダムは実験用だが，これからこのダムを含めて 5 つの地下ダムを宮古島に造る。その総貯水量は 4,280 万トン，有効貯水量は 3,500 万トンで，これは沖縄本島北部の一番大きい水がめである福地ダムのそれぞれ 78%，67% である。宮古の地下ダムの規模の大きいことがわかる。この地下ダムの受益面積は 8,230 ヘクタールで，沖縄県全耕地面積 44,500 ヘクタールの約 20% にも及ぶ。目下は右の地下ダム計画の設計をし，基本計画の案ができている段階である。昭和 61 年から着工し，完成まで 10 年以上かかろう。

3　目的——農業用かんがい

これらの地下ダムは農林水産省の土地改良事業のシステムで，国営宮古地区かんがい排水事業の一環として建設されるものである。専ら農業用かんがいを目的とするものである。なお，宮古島では飲料水用の地下水源は別にある。

この島の主産物はサトウキビである。これはこの島の全耕地面積の 70%，農業粗生産額の 65% を占める。宮古島ばかりでなく，サンゴ礁が隆起してできた琉球石灰岩の島は一面サトウキビ畑である。その理由はこれが干ばつに強いことである。そのほか，これは肥培管理も楽で，害虫に強いし，三チャン農業も可能であるという利点もある。ちなみに，同じ沖縄でも本島北部，石垣島北部，久米島などは国頭（くにがみ）マージという酸性土壌の地で，川もあり，水田もある。ここではパイナップルが広く栽培され，パインの島といえる。

このように，サトウキビは干ばつに強い作物ではあるが，それでも干ばつがひどいと立ち枯れする。1971年にはほぼ100日間も雨が降らず，サトウキビはほぼ全滅した。1984年には40日間雨が降らず，立ち枯れもでたが，皆福ダムから給水したところは助かった。このダムの計画によりサトウキビについては50%の増収を予定している。なお，サトウキビは幹1トン当り21,470円で蚕糸砂糖類価格安定事業団が買上げている。10アール当り5〜6トン生産され，約10万円の粗収入がある。国内価格は国際価格を上まわっているが，国内産は国内消費量を満たしていない状況にある。

このほか，桑やタバコにかんがいすることも考えられているが，桑は生産調整に入っているし，タバコも専売公社（現，日本タバコ産業株式会社）と打ち合せして，これ以上増やせないという悩みもないわけではない。しかし，今後，地下ダムの水を利用することによって野菜や熱帯果樹，花などの生産を増やすことを考えており，これらを本土市場の端境期に東京直行便で空輸しようとする構想もあり，地下ダムによって宮古島農業が大きく変貌することも予想される。なお，この島の土は保水力がないので，水田は全然ない。

4　財政システム

右の地下ダムは国営施設のみで490億円，地下ダム関係の工事費は約260億円，関連事業（ほ場整備等）は570億円ぐらいの予定とのことである。これで3,500トンの有効貯水量のあるダムを建設できるのは安上りのダムということである。皆福ダム自体は実験調査ダムなので全額国庫負担で建設したが，これから建設するダムは土地改良事業のうちの国営かんがい排水事業として，国が85%負担し，残りの3分の2，つまり10%を県が負担し，残った5%を地元（市町村又は受益者，そのいずれかは未定）が負担する（沖縄振興開発特別措置法施行令）ことになっている。

5　運営システム

国営事業でできた財産は専ら国有財産であるが，土地改良事業でつくった財産は土地改良財産として登録され，土地改良区に管理委託するのが普通である。しかし，基幹的なものは県管理とすることがある（土地改良法94条以下）。この事業の管理委託先は決ってはいないが，ファームポンドやパイプラインの管理は土地改良区管理，地下ダムの管理自体は県管理になる可能性が高い。

6　地元合意

地元の期待を担ってやっている。地元に不利なものはないのでみんな賛成である。宮古島の受益者5,000人以上にあたってみたところ，94%が賛成で，残りの6%も反対ではなく，意思未確認にすぎない。

7　地下水汚染対策の要否

地下水は民有地の地下に貯えられているので，地下水汚染防止のためには施肥や農薬散布の規制の必要があるのではないかとの疑問を持ったが，皆福ダムの実験結果では地下水から農薬は検出されていないし，肥料も農業用水としては問題になる状況ではない。また，地下ダムの水が汚染されたら，ダムの底の放水口から水を抜く方法がある。利用目的が飲料水でないので，心配要らないようである。なお，陸上のダムの水は富栄養化したり，腐ったりという問題があるが，地下水中では太陽光が届かず，光合成が行なわれないため，生物作用による汚濁の心配もない。

8　環境調査

目下は実験ダムとして，植生，土壌，小動物，水質，地下水位を調査している。それが変化していたら地下ダムに起因するかどうかを検討する。地下水位は最高でも，地表下3メートルまでにとどめるので，まして地表に水があふれたりしないが，小動物は地表に近いところにしかないし，植物の根も1メートルぐらいしか地下に張らないので，地下ダムは右の諸項目に影響しないであろう。

なお，この環境調査は「各種公共事業に係る環境保全対策について」(1972年6月6日閣議了解）の趣旨にそって，沖縄開発庁と農林水産省が自主的に行なっている。1974年8月28日の閣議決定「環境影響評価の実施について」で出されている環境影響評価実施要綱の対象事業のなかには地下ダムは含まれていないので，この要綱には拘束されない。地下ダムのような新技術は想定していないので，当然ではあるが，地下ダムに関する環境上の資料が蓄積されることによって，地下ダムの環境影響評価の制度化が，いずれ図られる可能性はある。しかし，他の対象事業と比較して，本要綱の対象事業の要件である「環境に著しい影響を及ぼすおそれがある事業」とは言い難い。

このように，地下ダムの環境調査は，開発のための制度化された行政手続きとは，趣旨を異にしており，新技術開発の一環として，その技術が周辺環境におよぼす影響を調査・評価することを目的として実施している。

調査の内容は，水質，土壌，植生，小動物など，とりあえずは，考えられる項目を網羅的に実施しており，いずれは，地下ダムの環境調査の技術指針として，必須項目，選択項目などに分類していくという。調査の成果は，行政側（地下ダム計画を遂行している沖縄総合事務局及び農林水産省）の内部資料として扱われることになる。

9　無断採取対策——地下水公水条例の可能性

一般には土地の所有権は地下水にまで及ぶので，自分で井戸を掘って地下水を吸み上げるのは自由であると解されてきた。そこで，条例では地盤沈下など社会公共に対する支障を防止する観点からこれを規制することはできるが，地下の水を公水と決めるのは財産権の内容そのものを決めることであって，法律によることが必要であるとされてきた。

そうすると，地下ダムの地上の土地所有者は地下水を勝手に汲み上げることが許されるのであろうか。そんなことをされては公費で貯えた地下水が私的に濫用される恐れはないか。あるいは逆に，国は他人の土地の地下を勝手に地下ダムとして利用できるのであろうか。地下の石灰岩層の使用料を地主に払うべきだという問題は起きないのだろうか。

かりにそうした問題があるとした場合，やはり地下水は公水であって，地上の所有権能の範囲外であるという地下水公水論をとるべきではないか。地上の上空でも通常支配していないところには所有権は及ばないし，地表の河川の水も自由使用の限度を越えて利用しようとすると，許可を要し，占用料を納付しなければならない（河川法23，32条）のであるが，地下水も地下ダムができるまではあまり貯えられておらず，地表の所有者が井戸で汲み上げるという状況ではなかったし，また地下水も地表水と同様に流れているのであるから個人の専用に属するとみるのは合理的ではあるまい。したがって，地下水はもともと土地所有権から切り離された河川水と同様であって，これは地域公共のものであり，地域の条例でその汲上げを規制できるのではないか。これと反対の見解は地下水があまり流動しておらず，その重要性も低く，地盤沈下対策さえやれば十分であるという，本土の通常の例を念頭に置いているのではないか。しかし，わが国もきわめて多様な国家であるから，本土の通常の例から，例外を許さぬ一般的な法理をつくるべきではあるまい。例外のない法則はないのである(2)。

一応こうした問題意識を持って現地を訪ねたが，農業かんがい用地下ダムに関する限り無断採取の可能性は現実には存在しないということであった。自分で井戸を掘るならすべて自分の費用でまかなわなければならないが，土地改良事業では井戸どころか散水施設にも補助がつくので，その方が安上りだからである。工場が来たら地下水を大量採取するという問題もあるかも知れないが，幸か不幸か宮古島では工場は誘致しても来ないから，そうした心配はない。しかも，島全体では3,500万トンもの水を貯えるのであるから個人で水を採取しても，たかが知れている。

10　他の地域での応用可能性

地下ダムは宮古島では調査に成功し，これから実施に入る。地下ダム成功の条件は二1に述べたような硫球石灰岩でできた島であるということである。宮古島はこの点条件が良い。硫球石灰石は奄美以南にのみ存在し，本土ではこれと同じ条件のところはない。沖縄本島では規模は小さくなり，効率も悪くなる。目下本島南部や与那国島で地下ダムの可能性を調査中である。地下ダムの適地としては沖縄県全体で30ヶ所程奄美方面で5ヵ所程が明らかになっているということである。

Ⅲ　飲料水源の保護

Ⅱ9で述べたように我国では地下水公水条例は不適法という有力説があるが，宮古島では地下水公水論によらなければ説明できない条例があり，しかも違法として争われることなく，立派に機能している。すなわち，

宮古島地下水保護管理条例（昭和47年5月15日条例第16号）は，地下水及び水源の保護管理を図るとともに，飲料用水の供給を優先するとの前提で，飲料用水，かんがい用水及び工業用水を合理的に確保し，供給することを目的としている。そして，地下水の採取については許可制を置き，「水源の保護及び

(2)　前注(1)阿部231頁＝本書第4部第1章，さらに第3部第5章Ⅱ参照。

飲料用水の供給に支障を来たすおそれがないと認める場合でなければ」許可をしてはならないと定めているのである。その違反には罰金刑が用意されている。

この条例はもともとアメリカ民政府のイニシアチブで制定され（1965年），復帰後もそのまま引きつがれたもので，アメリカの水法に非常に似ているといわれる。市町村はその行政区域内の地下水源を管理する法的根拠を有するのかという疑問は宮古でも存在したが，当時の琉球政府内務局は，この疑問に対して，市町村自治法第２条第２項（地方自治法２条２項と同内容）により管理できるものと解するという答を出している[3]。

解釈論としてはこれだけでは不十分であろうが，いずれにせよ宮古島のように地下水が唯一の水源であり，住民の生活と命の基盤であるところでは，地下水公水論が妥当すべきである。法理論も地域の特殊性に十分配慮したうえで適用されるべきで，全国一律の弊を犯さないよう特に注意を要する。

宮古島の地下ダムは1979年に完成した。宮古島市地下ダム資料館では世界初の大型地下ダムの建設技術や構造，地下水のメカニズムを映像やナレーション等で説明している

(3)　柴崎達雄ほか「水資源と自治－宮古島の地下水保護管理条例について」水利科学102号（1975年）44頁以下，さらに宮古島の水道については宮古島上水道組合・宮古島水道誌（1967年）が詳しい。

第3章　秦野市地下水保全条例，その合憲性とその運用の違憲・違法性（2017年）

Ⅰ　例外的に厳しい秦野市地下水条例と裁判の概要

1　秦野市条例，地下水採取原則禁止，例外許可システムの概要

秦野市地下水保全条例（平成12年3月24日条例第9号。同年4月1日施行。以下「本件条例」という）は，「地下水が市民共有の貴重な資源であり，かつ，公水であるとの認識に立ち」，化学物質による地下水の汚染対策と，地下水のかん養・水量保全施策を講ずることとし，井戸による地下水採取を原則として禁止し，例外的に許可することとしている。これは文理上，水道の給水区域外の個人の井戸までも適用されるような書き方をしている。

すなわち，本件条例39条1項は，『土地を所有し，又は占有する者は，その土地に井戸を設置することができない。ただし，規則で定める理由により市長の許可を受けたときは，この限りでない。』と規定し，このただし書を受けて本件規則19条は，「条例第39条第1項ただし書の規則で定める理由は，次に掲げるとおりとする。(1)水道水その他の水を用いることが困難なこと。(2)その他井戸を設置することについて市長が特に必要と認めるとき。」と定めている。

2　例外許可の相談における市職員の水際作戦の誤り

原告農業者は，被告秦野市の農業委員会及び環境保全課の職員らに対し，秦野市内の原告所有土地（水道の給水区域外）において農家用住宅を建築し井戸を設置することなどを相談したところ，その職員らの説明がいい加減だったため，農家用住宅の建築が遅延し，その間にこの条例が施行されて，井戸の掘削が許可されず，業者の見積もりでは約1300万円もかかる工事により（実際には自分でも作業をしたからかなり節約したが）水道を延々と引っ張ってこざるを得なくなったとして筆者のところに相談に来た。筆者は，訴訟提起前に，秦野市の担当者と面会したら，井戸の掘削許可について，1つ認めるときりがないとして，条例・規則上例外許可基準を満たすかどうかを検討することなく，頭

から水際作戦で拒否したことがわかった。そのような扱い（相談の仕方）は，違法であり，過失があるし，このことは録音している。そして，水道が供給されない地域で生活するためには井戸が必要であるから，個人のわずかな井戸水採取を禁止するのは財産権侵害・生活権侵害である。筆者は，楽勝だと思って，出訴した。

3　説明義務違反を認めた一審判決

(1)　一 審 判 決

横浜地裁小田原支判平成25年9月13日（裁判長　三木勇次，裁判官　中嶋功，金森陽介。判時2207号55頁，判例自治383号9頁）は原告の主張をある程度理解した。

(2)　取水量を制限して許可する趣旨

本件条例は，井戸の設置を全面的に禁止しているわけではなく，「規則で定める理由により市長の許可を受けたとき」には井戸の設置が認められるとしており（本件条例39条1項ただし書），これを受けた本件規則は，「水道水その他の水を用いることが困難なこと」及び「その他井戸を設置することについて市長が特に必要と認めるとき」を例外的許可事由としている。そして，本件規則20条が，井戸設置許可申請書に「地下水の使用目的」及び「1日当たりの最大揚水予定量及び年間揚水予定日数」を記載することを要求し，本件条例39条3項が，市長が本件条例の目的を実現するために必要と認める条件を付した上で井戸設置を許可することもできるとしていることからすると，本件条例は，取水量を制限した上で井戸設置を許可することも前提としていると解される。なお，本件規則が「水道水その他の水を用いることが困難なこと」を例外的許可事由としているのは，「水道水等を利用することが容易である場合には地下水の保全を優先して井戸の設置を禁じる趣旨にすぎず，取水量を制限すれば水量保全の目的を達成できる場合においても井戸の設置を禁止する趣旨ではないと解される。」

「以上のとおり，本件条例39条は，井戸設置の例外的許可事由を具体的に定めており，水量保全の目的を達成できる限り取水量を制限した上で井戸設置を許可することも前提としていると解されるから，その目的に照らし，規制手段が必要性又は合理性に欠けるということはできない。」

(3)　許可される可能性が低いとの説明は誤り

「上記のとおり，本件条例は，取水量を制限した上で井戸の設置を認めることを前提としているのであるから，原告が個人で井戸を利用しようとしていたことに照らせば，少なくとも取水量を制限すれば井戸の設置が認められる可能性は高かったといえる。

そうすると，原告から相談を受けた職員Aとしては，原告に設置予定の井戸の仕様書を提出させるなどした上で環境保全課に持ち帰り，取水量を制限した上で井戸の設置を認めることができないかを具体的に検討する義務があったというべきであり，そうした検討を何ら行わず，原告に対し，井戸設置が許可される可能性は非常に低い旨の誤った説明をしたことは，職務上尽くすべき注意義務に違背しており，国家賠償法上違法であるというほかない。

なお，職員Aは，……許可の見通しは非常に低いと説明したばかりか，具体的な水道敷設の方法についてまで提案し，勧めている。……上記のような説明を受けた原告が，正式な許可申請をしても許可の見込みはないと判断して申請そのものを断念することは無理のないところであって，上記事情はAの説明が違法であるとする判断を左右するものではないというべきである。」として，原告の請求を一部認容した（アンダーラインは筆者）。

(4)　私　見

水量保全の目的を達成できる限り取水量を制限した上で井戸設置を許可することも前提としていると解されるという点は大口取水者については妥当である。ただ，給水区域外の原告のわずかの井戸水については取水量を制限してもほとんど意味がないので，両当事者とも主張していないところで，論点を理解していないと，原告は吃驚していた。

それでも説明義務違反を認め，一部勝訴であったので，まだましであった。

4　高裁の論点外しによる想定外の敗訴

しかし，高裁（東京高判平成26年1月30日判例自治387号11頁，裁判長　貝阿彌誠，裁判官　定塚誠，岡山忠広）が論点を理解せず，全面敗訴してしまったのである。

すなわち，許可申請等に係る事前相談を受けた地方公共団体の職員は，条例や規則の内容について，一見して憲法や法律に違反していることが明らかであるような例外的な場合を除き，その条例及び規則が有効であることを前提として，その条例，規則等の内容や相談者から聴取した不確定な事実関係などに基づく概括的な説明を行えば足り，右職員は，事前相談を受けるたびに，対象とされる条例や規則などが違憲又は違法ではないかについて調査検討すべき義務を負わないなどとして，原告が全面的に敗訴した。最高裁（第二小法廷　平成26年(オ)第668号，平成27年4月22日決定）では，三行半で上告棄却・上告不受理になった。原告は訴訟費用確定裁判で16万円以上の追加出費を余儀なくされる追い打ちを受けた。

しかし，前記の通り，原告は，給水区域外で，水道を敷設することが「困難」であるから，例外として，許可してほしいと相談したのに，秦野市の職員により，水際作戦で，一切の例外を認めないとして，追い返されたので，やむなく高額の費用と労力をかけて遠方から延々と水道を引っ張ってきたのである。したがって，「困難」に当たるかどうか（規則の当てはめ）を検討することなく許可されないとして断わられたことが違法であり過失があると主張したものである。これが本来の論点である。高裁判決の言うような，条例や規則などが違憲又は違法ではないかについて調査検討すべき義務を主張したものではない。このことは一審裁判所では理解していたのである。原告の主張と一審判決を完全に無視して，誤解されるなんて，筆者は，依頼者とともに，まことに悔しい。

これは一回結審であった。また，期日前の裁判所からの照会に対して，こちらから条件によっては和解に応じる旨を回答していたにもかかわらず，話合いの場の設定すら行われなかった。もし高裁に，もう少し双方のやりとりを見ていただいたり，和解の場を設定していただいていたら，こんな誤解も生じなかったのではないか。

5　本稿の課題

筆者は，この高裁判決は，論点の取り違えとして批判してきた(1)(2)が，それはどういうことか，拙稿の読者からは，もっと詳しく説明せよとの指摘も寄せられている。そこで，本稿でこれに答えたい。

この高裁判決のおかげで，例外許可をすべきかどうかを検討することなく，

---

(1)　水野泰孝弁護士との共同代理。ただ，本文の文章は基本的には筆者が作成したものである。

(2)　阿部『行政法再入門 下〔第2版〕』（信山社，2016年）280頁，同『行政の組織的腐敗と行政訴訟最貧国』（現代人文社，2016年）44頁。

窓口で全て追い返す運用は今後もなくならないであろう。そのような運用は，今度は違法とされるように，警告を発しておく必要がある。

原告はあまりにも真正直な人で，役所はまっとうな話なら聞いてくれると信じて相談に行き，ダメと言われたら，見積もりでは1300万円もかかる工事負担をやむなく自ら負う人であった。しかし，現実の役人は，自ら適切に運用すべき規則の定めである「困難」かどうかをまじめに検討せず，すべて門前払いにするという安直な行動に出て，裁判ともなれば，あれこれ屁理屈を考えるのである。こんな役人は要らない。善人が裏切られたのである。庶民は役人に相談すると，こんな目に遭うから，相談などせずに，勝手に井戸を掘れば良かったのである。処罰規定はあるが，罰金だけである。検察官が果たして起訴するか，本件の高裁判事のような検察官でなければ起訴しないだろうし，起訴されても罰金なら払った方が良い。撤去命令の規定はある（42条）ので，代執行される可能性はあるが，むしろ，この命令の取消訴訟，代執行の段階で，「困難」に当たるとして，争ったら勝てたのではないか。

さらに，本件条例の合憲性は，本件の解決のためには本来不要であるが，高裁判決はこれに重点を置き，条例による地下水採取規制を許容している。新判例であるが，その理論はいささか不備であるので，一応取り上げておくべきものである。

なお，これについては，少なくない判例解説がある(3)。当事者である筆者としては，判決文だけからの理解には限度があると感ずるところである。また，この事件では，農家用住宅の建設に関する誤った説明も大きな論点であったが，本稿では取り上げない。

以下，理解を容易にするために，原告農業者は附帯控訴人，上告人であるが，原告と称し，秦野市は被告であり，控訴人，被上告人であるが，秦野市として統一する（判決文中の言葉も同じ）。

---

(3)　丸山敦裕・新・判例解説 Watch（法学セミナー増刊）15号31頁（2014年）。
楠井嘉行，石田美奈子・判例地方自治388号6頁（2015年）。
實原隆志・ジュリスト臨時増刊1479号26頁〔平成26年度重要判例解説〕（2015年）。
山村恒年・判例地方自治391号12頁（2015年）。
加藤祐子・早稲田法学90巻4号151頁（2015年）。
松本明敏『平成26年行政関係判例解説』（ぎょうせい，2016年）224頁。

◇ Ⅱ　条例による地下水採取規制は合憲か

1　一審判決

(1)　財産権制限の合憲性判断の基準

「財産権に対する規制が憲法29条2項にいう公共の福祉に適合するものとして是認されるべきものであるかどうかは，規制の目的，必要性，内容，その規制によって制限される財産権の種類，性質及び制限の程度等を比較考量して判断すべきものである（最高裁判所平成14年2月13日大法廷判決・民集56巻2号331頁参照）。」

(2)　目的の正当性

「本件条例39条が井戸の設置を原則として禁止する目的は，『地下水をかん養し，水量を保全することにより，市民の健康と生活環境を守ること』であるところ，水が人間の生活に欠かすことのできない資源であり，秦野市が市営水道の水源の約75パーセントを地下水に依存しているという現状に照らせば，このような目的自体が正当性を有し，公共の福祉に適合するものであることは明らかである。」

(3)　規制の行きすぎ

「次に，規制の内容等についてみると，同じく水量保全等を目的とする『工業用水法』及び『建築物用地下水の採取の規制に関する法律』が，ストレーナーの位置及び揚水機の吐出口の断面積等を規制し（工業用水法1条，3条，建築物用地下水の採取の規制に関する法律1条，4条），もって取水量を制限することによって上記目的を達成しようとしていることに照らせば，こうした制限を課すことによって水量保全の目的は達成することができるといえるから，これらの法律と異なり，本件条例が井戸の設置自体を原則禁止していることに鑑みると，そのような規制は財産権を必要以上に制限するものとして憲法29条2項に反する疑いが強いといわざるを得ない。」

2　高裁判決

(1)　財産権制限の合憲性判断の基準

「法律による財産権の規制が憲法29条2項にいう『公共の福祉に適合する』ものであるか否かについては，そもそも，財産権を規制する目的には，社会公共の便宜の促進，経済的弱者の保護等の社会政策及び経済政策上の積極的なものから，社会生活における安全の保障や秩序の維持等の消極的なものに至るまで種々様々なものがあることから，規制の目的，必要性，内容，その規制によって制限される財産権の種類，性質及び制限の程度等を比較考量して決すべきであり，裁判所は，立法府がしたそのような比較考量に基づく判断を尊重すべきものであるから，立法の規制目的が前示のような社会的理由ないし目的に出たとはいえないものとして公共の福祉に合致しないことが明らかであるか，又は規制目的が公共の福祉に合致するものであっても規制手段がその目的を達成するための手段として必要性若しくは合理性に欠けていることが明らかであって，そのため立法府の判断が合理的裁量の範囲を超えるものとなる場合に限り，当該規制が憲法29条2項に違背するものとしてその効力を否定することができるものと解するのが相当である（最高裁判所大法廷昭和62年4月22日判決・民集41巻3号408頁参照。）。」

(2)　条例による財産権の内容の規制も合憲

「そして，条例もまた，憲法94条によって認められた自治立法であり，法律と同じく民主的議会制度に基づく法制定形式であることからすれば，財産権の内容を『公共の福祉に適合する』ように条例によって規制することも可能であると解すべきである。」

(3)　地下水保全のための秦野市の取組み

「秦野市が位置する秦野盆地は，その地下構造が，丹沢山地から流れ込む雨水や盆地内の雨水を貯めておく天然の水がめとなっており，明治時代から同地域の近代水道の給源として利用されていたこと，昭和30年代中頃以降，この地域に多くの工場が建設されて地下水が利用されるようになり，昭和40年代には，水需要の増大によって水圧不足や一部断水という事態が発生したり，地下水揚水量が自然かん養量を超え，水位の低下や一部井戸の枯渇が生じたりしたこと，このような状況を受けて，」秦野市は，……専門的調査を行い，……昭和45年の盆地地下水の水収支は1日当たり1000立方メートルの赤字，すなわち地下水のかん養量を取水・流出量が1日当たり1000立方メートル上回っていることが明らかとなったこと，そこで，秦野市は……昭和48年に「秦野盆地に貯留する地下水は市民共有にして有限な財産である」との考え方に立脚して，環境保全条例……，平成5年に地下水汚染の防止及び浄化に関する条例を制定し，「平成12年4月には，これらの条例を発展的に廃止して，秦野市環境基本条例を制定するとともに，地下水の量の保全をするための本件条例を制定したこと，本件条例では，地下水を「市民共有の貴重な資源」である「公水」として位置づけ，既設井戸の届出や新規井戸の掘削原則禁止を定めるとともに，地下水のかん養などについて定めていること，秦野市は，本件条例3条に基づき，平成15年3月に秦野市地下水総合保全管理計画を策定し，自然の水循環系を人為的な水循環系で補う施策により地下水を総合的に管理し，この施策の進捗状況について，年度ごとに，秦野市の環境基本計画に基づく環境報告書において公表していること，このような秦野市の昭和40年代ころからの秦野盆地に貯留する地下水の保全のための様々な積極的な取組みにより，秦野市においては，昭和57年ころまでは市営水道の水源の約8割を地下水に依存し，その後も現在に至るまで市営水道の水源の約7割を地下水に依存しているところ，秦野市における地下水の給水原価は，神奈川県企業庁から購入する県水の給水原価をはるかに下回っており，秦野市における水道料金は，全国の人口10万人以上30万人未満の規模の地方公共団体で比較した場合，平成12年から同22年まで，全国第1位の低料金となっていることがそれぞれ認められる。」

(4)　目的の審査

「これらの事実を前提として，本件条例39条1項及びこれを受けた本件規則19条による井戸設置規制が憲法29条2項にいう『公共の福祉に適合する』ものであるか否かにつき，規制の目的，必要性，内容，その規制によって制限される財産権の種類，性質及び制限の程度等に基づいて検討する。

まず，この井戸設置規制の目的は，秦野市が位置する秦野盆地の地下に存在する地下水を，私的な井戸の無秩序な掘削による無計画な取水によって水位低下が生じることを防ぐことにあると解されるところ，秦野市は，秦野盆地の地下構造が永年にわたる自然の力によって天然の水がめとなっているという地域的な特殊性に応じて，これを秦野市の住民等に供給する水道水の主要な給源として計画的に利用するため，昭和40年代ころからの研究の成果を踏まえて，昭和48年に『秦野市環境保全条例……』を制定するなどして秦野市の地下水の保全を図り，その後も地下水の水質と水量を保全するために各種規制や施策を行ってきたのであって，上記の井戸設置規制の目的は，このような秦野市の地下水を保全して計画的に利用するという公益的施策の目的に沿った合理的なものであるということができる。」

(5)　制限の程度は合理的

そして，「本件条例及び規則の内容は，井戸の新たな掘削は，水道水その他の水を用いることが困難なとき，その他井戸を設置することについて市長が特に必要と認めるときを除いては，原則として禁止するというものであるところ，そもそも地下水は有限であることはもとより広い地域にわたって流動するものであるから，井戸掘削による取水は，自らの土地の地下のみならず幅広い範囲の地下水に影響を及ぼすものであって，現に前記のとおり，秦野盆地の地下水は，昭和40年代には，揚水量が自然かん養量を超え，水位の低下や一部井戸の枯渇が生じたり，水圧不足や一部断水という事態が発生したのであることに鑑みれば，秦野市が，専門機関への委託調査によって得た具体的な分析結果などを前提として，地下水のかん養のために必要な措置として，特に必要がある場合を除いて新たな井戸掘削を禁止したことは，必要かつ合理的なものであるといえ，また，水道水その他の水を用いることが困難なときその他井戸を設置することについて市長が特に必要と認めるときには，新たな井戸掘削を許容する余地を残しているのであって，その制限の程度が合理性に欠けるものとは言い難い。」

(6)　地下水は一般的な私有財産に比べて，公共的公益的見地からの規制を受ける蓋然性が大きいこと

さらに，「本件の井戸設置規制によって規制される財産権の種類や性質を見るに，確かに，民法207条は，『土地の所有権は，法令の制限内において，その土地の上下に及ぶ。』としているものの，上記のとおり地下水は一般に当該私有地に滞留しているものではなく広い範囲で流動するものであることから，その過剰な取水が，広範囲の土地に地盤沈下を生じさせたり，地下水の汚染を広範囲に影響を生じさせたりするため，一般的な私有財産に比べて，公共的公益的見地からの規制を受ける蓋然性が大きい性質を有するものであるといえる。」

(7)規制手段が目的を達成するために必要性，合理性を有するものであること

「以上によれば，本件条例39条1項及びこれを受けた本件規則19条による上記の井戸設置規制は，その目的が公益的見地からの合理性を有するものであり，その規制手段もその目的を達成するために必要性，合理性を有するものであると認められるから，条例制定権を有する秦野市の合理的裁量の範囲を超えるものとはいえず，憲法29条2項に違反しないと解すべきである。」

3　財産権制限の合憲性判断基準

以下，この判決を検討・批判する。

財産権の規制の合憲性は，一審判決が引用する最大判平成14年2月13日（民集56巻2号331頁）も述べるように，規制の目的，必要性，内容，その規制によって制限される財産権の種類，性質及び制限の程度等を比較考量して判断すべきものである。高裁判決の引用する森林法違憲判決（最大判昭和62年4月22日民集41巻3号408頁）も同様である。

合憲性の判断基準としては，憲法判例上，厳格な合理性の基準，合理性の基準，明白性等が用いられていることになっているが，明白性の基準は社会政策立法の合憲性の判断基準として用いられたものである（小売商業調整特別措置法など。最大判昭和47年11月22日刑集26巻9号586頁）。

しかし，本件では，秦野盆地における地下水涵養・保全が目的である。社会政策立法とは異質である。その場合は，表現の自由の制限ほど厳格には考えないとしても，国民の生活のための基本的な権利である財産権を制限する以上は，「必要性又は合理性がある」ことが不可欠である。高裁判決(1)が，「必要性若しくは合理性に欠けていることが明らか」を基準とするのは地方議会の条例に対して甘すぎる。一審判決が妥当である。

4　条例による財産権の内容の制限は合憲か

高裁判決(2)は，条例が，憲法94条によって認められた自治立法であり，法律と同じく民主的議会制度に基づく法制定形式であることを理由に，財産権の内容を規制することも可能であると解した。

以前は，条例による土地利用規制は違憲ではないかとの学説が多かった。有名な奈良県ため池条例最高裁判決（昭和38年6月26日刑集17巻5号521頁）は，条例による財産権規制を許容したが，それはため池の堤とうを耕作することは災害を発生させる危険があるという理由で，財産権のらち外であるとしたものである。条例による財産権規制を一般的に適法としたものではない。

それでも，最近は条例による土地利用規制は一般的に行われるようになっている。それは，景観規制とかラブホテル，廃棄物処分場等の立地規制であるが，それ自体は財産権の普遍的な内容を定めるものではない。単にその一部の利用の仕方を規制するものである。したがって，憲法29条2項に違反するものではない。

財産権の普遍的な内容を定めることは憲法29条2項により「法律」によるのであるから，条例は自治立法であるという理屈だけでは弱い。さもないと，法律という言葉はすべて条例を含むと解さなければならないことになる。この判決の考え方で言えば，財産権の内容をいろんな場合に条例によって定めることができることになる。たいていのことは国法の定めがあるので，条例では制限できないであろうが，国法の定めがなければ条例でも財産権の内容を定めることができるのか。それは現行法のとるところではないと思う。たとえば，地下室の設置を広く一般的に禁止するとすれば土地利用の規制というよりは，財産権の内容を定めているが，それは条例でできるのであろうか。物権の創設でも，立木の明認方法を物権化することは，地域的なものであるという理由で，民法の横出しとして許されるのであろうか。財産権の利用の規制とその普遍的な内容の定めを区別するこの見解には，曖昧であるとして批判もあるが，基本的なところでは，地域的な理由による財産権の利用の規制は条例でも可能であるが，財産権の普遍的な内容は本来民法が定めるもので，民法に規定がなくても，そう簡単に条例で定められるのであろうか。この判示は難しい問題についてあまりに簡単に一般的なことを述べたもので，賛成できない。

5　条例による地下水採取規制の合憲性，公水説と私水説

(1)　私　水　説

条例による制限を合憲とするとしても，財産権一般を論ずるのは不適切で，地下水採取規制についてだけ条例による規制を合憲とすべきではなかったか。

地下水は土地所有権に含まれる私水であるとするのが日本の（従来の）通説である。私水説によれば，地下水は民法上の財産権であるから，法律の下位にある条例によってこれを奪うことはできない（条例は民法に違反できない）。

高裁判決(3)(4)(5)はまあ妥当であろう（地裁判決(2)も同様）。(6)は，「一般的な私有財産に比べて，公共的公益的見地からの規制を受ける蓋然性が大きい性質を有する」と述べ，私水説ではあるが，その性質上制限を受ける蓋然性が大きいとする。しかし，その立場に立っても，給水区域外の農家のわずか1日1トンに満たない取水を制限できる根拠は，何処でも説明されていない。その程度は，制限を受けない財産権の内容といえる。

(2) 公　水　説

筆者は個人としては公水説である(4)。法律によれば，地下水を土地所有権

から切り離して規制できるし配分できると考える。秦野市は条例で地下水を公水と規定した。地下水を規制する法律は，いわゆる地下水二法（「工業用水法」及び「建築物用地下水の採取の規制に関する法律」）があるが，首都圏など政令で定める地域の地盤沈下対策である。それは地下水源保全の包括的な法律ではないし，地下水保全は地域的課題であるから，条例による規制に親しむであろう。そして，秦野盆地で地下水保全のためにその採取を規制することについては，高裁判決の(5)が述べるとおり，合理的であり，必要であろう。一審判決(3)は，本件条例は，地下水二法の上乗せと考えて，取水量の制限が必要と考えているが，本件条例は地下水二法とは別個の角度から，地下水の総合保全を図ったもので，地下水二法の定め方に制約されると解すべきではないと思う。

実は，私水説に立っても，土地所有権の制限は民法207条が「法令の制限の範囲内」とされているが，法律の制限がないので，条例による制限も可能であると考える。河川でも普通河川は国法による規制がなく，条例で規制されていた。これと同じく地下水についても条例で規制できると考えるわけである。

(3) 水循環基本法

なお，本件以後に制定された水循環基本法（平成26年4月公布，同年7月施行）は，「水は生命の源であり，絶えず地球上を循環し，大気，土壌等の他の環境の自然的構成要素と相互に作用しながら，人を含む多様な生態系に多大な恩恵を与え続けてきた。また，水は循環する過程において，人の生活に潤いを与え，産業や文化の発展に重要な役割を果たしてきた。」（前文）という観点から，基本理念，国・地方公共団体・事業者及び国民の責務，水循環基本計画の策定，組織，施策などを定めている。基本理念の中には，「水が国民共有の貴

---

(4)　阿部「地下水の利用と保全－その法的システム」ジュリ増刊　総合特集23「現代の水問題」（1981年6月）223～231頁＝本書第4部第1章，さらに第3部第5章Ⅱ。

さらに，宮﨑淳『水資源の保全と利用の法理水法の基礎理論』（成文堂，2011年）361頁は，水利権や地下水などに関する既出の論文を収録したもので，地下水は「汲み上げによって私的支配可能な領域に達するまでは無主の公共資源であり，地下水のコア部分には公共性があるが，土地所有権に基づく私的支配の領域に水が到達したときには，その公共性に土地所有権の私権性（＝財産権性）が覆い被さることにより地下水を採取できるようになる」旨指摘している。

さらに，小澤英明『温泉法　地下水法特論』（白揚社，2013年）は，温泉，地下水に関する法制度と裁判を総合的に研究している。地下水利用権の法的性格については，34頁以下，370頁以下。小川竹一「地下水保全条例と地下水利用権」『環境・公害法の理論と実践』（日本評論社，2004年）61頁以下。

重な財産であり，公共性の高いものであることに鑑み，水については，その適正な利用が行われるとともに，全ての国民がその恵沢を将来にわたって享受できることが確保されなければならない」という公水説的な文言もある（3条2項）が，「第三章　基本的施策」では，14条（貯留・涵養機能の維持及び向上），15条（水の適正かつ有効な利用の促進等）では，施策の実施手段までの規定はない。15条は，「水の利用等に対する規制その他の措置を適切に講ずるものとする」とは規定されているが，地下水保全条例の根拠規定にはならない。

この法律は地下水管理法が当面挫折して，それへの橋頭堡として作られた基本法であるので，はなはだ中途半端である(5)。

6　自由使用を制限する理由があるのか

しかし，公水説でも，河川の水の自由使用や大気を吸う権利と同じく，個人の生活のために必要不可欠な最小限の地下水を採取することは，公物の自由使用として，規制されるべきものではない。私水説ならなおさらである。

本件における井戸掘削禁止という秦野市の対応は，水がなければ土地を利用して居住できないから，単なる地下水採取権を剥奪しただけではなく，給水区域外での土地所有権，自己の土地に住むという個人の権利を剥奪したものである。すなわち，この規制は，財産権に含まれる私権である地下水の使用権（仮に地下水が公水としても，河川水の自由使用と同じ，その自由使用権）を侵害して，所有土地（水道給水区域外）上に住宅を建てることができないようにするのであるから，それだけの重要な公共の福祉上の理由が必要である。条例・規則それ自体の問題ではなく，その定める「困難」の解釈運用がこれに耐えられるかということが論点である。

高裁判決(7)は，本件条例・規則による井戸設置規制は，その規制手段もその目的を達成するために必要性，合理性を有すると述べる。

これは大規模な地下水採取には当てはまるだろう。しかし，水道の給水区域

---

(5)　三好規正「地下水の法的性質と保全法制のあり方――「地下水保全法」の制定に向けた課題」地下水学会誌58巻2号207頁以下（2016年）。同「新法解説 水循環基本法――健全な水循環のための水管理法制を考える」法教411号64頁以下（2014年），同「水循環基本法の成立と水管理法制の課題」自治研究90巻8～10号（2014年），同「持続的な流域管理法制の考察」『行政法学の未来に向けて』（有斐閣，2012年）439頁以下参照。

外で，農家のわずか1日1トンに満たない取水を制限することがその目的を達成するために必要性，合理性を有することはなんら説明されていない。したがって，高裁判決は肝心の点で何ら判断していない，的外れである(6)。

地裁判決の(3)は，取水量を制限すれば許可する余地があると判断しているが，地下水2法による取水量の制限は，大口取水者を対象としているものであって，個人の井戸について取水量の制限などは考えていない。本件条例にも取水量の制限の規定はあるが，これも，大口を念頭に置くものと解すべきである。地裁判決はこの点では吃驚ものであった。しかし，「本件条例が井戸の設置自体を原則禁止していることに鑑みると，そのような規制は財産権を必要以上に制限するものとして憲法29条2項に反する疑いが強いといわざるを得ない。」とするその判示は妥当である。高裁はなぜこれを無視したのか。

7　普通の条例の定めは個人の井戸水採取まで禁止していないこと

各地の地下水条例は一般にはそんな個人の井戸利用まで規制をしていないことも考慮されなければならない。

地下水保全条例・要綱は，平成23年3月時点での国土交通省水資源部調べによれば，32都道府県，385市区町村において，517件の条例・要綱等が制定されている。地盤沈下防止や地下水保全を主目的とした条例が多い。地下水採取に当たり，「許可・協議等」規定がある条例等は139件。「届出のみ」の規定は150件，　654市区町村において「許可・協議等」または「届出」が必要。地下水採取量，吐出断面積などが，主な許可要件とされている（http://www.mlit.go.jp/mizukokudo/000149412.pdf）。

個別の条例についてすべて検討する事は大変手間暇を要するので，ご勘弁いただくとして，ネットにでているいくつかの条例を見る。

熊本県地下水保全条例は，地下水を公水と規定して広範な規制を置いている。平成24年10月1日施行分は下記の通りである（http://mizukuni.pref.kumamoto.jp/one_html3/pub/default.aspx?c_id=6）。

（1）一定規模以上（重点地域（熊本地域を想定））：揚水機本体の吐出口の断面

---

(6)　この裁判で秦野市のために意見書を提出した玉巻弘光教授の論文「条例コーナー 秦野市地下水保全条例」ジュリ1212号96頁以下（2001年）でも，地下水採取規制の一般論を述べるだけで，給水区域外の農家1軒の地下水採取も禁止できるという憲法上の理論は説明されていない。

積が19㎠（直径約5㎝超，重点地域以外の地域：同125㎠（直径約12.8㎝）超）の地下水採取に対し許可制を導入。

(2) 重点地域内で吐出口の断面積が19㎠を超える自噴井戸による地下水採取に対し届出制を導入。

個人の井戸は許可制の対象外である。

福井県大野市地下水保全条例（昭和52年11月10日条例第25号）は地下水採取に届出制と市長の改善命令制度を置いている（http://www.city.ono.fukui.jp/kurashi/kankyo-sumai/chikasui/tikasuihozen2.html）。

津島市地下水の保全に関する条例（https://www3.e-reikinet.jp/tsushima/d1w_reiki/352901010027000000MH/352901010027000000MH/352901010027000000MH.html）は地下水採取者に対して採取量の減少の勧告と公表の制度を置いている。

長野県松川村地下水保全条例（http://www.vill.matsukawa.nagano.jp/reiki_int/reiki_honbun/e797RG00000656.html）第6条は，「採取者は，基本理念にのっとり，地下水の保全とかん養の重要性に関する理解を深めるとともに，適正な土地利用及び地下水の採取を実施し，かつ，村民の生活環境に影響を及ぼすことがないように地下水を利活用しなければならない。また，村が実施する地下水の保全とかん養に係る施策に協力しなければならない」としている。訓示規定である。

長野県軽井沢町（http://www.town.karuizawa.lg.jp/www/contents/1001000000588/index.html）の軽井沢町地下水保全条例は，貴重な地下水を，「公（おおやけ）の水」であると位置づけ，その保全に関し必要な事項を定めることにより地下水の適正な利用を目的としている（平成25年6月1日施行）。

地下水を採取するために井戸を設置する場合は，許可又は届出が必要である。既存の井戸には届出制。

許可要件は，①1日当たりの地下水の採取量が300立法メートル以下まで，②採取する地下水の使用目的が必要かつ適当であること。

個人の井戸まで不許可になるわけではない。

鳥取県日南町地下水保全条例（http://www.town.nichinan.tottori.jp/p/1/15/7/7/8/）は，地下水の採取に係る届出書・許可申請書を怠った場合などには3万円の罰金，町の地下水採取の停止命令に背いた場合などには10万円の罰金を科すという罰則規定を置くが，地下水採取の目的が生活用水だけに限られる方は適用除外である。

これから見ても，給水区域外の井戸の掘削許可をしない秦野市条例の運用は異常である。

8　高裁判決の不備

もっとも，高裁判決は，「本件条例及び本件規則の定めを見ても，地下水の量が少量であれ新たな井戸の採掘が許されると解すべき状況は見出しがた」いと述べて，この点を説明したつもりかもしれないが，それ以上の理由は付けられていない（この点はⅣで述べる）。そして，前記のように，本件条例の合憲性を延々と論じている。

しかし，本件では，本件条例一般の合憲性が争点ではないし，原告も第一審以来そのような争い方はしていない。給水区域外では個人の井戸設置を全て認める運用がなされていれば，合憲と言えるが，個人がその所有地で住宅を建設するために，給水区域外なのに，見積もりでは 1300 万円の出費（原告が自分でたくさん作業したので，実際の現金出費はかなり節約したが）を要しても，水道敷設は「困難」ではないという運用（したがって，井戸の掘削を一切機械的に認めないという事前相談への回答）が違憲・違法かどうかが争点なのである。高裁判決はやはり原告の主張に答えていないのである。

9　上告理由書での主張

高裁判決に対して，筆者は上告理由書で次のように主張した。

水道供給区域外で住宅を建設する（このこと自体は適法である）には生活用水を確保する必要上井戸を掘削するか，自らの負担で水道を延々と敷設することが不可欠である。原告の場合，業者に工事を依頼すれば，水道の敷設工事には約 1300 万円も要するとのことであった。それを避けるためには井戸を掘削する必要があるが，それによる地下水の採取量は１日せいぜい数百リットルであって，１トンにも満たない。それは秦野盆地の地下水貯水量（約２億 8000 万トン）から見て微々たるもの（百万分の１の単位である ppm でも，0.005 ppm）であり，また，そのために秦野市が水道水源として利用する地下水がその分減少したとしても，その分は県営水道から購入することになるだけである。そのための費用増加は，仮に１日１トン程度の地下水が取水され，その結果，県営水道から１トン受水しなければならなくなったとしても，秦野市にとっては，129・30 円マイナス 113・90 円＝15・40 円／1 立方メートル＝1 トンだけ負担が重くなるだけである（秦野市のデータによる計算)。秦野市の水道財政にわずかこれだけの負担をかけるからといって，私人に約1300万円もの費用負担をさせることはおよそ均衡が取れない。仮に秦野市の財政負担を1円たりとも増やしてはならないとしても，そのためには，井戸を設置する者にその分の費用負担を求めれば良い話である。

したがって，原告の水道財政にわずかの負担をかけることが，財産権に対する極めて大きな負担（給水区域外の荒れ地の土地代と比較しても　過大な水道敷設の負担）と比較して，井戸掘削禁止という財産権に対する過大な負担を正当化することはできない。公共目的による財産権の制限としては，およそ均衡が取れていない過大な制限であるということである。

あるいは，秦野盆地の地下水かん養・保全と，農家のわずか1日当たり数百リットルの地下水採取禁止との間には，合理的な関連が存在しないから，規制手段がその目的を達成するための手段としての必要性若しくは合理性を欠くものという言い方もできる。

したがって，どのように理論構成しようと，原告に地下水採取を認めない秦野市の措置は違憲である。

さらに，高裁における原告の主張の核心部分を引用する。

「このように，大口取水者を規制するのはともかくとして，本件地下水条例により個々の市民が自分の土地に住もうとして，1日わずか1トン未満の地下水を採取することを禁止することは……違憲である。」

「要するに，農家の井戸設置による地下水保全への影響は全くないのであるから，財産権規制の必要性はまったくなく，他方，原告は約1300万円単位の出費を余儀なくされたのであるから，制限の程度は極めて厳しいものである。したがって，そのような規制は財産権規制の方法として，過大であるため法律によっても（まして条例によるならなおさら）違憲である。これを回避するには，このような場合には『水道水を利用することが困難』『市長が認める』という条項に該当するとして例外を認めればすむのに，秦野市はかたくなに1軒も認めないとの画一的な水際作戦をとったのであるから，違法・違憲である。」

「秦野市の地下水保全施策として昭和48年の環境保全条例，昭和50年の地下水利用協力納付金を求める要綱を挙げるが，それは，個人の井戸設置を禁止するものではないので，ここでの原告の主張とは関係がない。また，地下水利用協力納付金は1日あたり20立方メートル以上採取する事業者を対象としているから，逆に一般家庭は協力を求められなかったことに留意すべきである。

秦野市は，地下水汚染対策を行ったと記載しているが，汚染原因者は事業者であると認めているとおり，個人の井戸設置が原因ではないのであるから，本件とは何の関係もない。むしろ，個人の井戸設置を規制する本件の処置の誤りを証明するだけである。

秦野市の控訴理由書は，本件条例はこれまでの地下水保全施策などを集大成したと言うが，それなら，個人の井戸設置の規制はこれまで行われていなかったのであるから，条例に入れるべきものではないはずである。

平成15年の地下水総合保全管理計画にも，個々人のわずかな地下水採取を禁止しなければ，地下水を保全できず，困った事態が生ずるという具体的な事実は記載されていない。

高裁判決は，これらに対してまともな反論をすることなく，井戸掘削禁止を合憲としたのであるから，本件条例39条1項ただし書きを受けて定められた本件規則19条1号にいう『水道水その他の水を用いることが困難なこと』の解釈を誤り，個人がその所有地で住宅を建設するための井戸を掘削する権利を奪い，農家1軒の水需要を満たすために水道工事代として1300万円単位の負担を負わせて，憲法29条の保障する財産権を合理的根拠なく制限した，明白に違憲の判決である。」

最高裁はこれでも上告理由がないとした。

Ⅲ 「水道水その他の水を用いることが困難なこと」の解釈の誤り

1 高裁判決

高裁判決は次のように判示する。

「原告は，水道を敷設するためには多額の費用がかかるから，本件規則19条1号にいう『水道水その他の水を用いることが困難なこと』に該当すると主張するが，そもそも，水道水の設置費用が相当額以上になれば直ちに同号に該当すると解すべき理由はないところ，本件土地が給水区域外の土地であることは当事者間に争いがなく，原告は，給水区域外であって水道の敷設には相当額の費用がかかることを知悉して前記のとおり平成6年ころに本件土地を取得したと推認されるのであり，また，原告が，その後，自ら費用を支出して本件土地に水道を敷設したことは当事者間に争いがないのであって，これらの事情に照らすと，原告の本件土地につき，『水道水その他の水を用いることが困難なこと』に該当する事情が存したとはいえない。また，原告は，住宅としての利用のために井戸を設置しようとしたのであって，その使用量は少量であるから，本件条例の趣旨に反することはないなどと主張するが，本件条例及び本件規則の定めを見ても，地下水の利用が少量であれば新たな井戸の掘削が許されると解すべき条項は見出しがたく，原告の主張は失当である。」

2　高裁判決は事実誤認に基づく理論

(1) しかし，原告が水道の設置に多額の費用がかかることを知悉して土地を取得したと推認されるというのは明白な事実誤認で，これを前提に法理論を展開するのは間違いである。そもそも，原告は平成3年頃就農を決意し，平成6年から平成10年頃にかけて農地を取得したのであって，その当時は，秦野市の地下水保全条例は施行されていなかった（条例施行は平成12年4月)。したがって，原告が水道の設置のことまで考えて土地を取得したはずはないのである。

その当時，原告は，井戸を設置するつもりでいたが，農地の転用許可等が遅れて地下水保全条例が施行されてしまったので，それは市のミスであるから，地下水保全条例施行前と同じくしてほしい，それは地下水保全条例施行規則にいう「市長が認めるとき」を適用すれば良いと主張していたのである。

(2) 副市長（但し，当時は助役）の出席した市の会議でも，原告は，「農業委員会の処理が適切に行われていればこのようなことはなかった。当初の段階のミスがこの原因になっているのだから，市として柔軟な対応をしてほしい‥特例適用をしてほしい」とお願いしていたのである。秦野市は，副市長を長とする会議を開いて検討して，井戸掘削は認めないという結論に達しており，T地下水保全特定技官（役職名からして，地下水保全問題を専門的に扱う立場にあることは明らかである）は原告に対し「環境保全審議会に諮るということは，通る前提でなければ諮ることはできない」とまで教示している（乙21）のであるから，正式申請に対する応答と同じである。これでも事前相談にすぎないというならば，正式申請の場合には異なる判断の余地がなければならないが，市としての責任ある回答をしたのに，そのようなことがあるのであろうか。

裁判所にはこんな勘違いをする前に，まじめに書面を読んで，わからなければ釈明してほしい。それなら原告の主張の中にキチンと記載されていると説明したはずである。

3 「困難」に当たること

高裁判決は，「水道水の設置費用が相当額以上になれば直ちに同号に該当すると解すべき理由はない」と何ら理由なく判断しているが，この点は第一審から主要な争点として争われてきたのであり，原告は，井戸の設置に多額の費用がかかることは財産権を殺すに近いので，財産権規制のあり方として，合理的な理由がなければ，井戸設置を禁止できないと主張しているのである。

財産権の規制の合憲性の基準は，前述したが，最大判平成14年2月13日（民集56巻2号331頁）が述べるとおり，規制の目的，必要性，内容，その規制によって制限される財産権の種類，性質及び制限の程度等を比較考量して判断すべきものであるから，必要性と制限の程度も当然重要な考慮要素である。高裁判決の引用する森林法違憲判決（最大判昭和62年4月22日民集41巻3号408頁）も同様である。

これにより比較考量すると，たかが一日数百リットルの井戸水採取を禁止して，水道敷設代に約1300万円もかけさせるのは，井戸水採取，それに自己の土地に井戸水に頼って農家住宅を建てる財産権を合理的理由なく，著しく制限するものであるから，違憲である。したがって，このような場合には「困難」に当たるとして，井戸水採取を認めなければならないのである。これも上告受理申立理由書で述べたが，門前払いであった。

Ⅳ　秦野市職員の説明義務違反(7)

秦野市の職員は，「困難」かどうかをおよそ検討しないで，新規の井戸設置は一切認めないと機械的に拒否していたのである（水際作戦で，すべて断るという方針でいた）か，又は約1300万円をかけさせても困難ではないという非常識な考え方で相談に応じていたのである。

しかも，それはその職員の相談だけではなく，秦野市役所内で副市長を入れ

(7)　阿部「法律相談　公務員の説明義務について」判例自治379号114～116頁（2014年）で判例を分析して検討している。さらに，前注(3)加藤祐子160頁以下。このほか，この論文に掲載しなかった「誤説明」に関する判例として，さいたま地判平成25年2月20日判時2196号88頁（生活保護），福岡地判平成21年3月17日判タ1299号147頁（生活保護），名古屋高裁金沢支判平成17年7月13日判タ1233号188頁（介護慰労金）がある（判時2328号79頁の指摘により検索）。

て検討した結果も同じであったから，秦野市は，単なる事前相談というよりも重い相談のレベル（申請に対する拒否と同視し得るレベル）で，一切拒否をしたのである。これを単なる事前相談とした高裁判決はこの事実も誤認している。それが条例と規則に明白に反する違法なものであることは明らかである。

なお，玉巻弘光教授の意見書（乙24）では，一件新たな許可が与えられたことを契機として，多数の者が次々と井戸設置許可を求めた場合その総合的影響は甚大になり得ると述べる（11頁）が，水道給水区域内では，井戸の掘削禁止は当然に合憲であるが，給水区域外では，水道は供給されないのであるから，井戸がなければ生存権を侵害するものである。しかも，市民（個人）が給水区域外で井戸を掘りたいと相談した例は，証拠（乙26号証）ではわずか一軒だけである。したがって，給水区域外で生活用水を井戸掘削により確保したいという住民はごく限られているという原告のこれまでの主張が正しいことがこれまた証明されたことになる。

そうすると，一軒認めるときりがないからすべて門前払いにするという秦野市の水際作戦は前提においても間違いである。

したがって，高裁判決の判断は明白に誤っており，職員の対応は違法である上，明らかに過失があるものである。

なお，市役所の窓口における事前相談が国家賠償法上公権力の行使になることは当然のことなので，いちいち論じない。

このような重大明白に誤った行政の対応や判決が今後繰り返されないことを望むものである。

◆ 第5部 ◆

住宅，借地借家

第1章　法律分野における住宅研究の現状と展望（1993年）

◆ はじめに：板垣勝彦『住宅市場と行政法』

板垣勝彦『住宅市場と行政法』（第一法規，2017年）は，「市場を通じた行政目的の達成とその法的コントロールのあり方」を扱う。住宅市場を舞台に展開される「保障行政」（板垣『保障行政の法理論』，弘文堂，2013年）の各論的研究である。これは，はしがきで，板垣氏から阿部に謹呈すると述べていただく光栄に浴した。「多くの分野で最も的確かつ徹底的な検討を行った先行業績が」阿部の手になるものであったと記述し，「市場を通じた行政目的の達成とその法的コントロールのあり方」という板垣の研究テーマ自体，阿部が確立したものであると述べている。誠にありがたいことと言わなければならない。

筆者は，言われてみれば，確かに，『行政の法システム』（1992年）以来，行政法学の主流である行政行為論とはさよならし，行政手法論を提唱し，それをいろんな分野に応用してきた。最近出版した『環境法総論と自然・海浜保全』（87頁以下）では環境法における法的手法を論じている。それは，法の機能に着目し，市場社会を法によってコントロールするにはいかなる法的手法によるべきかに関心を寄せているものである。

住宅の分野でも，建基法による規制手法，直接供給手法（住宅公団・地方住宅供給公社などによる市場経済手法，公営住宅のような低家賃住宅の直接供給手法），住宅金融公庫などによる融資・補助による持家の取得・中古住宅・賃貸住宅の供給促進手法，契約規制手法，表示手法など種々の手法が存在している。そこで，筆者は，主に，長年理事を務めていた都市住宅学会の学会誌である「都市住宅学」において，これらを扱ってきた。最近は，その法的手法もさらに進み多様になっている。

以下，板垣『住宅市場と行政法』の第1章から，最近の法制度を簡単に紹介する。住生活基本法が制定された（平成18年)。「住宅の品質確保の促進に関する法律」（平成11年）は，住宅の性能評価と瑕疵担保責任の特例による情報の非対称性の是正を図る。「長期優良住宅の普及の促進に関する法律」（平成20

年）は耐震性，耐久性，省エネルギー性などを備える長期優良住宅を普及させるために減税の特典，融資の優遇などの補助手法がとられる。「高齢者，障害者等の移動等の円滑化の促進に関する法律」（平成18年）は，不特定かつ多数の者が利用し，又は高齢者，障害者が利用する特別特定建築物については建築物移動等円滑化基準に適合することが義務付けられるとともに補助手法も活用される。

「住宅確保要配慮者に対する賃貸住宅の供給の促進に関する法律」（平成19年）は，表題通りの生存配慮法である。

「高齢者の居住の安定確保に関する法律」（平成13年）はサービス付き高齢者向け住宅の民間による供給を補助手法などにより支援する。ただ，これは後述Ｖの私見には必ずしもそぐわない。

住宅に関する法的手法も，種々組み合わせが高度化し，工夫されている。公営住宅については，板垣『住宅市場と行政法』第10章，第11章で扱われている。

さらに，「マンションの建て替え等の円滑化に関する法律」（平成14年）は平成26年に改正され，耐震性の不足する老朽マンションについては，建て替えるのではなく更地で売却する場合も，全員合意ではなく，５分の４の多数決によることが認められることとなった。

本書では，過去の論文集なので，このような最近の動きにはあまり立ち入らないが，それでも，筆者の従来の分析を収録することにより，簡単ではあるが，日本の住宅に関する法システム，法的手法をそれなりに示すことができると思う。それぞれの機会に書いたので，重複はあるが，ご寛恕を得たい。

Ⅰ　はじめに

１　行政法学からのアプローチの方法

「法律分野における住宅研究の現状と展望」というテーマを与えられたが，種々の制約のもとで，このテーマについて全面的に論ずるのは不可能であり，行政法の分野から私のこれまでの研究を紹介し，学際的なご指導を得たいと考える。

住宅に関する法律学は基本的には私人間の関係を扱う民事法と行政が関与する行政法に分かれる。借家法とか借地法，土地所有権，登記，売買，抵当権などはこの前者であるが，ここでは，筆者の専門である行政法を扱う。行政法のとらえ方も難しく，もともと，行政法は「行政に関する国内公法」であるとされているが，私はこれは公法と私法を分けた，かつての行政裁判所時代の名残りであって，現在では，行政法は憲法の大枠のもとで，歴史的に変遷する社会の管理を，一定の政策目的を実現するために，行政活動を通じて行う法技術であると把握すべきであると考える。

この行政法学は，もともと総論と各論に分かれ，総論では，公営住宅の法律関係は公法か私法か，それとの関係で公営住宅家賃は税金と同じように行政が裁判所の手を借りずに一方的に徴収できるのか，それとも民間の家賃と同じように裁判所の判断（債務名義）を要するのか，公営住宅の利用関係に信義則の適用があるのかが争われたことがあった。これは結局は民間家賃と同じ扱いであり，また信義則の適用があるという結論が出され，過去の問題になった。住宅問題・土地問題そのものに関しては，行政法各論の一分野として取り上げられ，無数の研究がある。ここでそれをまとまった形で整理することは困難である。

ところで，筆者は行政法学の体系を新しく作り替えなければ社会の要請に応ええないと考え，新規（新奇？）の書物を著した。それは行政法総論などというのではなく，法システムと法的手法を中心とする（前掲『行政の法システム』）。これは行政が活動するときの法的な手段をいう。それは従来の行政行為とか契約といった分類ではなく，別個の観点に立つものである。本章はこの視点に立って検討する。

2　行政手法

住宅関連の行政手法としては，住宅・都市整備公団（現在はUR），住宅供給公社，公営住宅などの給付行政的な住宅供給事業システム，都市再開発・スラムクリアランスのような権力的な事業手法，各種の任意事業のような予算措置による事業，賃貸住宅への家賃補助や共用部分への補助のような補助手法，計画により民間を誘導していく手法，都市計画のような規制的な計画手法などがある。

筆者の関心はこの手法の現状がどうなっており，問題はないのか，あればどのようにすれば改善できるのかにある。従来も，この種の改善策は多方面から多数提起されたが，そのなかには法律上のネックをかならずしも理解していないものが少なくない。そこで，ここでは法的な手法を中心に，法律問題として検討するものである。すなわち，住宅政策を実現する法制度の設計を考えるのである。縦割りや個々の利害だけではなく，みんなの利害を調整する制度を作る必要がある。都心に住む老人が高層住宅や郊外に住みたくないと主張するとか，土地所有者や開発業界が規制緩和を求めるだけでは一面的である。みんなが少しずつ痛みを感じて調整するシステム，公平で，良い街をつくり，供給を増やし，安い住宅を造るという総合的視点が必要である。学問的には，特に経済学，都市計画学の研究を参考にしつつ，私の見方を深めたい。ただ，他の分野の学問は特にフォローも理解も困難なので，この学際的な学会（都市住宅学会）でご教示を得れば幸いである。

そして，人間を動かしていくには，アメとムチを上手に使い分けることが必要である。現行法では土地所有者はアメ（ほぼ絶対的な土地所有権）を取得し，もはやこれ以上欲しいアメがない。ムチ（土地利用権の制限）を加えると反対するので，制度は動かない。「計画なければ開発なし」の原則へとこの制度を変えることが必要である。

基本的には土地では儲けられない公共利用の原則を打ち立てる。現状利用は保障するが，容積率の上乗せ，宅地への利用目的の変更に際しては，開発利益を吐き出させる必要がある。

3　経済を歪める法制度

なお，土地に対する法的な規制を主張する本稿のような立場に対して，経済学では，地価上昇は需給関係でやむをえないという意見が多いが，これは土地の需給が完全市場原則になっていない点を無視している。市場経済原則からいえば，地価は収益率に見合ったものでなければならないのに，わざと赤字を出すワンルームマンションが売れるということ自体異常であって，市場経済では説明できない。税制が市場経済を歪めているのである。地価税も，都心の土地を必要とするデパートなどを直撃して，その収益の相当部分を吐き出させるため，高いという批判が多いが，地価税は収益と比較すれば高いが，地価と比較すればわずか0.3％にすぎず，しかも，それは法人税法の損金に算入されるから，実質負担は地価のおよそ0.15％にすぎないので，むしろ，安すぎるのである。高いのは税金ではなく，地価であって，地価を収益率に見合うくらいに下げるのが筋なのである。また，土地を所有すれば，担保力があり，借り入れもできる等，有利であるし，現実には住宅地でも，事務所用に利用できる地域ではその現実の利用とは無関係に地価が上がる。土地法・税法といった制約を知らないで，単純に需給関係とか価格理論で説明するのはいかがか。

バブル崩壊後の土地問題としては，地価を支えようという動きが見られるが，本筋では，経済を潰さずに地価を下げるにはどうするのかが重要な論点である。

検討すべき課題は無数であるが，そのうちのいくつかを述べる。

Ⅱ　都市の再開発

1　住宅附置義務

都心の高層建築物には住宅附置義務を課している区がある。これはアメリカのLINKAGEとは違って法律によらず，行政指導によっているから，反発を抑えるために甘くなる。本来なら，その住宅の家賃を統制する必要があるが，庶民には借りられないような高家賃で，しかも，いつのまにか，事務所に転用されたりする。法律上は自由に利用してもよいとしているところを住宅にせよとしているのであるから，既得の権利を奪うシステムで，なかなか納得を得られない。しかも，同じ住宅附置義務であっても，高地価の都心に住宅を付置させる必要はない。都心の建物は自由に利用させ，代替の住宅を郊外に提供させれば良い。

以上の理由で，私見では，この都心住宅附置義務制度には公共性がない。私見によれば，アメとムチを活用し，法的な制度として強制すべきである。まず，住宅を附置する建物には容積率を上乗せする。その上乗せ部分は本来公共のものであったから，土地所有者の権利ではなく，その活用によって土地所有者は適正利潤以上は得られないように（つまり，土地代を家賃算定の基礎にいれてはならないとして），20年間とか一定期間家賃を統制する。そうすれば，家賃は建物建設費だけを基礎にするものであるから，かなり低廉になる。この住宅部分を都が借りて公営住宅としてもよいし，土地所有者に低廉な住宅の供給を義務づけてもよい。

ただ，この方法にもいくつか問題がある。容積率をアップするといっても，ただでさえ容積率が高くて，十分に利用されていない日本では，土地所有者にとって魅力はないのではないかということである。たしかに，バブルが崩壊して，空きビルが目立つ今日，その通りである。そこで，この際に，容積率を実態に合うように一律に（たとえば，200%のところは150%とかに）切り下げたい。これに対しては，土地所有者は財産権が減るというので反対するが，どうせあまり活用していない容積の部分を減らすのであるから，財産権に対する重大な制限ではないし，みんな一律に制限するのであるから一般的なもので，補償は要らないと解される。そのうえで，希望があれば，公共性のある事業に関して容積率を緩和するのである。そうすれば，アメであるから，土地所有者の同意をとりやすい。

容積率を活用する者が少ないバブル崩壊後の今がチャンスである。すでに容積率を高度に利用している者には経過措置で，既存不適格として許容するとともに，高容積利用税を取る。反対はあろうが，公平のためにやむをえない。

なお，個々の敷地単位で考えると，高容積にすれば人口は増えるが，街区単位で，道路・公園・日照を考慮すると，容積率は200％までであると聞く。下水道やゴミ処理を考えると，もっと下がる可能性がある。そこで，本来，容積率は下げるべきであるし，それ以上の容積の利用には特別税を課すのが合理的であろう。

さらに，都心で住宅附置義務が試みられているのは，都心の人口確保のためで，いわば，区会議員と区長・区職員の確保のためであるが，高地価・高賃料の都心に住宅を義務づける公益性はない。同じ金で山手線の外側に沢山の住宅を造らせた方が合理的である。そのためには，住宅附置義務は区の仕事ではなく，都の仕事とするべきである。都心の事務所はその雇用効果対策のために郊外に安い住宅の供給義務を負うというべきである。

2　建て替えと開発利益

建て替えの場合には，利用していなかった既存容積率を最大限活用して建築し，その余剰フロアを売れば儲かり，自己資金なしで大きなマンションに住み替えることができる。少なくとも，バブル時代はそうであった。強制力を強化して，開発利益を地元還元し，再開発においても，公金の投入はなるべくやめるべきであろう。

3　弱者対策

弱者対策として問題なのは貧乏な借家人の処遇である。再開発というと，弱者追出しにつながると反対される。これを防止しようとすれば，再開発で高くなった家賃を公費で補助することになるが，これでは再開発で土地所有者は利益を受け，弱者は税金で保護され，それ以外の国民の負担が大きい。本来なら，開発利益を公的に吸収してそれを弱者に提供する手法，すなわち同じ再開発区域内で調整する手法が必要である。それでは，土地所有者が不満だというなら，強制手法を導入・活用する必要がある。

また，弱者特に高齢者は都心に住みたいというので，家賃の差額の補償が大変であるが，前から住んでいたというだけで，安い家賃で都心に住め，反面，勤労者が２時間通勤で過労死予備軍なのもおかしい。高齢者は都心ではなく，周辺に住むくらいは我慢して欲しい。

4　マンションはお荷物

個人住宅は所有者が自分で建て替えるが，マンションは，将来再開発の際，結局は公的資金におんぶにだっこになる可能性が高い。そこでマンションには修繕積立制度を強制する必要がある。これには公益性があるとは思われるが，それをいかにして執行するかという問題がある。税制の特典をおいて誘導するのが普通の手法であろうが，それでは，修繕積立金を導入しないで将来公金による再開発が必要になるケースと均衡がとれない。修繕積立金を導入した場合には優先的に建て替えできるといった方法が必要になろう。

5　日照権の収用

日照権は，今日日影規制の形で保護されている。その結果，北側のたった１軒のために，南に高い建物が建たないとかそのフロアのかなりを削らなければならないといった事態が生ずる。これは社会的に非効率である。そこで，日照権の制限が必要である。

その方法であるが，建物の敷地は，公営住宅用なら収用できるのであるし，日照権は生活上絶対必要なものとまではいえず，金銭精算できるのであるから，建物の敷地外にある土地の日照権の任意買取制度が考えられる。日照権を買い取られた土地はそれを買い戻すまでは日照が制限されてもやむをえないのである。そして，それは登記し，以後の土地の権利者にも及ぼすとともに，建築確認事項とする。さらに，日照権の収用制度も考えられる。ただし，これに関しては，日照を制限されるのであれば，その土地は有効に利用できないという場合には，残地補償に類する考え方で，全部の補償・収用が必要である。収用制度としては，公共事業に直接に必要な土地以外の収用ということになりそうで，収用制度の拡張とも思えるが，日照権を収用すれば，公共事業である公営住宅が余分に造れるのであるから，公営住宅の敷地の収用に準ずるものである。

6　補償はゴネ損に

補償金の制度は粘って得するゴネ得制度になっているが，むしろ，ゴネ損制度を導入して，素直に買収・収用に応ずるような法システムが必要である。その方法であるが，市場経済で決まる正当な補償のほかに，一定期間内に応じてくれたら上乗せ補償金を払うことにし，それはどんどん逓減していく制度にすべきである。それでも，本来の正当な補償分は残るから，違憲にはならない。なぜ上積みできるかという問題はあるが，そもそも，いやいやながら買収される場合の対価が任意で売却する場合と同様であるというのは観念論であって，任意性の犠牲に対する補償があってもよいのであるし，収用手続を迅速に進めるという，より大きな公共性のためには，こうした観念論を切り捨てる発想が必要である(1)。

7　小規模宅地を抑制せよ

小規模宅地を奨励する制度がある。たとえば，200平方メートル以下の宅地の固定資産税は四分の一に軽減され，開発許可などのスソ切りがある。これが宅地の細分化の一因になっている。小規模の宅地は生活の用に供していて，収益をあげないから，固定資産の担税力が足りないというのがその理由であろうが，そのために都心の土地の有効活用が進まない面がある。地価との関係で，小規模活用禁止区域を作るべきである。少なくとも，商業地域などでは，小規模宅地の固定資産税軽減の特例を廃止すべきである。

開発許可が不要な場合には関連公共施設の整備などの負担を免れるので，有利になり，小規模な開発を誘発する。小規模であろうと開発する場合には同様の負担を負わせる制度が必要である。

住宅地の最小面積規制制度は1992年の都計法・建基法の改正で導入されたが，一種住専だけである。それ以外になぜ拡大できないか。国法はもっと地域の自主性に委せるようにすべきであろう（ただし，現在はすべての用途地域に拡大された。建基法53条の2）。

---

(1)　阿部泰隆『国家補償法』（有斐閣，1988年）301頁以下。

8　民間都市開発の儲け

民間都市開発でも，社会効果が大きく，地域の発展に貢献するものには，行政はその効果を評価して，積極的に容積率を割り増しして，税制や補助金などの支援策を講ずるべきであるという意見がある（日経1992年11月28日）。それも一案であるが，行政的な支援をする場合には，事業計画が合理的で，しかも，適正利潤以上は儲けないという条件が必要である。財政的な支援は儲からない事業にだけ活用されるべきである。それとも，出世払いで，あとで儲かった場合には補助金を返還するような制度が欲しい。

◈ Ⅲ　新開発・遊休地の再開発

1　転売禁止は？

新住宅市街地開発法では，収用権を背景に土地を取得した代わりに，分譲地には10年間の転売禁止の制約がある。転売するような者に分譲するのでは収用するだけの公共性がないということになる。しかし，これでは，サラリーマンは転勤の際は困ってしまう。むしろ，転売利益を吸収する制度の方が合理的である。

2　旧埋立地の活用

重厚長大産業の不振のため，かつて安く分譲された埋立地が無用の長物になっている。そこで，それを商業・住宅用地などに転換することが必要である。しかし，各種の行制規制が邪魔になって進まない。これを緩和しようとしたのが，大阪湾臨海地域開発整備法いわゆる大阪湾ベイエリア法である(2)。この事業を進めるためには関連公共事業が必要であり，そのために要する膨大な資金の調達も地方公共団体にとっては大変な負担になる。そこで，この利用目的の転換によって生ずる開発利益を吸収することが必要である。この法律では協定方式で開発利益を吸収する。新しい方法であり，柔軟に対応できそうであるが，企業の情報が非公開のため開発利益の計算が難しい。日本では公共施設の費用くらいしか出させられないのではないか，本来なら，土地利用の転換によって生ずる地価の高騰分は費用を除いて公的に吸収するのが筋である。

---

(2)　阿部泰隆「大阪湾臨海地域開発整備法」ジュリ1018号・1019号（1992年）＝『環境法総論・自然・海浜環境』第3部第7章。

Ⅳ　公的住宅の建設・管理

1　公営住宅

公営住宅の管理システムが問題である。もともと低所得者用に低家賃で貸しているのであるから，管理経費がなるべくかからないような方法が必要である。家賃の徴収のためにお百度参り，民事訴訟などやめて，行政徴収にし，少なくとも相当の延滞利子を徴収する。明け渡し請求を受けてから居座るとか，高額所得者になっても居住を続ける者の家賃は近隣の民間マンション並みにする必要がある。

土地を買って，安く貸すシステムは地価高騰のために崩壊した。公共性なしというべきである。前述のように，土地分は手品のようにただでひねり出す法システムを工夫すべきである。

公営住宅入居者用の駐車場の整備が難問になっている。入居者は車は必要であり，金はないと称して，公営住宅の敷地を利用して安く貸せというが，低所得者で住むところがないというだけで駐車場まで安く借りられる理由はない。車は必要でも，誰でも駐車場は民間ベースで借りているのである。駐車料金が家賃よりも高いとかの反発があるが，駐車料金が高いのではなく，家賃が安すぎるだけである。駐車料金は民間並みに払うべきであり，その収入は公営住宅の費用にあてるべきである(3)。

生活保護で住宅手当を貰っていながら，公営住宅家賃を滞納している者の対策としては，両者を連携させ，家賃の徴収を容易にするシステムが必要である。

2　住宅供給公社

たとえば，兵庫県住宅供給公社ではバブルに乗って1億円住宅を売り出し，販売に苦労している。行政の商売は法律で目的を限定されており，社会情勢の変化に応じて商売替えをすることはできない。勤労者の住宅が足りないという理由でこうした組織を作るのは間違いである。行政は土地の市場を前提として商売するのではなく，土地利用規制を適切に行い，土地を需要に応じて市場に供出し，開発利益を吸収するような施策を作ることが肝要である。

---

(3)　阿部泰隆「駐車違反対策と道交法・車庫法の改正」ジュリ962号107–116頁，963号102–114頁（1990年9月1，15日号）＝本書第2部第1章。

V　そ　の　他

1　障がい者・老人用の住宅

障がい者・老人など，住宅から排除される階層のために住宅の一定割合をこれに保障すべきである。これは法的に義務づけても財産権の社会的制約の範囲内で，補償は不要と考えるが，行政がガイドラインを示して住宅産業の努力に期待するとか，住宅金融公庫の融資を受けて建設する住宅は単に勤労者の住宅というだけではなく，障がい者・老人用の住宅を一定割合で作る制度が欲しい。

また，地価が高いので，土地を買うのではなく，空間を創出して，障がい者・老人用にひねり出す政策が欲しい。たとえば，公共施設と障害者・老人用の住宅との合築を一定割合で義務づけるべきである。たとえば，ある市町村の公共的な建設物の一定％までの住宅を障害者・老人用に提供せよというものである。

福祉施設用の土地は自由に計画でき，地価の安い遠方にされかねないが，埋立地のような自由に開発できる土地では福祉施設を一定割合取ることを義務づけるべきである。障がい者や老人を排除して，都市計画といっても，本当の街づくりとは言えない。

2　地方分散か都市の住宅か

東京の土地問題は本来地方分散で解決すべきで，都市に住宅を造れば都市の過密化を促進するという意見がある。しかし，これはなぜ都市に人口が集まるかという，常識的なことを知らない意見である。人が都市に集まるのは，住宅があるからでなく，職場があるからである。職場がなければ，住宅があっても，人は職場のある方へ移動する。したがって，東京の土地問題の解決は業務機能の地方分散によって解決すべきであるが，それまでは住宅は都市に造るよりほかにない。

※　阿部泰隆『国土開発と環境保全』（日本評論社，1989年），同『行政の法システム（上・下）』（有斐閣，1992年）参照。後者は目下のところ，好意的な書評を頂いている。都市政策71号（'93年4月号）158頁，佐々木信夫・ジュリ1020号174頁，高木光・法教151号126頁参照。さらに，阿部泰隆「開発権（益）を所有者から公共の手に－土地問題解決の鍵は開発権の公有化

だ」法律のひろば43巻4号（1990年4月号）27–35頁＝本書第3部第2章。阿部泰隆「地価高騰下の土地法制の課題」市政研究88号（1990年夏季号）20–29頁＝本書第3部第3章。阿部泰隆「住宅供給の法的手法」大阪府地方自治研究会自治論集7地下高騰と住宅問題・まちづくり102–114頁＝本書第5部第2章。以下，いちいち引用しない。

第２章　住宅供給の法的手法

第１節　住宅・住宅地供給の都市計画的手法（1991年）

Ⅰ　はじめに

土地基本法が成立した後の住宅・住宅地の供給手法としては，平成２年度に大都市地域における住宅地等の供給の促進に関する特別措置法（大都市法）と都市計画法，建築基準法が改正された(1)。

このうち，前者は広域的な観点から住宅・宅地供給を促進しようとする広域上位の計画手法である。都市計画法と建築基準法の改正法では，住宅地高度利用地区計画，用途別容積型地区計画制度，遊休土地転換利用促進地区制度が創設された。このいずれもが土地の有効活用を図って，直接・間接に住宅・宅地の供給を促進しようとするものである。

さらに，建設省は1991年度の予算要求で，いくつか新規の住宅政策を提案している(2)。

本稿はこの現段階において，私見の観点(3)から，この制度を簡単に論評しようとするものである。

---

(1)　制度の解説として，建設省都市局計画課＝住宅局市街地建築課監修「平成２年都市計画法・建築基準法改正の要点」（住宅新報社，1990年）を参照した。この法改正は関係する審議会の答申に基づくものであるが，それも本書に収録されている。このほか，岡田俊夫＝大藤朗「『大都市地域における住宅地等の供給の促進に関する特別措置法の一部改正』と『都市計画法及び建築基準法の一部改正』について」（ジュリスト962号117頁以下，1990年）はこれと同旨である。春田幸一「広域的観点に立った住宅・宅地供給体制の確立」（時の法令1393号，1991年）もこのジュリスト論文と同旨。さらに，和泉洋人「都市問題と建築行政の展開」（都市問題研究43巻1号103頁以下，1991年）。

(2)　朝日新聞1990年11月29日。

Ⅱ　大都市法

1　大都市法の仕組みと運用

大都市法は住宅・宅地供給に関する施策を都道府県の区域を超えた広域的な観点に立って推進する体制を確立することを主たるねらいとするものであり，建設大臣は，首都圏，近畿圏，中部圏の各圏域ごとに，都府県別に大都市地域における住宅及び住宅地の供給に関する基本方針を定め，東京都，大阪府その他住宅の需要の特に著しい政令で定める府県（茨城県，埼玉県，千葉県，神奈川県，京都府，兵庫県，奈良県，愛知県，三重県）は，この住宅供給方針に即して，当該都府県にかかる区域における住宅及び住宅地の供給に関する計画を定める。大都市地域にかかる建設大臣の指定する都市計画区域については，都市計画のマスタープランである「市街化区域及び市街化調整区域の整備，開発又は保全の方針」の一内容として，「住宅市街地の開発整備の方針」を定めなければならない。これにより供給促進策を集中的に実施するための住宅市街地の開発整備の戦略的拠点（重点地区）と，その開発整備のマスタープランを都市計画に位置づける。

本稿執筆の1991年2月現在，既に建設省はこの住宅・宅地供給基本方針を決めたという。内容は，三大都市圏で，1991年度から2000年度までの10年間に，宅地46,300ヘクタール，住宅704万戸の供給を目標としている。東京都の場合は5,200ヘクタール，173万戸が目標という。正式には，住宅・宅地審議会の意見を聴いて，4月からこれにそった施策を実施するという。今後は，各都府県が住宅・都市整備公団などの建設計画や民間の開発許可申請の状況などを考慮して，市町村に割り振りし，知事が6月頃策定する住宅市街地開発整備方針にそって目標の達成を目指すという(4)。

これについて，若干コメントをする。

---

(3)　阿部「開発権（益）を所有者から公共の手に―土地問題解決の鍵は開発権の公有化だ」（法律のひろば43巻4号27頁以下，1990年）＝本書第3部第2章，「地価高騰下の土地法制の課題」（市政研究88号20−29頁，1990年）＝本書第3部第4章，阿部『国土開発と環境保全』第1部第2章（日本評論社，1989年）参照。

(4)　神戸新聞1991年2月2日3面，アエラ1991年2月26日号60頁参照。建設省の基本方針の内容については，本文でいちいち引用しないが，これによった。

2　広域上位の計画手法

最近，各市町村ごとに先住民が自分達のまちを守ろうとして開発反対の声をあげるのを見る。それはそれなりに住民自治の発揮であろうが，住宅問題は広域化しているから，後から流入せざるを得ない後住民の立場に配慮した全体の調和（つまりは地方自治の制限）が必要である。そこで広域上位の都市計画の手法が必要なわけである(5)。大都市法はこうした新しい計画手法を導入した点で注目される。すなわち，建設大臣の定める広域的な供給基本方針，都府県段階における供給計画，都市計画段階における住宅市街地の開発整備方針を上位計画と下位計画の関係において，下位計画を拘束するトップ・ダウン方式で住宅開発の必要量を決めようとするものである。

しかし，住宅・住宅地供給事業が関係都府県，市町村にとってメリットにならなければ，あるいは財政負担が大きければ，上位計画で下位計画を縛ろうとしても，縛りきれるものではないし，下位計画をつくって実施できる見込みが少なければ，上位計画をつくっても絵に描いた餅であるから，下位計画の実現可能性を探り，それをにらんで（下手をすると，積み上げ方式で）上位計画がつくられる可能性も高い。

そこで，結局は上意下達の計画というものはあり得ず，実際にはある程度まで関係者が協議するという広域的な合意形成が行われることになる。その手法として，法的には，建設大臣の定める供給基本方針においては都府県別の供給目標量が示されるとともに，その際あらかじめ関係都府県の意見を聴くこととされ，都府県の供給計画では，当該都府県内の地域別の住宅及び住宅地の供給の目標年次と目標量を決めるとともに，関係市町村の意見を聴くとしているわけである。その際には，ある程度，下位団体の事情に配慮して，支援措置なりいわゆるアメが必要となったりするであろう。

この建設省の基本方針においても，建設省は都府県の目標達成をバック・アップするため，道路や下水道などの関連公共施設を整備するほか，職住近接を進めるため，住宅地に隣接する工業団地の造成などを支援していく方針であるという。そうすると総合行政がどこまで実現できるかが課題である。

---

(5)　河中自治振興財団「広域上位の都市圏計画の研究」（1984年）参照。

3　計画を実現する法的手法の不備

しかし，現行法の下ではたとえ，予算措置がついても，それを実現する法的手法が不備なので，実現は困難であろう。

例えば，道路や下水道は用地買収がガンであって，事業は遅延するばかりの上，地価高騰を惹起する。土地収用については，私見のように，ゴネ損方式(6)，つまり，補償額については正当な補償プラス3割程度のアメを当初用意し，1ヶ月以内に応じなければ，このアメの部分は1年間でゼロに収斂するような制度をつくって，買収交渉を容易にし，最後に残った家については収用をかけるようにすべきである。そのためには収用手続を容易にすることが必要であり，総合行政が不可欠である。

地価高騰対策としては，国土利用計画法で監視区域に指定することを予定しているが，この制度くらいでは経済原則で動く地価を抑え込むのは容易ではない。はっきり言って，指定された地域の土地取引を凍結し，自治体に先買権を与え，将来開発が済んだら高く売って開発費用を出すくらいまで認める必要がある。

開発権を地主に認めて，地価を押さえようというのは所詮無理難題で，良好な住宅予定地として建設する地域以外は開発禁止の大原則(7)を打ち立てるべきである。

こうした制度改革を伴わないで開発を促進すると，開発利益はまたまた土地所有者の懐に入り，地価は高騰して，庶民が買える住宅はつくれないし，国家予算もどぶに捨てるようなものになりかねない。

さらに，広域的観点から対応するとすれば，ますます遠距離通勤が予定されていることであろう。交通網の開発との連携はどうなるのか。これも迅速に収用する手法が必要である。常磐新線では集約換地の手法で対応する（大都市地域における宅地開発と鉄道整備の一体的推進特別措置法）が，これを他の地域にも適用するという話は聞かないので，交通網の整備はなかなかできないのではなかろうか。しかも，この手法でも，地域の地価は上がって土地所有者は儲かり，利益を吐き出さないということになるのではなかろうか。前記のような土地取引凍結，先買権などが必要である。

---

(6)　阿部『国家補償法』350頁以下（有斐閣，1988年）。

(7)　阿部前注(3)「開発権（益）を所有者から公共の手に」，「地価高騰下の土地法制の課題」参照。

むしろ，職場の広域分散の方が住宅問題の解決には適切と思われる。多極分散型国土形成とまではいかなくとも，せめて工場・事務所を東京の副都心くらいに分散させ，それに併せて住宅を都心に配置するようにしないと，通勤地獄は解消されないどころか，激化するであろう。特に，国公有地は自由に利用計画を立てられるのであるから，率先して住宅用地にして，職住接近を図るべきである。しかし，各自治体が開発を進めているウォーターフロント（東京臨海副都心，豊洲・晴海，MM 21，幕張）ではたった3万戸の供給しか見込んでいないそうである。これでは昼間人口は増えるばかりで，夜間人口はますます遠方へ追いやられる。それぞれのプロジェクトは金儲け優先で，住宅を軽視しているのであろうが，そのような縦割り行政では建設省の住宅供給方針の実現も困難ではなかろうか。もし，東京の臨海副都心を全部住宅地にして，東京を職住接近のまちとし，住宅地の地価を下げたら，都知事は後世永久に名知事と慕われることであろう。

ここで予定されている土地は，この国公有地のほか，工場跡地，企業の未利用地，市街化農地，密集木造賃貸住宅地などであるという。これら民有地には宅地化（木賃住宅地は建て替え）させる法的手法が必要であるが，それは，例えば，大都市法における区画整理促進区域の緩和（要件を5ヘクタールから2ヘクタールに切り下げ），住宅街区整備促進区域の緩和（二種住専のほか，住居地域内でも）のほか，後述のいくつかのアメ手法などであろう。しかし，これについては後述のとおり，良好な宅地化への強制力が不足しているので，心許ないところである。法案策定過程における建設省の内部資料によれば，低未利用地，市街化区域内農地などの有効利用などにより，東京圏で2000年までに新たに約260−370万戸，約4万ヘクタールの住宅・宅地供給が可能と見込まれるとしているが，その試算の根拠は定かではない。開発自由の原則，開発しなくとも損はないという法制度の下で，どのようにしてこの目標を達成するのであろうか。

ここで，供給予定住宅数といっても，ファミリー型住宅だけではなく，リース，ワンルーム，リゾートマンションが含まれるという。このようなものがいくら増えても，住宅難の解決にはならない。実際に通勤可能な家族居住用住宅の供給促進が肝心である。

結局は，新しい計画・開発手法と総合的な施策がない現状のままでは，700万戸などという供給計画は絵に描いた餅になる可能性が高いと思うし，仮に数は700万戸建っても，通勤可能で，庶民の取得可能な範囲に収まる可能性は低く，土地成金が増えるばかりであろう。

なお，市町村の中には緑を残せという声も大きくなっている。これに応えつつ開発を進める手法が必要である。私見では，開発の際もっと緑を残す制度が必要である。開発許可で緑は3%であるが，これでは市街化区域に指定されているかぎり，その辺の山はほとんど全部削ってよいことになる。これは行き過ぎで，丘陵地帯などは山一つごとに開発し，一つごとに残すのである。そのために，市街化区域の指定を変更して，山一つごとに調整区域に戻すのである。そうすると，調整区域の所有者の不満がでるが，開発益を吸収する制度をつくって，開発しても儲からないようにすれば，バランスがとれ，制度は動くのである(8)。こうした制度の改正をしないで，単純に開発の目標を立ててもよいまちができないだけではなく，うまく進まないであろう。

Ⅲ　住宅地高度利用地区計画制度

1　制度の趣旨

これは市街地内のまとまりのある農地や農地とバラ建ち住宅の混在する一定規模の地区を対象として，道路，公園などの公共施設の整備を行いつつ，容積率制限，高さ制限などを緩和することにより，良好な中高層の住宅市街地を整備しようとするアメ手法（いわゆるインセンティブ・ゾーニング）である。これにより環境のよいまちができれば結構ともいえる。

2　アメ手法の問題点

しかし，これは再開発地区計画と同様のアメ手法である。土地所有者は従来どおり濫開発をすることができるのであるから，この制度に乗るとすれば，そのアメは従来の開発よりももっと儲かるものでなければならない。さもなければ使われない制度になろう。

しかも，土地所有者はただでさえ，農地の宅地転用などでぼろ儲けしているのである。それはもっぱら，社会の発展，公共投資へのただ乗りによる。本来はこうした者から開発利益を吸収するべきである。土地基本法はそうした方向へと一歩は踏み出したはずであるが，それを具体化する法律で，相も変わらず

---

(8)　阿部『国土開発と環境保全』第1部第2章参照。

開発利益を土地所有者のもとに残す，いやもっと増やすのは逆ではなかろうか。

したがって，こうした制度が実効性を持つためには，本来ならドイツの地区詳細計画のように「計画なければ開発なし」の方向へと制度の大転換を図るべきであるが，仮にそれができないとしても，従来どおりの開発ではうま味が少ないように制度を変える必要がある。すなわち，開発自由の原則を少しでも制限して，市街化区域内でも，開発許可の面積要件を引き下げ，また，既存宅地での建築についても一定規模以上のものには開発許可と同様の負担を課し，いずれにも，公共施設の負担，開発負担，下水道なり合併処理浄化槽の設置義務，ミニ開発の規制等，各種の義務を課すのを先決とすべきであろう。そうすれば，農地のなかにバラ建ちで住宅を建てて分譲しても，儲けが減るので，地区計画で儲けようというインセンティブが働くのである。

Ⅳ　用途別容積型地区計画制度

1　制度の趣旨

これは住宅付きビルなら容積率制限を緩和しようというアメ手法である。その趣旨は都心部など人口減少地区への人口呼び戻しを図るということである。

地区計画では従来も，建築物の用途の制限，容積率の最高限度又は最低限度を定めることができた（都市計画法第12条の4第5項第2号）ので，用途別の容積率を定めることが可能であったが，それももともと定められている容積率に縛られる。これに対し，この制度は地区計画において住宅とそれ以外のものに分けて容積率を定める場合にあっては，住宅を含む建築物の容積率をそれ以外の建築物のそれより大きくすることができ，その場合にあっては，容積率はベースとなる容積率の最高150％以下にまでアップすることを認めるものである。ただし，それが認められる地域は住宅と他の用途が混在することが認められている地域すなわち，住居地域，近隣商業地域，商業地域又は準工業地域に限定し，地区整備計画で，容積率の最低限度，敷地面積の最低限度，及び道路に面する壁面の位置の制限が定められていること，及びこれらの制限を条例で定めることによりそれを建築確認の対象とする（建築基準法第68条の2）ことが必要とされている。

2　疑　問　点

この制度も，住宅供給のために苦心しており，地域によっては効果があろう。

ただ，700万戸の住宅供給のためにどれだけ寄与するものかよくわからない。

若干気になる点もある。

まず，認められる地域は居住との混在地帯ということであるが，そもそも準工業地域は用途地域とはいえない混在地帯なので，むしろまずは用途を純化すべきであって，混在を恒久化するような法改正は好ましくない。

ちなみに，昨年10月の土地政策審議会の答申でも，現行の用途地域制度は一般に禁止用途列挙型で，建築の自由度が高く，一部地域においては，土地利用の錯綜を招くとともに，住居系等競争力の弱い用途が駆逐されるといった問題が起きていると指摘し，用途，容積率，敷地規模，建築形態について土地利用計画の詳細性の確保を図ることを提言している(9)。

これとの関連で，都市における職住接近の住宅を増やすには用途地域を純化して，住宅と事務所との混在地域を廃止することが有効であることを提言したい。日本のような混在が認められている国では，住宅と事務所では後者の方がはるかに高い家賃を取れるので，商業地としての地価がつき，住宅地としての家賃から算定した地価とはかけ離れ，住宅は駆逐されていくのであるが，これは市場原理によるとして放置しておいてよいものではない。庶民は，地主の儲けの陰に遠距離通勤か狭い住居で泣くのである。そこで，事務所に利用できない住宅地として指定すれば，その土地は住宅地としてのみ評価される。そうすると，その土地の地主は大損となるので反対するが，アメリカのように用途地域の指定を公聴会でやれば，地主も出てくるが，地価が下がるとありがたい借家人層も出てくるので，住宅用地としてしか使えない地域指定も可能になるし，固定資産税も，商業地と住宅地とでは大きく差をつけることができるから，固定資産税のアップも可能になって，値上がり待ちで土地を保有する者も少なくなるし，土地の有効利用，売却も進むのである。さらに，商業地から開発利益を吸収する制度をおけば，住宅地との不公平も減り，地主の反対も減る。

日本の容積率はただでさえ，高過ぎ，皆が利用し始めたら，空間が不足するといわれる。その現在の用途地域と容積率のまま，それにさらにボーナスを与えるというのではますます空間が不足するのではないか。ベースとなる容積率が低い地域に限ってこの上乗せ手法を活用するならそれでもよかろうが，そう

---

(9)　建設省の担当者である和泉前掲論文105頁も用途地域の規制を強化するべきだとしている。

した保障があるのだろうか。それとも，住居系の容積率をアップするだけであるから，皆が利用し始めるというほどにはならないと考えればよいのであろうか。

これは住宅部分には容積率をアップするのであるが，土地所有者にとって得なのか，損なのか。業務用床なら高く，住宅用は安い地域では，住居がつくということで，業務用の床の価値が下がるから，これでも土地所有者はさほど乗らないだろうし，逆に業務用もさほど高くなく，住宅が必要な地域では土地所有者は大喜びでこの手法に乗るだろう。とすれば，土地所有権の価値は大幅アップで，土地所有者に濡れ手に泡のようなボーナスを与えることになる。しかも，価格の統制はないから，東京の住宅付置義務でつくられた住宅のように法外な価格（1 DK 40万円／月とか）になり，夜の蝶やら，会社の経費で落とす社長の値上がり待ちの利殖用セカンドハウスになることも考えられる。そのようなもののためにわざわざ容積率をアップする特典を認める理由はなく，そうしたことが生ずれば，これは公共性に反することになる。

そこで，私見では公共性ありというためには，住宅が庶民のために安く供給される必要がある。価格を市場原理に委ねているかぎり，そのためには大量供給が必要である。しかし，こうした制度を導入したくらいでは，価格の下落を招くほどに大量には供給されないであろう。

やはり，私見のように，容積率をアップするなら，その住宅部分は土地なしでできたようなものであるから，その家賃は土地代を反映しない家賃として設定し，勤労大衆が借りることができるような価格とすること，賃借人は勤労者として一定所得以下の者と限定することが必要である(10)。

(10)　前掲阿部『国土開発と環境保全』58頁以下参照。なお，東京都中央区における住宅付置の義務づけ制度では，敷地面積3,000平方メートル以上の大規模開発には付置義務住宅の4分の1を低家賃にする協定家賃住宅方式をとる一方，開発協力金（1万平方メートルの事務所建設なら3億円）を負担してもらい，この住宅に移る開発区域内の借家人に家賃補助などを行う方法を導入した――読売新聞1990年7月11日13面。さらに，三村浩史ほか「都心，インナーシティにおいて居住用空間を確保する方策(上)」(都市問題82巻1号84頁，1991年)。これは行政指導である。朝日新聞1989年10月17日1面によれば，事務所・住宅併設のマンションを増やすため，特別住宅容積地区を法制化することに決めたが，本文のような問題に対処するため，建築物を個別に審査し，住宅の一定割合を適正価格にすることを求めるなど，都市計画を補完する制度の検討も進めているということであった。実現しなかったのであろうか。

これでは儲からないから，利用されまいというなら，その前提として，現在の開発自由の原則を多少とも制限すること，例えば，ベースとなる容積率を一律に引き下げておけば，こうした制度も活用しやすくなるのではなかろうか(11)。

◇ V　遊休土地転換利用促進地区制度

これは遊休地と認定した土地には土地所有者に利用義務を課し，利用されていなかったら市町村が買い取りの協議を求めることができるとされている。

これは国土利用計画法と同じシステムであるが，このような穏やかなシステムで，機能するものであろうか。手間暇ばかりかかって，結局は売ってくれないし，買ったところで市町村も扱いに困ろう。

土地所有者は有利な利用を求めて，暫時遊休地にしているのであるから，有効な利用方法を教示するか，経済的負担に耐えかねるくらい，遊休地としておくことが損になるように（経済的ムチ手法）するしかない。しかし，新土地保有税論議で，結局は一律課税に収まり，経団連構想の低・未利用地課税はできなかったので，有効な手段を失った。

一般的な制度としては，企業が借金して土地を購入する場合，利子は全額経費とならないようにすれば，投機は減るし，また固定資産税も一般には上げ，建物があれば減額することにすれば，建物を建てようとするであろう。

しかし，これでも遊休地対策としては間接的である。これに対し，建設省はムチとして，遊休土地転換利用促進地区で市町村長から遊休地として認定された土地に課税する遊休地特別土地保有税構想を有している(12)。

従来の特別土地保有税も，認定が甘い，なかなか機能しないといわれている

---

(11)　なお，一度は住宅用として供給されたが，そのうち事務所用に改造されることのないよう，監視し，台帳を整備し報告をとって用途の把握に努め，住宅の割増部分がわかるように閲覧制度で閲覧させ（建築基準法第93条の2），無断転用については，許可制度（総合設計，再開発地区計画，用途別容積型地区計画，住宅地高度利用地区計画，建築基準法第59条の2，第68条の3，4，5）違反として，措置命令（同法第9条）を迅速に活用するようにという通達が出されている（平成2年11月20日）。もし，将来社会情勢が変わって，住宅は余ったという状況になった場合，用途変更を認めるのかどうか。もし認めるとしたら，容積率アップ分は何らかの形で公に納入させる制度をつくる必要がある。『追記』現在空き家が増えているので，この問題意識は現実的なものとなっている。

(12)　朝日新聞1990年9月19日3面。

から，この制度が機能するかどうかが問題で，市町村が抵抗なく課税できるシステムをつくる必要がある。

私見では，遊休地かどうか役人が認定すると，土地所有者からねじ込まれ，議員から圧力がかかったりして，やりにくいので，住民の判定員に判定してもらうのがよい。判定のガイドラインは必要にしても，その具体的な判断は例えば住民10人に点数をつけてもらって，極端な点数をつけている両端2人をはずして，残りの平均をとり，一定以上であれば遊休地と認定する。これを毎年続ければよいのではないか。

Ⅵ　建設省の住宅拡充新施策

報道によると，建設省は住宅を拡充するために，いくつかの新施策を要求した。それは，①良好な民間借家に住み替えた場合の家賃の税額控除（年間最高9万円），②木賃住宅再生のために土地を交換する際に所得税や不動産取得税を非課税とし，前からの居住者が建て替えにより家賃の高い住宅に入居する場合7年間の傾斜家賃とし，その差額を国と自治体が補助する制度，③農地などの切り売りを防止し，計画的なまちづくりをするために，都市農地活用センターを設立して，賃貸住宅を建設する農家に対し，土地造成から，経営までのノウハウ，情報，資金調達を手伝う。今後10年以内に地区計画を定めて優良な賃貸住宅を建設する場合，固定資産税や都市計画税を軽減すること，④住宅・都市整備公団が土地を取得する際借りる財政投融資の金利の7・2%と公団負担の差額に対する補助の増額（現在公団負担が3・5%であり差額は国が補助，この公団負担を1%に），自己負担分も公社住宅が5%，公営住宅が一種3%，二種2%のところを，1%にと要望。

これらはいずれも金がかかるが，私見ではこうした施策が必要となったのは土地所有者がぼろ儲けするためであるから，開発利益を吸収してやるべきである。そのようなことをすれば，都市の農業従事者の票が逃げると心配する政治家もいるが，本当に庶民に住宅をつくるという施策を訴えれば，それらの票がどこに逃げようと恐くはないはずである。

①は不十分な施策で，思い切って，家賃はほぼ全額所得控除すべきである。税収は減るが，地価高騰の犠牲者にはそのくらいの政治が必要である。②，④も同様である。

③は農業従事者に対するアメ手法で，現行制度の中ではやむを得ないであろ

うが，筆者が批判的なのはいうまでもない。特に，住宅をつくって儲かる者に税金を軽減するなど，世の中逆である。農地の中のバラ建ちは禁止し，地区計画でなければ住宅をつくれないようにして，開発利益を吸収すべきである。

なお，地区計画をつくって良好な住宅をつくれば固定資産税，都市計画税が軽減されるというなら，これまでも，地区計画こそなくとも，開発指導要綱に基づいて良好な住宅をつくっている地域には同様の減免措置がなければ不公平である。特に，良好な新興住宅地では公共施設の大部分を開発者負担で，つまりは地価に織り込み済みで建設していて，今更都市計画事業もほとんど必要はないから，都市計画税は減免すべきである。むしろ，都市計画税は違憲である（第5部第3章第1節Ⅱ 5）。

Ⅶ　むすび

開発自由の原則の上に立って，土地所有者にあれこれアメを与えて住宅の供給を確保しようとする政策は，アメばかりで，土地所有者にとっては土地は儲かるものという神話をますます強固にし，実際には高価な住宅が少しずつ供給されるだけで，土地問題は解決せず，日本の経済発展を担う勤労者は企業の奴隷であるだけではなく，土地所有者の奴隷，さらには政治の奴隷のままである。

開発自由の原則を，「計画なければ開発なしの原則」に変え，開発益は原則として公共の手に残し，開発するかどうかは公共が決める手法を導入すれば，日本社会最大の問題である土地問題が解決する。せめて，新規開発，工場遊休地などの宅地・商業地への転用などについては，地区計画を義務づけ，開発利益の吸収を制度化するべきである。それでは開発が進まないというのなら，開発利益の吸収による儲けの一部を種に補助すればよい。

さらに，法人優遇の土地所有を是正すれば地価は庶民にも妥当な水準になる。現在，法人は固定資産税まで経費扱いしてもらえるので，実質負担は半分になり，赤字のときに土地を売って相殺し，税金を払わないなど，法人の特権をやめ，庶民の賃料も一定範囲までは生活に最低必要なものとして，生計費控除制度をつくるべきである。そうすれば，法人の土地は放出され，庶民は借り易くなる。

今日行われている対策は根治療法をしないで，対症療法をしている。少しは治るが，その間病巣が広まっていくに等しい。

なお，詳細については前掲の筆者の文献を参照されたい。

【追記】 原稿提出後知り得た事情を追加する。

東京に残された最後のニュータウン予定地秋留台は，開発構想がでてから不動産業者が買い占めに入り，地価が調整区域まで急騰したため，勤労者に安い住宅を供給する計画は崩壊しそうだと報道されている（1991年5月18日18時，19日8時半NHK，東京の放送による）。これは，現行制度のもとでは，調整区域も早く監視区域に指定すればよかったのであるが，遅れた。本来は開発構想をつくるときに監視区域に指定すべきである。また，専買権の制度，集約換地の制度，開発利益の吸収の制度など種々の制度を工夫すべきであるし，当該地域を地価高騰前の価格で買収する制度（シンガポールにはある）も考慮されよう。

京都府，奈良県，大阪府にまたがる学研都市の地価は高騰して研究者が移れるまちでなくなった。関西文化学術研究都市法（昭和62年）に基づいて内閣が基本方針を打ち出し，各府県が建設計画をつくっていて，土地利用，施設の整備などの絵を描いているが，これには自治体の総合計画と同様に法的拘束力がないためである。取引規制をして，先買権の制度をおいて，安いうちに公有化すべきであろう。

大阪湾のベイエリア構想では，各種の開発計画を総合調整するために関西文化学術研究都市法をモデルにしたいといわれているが，そのくらいではうまくいくわけはない。『環境法総論・海浜・自然環境』第3部第7章。

第2節　公共(賃貸)住宅制度の今後のあり方について（1995年）

本稿は，公共（賃貸）住宅制度特に公営住宅制度の問題点と今後の法制度改正への視点をいくつか述べるものである。同じ時期に，都市住宅学8号（1994年冬号）に「アフォーダブルハウジング論再考への一視点」を寄稿した（本書第3節。別稿という）。併せて参照されたい。

◇ I　直接供給システムの難点

日本の公的住宅政策の基本は，住宅金融公庫融資による持家政策のほか，住都公団（住宅・都市整備公団。現在のUR。）・公営住宅・地方住宅供給公社による賃貸住宅で，民間の賃貸住宅に対する助成がまともに始まったのは1993年の特定優良賃貸住宅供給制度が最初といえる。この公的主体による賃貸住宅の直接供給システムは，戦後の住宅難の解消に大きな役割をはたした。公営住宅は低所得層の住宅難対策にそれなりに貢献し，住宅公団の2DKも当時の狭い木賃アパートの居住者である若い世代にとっては極楽であった。

しかし，その効果もあり，世の中も変わって，民間住宅の供給のシェアが増え（平成5年度でフローベースでみると，公的直接供給が新規建設戸数のなかで占める割合は5%，公共賃貸住宅が賃貸住宅の中で占める率は8%，ストックベースで見ると，公共賃貸住宅が住宅総数に占める割合は7%，それが賃貸住宅全体に占める割合は18%である)，住宅は量よりは質の時代となり，公団の2DKも狭すぎて，建て替えを迫られている。今日では，この直接供給システム（筆者の用語でいえば，事業システム）は，種々の欠点があることも明らかになっている。

たとえば，公的事業主体は，民間会社とは異なって，権限が限定され，狭い権限の範囲内で活動するので，不動産業者のように多角経営もできないし，電鉄との共同事業によって，開発利益を内部化することもできない。

これは単純な土木屋のシステムで，地価高騰を抑えるどころか，競って土地を買って，地価高騰に拍車をかけた例もある。環境も考えないで，工場跡地を買って，周辺の工場から，企業環境権訴訟まで提起されたことがある。

土地を高く買えば，家賃に反映するし，全体としては不採算になるが，土地を購入する部門としては，とにかく買うことが大切で，安く買う努力をするインセンティブが働かない。要するに，努力が成果に反映せずに，努力しないシステムになっている。

公団，公営の一種，二種を所得階層で区分する制度のもとでは，所得階層が均一化し，不健全な街になる。長年経つと高齢化する。

直接供給部門の担当者としては，希望に応じて供給するのが生きがいになる。たとえば，公営住宅の空き家を募集すると200倍にもなるので，公営住宅の供給を増やさなければならないという意見がある。しかし，これはさいの河原の石づみシステムである。安く供給すれば過大な需要を引き起こす。そこで，都心では，公営住宅をごく一部の人にしか提供できないので，希望者をくじ運で選別することになるが，公共の資金をくじ運で配分することには正当性がない。公営住宅は福祉住宅であるが，福祉は本当に困った者を困った順に対象とすべきで，多くの人を対象としていては福祉は成り立たない。

公営住宅の管理も，民間と違って，親方日の丸になる。家賃も適切には徴収できない。収入超過者の明渡しも進まない。駐車場も，ただで整備したりする。

この直接供給のシステムは民間事業者が成長していない時代の産物で，民間が成長している今日，行政が直接に供給する必要は減る。むしろ，行政は民間市場をコントロールするシステムに重点を移すべきであろう。

この点では，建設省の住宅宅地審議会が，1994年9月にまとめた「21世紀に向けた住宅政策の基本的体系はいかにあるべきかー中間報告」において，従来の住宅政策が市場の補完・補強を中心としたものであったのに対し，今後は市場の条件整備・誘導・補完をトウタルに含む，住宅市場全体を対象とするものに拡大していくべきであるといわれていることに，いささか遅すぎたきらいはあるが，賛成である。

しかし，直接供給を廃止した方がよくなるかどうかには自信がないので，その結論は保留しつつ，その欠陥を是正し，改善するために，いくつか論点を指摘しよう。

◆ II　公団・公社・公営賃貸住宅売却論

経済学者の中[(1)]には，イギリスで行われたような公団・公社・公営賃貸住宅売却論を唱える意見がある。売却代金で，家賃補助政策を行うという。しかし，これには多くの疑問を感ずる。

まともな時価で，大量の住宅を売れるのかが問題である。長年かけるとしても，売れるのは良好な住宅だけで，あとはやはり残ろう。

今の賃借人に売るとすれば，買った方が得でなければ，借り手は金があっても，賃貸のままである。今の賃料は安いから，買おうという者は，地価値上がりによるキャピタルゲインを狙う者である。これは借家人層を持ち家層にして，保守化を狙うという政治的な戦略ならともかく，そんな儲けがあるなら，国家が儲ければよいし，これは国民に土地投機を奨励する不合理な政策である。ちなみに，中曽根政権の国有地払下げ政策は払下げを受けた特定企業にだけ儲けさせる愚策であったし，戦後しばらく行われた公営住宅の払下げ政策は公共住宅の用地難を現出し，同様に愚策であった。また，借家人以外に売るとすれば，買う方は，賃料の収益を当てにせずに，土地を有効利用しようとするであろうから，従来の居住者は追い出される。追い出された居住者に家賃補助をするには大変な金を要し，未来永劫売却代金でまかなえるのか，計算が大変である。

Ⅲ　住宅供給公社の拡充？

前記の住宅宅地審議会中間報告は，現在，人口50万人以上の都市にしか設立が認められていない住宅供給公社を，人口50万人未満の一定の市区町村でも設立できるようにして，これを拡充し，街づくりと一体となった住宅供給を目指すという。

しかし，これまでの住宅供給公社は，仕事の範囲が狭いので，不要になっても転換できず，高い土地を買って，勤労者の支払能力をこえる住宅を供給したりして，うまくいっている組織とは思えない。しかも，高い原価で建設した建物を売却する段階でバブルがはじけたとき，民間なら赤字覚悟で値引きしても在庫の整理をするが，公社は原価主義にしばられ，自由がきかない。組織は一度できると，必要性が希薄になっても存続したがるから，本来は，一時的な必要性のために権限の狭い組織を作るべきではない。この種の行政の事業組織の拡充は使命を終えた特殊法人の見直しという今日的要請に反する。もっとも，この公社は，特定優良賃貸住宅制度を活用して中堅勤労者向けの住宅供給を推進するなど，業務内容の拡大を図るようであるが，既存の公社が廃止の前に転身を図るのはわかるとしても，不要という疑いの濃い組織を新たに造るべきであろうか。

---

(1)　斉藤精一郎『増税無用論』（PHP研究所，1994年）55頁以下〔黒川和美〕。

◆ Ⅳ　用地取得型から借上げ型へ？

前記の住宅宅地審議会は，これまでの公営住宅は土地を取得して供給されてきたが，民間の賃貸住宅の借上げや買上げを実施するとする。

土地取得型供給が難しくなったから，借上げとか建物の買上げを行おうというわけであるが，借上げでも，地主が地価に見合う採算を取ろうとするかぎりは，どれだけ安く借りられるのかが気になる。むしろ，土地を安く入手する法システムを工夫するよう，都市計画に踏み込まなければダメである。

◆ Ｖ　公営住宅の家賃

現在の公営住宅の家賃は基本的には個別の原価主義で（法定限度額，公営住宅法12条1項），家賃の高低差は先にできたかどうかによるといった不公平がある。空き家の競争率は団地によって大きな差が出る。また，民間よりはかなり安い。高額所得者になっても，割り増し家賃はたいしたことはないので，居座れば得するシステムである。

そこで，高速道路並に，完全にプール家賃にして，不公平をなくすべきである。立地も考慮して，どこでも応募者の競争率が同じくらいになるように家賃を設定し，頻繁に見直す。値上げになるところでは反対がでるが，少なくとも，収入超過者，明け渡し義務者の家賃は国庫補助分を取るという発想ではなく，原価関係なしに市場家賃にすべきである。そして，明渡し基準に該当する者に対しては，市場家賃に数割の上乗せ負担を求めれば，訴訟などのやっかいな手段を用いずとも，黙って出てくれるであろう。これにより，公団や民間への住み替えを促進でき，入居待機者の期待に応えうるが，その代わり，高い家賃を払えばそのままおれることにする。特に，数年経てば高額所得者ではなくなるという事情のある者も，今の制度では明け渡さなければならないが，この制度では住み続けることができる。公団との住み替えでは，公団の中の公営住宅資格者との交換を促進する。

なお，公営住宅の入居者は法定限度額でも家賃は高いという。だから，住民の税金で割り引く必要があるという意見がある。

しかし住民税は，公営住宅に当選せずに，条件の悪い民間借家にいる者も，持ち家ではあるが，借金で大変な負担を負っている者も払っている。公営住宅だというだけで減額するのは必ずしも公平ではない。公営住宅の入居者は団結して，一つの票田をなし，不当に利益を受けているにすぎない。

これに対して，前記の住宅宅地審議会では，自治体が地域や入居者の所得水準に合わせて家賃を決定できるシステムを導入する。具体的には，①所得区分のみによらず，大都市圏や地域それぞれの住宅事情，公共住宅ストックの状況などを勘案した，総合的な施策対象の決定，②応益性に基づく市場家賃を基準として，入居者の負担力を考慮しつつ，市場の復帰を促すような，市場と連携した家賃システム，③民間のストックや供給力を活用した柔軟な供給力の確保，の３点を前提条件とした，地域における総合的・体系的な公共住宅制度において，民間を含むふさわしい供給主体が参加できる制度が考えられている，という。

報道(2)によれば，家賃上昇につながる場合もあるが，低所得者への手当を厚くするなど，所得に応じてきめ細かい割引が可能になる。民間との差がなくなって，公営住宅と民間住宅との競争も高まり，住宅の質向上につながると，建設省は期待しているということである。

この提言の内容はまだしっかりと理解していないが，現行の原価主義を廃止するのであろうから，地域内では公平な家賃設定ができる。負担力に応じて家賃設定する場合，高額所得者の家賃は民間並となり，上記の私見と同じくなるのであろうか。市場復帰を促す手法があるかどうかはっきりしないが，私見のように市場家賃に割り増しすれば市場に復帰する。それなら賛成であるが，前提としては，自治体が入居者の圧力だけに屈するバラマキ福祉をしないことが必要である。なお，これは今後建てる公営住宅だけではなく，既存の住宅にも適用しないと，政策効果は低いが，既存の住宅に適用する場合の経過措置で骨抜きにされる心配がある。数年間の経過措置で，新制度を適用しないと国庫補助を削るといった（やや，強引な）手法が欲しい。

この提案された制度では，公営住宅の家賃は地域の状況を考慮し，建設原価にこだわらず，所得に応じて減額されるのであるから，一・二種の区分は廃止されるようになる（平成８年改正)。この点も，前記の住宅宅地審議会の中間答申に賛成する。

---

(2)　朝日新聞 1994 年 9 月 14 日 2 面。

◆ Ⅵ　入居者の選抜と所得調査

入居者からみれば，公営住宅は福祉住宅であるが，現在のシステムでは，入居の可能性はくじ運で決まるので，入居資格がありながら，入居できずに，より高い家賃を払っている者が少なくない。彼らも公営住宅の費用を税金の形で負担している。これは不合理であり，公営住宅は，低所得者から順に入居できるように，くじ運だけではなく，もっと必要性を審査するようなシステムに変える必要がある。そして，必要性の低い者を排除して，本当に必要性の高い者は順番を待てば遠からず入居できるようなシステムにする必要がある。

しかし，その審査は現行法では難しいと思えるし，所得に依存した給付のシステムはクロヨン（税金の対象となる所得の捕捉率の業種による差）の不合理を増幅させるので，筆者は給付のシステムの拡充には基本的には賛成できない。給付のシステムを活用するためには，前提として，所得や資産を厳重に調査するシステムを同時に導入すべきである。これは各種の手当とか公営住宅とかと別々にやっていては能率も悪いし，公平にもできないので，所得は税法により一元的に適格に捕捉できるシステムを導入して，他へ流用するように，すべきである(3)（現在マイナンバーが導入されている）。

◆ Ⅶ　公営住宅と都心居住推進策

1　都心の公営住宅

都心の区には公営住宅は要らない。不公平の極致である。都心の区の生き残り作戦ともいうが，商業用地として発展させ，地価を釣り上げておいて，他方で，何人も住みたいと思う都心に，住民が減らないようにと，国民の税金（それには地価の高騰で犠牲になった多くの勤労者の税金も含まれる）で，安い住宅を，低所得で運がいいというだけの者に提供しようというのは不合理である。低所得者には公営住宅をといっても，なにも都心の区に居住させる必要はない。多くの者は，都心の公営住宅に入居できないが故にはるか遠方から通勤（痛勤）しているのである。深夜・早朝勤務の仕事がある者のために都心に住宅をなど

(3)　筆者は，納税者番号制などよりは，税務署に届け出た銀行口座に入金させるか，売上をすべて金銭登録機に入力するシステムが簡易で公平で効果があると主張している。阿部泰隆『政策法務からの提言』（日本評論社，1993年）115頁以下，『行政法の進路』165頁以下。

といわれるが，電車も深夜以外は走っているし，一般的には郊外で仕事を探すことができるはずである。病人とか老人も，都心に住む必然性はない。ただし，例外的に，障害者で，都心に職場を持つなどの人には，職住接近のために，都心居住を認める。しかし，定年になったら，原則として郊外に移転すべきである。東京都の公営住宅は区単位で造らず，都が全都単位で考え，都心には造らず，山手線の外側に造る方が大量に提供できて，合理的である。

今日，都心居住の推進が政策課題になっているが，都心には公的資金を投入しないで，アフォーダブル住宅を供給する施策を考案すべきである。

2　民間の都心居住

国土庁の首都圏基本計画フォローアップ懇談会では，2000年が目標年次の第四次首都圏基本計画の点検作業を進め，2010年を目標年次とする新計画では人口減少が激しい都心の居住政策推進を柱とすべきことを提言した。これは，中期的な目標として，千代田，中央など都心八区の人口を1990年の137万人から，2000年に150万人以上へと回復させようとしている。そして，これによれば，東京の都心の居住環境を再生するため，業務機能の周辺地域等への分散誘導と東京都心部での住宅・生活関連施設等への転換による生活機能の増進，民間・公的事業による良質な住宅供給，都心部の商業・業務系開発における居住・生活機能の導入，住居の確保などの視点から，都市計画や建築規制等による適切な土地利用の誘導，臨海部等における居住系の高度・複合型再開発等広範な分野にわたる対策を講じることが肝要である。特に，①住宅や診療所など生活機能を増進させるための基本方針策定，②税制・融資などの支援措置拡充，③大規模低・未利用地活用などに取り組むことを提言している。

これは公営住宅とは限らず，民間の住宅を都心に造る環境整備を提言するものである。その方向は妥当であろうが，この提言は抽象的で，それを実現する法的な手法がはっきりしない。施策に合致した立地に対して，特別土地保有税などの減免，NTT株売却代金による無利子・低利貸付などが考えられていると推測されるが，これでは，国家からは金を取ればよいという，take and takeのシステムを増幅するだけである。都心から業務系を排除する用途指定をすればよいのであるが，それには地主の抵抗もあるので，業務系の重課税と住居系の軽課税をワンセットにし，しかも，用途地域の指定を，地主の意見を聴くだけではなく，広く，借家人層の意見を聴いて行うように運用を変えるべきであろう。

ついでだが，法人なり営業をする個人の場合，家賃は経費として控除される。勤労者にはそれができないので，家賃負担能力が低い。税法の理論を変えて，生活に必要な費用はみな経費だとすれば，すっかり変わるが。

都心の区で行っている住宅付置義務も，実際には庶民の借りれない高家賃住宅を造るだけで，公共性に反し，賛成できない。これについては，別稿で述べた。

Ⅷ　公営住宅の拡充策

もし公営住宅を増やす必要があるとしても，公金をなるべく使わずに安く供給する施策を工夫すべきである。何度も主張していることであるが，公共住宅のために土地を購入していては高くつき，入居者に不当な利益を与えるし，供給数が限られるので，住宅難対策としては効果が薄い。

私見では，当該地域で標準的に利用されている（しかも，インフラとの関係で利用されても困らない）容積率は土地所有権に属するが，それをこえる土地の上部空間は公共に属するものであり，容積率アップは，土地所有権の拡充ではなく，公共空間の私人への付与であるから，その代わりに，そのアップされた容積率の活用方法について条件をつけることができる。その容積率分は，土地代関係なしで建物代だけを原価として賃貸住宅を経営し，公共団体が認定した低所得者にのみ貸与するとか，そのフロアを公共団体が同様の原価で借り上げるとかすべきである。しかし，公営住宅は都心に造らない方がよいという私見によれば，そのフロアの空間代に相当する土地を郊外で提供させるのが妥当である。

この前提として，ダウンゾーニングをした方がよい。それは土地所有者の抵抗にあって，困難だという意見が多いであろうが，一度容積率を下げて，次に良好で安価な住宅用なら容積率をアップするという政策をとり，土地所有者だけではなく，借家人層も参加させれば賛成者が増えるであろう。さらに，日本の容積率は一般に過大に設定されているのであるから，たとえば，400％は300％に，600％は400％とみなすと都内一律に決めれば，抵抗も少ないであろう。固定資産税を一般には先に値上げし，容積率を下げたところは少し減額すれば住民合意もはかりやすい。容積率の削減は財産権を侵害し違憲かという議論もあろうが，それはみんなが活用すれば街が空中分解するくらいに過大に設定されているのであるから，本来の土地所有権には含まれないとも解されるし，その削減が一律に行われれば，特別の犠牲ではなく，受忍すべき限界内で，補償を要しないと思われる。

この下げられた容積率以上に，すでに建築的に利用されている土地に関しては，既存不適格で，存続は認めるが，固定資産税を割り増しするか，特別の負担を求めて均衡を図るものとする。これに関しては，負担増反対の声に押されて，実施できまいという意見も多いであろうが，他方で，容積率が低いところでは減税になるのであれば，多数派は賛成するであろう。要は，全員賛成でなければ施策を実施しないのではなく，合理的な施策を提案し，多数の合意を得ることである。

ダウンゾーニングの考え方に関して，土地の収益力がどこも同じくなるように，住居系の容積率は商業系のそれの何倍かにせよという意見も聞くが，物事を完全に白地で決めればありうる考え方であるとしても，すでに商業系の容積率を住居系のそれよりはるかに高く設定する運用が行われ，それを前提に商業系の土地の取引きが行われていく以上，それを逆転させて，商業系の容積率をとたんに住居系より低く設定することは実際にも可能でないのみならず，商業系の土地の価値を著しく減殺し，特別の犠牲を生じて，補償なしであれば違憲の疑いがあるし，補償してまで実施するほどの施策とも思えない。私見は，そうした難点が生じないように，合憲性を確保し，かつ，実施可能性も考慮して工夫されたものである。

なお，もし，直接供給策を減らし，間接供給を進めるべきであるというのであれば，この容積率アップ分の利益は，公共の住宅基金に入れ，間接供給資金に活用することも考えられる。

Ⅸ　公団・公営住宅の建て替え

公団・公営住宅の古いものには，低利用で，土地をムダ遣いしているものが少なくないので，迅速な建替を促進する必要がある。これに対して，建て替え反対運動があるが，建替に何年もトラブっているのはコストがかかり，公共資源を早期に利用できない点で不合理である。もともと，公営住宅の利用関係は家主が市場ベースで貸す民間賃貸借関係とは異なり，福祉の受給関係であるから，基本的な生活を保障すれば，あとは，必要性に応じて，行政の方から給付を変更できるのは当然のことと考える。そこで，建替に反対する権利とか同じ建物に居住する権利はないことを法律に明記すべきである。現行法（公営住宅法23条の2以下）もこうした考え方でできているが，よく理解されているとは思われないので，明記するのである。借家法の適用も，明文で否定するべきである。公団住宅の場合には，建て前では市場ベースではあるが，公的な支援を受けているから，やはり，同様に考える。代わりに，移転費を出し，近隣に代替住宅を斡旋するのは現行法通りである。住民参加の必要な時代ではあるが，行政の方は公共性の哲学をしっかり持って，制度の改革と運用を行うことが必要である。

◇ X　直接供給における家賃徴収・管理体制

家賃の不払い者，明渡し拒否者に対しては，民事訴訟を起こす制度になっているが，効率が悪いので，工夫したい。

公営住宅の家賃の徴収は容易ではないようである。その理由としては，低所得者が多いとかいうが，家賃を払えないほどの低所得者であれば生活保護を受けられるのであるから，家賃を払えない理由が本当に理由があるかどうかを厳重に審査し，本当に病気など特殊事情のあるために家賃を払えない者には免除し，あとは確実に取るべきである。行政の担当官としては，家賃の徴収をするインセンティブが働かない親方日の丸システムであるから，制度を変えて，家賃の徴収を民間に委託し，徴収率に応じて報奨金を払えば，家賃徴収が適正に行われる。強引な取立の心配があるというが，家賃を払えない者には免除するかぎりは，あとは強引に取る方が適切である。報奨金は比例的に算定するのではなく，累進的に算定する。難しいところから取れば，たくさん貰えるようにする。これを業者との契約制で行う。業者が自分の取り分の一部をリベートとして渡して，早く徴収することもありうる。

高額所得者で明け渡しに応じない者に対しては，訴訟でやっと追い出す手間暇かけるシステムの代わりに，民間の市場家賃を課し，しかも，明け渡すまでは何割かの割り増し家賃を課すようにすれば，訴訟などの手間暇かけずに，素直に出て行ってもらえるであろう。これはVで述べた。

公営住宅の入居者には車を持つ余裕もないだろうし，駐車場を公費で整備する理由もないとして，公営住宅に駐車場を用意しなかったら，その周辺が違法駐車でいっぱいで，危険この上ない。レッカー移動だけでは，蝿を追うようなもので，十分ではないので，公営住宅にも駐車場を造れという声がある。しかし，公営住宅に公金を大量に投入しているのは，住処がなくては健康で文化的な最低限度の生活（憲法25条）に困るからであるが，車は同日の議論ができない。車がなければ不便だというが，車を持つ便利さは，公的資金の支援なしで，独力で獲得すべきであって，社会保障の対象ではない。公営住宅の敷地内に駐車場に適する土地があったとしても，それは本来は公営住宅を増築する用地とすべきであり，かりに，駐車場用地とするならば，民間駐車場利用者との均衡を考慮して，近隣の民間駐車場よりは割高にして，あわせて，民業を圧迫しないようにすべきである。

XI　家賃補助

住宅の直接供給か，家賃補助かが論じられる。経済学とか都市工学の方面で本格的に論じられているので，ここでは感想程度しか言えないが，いずれも膨大な公金の支出を要するうえ，本当に生活が苦しいかどうかは，収入と資産を徹底的に調査しなければわからないが，それが行われていない以上，クロヨンの弊害を増幅する。補助を出す以上，徹底調査を前提とすべきだが，対象が限定される直接供給でさえ十分に調査できないのに，対象を拡大する家賃補助では調査はなおさら困難である。補助は，所得や資産と関係なしに出せるものか，どうしても苦しいことを立証できる範囲に限定すべきである。

また，家賃補助だと，借金して家を買った者には，公庫の低利ローン以外には補助がなく，不公平である。さらに，現在，自治体では新婚家庭など，ごく限られた者への家賃補助をしている例があるが，かえって不公平である。

前記住宅宅地審議会の中間答申では，公共住宅の対象者であって，それに居住できない者に限定して，家賃補助を導入すべきであるとの議論に対して，家賃の評価，家賃の支払能力の把握などの技術的な問題点に加え，良質な賃貸住宅が不足している現状では，居住水準の改善に寄与しないというおそれもあり，また，財政負担上の問題も無視できないという理由で，その導入については，検討を続ける必要がある，と消極的に見える意見を述べている。

これは，公営住宅居住者と非居住者の均衡論であるが，財政負担上からは，民間の家賃補助を行うならば，直接供給の家賃を大幅に値上げしないととうてい耐えられないであろう。なお，家賃の支払能力の把握とは前記のクロヨン問題であろう。大きな問題は，ここに指摘されているように，良好ではない低家賃住宅の居住者に補助すれば，そうした住宅も居住者を確保できて，居住環境の改善には寄与しないことである。家賃補助をする公的資金を，居住環境改善資金に振り向ける方が合理的であろう。

また，同じく助成するなら，子どもが足りない今日，家賃補助よりは子育て補助の方が合理的である。家が狭いとか，金が足りないと，子育てもできないから，家賃補助と子育て補助は実質的にはかなり共通であるし，他方，借家暮らしだからといって，子どもがいない者に補助していたのでは，補助対象者が増えすぎて問題である。それは生活保護の問題と考える。

しかも，子育て補助なら，国家に余裕があれば資産の有無を問題にせずに補助してもよい。金持ちでも，子供を作ってくれれば，将来，子供が年金の原資などを社会に返礼してくれる。

◆ XII　住宅政策の地方分権化

1　市町村は住宅政策の適任者か

地方分権の時代で，地方に権限を移せという意見が多い。住都公団を廃止して，市町村へ移管せよという意見もある。一つの意見であるが，気になることも多い。

まず，この意見は，住宅は地域的課題であることを前提とするが，今日の住宅問題は県の境界をこえているから，市町村どころか，都府県単位でも適切には対応できない広域的な課題である面も多い。

市町村は狭い範囲でものを考え，先住民の既得権的主張を公益と誤解しやすい。都心で非効率的な土地利用をしている者もそこにとどまれるように，固定資産税は安く評価し，相続税の増税には反対し，農地の宅地並課税に反対して緑地の確保という名目で（実はいつでも転売できる資産を持つ）農家に補助を出し，再開発にも消極的で，その結果，現に多額の所得税・住民税を払っている勤労世代が遠距離通勤を余儀なくされている。これは不公平であり，土地を有効利用して，多くの者が豊かな生活を送れるようにすべきである。

公営住宅の家賃も，法定限度額までさえ取らないから，それから先，収入超過者から市場家賃を取るという私見のような発想は出てこない。家賃をまけた分は公営住宅に入れない者の税金で，場合によっては公営住宅に入居資格があるが，入れずにもっと苦しい生活をしている者の税金だということを忘れている。

家賃の徴収も，つい甘くなる。地方税も，国民健康保険税も，強制徴収して取ることはほとんどない。

そこで，市町村に権限を与えるとしても，広域的観点からの調整が必要である。土地は有効利用できるように保有税を値上げし，再開発を進め，公営住宅の家賃は，現行制度のままなら，限度額を取り，収入超過者などは迅速に入れ換えるべきである。

そのくらいしない市町村には補助を減額する。国庫補助は，市町村の行政の成果を評価して出すように変える。

市町村に権限を与えると，公金を使って，土地を買って，安く供給するだけという心配がある。あわせて，土地利用規制権，開発利益の吸収権を与えて，用途の変更や容積率のアップの際には，開発利益の吸収を図るべきである。そうして，土地を持たない者の救済は土地によって上がる利益によってまかなうべきで，労働に課される所得課税から巻き上げるべきではない。

2　地方分権化

公営住宅の入居収入基準は全国の所得分位のおおむね下から3分の1を施策対象とする考えに立ち，全国一律であるが，これは収入も住宅費も高い都会にはふさわしくない。生活保護と同様に，地域により水準を変えるべきであろう。都会の収入基準を高くする必要があるが，そうすると，競争率が上がるので，もっとたくさん供給する必要が生ずる。しかし，これについて，直接供給とか家賃補助で対応するには金がいくらあっても足りない。やはり，金をなるべくかけないで供給を増やすような法システムが必要であり，また，民間に低家賃住宅の供給を促すシステムが必要である。

直接供給はするとしても，大都会だけでよい。競争率の低い地方では造る必要はない。地方では公営住宅の入居希望者は少ないし，また，新婚家庭の間，安くはいって，持ち家の頭金をためて出ていくというが，そんな個人の資産作りに国家が補助する必要はない。公営住宅制度を置くとしても，国庫補助ではなく，地方の独自財源でやるべきである。

特定優良賃貸住宅制度は地方に自主性を認めている。この制度は施策の対象となる者を収入分位で25〜50% の者としているが，知事の裁量で80% までにすることが認められている。しかし，そんな者まで税金の恩典を受けるのはおかしい。そんな施策を講ずる余裕があるなら，減税すべきだ。しかも，なぜ地方にいれば，10人中上から3番目の高額所得者も公的優遇措置の恩典にあずかれるのか，理解しがたい。

ところで，都会に住むか田舎に住むかは個人の自由であるが，都会に住んで住宅が狭いから補助してくれというのはおかしい，そんな人に補助するのは金の無駄使いだという説がある(4)。

たしかに，田舎は面白いことがない代わりに，住宅に恵まれ，都会は面白いことがあるから住宅が狭くても，本人の選択だというのも一つの見識であろう。しかし，実際には，都会に住むのは本人の選択だけではなく，社会構造の問題であるし，都会で働く人が所得を生み，日本を支えている面が強いのであるから，生活が苦しくても本人の選択の結果などと見るのはおかしい。都会では，賃金が高いが，それ以上に住宅が高いので，金の点では割が合わないが，地方にいい職場がない以上，都会で働くしかないのである。

私見では，住宅政策は都会に重点を置くべきで，地方では国庫補助までいれて，住宅政策をする必要はない。供給は民間に任せて，行政は民間を適切にコントロールする計画的コントロールの手法を活用する方がよい。

〔参考文献〕 無数であるが，私見として，阿部泰隆『国土開発と環境保全』（日本評論社，1989年）3頁以下，43頁以下，240頁以下を参照されたい。

【追記】 私見は老人を追い出せといっているといった誤解があるらしいが，筆者は単純に老人を追い出せといっているのではなく，社会全体がみんなで痛みを分けあって，生きていきましょう，そのさいに老人だからといって，痛みを感じないで，働いている若者に負担を一方的に押しつけないようにする必要があるといっているにすぎない。どうしても転居できない特殊事情のある老人が一代限りは都心に住むのはやむをえないとしても，その特権を相続させてはならないし，元気のいい老人が自分の金で都心に住むのは勝手であるが，都心に住みたいから公的な援助を出せというのは不当であり，働いている世代に都心に住んでもらう方が社会全体の負担の公平にも合致すると思う。私見はある意味で効率主義ともとられるが，経済的な効率だけの冷たい効率主義ではなく，心優しい，人権感覚を備えた効率主義のつもりである。

Ⅲで述べた住宅供給公社は全国的に解散の運命にある。

(4)　八田達夫発言・都市住宅学7号103頁。

第3節　アフォーダブルハウジング論再考への一視点（1994年）

Ⅰ　はじめに，視点

本節では，アフォーダブルハウジングを提供するための法システムを形成する基本的な視点を述べる。

なお，公共賃貸住宅に関する分は「公共(賃貸)住宅制度の今後のあり方について」と題して，先に述べた（第2章第2節，別稿という）から，ここでは，基本的には除くことにする。

アフォーダブルとは，家計の負担能力で無理のない範囲で適切な住宅を取得(購入，賃貸）することができることを意味するものと解する。日本では，兎小屋と悪口をいわれるが，勤労市民が実際に困っているのは東京や関西などの大都会だけである。他に困っているのは低所得者などであるが，それは福祉の対象である。大都会で平均的な庶民がアフォーダブルな家を買えない（借りれない）のは地価が異常に高いためである。

そこで，平均的な庶民にアフォーダブルな家を提供するためには，都会の地価を下げるか，地価を反映しない住宅を工夫すれば良い。あるいは，都市計画を工夫し，都心を分散すればよい。あるいは，公共が直接に供給するとか，家主が借り主に助成すればよい。どの方法が妥当であろうか。平均的な庶民に該当しない者には福祉施策で対応すべきである。以下，基本的な発想のいくつかを紹介し，検討する。

Ⅱ　既得権的な主張と社会貢献者の優遇

1　既得権を排除して，今の社会に貢献している者を優遇せよ

日本では，現状維持の既得権的主張が強い。しかし，現在の社会に貢献しなくとも，既得権を主張する者がおり，現在の社会に貢献している者が苦労しているのは不合理である。現在の社会に貢献する者ほど楽な生活ができるのは当然である。

これをもう少し詳しく述べると，都会では，昔から住んでいた者は，固定資産税が値上げされると，追い出されるとして反対し，非効率な土地利用を続けている。彼らは，所得が少なくとも，住民税をほとんど納めなくとも，都心に

住める。これに対し，あとから来た者は，所得を得て，所得税をたくさん納めて，社会の運営のコストを負担していても，可処分所得は少なく，住宅費が高いために，アフォーダブルな住宅を取得することは困難である。都会では多くの勤労者は，狭い家で我慢するか，遠距離通勤（痛勤）を我慢しなければならない。これでは，現在の社会に貢献している者が苦労し，他の者は昔安いうちに取得したなどというだけで，優雅な生活を送れるのであって，まったく不合理である。固定資産税は上げ，所得税を下げて，通勤者の可処分所得を増やすとともに，都心の土地を効率的に利用して，もっと多くの勤労者にアフォーダブルな家を提供すべきである。固定資産税の値上げに耐えられない者についても，土地の効率的な利用によって生ずる開発利益を適切に分配することによって，その者一代かぎりは，そこに住み続けることができるようにすることが可能であろう。

2　ぜいたくな悩み

この関連では，ここで死のうと思っていた都心の一戸建てが再開発で取り壊され，マンションに住まなければならないのは気の毒だとか，地価を上げてと頼まないのに，勝手に上がった地価のおかげで固定資産税が上がるのはとんでもないことだといった意見がある。

しかし，こんなのはぜいたくな悩みである。都会の土地は公共施設の整備の利益を社会に還元するように義務づけられていると考えるべきで，一戸建て居住者など低・未利用地の所得者がその利益を独占すべきではない。また，地価が上がっても，住んでいるだけで関係がないとかいうが，それなら固定資産税は安くする代わりに，譲渡の場合には譲渡所得税を割高にすることに賛成するであろうか。それに賛成なら，一応一貫してはいるが（土地の凍結効果を生じ，低利用を維持する点で政策的に問題であるが），何でも安くせよという主張をするのではないのか。

Ⅲ　開発利益の社会還元

1　地価高騰分は社会還元せよ

地価が戦後ずっと異常に高騰しているため，土地所有者は不当に開発利益を受けている。土地の価値増加は，6大都市住宅地価格を基準として，昭和30年＝1955年を1とした場合でも，バブル時代は220近くまで上がり，現在は128.2（1994年）であるが，その間，消費者物価指数は5.8倍，名目GNPは，54.4倍に上がったにすぎない(1)。この差は絶対的で，他の商品の価格上昇とは比較にならないから，土地に着目した特別の開発利益の吸収を工夫する必要がある。土地を所有していたというだけで，物価上昇率以上の利益を得ることは許されないと考えるべきである。それは社会の平和と経済発展の配当であるから，全国民に返上すべきである。

2　相続税は高い？

相続税が高いので，子供が親の住んでいた家に住めないのは気の毒であるといった意見が多い。

高い相続税を取られるとすれば，その地価が数億円と高いからで，そんな多額の資産を相続する者は，相続税を払わなければ，財産を相続できない者と比べて，絶対的に有利になってしまう。しかも，親の資産も，親が作りだしたのではなく，社会の平和と経済発展の配当にすぎないから，本来は親は死ぬときに社会に生前御礼税として返戻すべきで，子供がそれを相続して私にする理由はない。この問題は，親の財産は自分のものと思いこむ点に誤解のもとがある。数億円もする財産を売れば，普通の庶民が多額のローンを組んで，一生債務奴隷になって買う住宅を，ローンなしで入手できるのであるから，相続税がかかっても，同情は値しない。

3　先祖伝来の土地を取られる？

また，先祖伝来の土地が相続税のために売らなければならないのも気の毒である，先祖様から預かった財産を自分の代で子孫に残せないのでは，先祖様に，申し訳ないといった意見がある。

---

(1)　読売新聞1994年10月26日17面。

しかし，そんなバカなことはない。先祖様から預かった土地は，もともとは利用価値がなく，ただ同然の雑木林で，今日開発されたものを考えると，自分の代になって自分が価値をつけたわけではなく，社会が価値をつけたにすぎない。そこで，社会がつけた価値分が国家に取られても，先祖から預かった財産は子孫に残せるのである。先祖から預かった財産というものを，面積で考えると，子孫に残すのは減ったということになろうが，価値で考えれば，いくら相続税を取られても，先祖から預かった以上に残るのであるから，先祖様に申し訳が立たないようなことはなく，むしろ，堂々と威張って，いずれ先祖様の仲間入りをすればよいのである。さらに，農地は大部分は戦後の農地改革により所有権を与えられたものであるから，先祖代々のものではない。その上，都市近郊の農地を守るためと称して，キャベツやクリ，カキを植えて20年経つと相続税を免除される生産緑地はニセ農民を保護する巨悪の最たるものである。

4　不労所得の吸収

建設省は調整区域の市街化区域への編入を推進するが，それだけでは土地所有者が儲かるだけである。インフラ整備費用を土地所有者に出させるような（これまで都市計画税を払っていなかった分だけでも）計画制度が必要である。

この種の不労所得は開発利益の吸収，相続税，譲渡所得税などで吸収するようにすべきである。

建設省住宅宅地審議会の「21世紀に向けた住宅政策の基本的な体系はいかにあるべきか—中間報告」（平成6年9月26日）は，住宅基盤・住環境の整備を公共が行う課題として位置づけているが，それによって発生する開発利益の公的吸収をも視野にいれるべきである。民間は，儲からない分野を公共に押しつけ，儲かる分野は独占し，自分の力で儲けたのだと勝手なことをいっているように聞こえる。この審議会の委員にも，不動産業界という利益の代表が多すぎるのが気になる。

不動産業界は市町村の開発指導要綱がなくなれば，住宅価格が下がるという。たしかに，いきすぎた指導は廃止すべきであるが，宅地開発の際に公共インフラにただ乗りするのは不当であって，公共と開発業者の間の合理的な負担ルールが必要である。

5　日本には土地がないのでなく，土地政策がないだけ

安い住宅を提供する土地がないという意見があるが，日本では土地がないのではなく，「土地政策がない」だけである。東京湾地域でも平成5年度末時点で 1400 ha がいまだ低・未利用地となっている。大阪湾岸にも同様に膨大な遊休地がある(2)。これを適切に住宅用に誘導すれば，土地は出てくる。企業は住宅では儲からないとして，イベントとか巨大な商業ビルを工夫したがるが，1000 ha 以上の空き地をそのような用途に使おうとしても，供給過剰の恐れが大きい。

Ⅳ　住宅政策の守備範囲と公共性

1　住宅施策の視点

住宅施策は，庶民がその所得で住めるような住宅の供給を行わないと，公共性がない。

2　都心の住宅確保策の公共性？

都心の区では，流出が続く都心の人口を確保するために，都心の建物に住宅付置義務を課している。これは都心の人口増加を図って，都心に空洞化を防ぎ，インフラを効率的に活用するという目的を有し，一見公共性が高い施策である。

しかし，現在のシステムでは，住宅ができても，その家賃を抑える方法がないので，事務所と変わらないような家賃になってしまう。そんな住宅は，経費で落とせる会社の社長用かお妾さん用にしかならない。区の職員の給料で住めないような住宅の供給を区が義務づけるのは公共性がない。しかも，いつのまにか事務所に転用される。

また，現在の制度では，住居用に容積率を割り増しすると，それは土地所有者のものになり，市場価値がつくので，土地所有者を不当に利するだけで，庶民が買える（借りられる）住宅はなかなかできない。どうしても，住宅を増やしたければ，たとえば，私見のように，容積率をアップした分は公営住宅用に提供せよといった，土地代なしの住宅(3)を提供する法的手法を国，建設省に

---

(2)　阿部泰隆「大阪湾岸臨海開発整備法」ジュリスト 1018・1019 号（1993 年）＝『環境法総論と自然・海浜環境』（信山社，2017 年）第3章第7章。

(3)　阿部泰隆『政策法務からの提言』（日本評論社，1993 年）187 頁，阿部泰隆『国土開発と環境保全』（日本評論社，1989 年）58 頁以下。

提言していくべきである。総合設計で空き地を取らせる代わりに，公共住宅用に容積率アップ分の空間の一部（または，それに相当する他の土地）を提供させるという発想である。

3　高額住宅供給の公共性？

地価が上がったので，住宅供給公社も，1億円住宅を供給するしかないという意見がある。

しかし，住宅供給公社は，勤労者に住宅を提供するのが仕事なのであるから，勤労所得で買える住宅以外は供給すべきではない。地価が上がって，安く提供できないので，などというなら，解散すべきである。行革で真っ先に廃止すべきであろう。これは別稿で述べた。

兵庫県住宅供給公社ではケア付き高齢者住宅を建設したが，目下の募集戸数は95戸で，無数の高齢者にとってはほとんど無意味な施策である。

行政としてなすべきは，高地価を前提にして民間業者と同じ事業をするのではなく，民間に良好な事業をさせるとともに，地価を適切にコントロールする施策を立案すべきである。筆者の用語では，行政は事業手法を減らし，監督手法を重視すべきである。従来は，行政は民間の住宅供給を補完する直接供給に重点をおいていたが，前記の建設省住宅宅地審議会は，公共の役割を拡大し，個人が市場で行動する際の枠組みとなる制度的枠組みの整備を通じて，市場の機能性を高めることを提言している。この点については，前記の趣旨で基本的には賛成である。

高齢者向けのケア付き住宅の問題では，民間の有料老人ホームは，本当に介護が必要になった頃には倒産するのではないとか心配されているので，行政は自ら老人ホームを造るよりは，多数の民間の有料老人ホームが本当に優良になるようにしっかりと監督して，民間に良好な市場を作るべきである。

もっとも，この兵庫県の事業が進んで，平均的な庶民もその恩恵に与れるようになれば，有意義とも考えられる。公営企業公庫は，自治体の公営企業が運営し，一時金が2500万円程度で入居できる介護付き高齢者住宅のモデルを作成した。自治省も需要の増大に合わせて，将来は地方交付税による支援も考えたいとしているということである(4)。しかし，これが今の公営住宅のようにくじ運がよい者しかはいれない不公平な施設になる可能性も高いのではないか。

---

(4)　神戸新聞1994年11月24日3面。

これが存廃論議の盛んな特殊法人の延命策でなければ幸いだが。

4　住宅政策の公共性？

行政としては，効果が上がる施策を行うべきである。現行制度の下で，市町村がしている住宅政策はほとんど成果がない。世田谷区では民間借り上げ100戸台というので，焼け石に水で，そんな施設の恩恵を受けるかどうかは宝くじのようなもので，一般には当選しないから，公共性はない。

市場家賃が高すぎるので，新婚家庭などに限定して，住宅費補助政策をとる自治体が増えている。ただ，借り主が補助を得て支払能力をつけると，家主もそれだけ要求するから，実質的には土地所有者・家主に補助することになり，また，この補助を受けられない他の借家人が不利になる可能性がある。その点の検証が欲しい。行政の現場では金を出すという簡単な施策なら自分の権限でできると考えたがるが，本来は，土地・建物の価格を下げる施策で対応すべきである。この点も若干別稿で述べた。

V　アフォーダブル住宅供給の総合政策

土地所有者が土地の転売だけでは儲けられないように，適切に供給するように，都市計画と税制をともに活用する必要がある。多数の低・未利用地の存在は，税制上の不利益の不存在，都市計画上の有効利用の圧力の不存在に起因する。ともに制度の改革を行う必要がある。

最近の改革では，宅地並課税で，生産緑地を選択しなかった農地は宅地になる。これは供給を促進するが，それをそのまま濫開発，ミニ開発にならないように，計画的に良好な宅地・市街地に誘導する必要がある。都市計画の役割はここにある。

さらに，都市内では高度利用を促進する法システムを作るべきである。前記の住宅宅地審議会でも，良好な持家・借家ストックの保全の観点から，相続税・建物保有税の軽減を図るとともに，宅地供給の促進・土地の有効利用のために，特に大都市地域でも敷地の共同化，中高層共同住宅を建設するために都心地域において良好な住環境を有する中高層住宅の建設・供給を行う新たな事業の創設，敷地・建物の共同化や土地の有効利用を促進する助成制度の充実，土地保有課税の適正化などを推進すべきである，とされている。

これは基本的には賛成であるか，相続税の軽減には賛成できない。良好な持ち家・借家ストックの保全の利益が特定の者にのみ帰属するのは適切な施策ではない。土地保有税と建物保有税の関係では，小規模宅地の固定資産税軽減の制度を廃止・緩和して，建物の固定資産税を軽減するのが妥当であろう。

こうした圧力がかかれば，土地所有者は，土地を賃貸住宅として提供しようとする傾向がでる。その場合には，将来とも，やはり土地は有利な資産だとして，土地は売りたくはないが，保有税が強化されるので，遊ばせておく余裕もないので，大量供給の傾向がでるから，地主としては，固定資産税と都市計画税，建物の建設費・維持管理費を回収できれば，たいした利益がなくとも我慢する。その賃貸価格には土地代が反映しないので，住都公団が土地を買ってから賃貸経営するよりは，地主の貸家経営の方が安くなる。現に最近はそうした傾向がみられるようである。

「土地代を顕在化させない住宅」が,「土地代を顕在化させる住宅」かが争われているが，助成などの公的支援をたくさんは用いないで，しかも,「土地代を反映させない住宅」の供給促進が図られるように工夫することが大切である。公的資金を無駄使いしない施策こそが本来あるべき施策である。しかし，それではせっかく取った予算を返上するようなもので，それを提案すること自体役人としては失格だという雰囲気があるとも聞く。行政改革部局が金をかけない施策を優遇する工夫（他の施策を認めるなど）をして欲しい。

さらに，良質な環境の住宅を提供させるには，都市計画のほかに，公庫融資に際しては，都市計画法上は建築できるにしても，好ましくない地城には融資しないという政策，たとえば，高速道路や新幹線沿線，空港周辺の移転補償対象地に建てる建物には融資しないという政策をとるべきであろう。優良なプロジェクトに優遇融資するというシステムがあるから，その反対も妥当であろう。

◆ Ⅵ　福祉の受給者の範囲

住宅であれ，米であれなんであれ，資本主義社会において財貨を入手するには，市場で形成される対価を払うのが原則である。しかし，それを払えない者には適切な配慮が必要である。

そこで，生活の苦しい者から楽な者への所得移転は許されない。福祉の受給可能性をくじ運で決めるのは不合理である。この点は承認されると思われるが，しかし，これと矛盾する考えが結構見られる。その典型例は公営住宅である。これは別稿で述べた。

第4節　住宅・都市整備公団の都市再開発事業（1997年）

住宅・都市整備公団は分譲事業からの撤退，賃貸住宅事業の縮小，都市開発事業へのシフトを表明した（同公団基本問題懇談会平成9年4月30日「転換期を迎えた住宅・都市整備公団のあり方について（提言）」）。おそらく妥当な方向であるが，都市開発事業を推進するためには，公団の組織替えだけでは済まず，事業の手法の改善が必要であろう。

もともと，同公団が都心の都市開発にはあまり手をつけずに，郊外の新開発に重点をおいたのは，おそらくは，前者は，権利関係が複雑で，利害調整に手間取り，住宅供給事業として非効率だと見られたためであろう。この権利意識の高い民主主義国家では，都心の再開発のような人相手の事業は時間と費用という評価基準からみて落第であり，郊外の新開発は及第点をとれるものであった。

ところが，今日では，遠距離通勤の無駄，都心の低利用の非効率，木造密集住宅街の危険性や居住条件の悪さがクローズ・アップされ，都心の再開発，都心居住が重要な政策課題となっている。これらは民間では手がけにくい事業であるから，公団が都心再開発にシフトするのも十分にうなずけるものがある。しかし，民間では採算がとれないというだけで，公団なら適切に事業を行えるとはかぎらない。前記のような困難さに鑑みれば，政府も失敗するのである。そこで，公団が都市再開発事業を適切に行えるような制度的な担保が必要である。

ところで，公団が，分譲住宅，賃貸住宅から撤退する理由は，民間でできることは政府の役割ではないというかっこの良い理由のほか，実は，分譲住宅も賃貸住宅も，バブル期に取得した土地が高すぎて，民間と競争できなくなったことにある。公団は，原価主義で，利潤を見込まず，しかも，政府から利子の補給を受けているのに，こうした失敗をするのであるから，公団が都市再開発事業に取り組んでも，同じ失敗をする心配は大きい。

公団の失敗は，おそらくは巨大組織に伴う，親方日の丸経営に由来するところが多いのではないか。これを避けるのは容易ではないが，公団の理事や事業の担当者に，特定の事業を一定の補給金で，一定の期間内に行うように，責任を与え，事業が成功したら報奨金を出し，失敗すれば責任がはっきりするシステムを工夫することが大切である。みんな大過なく過ごせば，機械的に決まった退職金を得て円満退職できるシステムではダメである。

都心の再開発（おそらくは，高密度化）も，本当に需要があるのであろうか。これからは，人口も増えないから，いったん郊外に出た人を呼び戻そうとするのであろうか。しかし，すでに一度郊外に出た人が都心に戻ってくるためには，郊外の住宅を買う人がいなければならない。それは人口が増えない時代には無理である。都心の再開発も，物理的に可能な範囲で高密度にすれば，これまた売れずに失敗するであろう。需要に見合った開発にとどめたい。

次に，住民との合意形成が費用と時間を食う理由であるから，住民にアメとムチでできるだけ早く合意に達する（そして，少数の反対者を押し切れる）法システムを用意する必要がある。補償金は多少割り増しして，反対は押し切る（訴訟でも差し止められない，もし違法であれば賠償は倍返し）手法が必要である。

地域の住民はみんなが残れるまちづくりなどが合い言葉になり，先住民は，公金をたくさん投入したすばらしいまちに住める。先住民は，原価分譲，あとから来る人は，時価分譲で，前者ばかり不当に優遇される。公金を投入する以上，みんなを公平に扱う必要がある。

開発利益を公団のものとするように，開発区域の近隣までまとめて収用し，事業完成後付加価値をつけて売却する，台湾の区段徴収のような制度も導入すべきである。

住宅・都市整備公団は，現在は，独立行政法人都市再生機構（UR都市機構）へと改組されている。

第3章　住宅政策の課題

第1節　良好な住宅建設・維持・まちづくりのための法政策（2017年）

Ⅰ　はじめに

わが国の住環境はかつてのウサギ小屋と酷評される状況からはかなり改善されてきており，マンションなども住宅公団の2DK時代から見れば非常に広いゆとりのあるものが増えている。またバブル期から見れば地価が大幅に低下して，関西では阪神間において勤労者の取得可能なレベルまで住宅価格が低下している。しかし，なお依然として良好な住宅という観点からは課題が残っている。筆者の観点からそのいくつかを指摘しておきたい。

Ⅱ　税　　制

1　良好な住宅の減税

税制が良好な住宅建設を妨げている。住宅が良好であればあるほど価格が高くなるので固定資産税も高くなる。それは固定資産税の性格上当然のことであるが，良好な住宅を促進するという観点から，たとえば一定の性能評価を得た住宅などに政策的減額措置を導入すべきである。

2　固定資産税の経年減価期間，木造と鉄筋の差を解消せよ

さらには，家屋の固定資産税についての経年減価期間は，地方税法388条に基づく固定資産評価基準家屋別表13によれば，居住用の鉄骨鉄筋コンクリート住宅は60年で20％まで落ちる。木造の場合，その別表9で，25年ないし30年で20％まで落ちる。したがって，鉄骨鉄筋コンクリート住宅の固定資産税は長年高止まりのままとなる。

しかし，現実には木造住宅も戦後の不良住宅とは異なり，実際には40年や50年は住むことができる。鉄筋コンクリート住宅でも公団住宅の建て替えに

見られるように30年ほど経てば取り壊しているものもある。台所風呂などの設備備品は鉄筋か木造かという建物本体とは関係がないのに，鉄筋住宅についているものの経年減価期間は長いという不合理がある。したがって，このような経年減価期間の格差は実態に合わないのではないか。実証的な研究がほしいと思って，総務省資産評価室に問い合わせたら，資産評価システム研究センターの家屋に関する調査研究平成18年度経年減価補正率に調査結果が載っている（http://www.recpas.or.jp/new/jigyo/report_web/pdf/h19_kaoku/h19_kaoku.pdf の109頁以下）とのご教示を頂いた。

この報告書（138頁）によると，平均寿命は，RC作り住宅で60年弱，木造専用住宅で53年強である。これは過去の調査よりも平均寿命が長くなっているということである（139頁）。

そうとすれば，木造家屋は経年減価期間の点で不当に優遇されている。その経年減価期間を50年くらいに延長すべきであろう。そうすると，税収増になるので，税率を引き下げるべきではないか。そうすれば，鉄筋コンクリート住宅の固定資産税は軽減され，良好な鉄筋コンクリート住宅が増えるであろう。鉄筋住宅建築会社が改正運動をしたらどうか。

さらに，この経年減価の算定方式では，どんなボロ屋でも，最後に20％の価値（最終残価率）はあることになっている。この報告書（118頁以下）では，国税の減価償却なら投資の回収という意味を持つため，最終的にゼロになるが，固定資産税の場合，使用価値に着目するので，20％を変更しないという。しかし，本当のボロ屋なら，使用価値がゼロになるのではないのか。

なお，譲渡所得税の際の取得費の算定の基準となるのは，国税庁の定める減価償却である。その期間は，自己の居住用の住宅は，鉄骨鉄筋コンクリート造などが70年，木造が33年である（減価償却資産の耐用年数等に関する省令別表第一には事業用のもの（木造22年，鉄筋コンクリートでは47年）しか記載がないが，自己の居住用の場合は所得税法施行令85条により事業用年数の1.5倍とされている）と長いので，鉄筋住宅は長年取得原価が落ちず，譲渡の場合高く評価され，譲渡所得税は安くなる。譲渡の際赤字であれば損益通算もあり得る（租税特別措置法41条5,41条の5の2）。この点では家屋所有者に有利である。

3　中古住宅の流通税の軽減を

居住用の新築住宅を買うとき，不動産（土地・家屋とも）取得税（本則では税率4％＝地方税法73条の15であるが，ただし，目下，附則11条の2で3%。新築住宅については73条の14により1200万円控除あり）である。登録免許税は，土地と建物を分けて計算する。土地部分は，1・5％（租税特別措置法72条1項1号）である。家屋部分については，登録免許税は本則2% のところ0.3%（租税特別措置法73条）の特例がある（購入ではなく，自分で建てて保存登記をするときは，0.15%，租税特別措置法72条の2)。

たとえば，2000万円と評価される（売買価格ではなく，固定資産評価）土地付き新築住宅を購入するとき，土地・建物それぞれ1000万円とすると，これらの税金は24万円＋15万円＋3万円＋＝42万円で済む。中古住宅の場合，1200万円の控除がないので，2000万円と評価される中古の土地付き住宅を買うと，不動産取得税が60万円，登録免許税は，土地部分は15万円，建物部分は，築後25年以内（木造は20年以内）のもの又は一定の耐震基準に適合するものが0.3%=3万円であるが，それ以外は本則の2% である。築20年以内なら，建物が1000万円と評価された場合3万円で，計78万円になる。その建物が木造で築20年を超え，耐震基準に適合しなければ，1000万円と評価されるものは少なかろうが，豪邸で，1000万円と評価されれば，登録免許税は20万円で，計95万円弱もかかる。このことが中古住宅の流通を阻害している一要因である。

現在，高齢化・人口減・都心回帰で，かつてニュータウンと言われたまちには新住民が入ってこず，高齢者ばかりのオールドタウンになっている。さらに，子供が帰ってこず，空き家になっているものも少なくない。そうした空家を流通させれば，良好な住宅が安価に生き返る。所有者にも購入者にもハッピーである。今日，空家と言えば，空家対策推進特別措置法が平成27年に完全施行されたが，崩壊しそうな危険家屋を念頭に置いている。まだ住める中古住宅の空き家にも注目してほしい。そのためにも，流通税の軽減が不可欠である。

なお，20年連れ添った愛妻に居住用財産を贈与すると贈与税は2,000万円まで非課税となる（相続税法21条の6）が，これにも不動産取得税が60万円，登録免許税が35万円（上記の特例に適合しないものについて），合計95万円かかる。どうせ夫の死亡により愛妻が相続する時はこれらの税金が相続特例により安い（不動産取得税は，地方税法73条の7により非課税，登録免許税は0.4%）ということを考えると，せっかくの愛妻特例も活用の余地は少ない。この妻への贈与については，不動産取得税も相続並みに安くすべきである。

4　中古住宅売却の際の消費税

住宅を業者から購入するときは，土地部分を除き消費税を負担しなければならない。しかし，消費税の課税対象となる取引は，国内において事業者が事業として対価を得て行う資産の譲渡等とされている（消費税法2条1項8号，4条）ので，個人が中古住宅を売却するときは，事業者ではないので，消費税の課税取引ではないとして，消費税の申告をする必要はないが，逆に，消費税分を乗せた価格で売却できるかどうかは，力関係ではあるが，消費税課税事業者のように当然に上乗せして，買主も納得するという状況ではない。これでは，消費税を払って購入した家を中古として売るときにその消費税分は損するのが普通である。他方，個人から中古住宅を購入した者が得する。それどころか，買い取った中古業者は，消費税分を仕入れ控除できる。その売買では，消費税分の上乗せとはなっていないが，内税だというのである。これは釈然としない。個人も事業者に準ずるものとして，中古住宅を売却するときに，消費税分を上乗せできるような方策は作れないものか。このような疑問を感ずるが，そんなことをしたら，個人も消費税の申告をしなければならない。しかも，昔消費税なしで買った家を売るときに消費税を納税しなければならないとなると，かえって大損になる。それは住宅に限らない。個人は最終消費者であるから，消費税を最終負担しなければならないということになっている。

そうすると，個人が自宅を売却するとき消費税を上乗せする方法はない。しかし，個人が中古住宅を売却するときは，消費税はかかりませんと宣伝して，前記の登録免許税，不動産取得税の負担があっても，新築を買うよりは得ですよと宣伝するしかない。

5　都市計画税は違憲・違法

都市計画税は，地方税法702条に基づき，市町村条例の定めるところにより，都市計画法59条の認可を得た都市計画事業又は土地区画整理法に基づく土地区画整理事業に要する費用に当てる目的税で，原則として市街化区域内の土地・家屋の価格を課税標準として，その所有者に対して課税される市町村税である。

しかし，都市計画事業のうち，下水道事業は，都市計画法75条により受益者負担金を徴収することで費用をまかなえるから，そのほかに都市計画税を徴収するのは，同一目的で課税するもので，二重課税の違法がある。しかも，都市計画税は維持管理費用に充てることはできないので，下水道整備が進んだ都会では不要である。

道路建設についても，都市計画税は都市計画事業として行われる道路建設にだけ充当でき，維持管理費用には充当できない。そのような道路はいくらあるのか。

土地区画整理事業も，基本的には減歩と国庫補助によりまかなわれる。地域内の道路は減歩によるが，広域幹線道路には国庫補助を充てるので，都市計画税を充当する必要は乏しい。市街地再開発事業も同様である。

ニュータウンでは，まちづくりの費用は宅地代に織り込まれていて，今更都市計画事業をする必要はないのが普通である。道路どころか，学校用地，公園用地，はては地下鉄建設費用の一部，水道建設費なども，宅地代に織り込まれている。

都市計画税は，都市計画事業による地価の上昇を受益として課税するという考えによるが，固定資産税の評価は時価によるから地価の上昇を織り込んでいるもので，同じ地価の上昇が固定資産税と都市計画税とで二度課税されていることになる 。

我が国では，都市計画事業による地価の上昇は測定できない上，都市計画事業によって受益する地域は限られているから，それを理由に市内の広範な市街化区域全域に都市計画税を課することは許されない。受益と負担の関連が乏しすぎ，目的税の根拠が欠けているのである。

さらに，都市計画税は家屋にも課される。都市計画事業による恩恵が土地だけではなく家屋にも二重に及ぶという前提に立つ。しかし，しかし，都市計画事業によって受ける利益は地価に反映しており，住宅価格には何ら影響しない。家屋の価値は，固定資産評価基準（地方税法388条）により，再建築価格に経年減点補正率（家屋の建築後の年数の経過により生ずる損耗の状況による減価を表したもの）を乗じて算定されるから，都市計画事業の恩恵は考慮されていない。したがって，都市計画税を家屋に課税するのは，財産権を侵害し，違憲である[(1)]。その分の税収不足は土地の固定資産税なり都市計画税を値上げするということによって調整すれば良い。多くの人にとってはたいした違いはないか

(1)　本稿と同様の趣旨は，阿部「定期借家と税制（上）」税務経理1998年1月16日号5頁でも簡単に述べた。

もしれないが，良好な住宅を持っている者にとっては住宅部分の都市計画税の減額の方がありがたいのである。

6　空き家増加の時代に賃貸住宅バブル

相続税の課税標準が切り下げられ，相続税の負担が増えたので，節税に走る人が増加している。そして，賃貸住宅を建てると，現金で持っているよりも資産の評価が減って，相続税を軽減できることから，不動産業者と銀行の誘いに乗って，賃貸住宅を建てる人が増えている。

しかし，人口減少で空き家が増えている時代には，わざわざ賃貸住宅を建てても，借主がいるとは限らない。何年家賃保証の言葉を信じたが，結局は借主がいないと契約改定されて，家賃は入らず，銀行の利子だけが負担となり，銀行に土地建物とも競売されて，大損となるおそれが大きい。

同様のことはバブル時代にも頻発した。なまじ土地を持っているばっかりに，銀行の誘いに乗って，巨額の融資を受け，結局は返済できずにアパートどころか，土地まで取られた人が続出した。

そこで，税制が賃貸住宅バブルを惹起しているので，「貸家を建てれば納税額が少なくなるという，今の仕組みを変えるべきではないか」(2)との意見がある。ただ，その方法は難しい。現金を物に換えれば，それだけで価値が減少するから，相続税の評価が下がるので，相続税が下がるのであり，それ自体はまっとうであるから，税制を変更することは簡単ではない。

しかし，現金を賃貸住宅に替えて，本当に得するのであろうか。たとえば，1億円の現金を投下して，土地付き新築の賃貸マンションを購入したとしよう。土地代6000万円，建物代4000万円と仮定する。相続税の評価は，1億円ではなく，土地は貸家建て付け地として（相続税法財産評価基本通達28），土地価格から，借地権割合と借家権割合を乗じたものが控除される。借地権割合が60%，借家権割合が40%と仮定すると，24%を控除した76%と評価される。土地代は，4560万円と評価される。建物の方は借家権価格分減額される。2400万円と評価される。合計すると，6960万円に減価する。貸せば売りにくくなる，使い勝手が悪くなるという理由である。これは相続税逃れにアパートを建てる相続税シェルター効果といわれるものである。

---

(2)　近藤智也「論点『貸家バブル』抑える税制に」読売新聞2017年6月15日13面。

そうすると，相続税の課税対象を3040万円軽減することができ，それに対する相続税率分を節税できる。例えば，相続人がひとりで2億円相続するとすると，限界税率が40%になるので（相続税法16条），1216万円節税できる。

しかし，それは，すでに中古になっているので，売るときは，1億円では売れない。中古となった瞬間に，日本の市場では，市場価格では20,30%価格は減少していることが多い。そうすると，1216万円を節税しても，大損である。これは，相続財産の額，相続人数，適用される税率，中古市場，賃貸市場，売却手数料次第で変わってくるものであるが，貸家を造れば，相続税が安くなっても，それは資産価値が減少したことの当然の結果であり，節税のために貸家を造ることが本当に儲けになるのは限らない。

地の利が良く，満室で，相当の家賃を取れるアパートであれば，資産価値は下がらないかもしれない。それなら，相続税を節約するためにアパートを建てる価値はある。

これは土地から購入する例であるが，更地を所有していて，貸家を建てる場合は，もう少し有利になる。たとえば，1億円と評価される更地を所有しているとすると，相続財産の評価は1億円となる。他にも資産がたくさんあるので，相続税の限界税率が50%としよう。それに5000万円借金して，貸しアパートを建てると，土地は76%の7600万円に減価される。アパートは3000万円と評価される。そこで，資産は1億600万円であるが，借金があるので，正味資産は5600万円になる。これで相続税の対象は4400万円減少する。相続税は2200万円軽減される。しかし，アパート経営がうまくいくか。

国税庁は，このことを種々シュミレーションして，国民に情報提供すべきである。案外リスクがあることがわかれば，貸家建設バブルも多少は抑制できようし，さらに，相続税逃れが減り，税収確保に役立つ。あるいは，国税庁は相続税の評価通達を改正して，借家権割合を減らせば良いか。

なお，マンションの最上階は売買の際には高く評価されるのに相続税の評価は，下の方と同じであったので，相続税対策として，タワーマンションを購入するブームが起きた。これは，高層部分は不当に安く評価されていたからである（そのシュミレーション例：http://www.tower-tax.com/qa.html）。そこで，国税庁は「高さが60mを超える建築物のうち，複数の階に住戸が所在しているもの（居住用超高層建築物）」について最近時価に合わせて評価方法を変更した。この改正は平成30年度分から適用される。なお，不動産取得税についても同様の計算による。

7　公営住宅建設の民業圧迫

阪神淡路大震災の時は，被災者対策として，公営住宅をたくさん造ったため，民間のアパートは，入居者が減って，苦労している。民業圧迫である。民間のアパート経営者は，震災でダメージを受けた上に，公営住宅の大量供給で，皆泣いている。被災者の居住の場を確保する必要があるとはいえ，それを公営住宅という直接供給手段で提供するべきだとは当然にはいえない。民間の供給状況を調査して，足りない分を直接に供給すべきであった。そして，公営住宅なら安くて人気があるが，民間住宅に入居した者も不利にならないように家賃補助をすべきである。そうすれば，民間活動を歪めることなく，しかも，公営住宅入居者と民間借家人との間の公平を確保できる。

◆ Ⅲ　不動産の斡旋手数料

ついでに，不動産屋の斡旋手数料は，3％ プラス６万円を両当事者から取るのが上限である（国交省告示「宅地建物取引業者が宅地又は建物の売買等に関して受けることができる報酬の額」）が，実際には公定価格のように誤解され，競争原理が働かない（最近斡旋料を値下げする業者も少し出ている）。これは両当事者が売りたい，買いたいというので引き合わせるだけで，いわば仲人業である。そして，１億円の土地建物の売買あっせんに成功すると，612 万円になる。弁護士は，別れるとか別れないとかもめている夫婦の紛争を解決する紛争処理業である。仲人よりもはるかに大変であるが，弁護士が長年の裁判で稀に１億円分を勝訴しても，成功報酬は 1,2 割である。そして，弁護士の報酬は競争原理で下がっている。不動産の斡旋手数料を競争で値下げさせるよう，これは上限であることを政府は広く広報すべきである。

◆ Ⅳ　街づくり

1　ミニ開発対策

最低敷地面積の規制は，従前第一種住居専用地域において導入されていたが，一般化すべきと考えていたところ，最近そのようになった。このことは第１部第１章で説明している。

2　木造密集地の再開発

東京では，首都直下地震対策として，木造密集住宅街の改造が緊急の課題である。しかし，民間がその再開発をしようとして，多くの土地を買い進むと，残りの土地は売手市場となってなかなか買えない。実際上高い値段が付き，先に売った者が馬鹿を見ることになる。そのため，事業の経費も時間もかかり，デベロッパーの負担も重い。バブルのころは地上げ屋が流行ったものである。

そこで，民間事業でも，適正価格で買収できる制度を工夫すべきではないか。たとえば，事業計画地の7割を取得する見込み（仮契約も含めて）を証明すれば，その残りは同じ額で買収権を与える制度である。そうすれば，迅速に事業ができる。これでは，反対が多くて進まないとみるなら，全員に10%割り増し補償（買収対価）を与えたらどうだろうか。

とにかく，街の改造は迅速に，かつ安くやらなければ間に合わないのである。

3　湾岸遊休地の活用

埋め立てで造成し重厚長大産業が立地した湾岸の土地のかなりが，産業構造の変化により遊休地になっている。そこで，用途地域の変更を変更し，商業地域・住宅地などに転換する必要がある。

大阪湾臨海開発特別措置法(3)は，開発利益を公共が吸収して，インフラの整備をするというシステムとして制度化された。実際には，そのように動いていないが，この考え方を参考にしたい。

今，高齢化社会を迎え，福祉施設の需要が増大しているが，特別養護老人ホームなどは不足していて，待っているうちに死んでしまう。有料老人ホームはたくさんできているが，高い入居金を払っても，倒産すれば紙切れとなり，追い出される。安くて，経営基盤のしっかりした老人ホームが必要である。

そこで，遊休地と化した湾岸に，福祉施設を大量に建設できるような誘導策を講ずべきである。福祉サービスは社会福祉法人に限るという前提を外して，株式会社にも認めれば，企業が子会社で福祉サービスを始める。福祉と株式会社は矛盾という意見があるが，逆である。公正な競争が行われれば，株式会社のサービスは適切に行われる。

---

(3)　阿部『環境法総論と自然・海浜環境』第3部第7章。

4　公法的規制の市場取引

北側斜線，日照権などは取引できない公法上の強行規定とされているが，かえって，硬直的で効率性を害する。たとえば，北側の土地が，住宅が建っている部分ではなく，単なる通路でも，南側の建物に規制がかかる。これでは，価値の低い通路を保護し，価値の高い建物を制限することになる。その上，南側の建物の屋上（陸屋根）につけた転落防止用の手すり（パイプであるから日照をほとんど遮らない）までが高さ制限を計算する高さに算入される扱いもある。

この例外は建築審査会の同意のもとに許可制となっている（日影規制については，建基法56条の2第1項但し書き）が，神戸市ではそもそもこの同意制度を活用しない扱いである（申請があっても，建築審査会にかけない）。違法である。

もっとも，神戸市には「建築基準法第56条の2第1項ただし書許可に係る神戸市建築審査会包括同意基準」というものがある。その趣旨は，「この基準は，建築基準法（以下「法」という。）第56条の2第1項ただし書の規定による日影の許可に際し，既存不適格建築物等が生じさせる不適合である日影部分が実態上増大することのない一定の範囲内である増築等の計画について，形式的審査のみによって，周囲の居住環境を害するおそれがないと認められる場合に，あらかじめ同意を与えることにより，同許可に係る建築審査会の同意手続きの簡素化，迅速化を図ることを目的とする。」というものである。これは増築に限られ，新築では対象とならない不合理がある。

不合理な規制は見直すとともに，北側の土地を強制買収して，あるいは一定の補償金を払って，全体を有効に利用する方が全ての人の幸福に通ずる。

5　マンション建替え・敷地売却

マンション建替えについては，再建だけではなく，取壊し後の敷地の売却も多数決できるようにすべきである。現行法でこれを厳しく規制しているのは，そこに住み続けたい人の権利を守るためであるが，共有物であるから，それだけでは一面的であり，そこから出て行きたい人の権利も守るべきである(4)。

筆者は，このように主張していたが，被災区分所有建物の再建等に関する特別措置法（平成7年法律第43号）（被災マンション法）9条以下は，平成25年に，大規模な災害により重大な被害を受けた区分所有建築物について，再建のほか，

(4)　阿部『大震災の法と政策』308頁。

5分の4以上の多数により敷地の売却を実現する決議制度（敷地売却決議）を創設した。

マンションの建替え等の円滑化に関する法律は，平成26年に，多数決（区分所有者の頭数，議決権および敷地利用権の持分の価格の各5分の4以上の多数の賛成。同法第108条第1項）でマンションの敷地を売却できるように改正されたが，耐震性が不足していることが条件である。これは，立派なマンションを取り壊すのは，そこに住み続けたい人の権利を守るためであろうが，そんな立派なマンションを取り壊すことが5分の4の多数決決議で成り立つとも思えないので，耐震性不足要件は不要ではないか。耐震性不足の診断だけで金がかかるし，裁判の争点も増える。

また，多数決で売却できるのではなく，決議合意者は，決議合意者等の4分の3以上の同意で，都道府県知事等の認可を受けてマンションおよびその敷地の売却を行う組合を設立する（同法第120条第1項・第2項）。都道府県知事等の認可を受ければ，分配金取得計画で定める権利消滅期日に，マンションおよびその敷地利用権は組合に帰属し，マンションとその敷地利用権に係る借家権・担保権も消滅する（同法第149条第1項）。その後，組合と買受人との間で売買契約を締結し，買受人は組合に売買代金を支払い，買受人が買受計画に従って従前マンションの除却を実施することになる。これは面倒な手続きである。素人が一生に一回こんな面倒な手続きに付き合わされるのは大変である。実際はコンサルタントが指導するのであろうが，5分の4の多数決決議があれば，組合を介在させず，マンション業者にすべてを売却し，権利の消滅，代金の支払いも業者の責任で行うとするのが妥当ではなかったか。

◆ Ⅴ　建築確認制度

1　指定確認検査機関

建築確認の権限が民間の指定確認検査機関に移されたが，そのミスの責任ルールが明確ではなく，裁判で争われている。権限を移す以上は責任も移すが，責任を負える財力があるかどうかをきちんと審査するというシステムとすべきである。

これは民間化の際には同時に必要となる法整備の一つである[5]。建基法の

(5)　阿部『行政法再入門 上〔第2版〕』44頁。

改正で，後付けながらやっと，指定確認検査機関に保険加入あるいは財力の証明とそれを閲覧に供することの義務付けが行われた（建基法77の20第3号，77条の29の2，施行規則17条）。

2　建築確認取消しと賠償

建築確認や安全認定が周辺住民の訴えにより取り消されることが生じている。これでは，行政から得た建築確認や安全認定を信じて建築にかかった建築主は不測の損害を受ける。建築主に落ち度がなければ，行政主体（地方公共団体）が当然に賠償する制度を導入すべきである(6)。

(6)　この点，いわゆるたぬきの森事件では，裁判所は，新宿区に大甘で，その過失を否定したので，業者はマンション一棟分の損害を被った。阿部『行政法再入門 下〔第2版〕』276頁～277頁。

第2節　東日本大震災と原発事故を巡る住宅復興の法政策的視点（2013年）

Ⅰ　震災復興対策は法制度の創造

震災復興対策あるいは原発事故と住宅復興に関する法政策的視点というテーマを与えられた。これについては既にいくつかの論考を書いている[(1)]。ここではその概略を述べる。

このようなテーマは法制度の設計・創造である。それは現行法の解釈つまりは法律の不明確な点を補い明確にする，あるいは合理的にするといった，いわば法律の修復作業に専念している法律家にふさわしい仕事ではない。そこで筆者も決して適任ではないが，従来の法律家の枠を抜け出て，法制度設計なるものを提案しているので，寡聞にして他に適任者も見あたらないところから，説明してみたい。

このテーマに関する法制度設計における視点としては，リスクマネジメント，費用対効果，有限な時間，人間の心理，限られた人生，官僚制の病理，組織理論，期限付き法制度固定化の圧力，政治の生態，経済の動き，持続可能性等を念頭に置き，代替案との比較検討が必要である。既存の法システムに頼ってはならない。ゼロベースで，目的にふさわしい法的手法を組み合わせる必要がある。多次元方程式を解くような複眼的思考が必要で，他の条件を一定にして考えるという思考だけではこうした複雑な問題を解明できない。

---

(1)　拙著・拙論文を掲げる。
『大震災の法と政策』（日本評論社，1995年）。
『行政法の進路』（中央大学出版部，2010年）。
「大津波被災地，原発避難区域のまちづくり（土地利用）について」自治研究88巻8,9号（2012年）。
「大震災・原発危機：緊急提案」法時2011年5月号。
「大震災・大津波対策の法政策」自治実務セミナー2011年7月号。
「原発事故から発生した法律問題の諸相」自治研究87巻8号（2011年）。
「被災者金銭支援の正義論」自治実務セミナー2011年8月号。
「阪神大震災復興へ特別措置法を提言する。地震保険の加入強制に異議あり」週刊東洋経済1996年3月16日号。

Ⅱ　だれが適任か

では適任者は誰か。霞が関が日本唯一・最高のシンクタンクであると言われたのは既に過去のものかもしれない。しかし，政治主導を掲げた民主党政府でも，結局役所の組織を活用せざるをえなかったことに変わりはない。むしろ，自前のまっとうな政策に乏しい政党はなおさら官僚の発想と知恵に頼るしかない。しかし，その役所は，ゼロベースで考えることはあり得ず，ボトムアップで，縦割りの既存の法システムの延長線上でしか発想しない，また自らの組織に有利に，組織と予算の膨張を狙い，少なくとも組織の存亡には徹底して抵抗するという性癖を持っている。組織とはそういうものであるが，新たな法システムの創造が求められているかどうかきちんと分析し，トップダウンで，役所の組織よりも国民の利益が優先という観点から行政組織を動かすことが必要である。それこそが政治主導である。縦割りの役人に任せたのが失敗である。

しかも，日本の現実では，役人はさらに制度や金を自己の利益のために悪用する傾向にある。たとえば，復興増税は震災復興と名目を付けつつ，実はそれとは関係のないところで使われていることが露呈した。役人の悪知恵である。それを知らずに復興増税を提案した者は，政治の生態を知らないナイーブなものである。

政治家は，これまた特定の利権団体や限られた発想に囚われている者が多く，広い法政策的な視点を有しないのが普通である。本来は政治主導で，トップダウンが必要であるが，それは既存の仕組みの問題点を幅広く知った上で既存の仕組みを変えるものでなければならない。下手にトップダウン体制にされると，官僚主導よりももっと不適切な方向へと誘導される。

東日本震災復興構想会議が３ヵ月もかけて復興の基本方針の提案をし，東日本復興基本法が制定されたが，筆者に言わせれば，上記のような視点がないため，きつい言い方で恐縮であるが，少女趣味の作文なり念仏のようなものである。中心となった政治学者は政治特にその歴史を分析していることが多い。過去を知らなければ未来を知ることはできないとはいわれるが，過去を知ったところで未来を知ることができるとは限らない。必要条件を満たしたからといって，十分条件を満たすことにはならないのである。未来は分析の対象とした過去の事象とは異なり，極めて複雑多様な生きた現象である。関東大震災の復興計画を勉強したというようなことでは今の複雑な社会は必ずしも分からない。

震災復興などはまちづくりである，都市計画であるという観点から，都市計画学者の出番のように思われている。しかし，都市計画学者は本当にまちづくりの専門家なのか。都市計画学者は工学者であり，人間の心理や経済やリスクマネジメント，費用対効果等を理解していない。極端な言い方をすれば，図面の上に道路とか公園あるいは住宅・商業地域などの線を引くというだけである。これでは本当に生身の人間が住み商売をして生活の糧を稼ぐまちづくりはできない。阪神淡路大震災では，震災後すでに死んだかと思われていた道路計画が早速事業化され，六甲道・新長田の副都心計画が実行されたが，経済の動き，人々の反対などを適切に予測していなかったため，住宅街をなぎ倒して，交通量の少ない道路を造ったり，空き室ばかりの高層ビルを林立させた。

都市計画学者，政治学者に任せたのが失敗である。

経済学も問題の一面を分析しているだけで，このような総合的な課題に対応できるものではない。

法律家に任せればなおさら失敗する。法律家には法制度設計の視点は全くないと思われる。

そうすると，法制度設計を適切に行える専門家はいないことになる。これは多方面の知識あるいは学問を総合的に活用していかなければならないことであるから，1つの学問からの発言ではなくて総合的な視野を持つ発言が必要となるのである。こうした幅広い学問を結集して，新たな学問を創造する必要がある(2)。

Ⅲ　今の高台プランで問題となること

今回，三陸地方では，津波に流される地域には住みたくないという声を反映して，高台へ移転する案が基本となった。それには，これまでの防災集団移転促進事業財政特別措置法を使う。そして，津波被災地は，建基法の災害危険区域に指定する。それは条例による。これまでの縦割りの法システムである。

しかし，広大な被災地をいつまで利用せずに放置するのであろうか。頻繁に津波被害に遭うならともかく，今回のような大地震の発生確率は1000年に一度かもしれない。そうすると，1000年伝承でき，1000年のリスクマネジメントが必要である。1000年間も，利用してはならないというように未来を縛る

(2)　阿部「設計科学としての政策法学の夢想」自治体法務研究2013年春号巻頭言。

必要がある。

しかし，震災と復興のメモリアルをいくら作ろうと，毎年教育しようと，1000年もの長期間伝承できることはありえない。そうすると，1000年どころか，そのうち，この便利な土地は利用しよう，公園などで放置しておくのはもったいないという声が多数になるだろう。災害危険区域の指定は条例によるからその市町村の判断で解除されるだろう。多くの人は，高台を放棄しても，便利な土地に移住するだろう。その頃，また津波が来て，みんな流される。何のための高台プランだったのか。

高台に移転した者は永久にそこに住み，そこが繁栄するのか。若手は都会に転居し，高齢者だけが残り，高台はいずれ廃墟になる。しかも，その土地は高額だから購入に際して巨費を要する。国家が支援するにも限度があるし，無駄使いである。その上将来売るにも売れないから，老人ホームに行く資金も捻出できない。最初から都会に移転した方が良い。

高台プランの実現には巨費と長い時間を要する。国民負担も重い。被災者は長年の仮設住宅暮らしを強要される。その苦労は大変なものである。高齢者，病人はそれを乗り越えられないかもしれない。1000年に一度の安心よりも今の安全と生活の方がよほど重要である。

被災地を災害危険区域に指定して，居住できないようにし，高台へと誘導するのも違憲である。頻繁に災害に襲われ人命が失われるような危険な土地であれば，災害危険区域に指定すべきであるが，100年に１回や，まして1000年に１回津波に流されるかもしれないという土地は十分に有用であり財産的価値もある。それを災害危険区域に指定して無価値にしてしまうということは，憲法で定める財産権の保障を奪ってしまうものである。それを従前の価格（あるいはその何割か減）で国家が買い上げるのは壮大な無駄である。そうでなければ，大震災が来ると想定されている東京や東南海区域，あるいはいずれ噴火するといわれる富士山の麓は居住禁止区域にすべきであろうが，そんなことを言えば日本中住める適地はなくなる。この程度のリスクは，居住用として内在的なものであり，受忍しなければならないものである。

したがって，高台プランは大変な失敗事業である。筆者はこれを万里の長城，戦艦大和と並ぶ，世界の３大大失敗公共事業といっている。

ついでに，沿岸に５階建てのビルを造り，津波の時には屋上に避難する案があるが，これも近く発生すると想定されている津波対策ならともかく，100年，

1000年単位の計画では全く的はずれである。建物は50年前後毎には建て替えるが，次の建て替えの時は，復興増税はなく，そんな経済的需要もおそらくは期待されないので，高い建物を建てることはまず無理だからである。

さらに巨大な防潮堤，かさ上げ工事の費用対便益分析を1000年間でしてほしい。1000年間に1回巨大津波がくるとき耐えられる防潮堤やかさ上げ工事の費用は，1000年間の補修費用を入れていくらか，人は何人さらわれるか，1000年に1回で人生80年とするとさらわれる人数は1000分の80になる。1人あたりいくらか。その費用を公費でまかなうべきか。他の施策に充当すべきではないか。これを地域毎に考えたい。

Ⅳ　築山による解決策

(1)　結局，被災地の平地を活用するしかない。それでは，津波に流されるとの反論がある。ではどうすべきか。

(2)　被災地を活用してそのまま居住する。津波対策としては，ある程度の防潮堤は造るが，巨大な万里の長城は造らない。かさ上げもしない。代わりに，菱形の築山を造る。津波は築山をそれて進入する。住民は津波警報がなったら直ちに築山の上に逃げる。築山をどのぐらいの間隔でどのぐらいの面積と高さで造るかはその土地の事情による。しかし住宅地は従来の土地を利用するのであるから，築山は高台プランよりははるかに面積が少なくて済む。そのため工事費も工事の期間もはるかに短縮できる。築山には人は住まないのであるから，津波に流されない程度に丈夫にする必要はあるが，周辺を津波に耐えうるだけ頑丈なコンクリートで固めたら，中はそんなに丈夫する必要にはない。そこで被災地の瓦礫や汚染された土砂なども活用できるであろう。がれきの広域処理の必要性も減る。あるいは近隣の山の土を削って利用すればよい。高台プラン又かさ上げほどの大工事の必要はない。これは災害危険区域とは異なり，1000年経っても，わざわざ壊すことはないだろう。その上には，津波に強い常緑樹を植える。このように築山プランは時間的にも費用的にも極めて有利である上，被災者は従前の土地を利用できるのであるからなおさら容易である。住民は早く自宅を再建でき散り散りバラバラになることがない。商店や工場等も早く復活できる。

(3)　これは従来の災害復興事業のメニューにはないが，1000年に一度の災害においては従来にない発想が必要となるのである。高台プランは，都市計画関係の者が提案し，役人は防災集団移転事業という従来のメニューでこれに乗り，震災復興会議も政府もすばらしいと思ったのではないかと推測するが，このような思考回路では真っ当な政策はつくれないというのが筆者の主張である。

(4)　この筆者のプランでは，住民は早く従来の被災地に戻れるのであるから，仮設住宅は造らない。厚労省は，災害の際の住宅というと，災害救助法でまず仮設住宅だ，次は災害公営住宅だという発想であるが，それは小さな災害を念頭に置いたものである。大災害では発想を切り替えるべきである。

災害用住宅というと，仮設住宅を造れという単細胞的な発想で，仮設住宅が沢山作られたが，それは一戸当たり4～500万円もかかる。そして，入居した人はすぐ退去してしまうので，しばらく経つとゴーストタウン化してしまうが，一部の人はなかなか退去しないので，仮設住宅をすべて撤去することは容易ではない。大金をかけた上で，その土地を長期間遊ばせてしまうことになる。壮大な無駄である。

それよりはできるだけ民間アパートを借りるのが良い。阪神淡路大震災のときには神戸市内でも空き家がたくさんあったといわれているが，少なくとも大阪・京都・姫路まで足を伸ばせばたくさん空き家があった。それでは不便と反論されたが，結局仮設住宅は六甲山の裏側にも建設され，時間距離では，少しも近くはない。

(5)　今回の三陸の被災地でも，築山プランで自宅を建設できるまでの間避難所にいるかアパートを借りるなどの方が生活に便利だし費用的にも助かった。もちろん三陸のリアス式海岸ではアパートがたくさん余っているわけはないが，可能な範囲で仙台とか盛岡とか一関とかに仮住まいを持つことを支援するのが妥当であった。今回はいわゆるみなし仮設としてそのような政策がある程度とられ，逆に仮設住宅が余ってしまったなどと報道されている。

(6)　関東大震災，東南海地震などが起きた場合には，これまたアパートに余裕があるかどうかわからないが，可能な範囲ではできるだけ転居を勧め，アパートを活用すべきである（筆者は強制疎開制度を制度化しておくべきだと主張している）。

(7)　被災地でも，津波のために水面下に水没してしまったところでは，そのまま利用できないので，それを嵩上げして復旧しかつ巨大な防波堤を築くか，移転するかということが問題になる。これまで住んでいたところにそのまま住み続けたいという被災者の気持ちは分かるが，その復旧費用は膨大である。他方，日本では耕作放棄地がたくさんある。農民について言えば，それを国家が買い上げて被災農民に提供する方が安くかつ早期に農用地を確保できる。被災農民がまとめて移転できるようにできるだけまとまった土地を買う。そして，外国の農業とも競争できるように，この機会に大規模農業を営めるようにすれば，復旧以上の復興となる。それは容易ではないかもしれないが，塩害に遭っている水没地の復旧よりもましではないか。

(8)　被災者用に作った仮設住宅にいつまでも居座る人がいる。次の住宅を提供しても今のところは便利だといって頑張る人もいる。これに対して強制執行するのも難しい。公営住宅についても被災者用に格段に家賃を安くしたら，それに期限がつけてあっても，延長せよとの合唱ばかりで，阪神大震災の後すでに18年にもなるのに，被災者用の政策は続いている。一種の既得権化してしまっているのである。そこでこのようなことがないようにあらかじめ期限なり優遇措置についてはきちんと定め，例外を一切認めないと契約書と法律できちんと定めるべきである。

V　原発被災地の住居

原発被災地で当面戻れない放射能の高濃度汚染地域の住民は他の街に仮の街をつくる。いずれは戻れるという政策を期待している向きが多い。福島復興再生特別措置法が根拠となる。

しかし，仮の街へ移転しているうちに，それが仮ではなくて，根が生えてしまって，いまさら戻りたくない，また戻れない人も増える。長年放置してあった街はもはや住みにくい。家はボロボロになるし，農地は開墾・開拓するようなものである。またみんな一緒に戻らなければ生活はきわめて不便である。しかし実際上みんなが一緒に戻るということはありえない。仕事も仮の街で見つかったら，いまさら元の街に戻っても仕事が簡単に見つかるわけではないので，戻らないであろう。子供の学校，親の老人ホームなどを考えればなおさらである。したがって，移転期間が1年や2年ならともかくそれ以上に及ぶのであれば，これまでの街はすべて放棄して，新しい街に移転することとすべきである。もちろん，それに対しては，正当な補償どころか割増し補償をして，生活が成り立つようにすべきである。戻れるようになったら，戻りたい人には戻る権利を保障するにせよ，実際上は戻りたい人はあまりないので，新規に開拓団を募集する。北海道の明治時代の屯田兵のようなものである。

とにかく元の街に戻りたいといった望郷の念は，年月や苦労にかき消されるのであるから，そればかり重視するような政策は結局人々の行動によって裏切られるであろう。

さらに，放射能の除染の費用も膨大である。その費用と土地代の比較をして，割りが悪ければ，むしろ他に土地を求める施策も工夫すべきである。

Ⅵ　これからの対策

1　東南海地震対策が先決

高台プランは今回の三陸地方で活用するよりも，むしろこれからの東南海地震対策のために，津波が来るときに被害に遭う地域はなるべく今のうちに高台に移住するという予防策を講ずるほうが合理的である。なぜなら三陸の方では既に被害に遭ってしまって，この次に被害に遭うのは何百年後か1000年後なのかわからない。これに対して東南海地震のほうはそのうちに来る可能性が高いと言われているのであるから，リスクマネジメント，費用対効果からして，こちらのほうの対策を講ずる方がはるかに合理的である。復興増税は無駄使いしているから，廃止すべきであるが，少なくとも目的を変更して，東南海地震対策にも使えるようにすべきである。

2　地 震 保 険

災害の際には被災者の自助の他，税金による公助，さらに共助が必要だとして，阪神淡路大震災の時，慶應のＳ経済学者から地震共済の提案があって，兵庫県がこれに飛びついた。しかし，これはもともと加入を強制する案であったから，共助ではなく，公助と同じである。そして，100年単位で制度を設計し，毎年保険料を徴収し，地震が起きたら借金して保険金を支払い，それから徴収する保険料で返済するというが，リスクが読めず，しかも，100年単位で大金を借金する制度は機能するわけがない。世界中に再保険に出すと言っても，リスク分散が極度に難しいので，極度に高い再保険料となるから，これまた機能するわけがない。そんなものが機能するなら今の地震保険制度を活用すべきである。およそ経済学者の提案とは信じがたいものであった。

ところが，今の地震保険制度も保険金が低いとの批判があって，最高5000万円となっているが，国家が崩壊するかもしれない大災害の際に地震保険に加入している者だけにこんな大金を支給する制度が正当化できるわけはない。

大災害の際にはみんな無一文で出発することを覚悟で，国民にはそのときの財力の範囲内で最低限の衣食住を支給することから始めるべきである。

3　土地利用規制

徳島県は震災対策の推進条例を制定した。これは中央構造線断層帯上における建築規制を行うものである。対象区域は，北部を東西に走る中央構造線の活断層のうち位置が明確な長さ60 kmについて片側20メートルずつ全幅40メートルを基準に定めた。区域内では，学校や病院，オフィス，商業施設，ホテル，マンションなど多数の人が利用する大規模な建物の外，危険物の貯蔵施設の新築・建て替えが規制される。罰則規定はないが，従わない場合は，事業者に勧告したり，勧告内容を公表したりできる。既存の建物は対象外である。これは平成25年8月30日付で区域を指定し同日以降の着工分から県への報告を求める。断層調査費用は事業者が負担する。通常50万円程度かかると見られているようである。

そして，幅40メートルのところにわざわざこのような人が集まる施設や危険物を作ることはないというのはそれなりの考え方である。ここでの大地震の到来する可能性はよくわからないが，マグニチュード8程度の地震が想定されているようである。なお，これを一般住宅に適用するとすれば，リスクマネジメント，費用対効果と観点から行きすぎであろう(3)。

【追記】　その後，東日本大震災対策では，巨費と長時間をかけても，高台移転は難航し，実際に移転できたところでも，果たしていつまで街がもつのか，筆者は悲観的である。原発被災地への帰還も，非常に難航している。除染も巨額の費用を要し，土地代よりも高い。除染費用で，被災者に別の土地を買ってあげた方が良い。

いずれも筆者は，筆者の予想通りだという印象を持っている。冒頭に述べたように，縦割り学問，縦割り行政に任せてはならない。未来を読める構想力のある人材の養成が緊要なのである。

---

(3)　阿部「政策策定・法制度の設計・運用における費用対効果分析，リスク・マネジメントの必要性」自治研究91巻11号，12号（2015年）において詳しく論じた。

第4章　借家・借地法制の課題

第1節　定期借家制度の解釈上の論点と改正案（2001年）

Ⅰ　はじめに

われわれ定期借家推進派は定期借家制度が理論的に正当であることを多くの論争の中で十分に明らかにし，多数の民法学者と法務官僚の激しい拒否反応を克服して，その立法化を推進した[(1)]。これについては，十分に議論されず，国民に周知されないまま議員立法という形で成立したとして批判する向きがある[(2)]が，法案作成過程上でこれだけ表で議論し，理論的根拠を明らかにした立法例はほとんどないのではないかと思われる。

その結果，いわゆる定期借家法が2000年3月に施行され，1年あまり経過した。これは法律家の伝統的な頭の固さを覆したという意味で，日本の法学史上革命的な出来事である。

法律が成立した今日，反対論はかなり沈静化している。多くの民法学者は，定期借家賛成論者の論文に説得されたか，またはお手並み拝見というところで

(1)　阿部泰隆『定期借家のかしこい貸し方・借り方』（信山社，2000年），阿部泰隆ほか編『定期借家権』（信山社，1998年），福井秀夫ほか編『実務注釈定期借家法』（信山社，2000年），さらに，「パネルディスカッション：定期借家権を考える」都市住宅学19号（1997年），「座談会　定期借家権論をめぐって」ジュリスト1124号（1997年），「座談会定期借家権構想の法的論点」判タ959号（1998年），「座談会定期借家による快適居住のまちづくり」自治研究1998年2月号など参照。

(2)　澤野順彦『定期借家の実務と理論』（住宅新報社，2000年）2頁。なお，住民訴訟に関する地方自治法の改正案作成過程がきわめて情報非公開であることについて，阿部「住民訴訟改正へのささやかな疑問」自治研究77巻5号（2001年）19頁以下＝阿部『住民訴訟の理論と実践』63頁以下参照。ただし，同時期に発行された成田頼明「住民監査請求・住民訴訟制度の見直しについて」自治研究77巻5，6号（2001年）はその理由を説明している。

あろうが，沈黙している。依然として反対の主張をするのは少数であるが，それは，寡聞にして，定期借家擁護派の論拠をきちんと分析しないで，従来通りの，すでに当方より論破された見解を繰り返しているものばかりである。そこで，定期借家の理論的正当性についてはすでに決着が付いたことを確認できる(3)。

しかし，この法律は，種々の「抵抗勢力」の妨害の中で難産の憂き目にあったものであるから，立法技術的に詰めることができなかった点もあり，解釈上の問題点が残る。そこで，附則に定められている4年後の見直しを念頭に，Ⅱ 解釈上の論点として重要なもの，Ⅲ 目下の実績，実績がたりない理由，Ⅳ 運用上・法制度上の改善策を検討する。生涯借家権を導入する新法の検討，既存借家の見直し（特に正当事由の見直し）なども必要であるが，次の課題とする。

---

(3)　澤野・前注(2)178頁以下，196頁以下，石尾賢二「借地借家法の基礎理論と定期借家権」『民法学の課題と展望・石田喜久夫先生古稀記念』（成文堂，2000年7月）647頁以下，特に665頁，早川和男「住居の思想」書斎の窓495号（2000年6月号）6頁がその例である。われわれはこれだけ情報公開しているのであるから，反論するにしても，まともに読んでからにしてほしい。

佐藤岩夫『現代国家と一般条項』（創文社，1999年）311頁以下は，正当事由判断の不明確性や相当家賃制度の家賃抑制機能，借家規制の存在が家主の借家供給意欲に一定の阻害的な影響を与えていることを承認しているが，安定した借家規制を維持しながら良質の民間借家ストックを大量に実現したドイツを例に，借家規制の存在が当然にその国の民間借家の劣悪さを帰結するものではないことを示すという。ドイツでは良質の借家部門を育成・発展させる政策として，借家建設に対する公的資金援助（社会賃貸住宅制度）と借家人に対する住居費援助（住宅手当制度）が積極的におこなわれたということである。逆にいえば，ドイツでは，借家規制の自由化は，借家供給を促進する重要な手段とは考えられておらず，その結果，借家規制を安定的に維持することが可能であったのである。そして，日本の借家法の規範構造を利害調整的で不明確なものにしてきた状況を仮に変えようとする場合，少なくとも，借家規制の自由化だけが唯一の選択肢ではないという。

しかし，公金を大量に投入すればその分野が改善されるのは当然であるが，それが国全体の政策として資源配分の点で効率的かどうかが問題になる。仮にドイツ流の政策を講ずるとしても，不合理な従来型借家法をそのままにして，国費を投入するのではなく，まずは借家法を合理的に改正し，そのうえで，なお，弱者支援策を講ずるのが合理的である。従来型では安くて広い住宅が不足するので，良好な住宅の供給促進策を国庫補助のシステムで行うには高くつく。定期借家では，賃貸住宅業界が活性化し，空きストックが有効活用され，大きな家が安く出回るから，そうした施策を講じた上で，もしなお住宅が不足していることがあれば，それに限って，国費を投入すれば，少ない国費で大きな目的を達成することができるのである。

関連する文献は無数であるが，定期借家制度成立までの文献はこれまでの論争でおおむね取り上げているので，ここではこの法律が施行された2000年春以降の文献を対象とする(4)。また，これまでの借家制度は普通借家，正当事由借家等ともいわれるが，ここでは従来型と称する（なお，以下，括弧内で著者名のみを記載したものについては，書物名の全文は注4参照）。

Ⅱ　解釈上の論点

1　中途解約禁止条項

改正後の38条5項は中途解約について借家人の期間内解約をやむを得ない事情が存する場合に限っている。定期借家反対派が書いたこの法律の解説書などでは，定期借家では借家人はこの場合しか中途解約できなくなるので不利になると思い込んでいるものが多い(5)。しかし，これは重大な誤解である。当事者が賃貸借の期間を定めた場合でも，解約権を留保することができるとする規定（民法618条）は定期借家において排除されることはない。そこで，借家人は契約書において解約権を留保すれば中途解約が認められるのである。改正

(4)　澤野・前注(2)石尾「前注3」，後に個別に引用するもののほか，重要なものとして，清水誠「『定期借家制度』に関する立法への所感」法時72巻5号（2000年5月号）92頁以下，小澤英明『定期借家法ガイダンス』（住宅新報社，2000年），平田厚『定期借家法の解説と法律実務Q & A』（日本法令，2000年），同「定期借家法（良質な賃貸住宅等の供給の促進に関する特別措置法）について」自由と正義2000年3月号74頁以下，滝川あおい『定期借家権の法律知識』（こう書房，2000年）。

これらのうち，小澤は，アメリカの自由なる契約を勉強し，基本的には定期借家賛成の立場である。ただし，定期借家導入に当たって弱者保護を必要とする点（小澤・前注(4)93頁，244頁）には賛成できない（阿部「前注1」86頁，173頁，阿部ほか編『定期借家権』150頁）。他の論者は定期借家反対派であるため，その主張にも，後述するように定期借家をなるべく認めたくないという方向に偏っている（さらに，小澤29頁は期限付き借家でさえ限定しようとする佐藤岩夫の説の偏向を指摘している）。滝川と筆者の意見交換は阿部193頁以下に掲載した。

これからの実務では自由なる契約の内容の交渉が重要になるので，小澤著が有用である。

明石三郎『改正　借地借家法［補訂版］』（法律文化社，2000年）は，定期借家法を入れるために補訂版を刊行したものであるが（同書補訂版はしがき参照），52頁以下に条文の簡単な解説があるのみで，理論的な考察は行われていない。

以上のうち，阿部，小澤，澤野，平田，滝川説については，以下と本文で著者名と頁のみで引用する。澤野，平田説については，著者名だけ挙げるのは書物である。出版社，出版年は再度の引用に際しては省略した。

後の38条5項は，こうした特約を付けなかった場合でも，借家人はやむを得ない事情が存する場合には期間内解約をすることができるとしたものである（阿部34頁）。

従来型ではこうした特例がないので，借家契約で解約権を留保しないと，中途解約をすることができないのに，定期借家では借家人を特別に保護する制度がおかれているのである。したがって，(旧)建設省の定期賃貸住宅標準契約書は賃借人からの中途解約条項を取り入れているのである。

2　期限満了後の通知の効果

定期借家では賃貸人は期限満了の1年前から6ヶ月前までの間（通知期間）に期限満了の通知をすることになっている。賃貸人が通知期間内にこの通知を忘れた場合でも，通知期間の経過後その通知をした場合にはその通知をした日から6ヶ月を経過した後は，その終了を賃借人に対抗できる（38条4項）。

この通知が期限満了の後に行われたら，どうなるのか。これについては，この法律は明確ではない。一つの考えでは，この通知はいつまでとは明示されていないから，期間満了後でもすることができるというものであり，他方では，この通知は「期間の満了により建物の賃貸借が終了する旨の通知」であるから，賃貸借がすでに終了した後はこの通知はできないというものである。

定期借家反対派はこの段階ではこの通知は出せず，借家人がそのまま居住していれば，それはすでに従来型の借家契約であると考える向きがある（滝川150頁，澤野79頁，87頁）。つまり，民法619条第1項により，前賃貸借と同一の条件でさらに賃貸借をなしたものと推定され，当事者はこの場合619条第1項但し書きにより民法617条，借地借家法27条の定めるところに従って解約の申し入れをすることができるが，借地借家法28条により正当事由がなければ解約の申し入れをすることができない。結局は従来型になってしまうというも

---

(5)　原田純孝「定期借家制度導入法の問題点」法時72巻2号（2000年2月号）1頁，滝川25頁，70頁，84頁，99頁，116頁，ただし，122頁，130頁，138頁。清水94頁もやや誤解。平田・78頁，112頁，同・自由と正義論文82頁。澤野32頁，200頁，ただし，116頁。

ただし，末長輝雄「実務の現場から見た定期借家制度」（ジュリスト1178号，2000年）33頁は，借主による中途解約不可が論じられるが，全く不可解であると正当に指摘している。

のである。

しかし，当事者はもともと定期借家として契約したのであるから，かりに期限が来たときにうっかりしていても，当然に従来型に切り替えるという意思を有するわけではないから，上記の反対派の解釈は定期借家契約を締結した当事者の意思に反する。また，定期借家には「更新」の概念はないから，黙示の更新の規定の適用はない（阿部32頁）と解釈すべきである。

ただ，定期借家は再契約する場合には改めて書面による必要があるから，書面によらずに，期限が来たのに，終了の通知をせずにそのまま家賃を受領していた場合には，従来型で口頭の契約をしたと解することになろう。家主が気をつけるべき点である。

他方，そのまま家賃を受領したりせずに，出てくれという争いをしている場合には，それは従来型ではなく，定期借家期間終了後の事実上の使用関係である。そのとき受領しているのは家賃ではなく，家賃相当の損害金である。あるいは，これを法定更新といってもよい（小澤41頁以下，229頁）。

これは事実認定の問題であるが，紛争を生じやすいことである。こんな問題が生ずるのは，従来型なら書面を要しないのに，定期借家の再契約について書面主義を採っているためである。定期借家にするか従来型にするかは，最初は書面により事前に十分に説明を受ける必要があるが，再契約時にはもうわかっているのであるから，書面主義の必要はない。定期借家の終了後に再契約したものは，当事者の意思が不明確であれば，これまでと同じく定期借家契約と解するのが素直である。したがって，前記の民法619条1項を定期借家にも適用し，借家人からの解約申し入れについては同法617条を適用し，ただし，借地借家法28条を適用しないと整理すべきであった。

3　賃料増減請求権と特約

賃料増減請求権は，従来借地借家法32条により裁判所で判断することとなっていた。定期借家法38条7項では，「借賃の改定に係る特約」がある場合にはこの32条を適用しないとして，当事者の明示のルールによるべきことを明示した。これに対し，清水誠は，もともと同法32条はその趣旨に反しない合理的な当事者間の取り決めを否定する趣旨ではなかった（したがって，この38条7項は不要）と批判する（清水95頁）。たしかに，そうではあるが，判例は家賃の増額に関する特約を無効とすることもあって，賃貸人の収益を合理的に確定できないので，そのような判例を防止するために特別のルールを明示したのである(6)。

また，定期借家制度のもとで借賃の改定に係る特約を結んでも，なおそれが事情変更の原則などにより無効になることがあることを強調する説がある（滝川88頁，176頁，澤野136頁）。たしかにそういうこともありうるが，しかし，それは借家人の立場ばかり考慮する議論に思える。事前にきちんと事業の収支を計算して賃貸したのに，その約定が無効とされては借家経営の基盤が狂ってしまう。借家人の保護ばかり強調し，資本主義市場経済で借家経営が成り立つように配慮しないと，結局は借家が不足して，借家人の首を絞めるのである。

4　従来型から定期借家への切り替え

事業用借家については従来型から定期借家への切り替えが認められている（附則３条）が，これについて客観的合理性が必要などと限定する説がある（滝川78頁）。そうすると，切り替えに応じたあとで，損したから，客観的合理性がなく無効だなどと，蒸し返すことができることになる。しかし，これは当事者の契約によることであるから，合理的だと両当事者が契約時に信ずればそれでよいので，それが客観的に合理的である必要もなく，それについて裁判所が判断する必要もない。

5　再契約の繰り返し

再契約を繰り返すと，再契約してもらえるという信頼が生じ，従来型になる，少なくとも，期間が満了したからといって当然に明渡しを求めることはできないという理解がある（滝川169頁，平田・74頁，同・自由と正義論文82頁）。たしかに，継続的な契約についてはある程度は存続の期待が生ずる。しかし，毎回定期借家であると明示して契約しているのである。換言すれば，再契約しないという権利を家主は留保しているのである。それにもかかわらず，再契約してもらえる信頼があるといわれては，今度限りという契約はどうすれば結べるのか。また，期限が来たら返してもらえるという信頼は反故にしてよいのか。信頼というが，書面できちんと書いたことに対する信頼と，そうではない信頼

(6)　福井秀夫ほか「前注１」『実務注釈定期借家法』158頁（福井秀夫執筆）。阿部ほか「前注１」『定期借家権』34頁（阿部執筆）も，これに同調している。

とで，なぜ後者を重視できるのであろうか。それは前者がいつの間にか全くの形式と化している場合に限るであろう。しかし，従来型にしたければ当事者は従来型の契約に切り替えればよいのであるから，そのような解釈をする必要もない。

6　明渡し訴訟

明渡しが借家人にとって過酷である場合，たとえば，病気で寝ているところを追い出すことになるような場合には，期限が来て，明渡判決をとっても，執行不能となる場合もあるといった意見がある(7)。

しかし，そんなことはこれまでの借地借家法でも存在した。家賃滞納で契約が有効に解除され，明渡し判決が出たが，借家人が病気で寝ている場合である。これは定期借家固有の問題ではない。

また，そんなことが起きるのは例外である。明渡し判決が出されたら，借家人は公営住宅，福祉施設などへの入居に努力すべきであって，それをしないで，居座って，執行は不能だなどということは許されるべきではない。

7　自力救済特約

(1)　阿部の提案

悪徳借家人対策が必要である。家主が強いといわれるが，それは貸すまでで，貸した以上は，借家人が建物を占有してしまうので，借家人の方が強いのが現実である。なかには，家賃を払わず，行方不明になっている悪徳借家人がいる。これでは家主は家賃も取れず，それを自分で使用することもできない。追い出すのに裁判を経て執行するとすれば，半年以上の年月と百万円単位の費用がかかる(8)。

そこで，拙著（40頁）では，行方不明者対策として，「賃借人が家賃を2ヶ月以上滞納し，かつ1ヶ月以上所在不明の場合，賃貸人は明渡し訴訟を提起することなく，本件賃貸借契約を解除して，本件賃貸物件の鍵を開け，家財道具を撤去し，保管に不相当の費用がかかるものは廃棄して，本件賃貸物件を自ら

(7)　下永佳之「借家制度　貸主の留意点」地主家主ジャーナル2000年6月15日号，澤野128頁。
(8)　中村功「借家人の行方不明」法セミ1996年9月号103頁以下。

使用し，またはこれに第三者を入居させることができる。ただし，貴重品は6ヶ月間保管しなければならない。」とする規定をいれよと説いた。また，最初の契約書で起訴前の和解（民事訴訟法275条）をすることも説いている（165頁）。

しかし，これは自力救済の特約で，無効ではないかという疑問があるようである[9]。

(2)　判例法の考え方

そこで，再考しよう。自力救済は原則として禁止され，許容されるのは例外である。例外の要件を判例で検討すると，これは「法律に定める手続によったのでは，権利に対する違法な侵害に対抗して現状を維持することが不可能又は著しく困難であると認められる緊急やむを得ない特別の事情が存する場合においてのみ，その必要の限度を超えない範囲内で」例外的に許されるものと解する（最判昭和40・12・7民集19巻9号2101頁，判時436号37頁，判タ187号105頁），すなわち，一般に，①事態の緊急性と②手段の相当性が求められている[10]。

これは，使用貸借の終了した敷地の所有者が，敷地上に建築された仮店舗の所有者の承諾なしに仮店舗の周囲に板囲を設置した場合でも，仮店舗所有者がその板囲を実力をもつて撤去することは，同人が旧店舗に復帰して既に営業を再開している等緊急やむをえない事情があると認められない本件事実関係の下では，私力行使の許される限界をこえるものと解するのが相当であるというものである。

さらに，刑事事件であるが，店舗所有者たる被告人が，該家屋を不法占拠している無断転借人たる被害者甲と，一時搬入物件撤去を猶予する，右期日に至るも甲が搬入物件を他に移転してその店舗を被告人に返還しないときは，何らの催告を要せず甲の所有物件を撤去せしめる，なお残存物件は被告人において適当に処置するも甲は何ら異議ない旨を約していたところ，甲がその期日に至るも搬入物件を他に移転しなかったため，被告人は現場に臨み本件店舗の明渡につき甲に代って交渉してきた乙に対し店舗の明渡を求めたところ，その折衝

(9)　拙著を紹介した法セミ2000年7月号118頁の新刊ガイドは，匿名で，批判の論点も不明確であるが，本文の点を指す可能性が高い。

(10)　神田英明「自力救済（の禁止）」法セミ552号10頁（2000年）参照。

の経緯にかんがみ乙もあえて明渡拒絶の態度に出でなかったので，被告人において搬入物件の一部を横の通路に出し，被告人側の荷物を搬入しても被告人が特に威力を用いた形跡もなく，またこれらの事実関係からすれば，被告人は右明渡につき甲の同意があったものと信じて行動したものと認めることができるから，その所為をもって威力業務妨害罪に問擬した原判決は破棄を免れないとする判例（最判昭和34・5・22最高裁判所裁判集刑事129号897頁）がある。

これは自力救済についても，搬出に異議がないという契約に基づいているのであるし，威力を用いていないので，犯罪にならないとするものである。

また，被告人が賃借している家屋を不法に占拠し古物商を営んでいる者に対し，威力を用いその業務を妨害した場合には，たといその家屋の明渡を求めるためであっても，業務妨害罪が成立するという判例（最決昭和27・3・4刑集6巻3号345頁）がある。これも犯罪となったのは威力を用いて追い出したからである。

借主の債務不履行を原因とする解除後，貸主は目的建物の入口扉に施錠をし，さらに，借主所有の動産類を搬出，処分をしたので，借主から，処分された動産相当額の損害賠償等を請求した事案がある。判決は次のようである。

「賃貸借契約の契約書には，賃貸借が終了した場合につき，借主は直ちに本件建物を明け渡さなければならないものとしたうえで，借主が本件建物内の所有物件を貸主の指定する期限内に搬出しないときは，貸主は，これを搬出保管又は処分の処置をとることができる，との記載があり，これによれば，本件賃貸借契約において右内容の合意が成立したことが明らかである。……右合意は本件建物の明渡し自体に直接触れるものでなく，また物件の搬出を許容したことから明渡しまでも許容したものと解することは困難であるから，右合意があることによって，本件建物に関する控訴人（借主）の占有を排除した被控訴人（貸主）の前示行為が控訴人の事前の承諾に基づくものということはできない。また，什器備品類の搬出，処分については，右合意は，本件建物についての控訴人の占有に対する侵害を伴わない態様における搬出，処分（例えば，控訴人が任意に本件建物から退去した後における残された物件の搬出，処分）について定めたものと解するのが賃貸借契約全体の趣旨に照らして合理的であり，これを本件建物についての控訴人の占有を侵害して行う搬出，処分をも許容する趣旨の合意であると解するのは相当でない。これが後者の場合をも包含するものであるとすれば，それは自力執行をも許容する合意にほかならない。そして自力執行を許容する合意は私人による強制力の行使を許さない現行私法秩序と相容れないものであって，公序良俗に反し，無効であるといわなければならない。」（東京高判平成3・1・29判時1376号64頁）。

(3)　私見の再検討

以上の判例を参考に考える。家を壊すとか，捕まえてつまみ出すといった自力救済なら，物理的な実力を伴うので，たとえ約束でも，無効になる。借家人が住んでいる場合には，阿部説でも，勝手に荷物を搬出することはできないし，ましてや，借家人の占有を排除することはできない。阿部が提案したのは，借家人が家賃を払わずに行方不明になっている場合である。この場合に，家財道具を搬出して，その部屋を第三者に貸すことは，不相当な手段とは言えない。

しかも，こうした者が持っている家財道具は普通には高価なものとは考えられないし，もちろん，現金，証券，貴金属などについては保管義務を負うことが前提であるから，家財道具を搬出処分しても，借家人に不利益を与えるものではない。

さらに，家主は一方的に自力救済を行ったのではなく，事前に契約を結んでいるのである。借家人は，この契約がいやならこの建物を借りなければよい。建物はほかにもあるから，これは借家人の急迫に乗じて締結したものではない。そうすると，これに自力救済禁止の一般的な考え方を適用するのは妥当ではない。契約が両当事者の真意に基づいているのに無効になるのは，公序良俗違反とか錯誤のような場合であるが，この特約は借り主が家賃を払わずに行方がはっきりしないという不当な行動をした場合に適用されるだけであるから，こうした場合には当たらない。

要するに，正式の裁判手続をとれば，その財産価格とは比較にならない高額の出費を要するが，そうした事態に至る原因は借家人の一方的な行動であるし，行方不明の借家人の家財道具を処分するだけでは，自力救済とはいえその手段も相当であるし，借家人も事前に同意しているのであるから，この契約は法秩序に違反するものではないというべきである。

これは定期借家で，期限が来た場合だけではなく，期限前でも適用される。そうとすれば，従来型でも適用されると考える。

なお，これについては借地借家法30条が適用され，借家人に不利な特約として無効になるかのではないかという疑問もあろうが，借家人に不利な契約でも無効になるのは，借地借家法26条から29条までの規定に違反する場合であって，契約違反はこれに入らないから，これは借家人に不利でも有効である。

8　その他－清水誠説

清水誠（92頁）は，定期借家は市民法の観点から見て著しく粗雑で，もっと民法学者による「精細」な検討を踏まえてほしかったという。たしかにこの法律は法律学的になお子細な検討を要する面があるので，改正の必要があるが，立法時は，法技術的な検討の前の段階で，借家人は騙される，安い借家は増えないといった反対論に反駁するのに忙しかったし，条文の作り方の細目は，提唱者であるわれわれの手を離れ，議院法制局と政党間の妥協の場に移されてしまったのである。また，民法学者が粗雑な反対の合唱をしている状況で，とてもその「精細な」協力を得られるような状況ではなかったのである。

清水の説については先にも検討したが，そのほかに付け加えると，彼は，「公正証書による等書面によって」という要件は奇妙で，このような例示は始めてであるというが，これは借地借家法22条の定期借地の規定から借りたものである。これが「精細な検討」というから驚いてしまう。

書面によらない契約の効力が問題にされるが，騙されて定期借家契約を締結させられるという反対が強いことから，原則の従来型になるという理解である。わたくしは，最初はそれでよいが，定期借家の期限が来たときの再契約は，口頭の契約でも，従来型にしないで定期借家で締結できるようにすべきだと思うが，定期借家への抵抗を和らげるために右記の理解に止めたのであろう（阿部28頁）。

清水（94頁）は，正当事由による更新拒絶にせよ，無更新借家における期間満了にせよ，明渡しに応じない借家人に対する明渡しには時間と費用がかかることを念頭におけといわれるが，われわれはそれは百も承知で，ただ，この両者では時間と費用に大差があることを念頭においてほしいのである。なお，このことは平田（126頁）はわかっている。

清水（95頁）は，貸し主の修繕義務，賃貸借終了の場合の原状回復の仕方，使用による減価の扱い，権利金・礼金・敷金（最近の「敷き引き」の特約など）などの問題は，紛議が多発して，妥当な対応が迫られているが，今回の立法はこれらの問題の解決に一顧もされていないと批判調で記述する。しかし，これは定期借家固有の問題ではないから，定期借家の導入を目的とする今回の法改正に入らなかったのは当然のことであり，それこそ民法の専門家が「精細」な検討をして立法化すべきである。このことゆえに定期借家推進派を批判するのは，自分たちの怠慢を棚に上げるとのそしりを免れないだろう。

清水は，拙著も引用していて，文献を承知しながら，以上述べたようにその批判は定期借家に対する不十分な理解を露呈している。

Ⅲ　実　績

1　家賃低下（大竹文雄教授の報告）

われわれは，定期借家では家賃（権利金，敷き引き，礼金なども含めて）が下がるので，この制度は賃貸人にとってだけではなく賃借人に有利だと主張した。従来型では，明渡しの時に不当な立退料を要求され，また悪質な借家人の退去を求めるにも高額な費用がかかるのに対して，定期借家ではこのようなことがないので経費が軽減され，借家経営に参入する業者が増えるし，さらに，これまで帰ってこないからと貸し出されなかった空き家が貸し出されるので，供給が増えるためである。

これに対して，定期借家反対派はそれは推測にすぎないなどと反論していた(11)。しかし，これは公理に属することで，いちいち証明せよといわれると，とまどうところであったが，定期借家法が施行されて1年経ったので，これを証明することが可能になった。

大竹文雄（大阪大学社会経済研究所）の研究(12)では，計量経済学の手法により，東京都の賃貸住宅の個票データを用いて，定期借家と一般借家（従来型）との家賃関数を推定し，その属性の差を明らかにすることにより，定期借家は，一般借家と比較して床面積が増えても，家賃が一般借家に比べて上昇しにくいこと，さらに定期借家の家賃は，床面積70平方メートルの借家であれば約10

---

(11)　澤野35頁。さらに，澤野148頁は，定期借家の賃料は普通借家の賃料と比べて理論的には高くなるという。その理由として，定期借家では，期間毎に賃貸借は終了し，新規の契約が結ばれるので，リニューアルの費用が高く付くからだということである。しかし，定期借家で，期間毎に新規の契約が結ばれても，同一の賃借人に貸す限りはリニューアルを要しないから，この前提が間違っている。

さらに，森本信明『賃貸住宅政策と借地借家法』（ドメス出版，1998年），柿本尚志「借地借家法による貸家供給阻害効果について――「森本－福井論争」をめぐって」大阪府立大学経済研究43巻4号（1998年）81頁以下参照。

(12)　大竹文雄＝山鹿久木「定期借家制度が家賃に与える影響」日本経済研究42号（2001年3月，http://www.iser.osaka-u.ac.jp/~ohtake/paper/dp0521.pdf による）。

%，100平方メートルの借家であれば約25%，一般借家よりも低いことが示された。これは，定期借家権制度導入後に，実際に供給された定期借家のデータを用いて行われた最初の研究である。

この論文は専門的で，筆者にはフォローできないが，結論だけ興味を引く点を若干引用すれば，定期借家として供給されている物件の床面積の分布は，50平方メートル前後から急激に多くなっている。定期借家として供給されているのはファミリー向け物件であることがわかる。50平方メートル以上の物件では定期借家の方の家賃が安くなっている。それ未満の狭い借家では，定期借家の供給は少ない上，一般借家との家賃の差はほとんどない。

これは定期借家導入論者の主張を実証したものである。

なお，この研究では，敷金，権利金についてはデータは集めているが，まだ分析していないという。権利金まで考慮すると定期借家の家賃はもっと安くなると推測される。

また，大竹は『土地住宅経済』2001年7月号に姉妹篇の論文「定期借家権制度と家賃」(http://www.iser.osaka-u.ac.jp/~ohtake/paper/teishaku.pdf）を掲載した。その論文では，定期借家の契約期間が家賃に与える影響も検討した。契約期間が長くなると家賃も高くなる。そして，その推定結果から推測される家賃を一般借家の家賃と比較して，一般借家の家賃が定期借家の何年契約の家賃と等しくなるか，という分析も行った。80平方メートルという床面積が広い物件では，一般借家契約の家賃は30年という長期間の定期借家契約の家賃と同程度になっていることが示されているということである。その結果，ファミリー向けの借家を短期間だけ借りる借家人は過大な家賃を払っていることを意味するという。

2　実績とその理由

(1)　実績は未知数

しかし，定期借家の実績はまだ少ない。この大竹報告は，リクルートのインターネット（ISIZE, http://www.isize.com）に2000年3月から8月までに掲載されたデータを用いている。データは約2週間に一度更新されている。サンプル数はこの期間の延べ物件数で，143210件（うち，マンションが141235件，一戸建てが1975件）であるが，定期借家はマンションで1202件，一戸建てで725件である。これは延べ数で，実数を表さない（契約が成立しないと何度も掲載される）ので，本当の数は不明であるが，定期借家の比率はマンションでは低く，一戸建てでは結構高いと言える。

PROGRES NEWS TODAY（プログレス ニュース／発行：不動産鑑定士市場賃料研究会（事務局／都市開発研究所，www.progres-net.co.jp）によれば，定期借家契約はオフィス・商業施設で拡大しているという。

不動産大手がオフィス・商業施設に相次ぎ定期借家契約を導入する。森ビルが2001年度以降に供給する物件に全面的に適用，三菱地所も新規供給するオフィスビルを原則として定期借家契約に切り替える。同契約は事前に賃借期限を定め，貸主側は契約期間終了後なら退去を強制できるよう権限を強化したため収益の安定化につながる。借り手側も賃貸料で有利な条件を引き出しやすい。法施行から1年，市況回復を追い風にオフィスの契約形態が変わりつつある。三菱地所は2000年度に約300件あった新規オフィスビル契約（見通し）のうち定期借家契約は5割にとどまったが，2001年度は100％を同契約に切り替える。三井不動産も同年度中に提供する商業施設の定期借家契約化率を現在の30％から50％強に引き上げる。近畿圏ではダイビルがオフィスビル2棟で計10件の定期借家契約を結んだ。

定期借家は一戸建てを除けば，まだそれほど活用されていない。これをどう見るか。これからもっと活用されそうだと見てもよいが，もっと活用されていても良いではないかという見方もある。もし活用が進んでいないとすれば，その理由を考えてみよう。

(2)　不動産不況

第一は，不動産不況である。貸主の立場では，不動産不況で空室があり，家賃が下がっている現状では，全部を定期借家にする必要はない。永久に借りられても困らない物件・相手の場合従来型でよい。事業用では，建て替えの可能性がある物件，居住用では自分が必要とするとか悪い者が入ることを防止するために定期借家を活用すればよいだけである。

他方，不動産不況の現状では，借主が強いので，定期借家は嫌われる。家主の方も，定期借家にすれば家賃が下がり，また，借主が見つかりにくいのであれば，あえて定期借家にする理由はない。まして，新たに賃貸物件を建設して貸し出すのはリスキーである。

景気が回復し，不動産市況が逼迫すれば，家主の方は将来の家賃値上げの権利を確保するために家賃値上げ特約付きの定期借家を提示するであろうし，借家人の方も，賃貸物件が不足すればやむをえずこれに応ずるであろう。そうすれば，建物賃貸業にも予測可能性が高まり，不動産の証券化が進むであろう。

要するに，定期借家があまり普及しない大きな理由は不景気にある。

これに対して，個人の所有する一戸建てであれば，家賃が低くても確実に取り返せる方にメリットを認める所有者が多いので，定期借家として出回り始めているということである。

(3)　定期借家法の過大な制約

第二に，定期借家を使いにくくした法制度上の理由がある。定期借家は，従来型で永久に借りることができると思ったのに，期限で追い出されるという借家人の不安を払拭するために，非常に面倒な制度になった。

定期借家であることの事前説明義務が最初の契約だけではなく，再契約毎に必要で，忘れると従来型になる。

期限が来る半年前（少なくとも期限満了）までに期限満了の通知が必要で，忘れると，従来型になるという意見が多いので，気をつけるのが大変である。

更新がないという制度にしたので，続けて借りるときは改めて再契約を締結することになるが，これは面倒である上，従前の定期借家契約との同一性がないので，その間に抵当権が設定されたりすれば，借家人が不測の不利益を被るし，敷金返還請求権に対して質権が設定されているときもややこしい（小澤二37頁，46頁）。借家人がこのことに気をつけるのは大変である。再契約の予約が許されるかどうか，議論があるので，借家人からすれば不安である。

中途解約禁止条項を入れて収益を確定しようとしても，200平方メートル未満の居住用に関する限り，「やむをえない場合には」借家人からの解約を認めるので，定期借家だからとして権利金，家賃を減額したら，大損する。これでは，家主から見て定期借家にするメリットが減殺される(13)。

借家人からすれば，再契約の場合に，後述のように不動産屋に再契約料を1ヶ月支払わなければならないというのではかえって高く付く可能性がある。阿部のいう行方不明の自力救済条項も違法ではないかという説があるので，うっかり乗れない。不透明な部分が多いということである。

(13)　福井秀夫ほか編・前注(1)『実務注釈定期借家法』164頁以下（福井秀夫執筆）。福井秀夫「定期借家法の概要と将来展望」民事法情報162号（2000年3月10日号）19頁。

しかも，定期借家では従来型に比べて家主の採算可能性を犠牲にしてまで借家人からの中途解約の可能性を広げたのに，反対派の解説書では，これが制限されるという誤解がまき散らされている。定期借家があまり活用されないのは，こうした間違った説が妨害している可能性が高い。

定期借家は普及しないではないか，定期借家では安く広い借家が出回るといっていたのに，ウソではないかなどと，反対派はいうであろうが，この制度が使いにくくなったのは反対のためでもある。

Ⅳ　定期借家法の改善策

以上の考察を踏まえて，解釈上の疑義を解消し，定期借家の円滑な普及を図る観点から，ここで定期借家制度の改善策をいくつか提案する。

1　再契約の際の権利金，敷金，再契約手数料の事前明示

借家人はいったん入居すると，引越しが負担になるので，気に入れば，そこに住み続けたいと考える者が増える。そこで，再契約を申し込む段階で，予想外の権利金，敷金，再契約手数料を要求され，交渉上不利になることが心配される。これを対等にするため，両当事者が対等に相手を選べる最初の契約のときに，再契約時の条件をあらかじめ示すのが望ましい。

もちろん，家主としては，市場が変わるので，そんな先のことは示せないというだろう。たしかに，家賃自体は改めて交渉することであるが，再契約時には新たに権利金，敷金（敷き引き），再契約金を取るのかどうか，それは家賃のどの程度の％になるかくらいは明示して，変更しないようにすべきである。

もっとも，これも市場に任せるということで，これらを明示する家主と明示しない家主がいてもよいが，そのいずれかがわかるように，本来は法律に努力義務としてでも規定し，せめて標準契約書にはその旨を記載するべきである。このことは，後述のように再契約制度を廃止して合意による更新を導入しても同じである。

再契約は新規の契約だからとして，不動産屋は新規の契約と同じだけの手数料を取ってよいというのが建設省の通達（2000年2月22日建設省経動発第21号）である(14)。そこで，これは宅建業者のビジネスチャンスという（滝川197頁）見方もある。

たしかに，従前と同じ内容の契約でも，新たな契約として，家主は定期借家

であることについて説明する義務を負い，不動産業者は，保証人などを立て直させ，敷金を入れ直させ，新たに契約書を作成しなおして定期借家であることのほか，最初の契約のあとに設定された抵当権などについても説明することになるから，それなりの手数料を取るべきではある。

しかし，定期借家の方が従来型よりも安くなるというのがその立法趣旨であるのに，再契約毎に不動産業者に高い手数料を取られるのでは不合理である。そんなことになったら定期借家制度の導入は失敗するが，失敗の主犯は宅建業者（あるいは，それを通達で正当化した建設省）ということになるし，再契約の際は，新たにお客を探すのではなく単に同一内容の書類の説明にとどまるから，最高1ヶ月という料率は高すぎる。説明に1時間かかっても，せいぜい数千円でよいはずである。そこで，契約の内容を特段複雑にし，特約条項を工夫したような場合を除いて，上限を5,000円くらいとすべきである。そして，この点でも，市場競争が働くように，情報公開義務を不動産業者に課すべきである。もっとも，これは媒介の場合であって，家主の代理の場合にはそもそも借家人から手数料を取ってはいけないのである(15)。

なお，後述のように再契約を廃止して合意更新にすればこの問題もなくなる。

2　税制の改善

建物所有者はその建物が不要でも，地価下落時には売る気になれない。売り時に売れるように，そのときまでは貸して有効活用したい。そのために使えるのが定期借家であるが，ただし，売買をほぼ同時に行わないと，居住用財産の買い換えの特例（租税特別措置法36条の6，41条の5），居住用財産の譲渡所得の特別控除（同法25条）が消えるリスクもある。また，売る前に一度自宅に戻らなければならない。これでは，売り時まで貸すという方法は採れない。

これまで住んでいた家を，一定期間貸してから売る場合，居住用財産の買い換えの特例，譲渡所得の特別控除の適用があるようにしてほしい。その期間は，

---

(14)　三好弘悦「宅建業者の説明義務等取り扱い上の留意点」（ジュリスト1178号，2000年）21頁に掲載。なお，その30頁参照。

(15)　阿部泰隆『こんな法律はいらない』（東洋経済新報社，2000年）89頁以下。なお，手数料などに関しては，ジュリスト1048号（1994年）の特集参照。また，伊豆宏＝伊豆隆義『不動産流通と宅地建物取引業法・借地借家法』（清文社，2000年）が関係文献である。

定期借家で2年程度貸すことを考えると，さらに，売る先を探すため，半年くらいは延長ということで，居住をやめてから2年半くらいはこの特例を残すような立法をしてもらう方法はないか。

3　定期借家法の改正案

(1)　法の明確性

借地借家法はわかりにくい。日本の立法過程には法の明確性という発想(16)がないためである。

そこで，まずは従来型と定期借家の選択制であることがわかるようにつくる。

建物賃貸借契約は，正当事由解約制限型と定期借家とする。

正当事由解約制限型については，26，28条を適用する。

定期借家については，28条を適用しない。

借家人からの中途解約については，賃貸人の予測可能性を重視して，当事者の任意の契約に委ねることも考えられる（その場合には，(3)で述べる重要事項ゴシック記載義務の対象とすべきである）が，残すとすれば，「賃借人からの中途解約を認める約定がある場合のほか」という文言を入れて，賃借人からの中途解約が38条5項の場合に限られるという誤解を払拭する必要がある。

(2)　合意更新

「更新がないものとする」という定期借家の定義は定期借地の規定（借地借家法22条）あるいは期限付き建物賃貸借（従前の同法38条）に倣ったものであるが，三2(3)で述べたように再契約には難点がある。そして，定期借地は建物を取り壊して返還することが前提であるのに，定期借家は，期限が来たら返還してもらうもののほかに，継続使用型が多い(17)ので，不適切であった。期限付き建物賃貸借も再賃貸を前提としない制度であるから同様である。そこで，定期借家の定義では「28条による更新がない」と定めて，法定更新だけを排除して，合意による更新を許容すべきである（小澤45頁以下，阿部9頁以下参照）。再契約をすることを禁止する理由はないが，更新が認められれば通常はそれで十分なので，更新と推定することとすべきである。

---

(16)　松尾浩也＝塩野宏『立法の平易化』（信山社，1997年）参照。

(17)　再契約型の必要性については，末長輝雄「実務の現場から見た定期借家制度」（ジュリスト1178号，2000年）33頁以下。

(3)　説明義務の廃止・重要事項ゴシック記載義務

定期借家の説明義務は，国会修正で入ったが，これまでの民法には例がない制度のようである。その意味では先進的であるが，これは契約の管理負担を不当に重くしている。あらかじめ定期借家だという説明書を用意しなければならない（しないと無効）とか，両当事者が当然に合意している再契約のさいも，もう一度説明しなければならないというのは面倒であり，また，そのために不動産業者に頼むと（上限）1ヶ月の手数料を払わなければならないのは両当事者にとって余分の負担である。

少なくとも，同一物件における再契約の場合には説明義務の規定は適用しないとすべきである。最初の契約時に一度説明しているのであるから，再契約書に定期借家と書いてあれば十分わかるはずだからである。なお，合意による更新を認めれば，なおさら説明義務は不要になる。

ところで，金融ビックバンに伴い，投資信託，保険，有価証券，外貨預金，デリバティブ（商品先物取引，郵便貯金，簡易保険などは対象外）など，多様な金融商品が販売されるようになるので，2001年に施行された金融商品販売法は，販売業者に商品の元本割れなどのリスクを顧客に説明する義務を課して，両者の情報格差を是正する。業者の説明がなかったことが立証できた場合には，元本割れ分が損害と推定される。しかし，これは，書面による説明を義務づけていないので，口頭でもよい。後日のトラブルを生じやすい制度である。なお金融商品取引法は書面による説明を求めている。

これに対して，借家は，金融商品とは異なり，騙されて契約するといった者はまずいない。金融商品なら，契約すれば，すでに金銭を受領して，単に契約書や証券を渡すだけであるから，騙した方が得だが，借家契約の場合，契約したら，家を引き渡すのであるから，騙すことができても，追い出さなければ利益を得られず，追い出すのは実際上は容易ではないので，家主としても，騙して契約して得することは非常に少ないのである。

そうすると，定期借家の説明義務が金融商品よりも厳しいのは不合理であり，軽減すべきことが均衡上正当化される。

私見では，借家人が騙されないようのというのであれば，定期借家契約書において，期限満了時に当然更新されるものではなく，両当事者の合意がなければ退去しなければならないことを12ポイント以上の大きさのゴシックで，かつ地の色と反対の色（たとえば赤）で書かなければならないとすべきである。

このように定めれば市販の契約書はみなこの様式になるから，間違える人はいない。説明義務という手法は愚策であったので，廃止する。もちろん，宅地建物取引業者の重要事項説明義務（建設省令）は残る。

(4)　期限満了後の法律関係

定期借家契約において，賃貸人が期限満了の通知をしなかった場合も，それは従来型にはならず，定期借家にもならず，単に従来の条件のまま延長されているものとし，定期借家にせよ従来型にせよ，賃貸借関係にするには改めて書面契約を要することとするべきである。

具体的には，38条4項最後のただし書きを，この通知が通知期間より遅れてなされた場合においても，書面により新たな賃貸借契約が締結されない限りは，通知から6ヶ月を経過した日に当該建物の賃貸借は終了するものとすると修正する。

そして，従来型を締結するときは口頭でもなしうるとしても，定期借家契約から従来型に切り替えるときは，書面を要することとすべきである。

(5)　既存借家から定期借家への切り替え

これは，居住用に関しては附則3条で禁止されているが，両当事者が定期借家のほうが好ましいと判断したのに，これを禁止するのは契約の自由に対する過大な介入である。筆者は違憲論を採る(18)。騙されて追い出される高齢の借家人がいるからなどというなら，老人には金融取引も一切禁止すべきだろう。

騙されないようにという趣旨をどうしても徹底しようというなら，既存借家の定期借家への切り替えに関する限りは，単なる書面による合意ではなく，簡易裁判所での合意の確認といった制度を作り，当事者本人の出頭による真意の確認を行えばよい。なお，家主としては，借家人を騙して定期借家契約に切り替えても，追い出す際に実際上トラブルから，騙す価値はあまりないことは前述のとおりである。

【追記】　本稿を謹呈した西原道雄先生は民法特に不法行為法，親族法，さらに，社会保障法，環境法，法社会学と幅広い分野でご活躍され，大きな影響を与えられた。行政法を専攻するわたくしも，日頃，関連分野で多くのお教えを頂いた。震災の大きな痛手を引きずられながらも，無事古稀をお迎えになられ

(18)　阿部ほか・前注(1)『定期借家権』46頁（阿部執筆）。福井秀夫ほか編・前注(1)『実務注釈定期借家法』167頁以下（福井秀夫執筆）も切り替え禁止規定廃止論である。

たことはなによりである。この機会を借りて，心からのお祝いと長年のご指導へのお礼を申し上げたい。しかし，この2017年に永遠のお別れをせざるをえなかったことはまことに痛恨の極みである。

本稿は，その記念論文集の原稿なので，民法分野に分け入って，民法学界の発想の転換を求めようとした。専門の行政法ではないので，初歩的な誤りさえ犯している可能性もある。是非ともご教示いただき，これからの精進の糧としたいと思う。

なお，本稿作成に当たっては，福井秀夫氏，小澤英明氏，大竹文雄氏からも示唆を得た。

【追記】

1　その後の実証分析

Ⅲで実証分析を紹介した。大竹文雄＝山鹿久木「定期借家の実証分析」日本不動産学会誌16巻1号54頁（2002年）は，定期借家は床面積が70㎡の物件では約8％，100㎡の物件であれば15％家賃が低いことが示された。また,定期借家で敷金・礼金をとらない物件がほとんどない代わりに,それらを徴収しても,額が一般借家の徴収額よりも低いことが明らかになったということである。

大竹文雄＝山鹿久木「定期借家制度と民間賃貸住宅市場」都市住宅学会誌43号79頁以下（2003年）は，定期借家の単位家賃は普通借家のそれに比べて平均的に低いことを実証している。

2　定期借家の改善の提案

Ⅱ及びⅣで解釈上の論点と改善策を論じた。その後の文献も，定期借家賛成派は同じ方向である。

福島隆司「定期借家法導入の効果と今後の改正方向」日本不動産学会誌16巻4号119頁以下（2003年）も，定期借家は広くて安い，その活用の障害になる規定（二重の説明義務，借家人からの解約）などを廃止せよと主張している。

吉田修平「定期借家権の見直しについての提言及び解釈論等についての若干の私見」日本不動産学会誌16巻4号112頁以下（2003年）も普通借家の定期借家への切り替えを認め，二重の説明義務，借家人からの中途解約権を廃止せよと主張する。

久米良昭「定期借家制度の改善課題――特に長期契約普及の観点から」日本不動産学会誌16巻第4号125頁以下（2003年）も，定期借家制度の不備を多数適切に指摘するほか，消極派の民法学者の説を批判する。最もまとまっている。

久米良昭「定期借家法の立法過程と学際的学術研究を基盤とする立法アプローチ」都市住宅学74号44頁以下（2011年）は，（1）1992年の借地借家法施行に至るまでの正当事由制度の法制史を概観し，（2）学会設立後，「都市住宅学」掲載論文等研究史を整理したうえで，(3) 定期借家法の立法過程を振り返るとともに，その意義を検証する。

ただ，残念なことに，上記のいずれも，先行業績である本稿を参照していない。

3　説明書交付義務を極度に重視した頭の固い最高裁

Ⅳ３(3) で，説明義務は国会修正で入ったが，不適切であることを主張した。２でも，これを廃止せよという意見を紹介した。まさにその危惧するような判例が下された。貸主は，念には念を入れて，説明書をきちんと交付し，その証拠を取っておかなければならない。

最判平成 22 年７月 16 日（判タ 1333 号 111 頁，判時 2094 号 58 頁）は，貸主が本件賃貸借の締結に先立ち説明書面の交付があったことにつき主張立証をしていないに等しいにもかかわらず，単に，公正証書に説明書面の交付があったことを確認する旨の条項があり，借主において公正証書の内容を承認していることのみから，同法 38 条２項所定の書面の交付があったとした原審の認定は，経験則又は採証法則に反するとした事例である。

最判平成 24 年９月 13 日（裁判所ウェブサイト）は，貸主が，本件建物の賃貸借は借地借家法 38 条１項所定の定期建物賃貸借であり，期間の満了により終了したなどと主張して，借主に対し，本件建物の明渡し及び賃料相当損害金の支払を求めた事案の上告審で，同法 38 条２項所定の書面は，賃借人が，当該契約に係る賃貸借は契約の更新がなく，期間の満了により終了すると認識しているか否かにかかわらず，契約書とは別個独立の書面であることを要するとした事例である。

これらの判例は，公正証書などの書面の交付の他に，説明書の交付義務を重視した。学説上両論が分かれ，下級審でも，公正証書の交付の際にご丁寧に説明すればよいという判決があったのに，あえて，借家人が期間の満了により賃貸借が終了していることを認識していても，なお別個独立の書面で説明しないと足りないというのである。なぜそれほどまでに，書面の交付という形式が重視されるのか。無駄なことである。定期借家反対派の工作による国会修正が成功した例であり，貸主には不当に過大な負担を課し，想定外の損害を及ぼすものであり，借家人は，定期借家であることを承知していたのに，従来型にしてもらえて，期限更新の時も立退料をもらえたりする。誠に不当なことである。この条項は廃止されなければならない。

これについては，上原由起夫・成蹊法学 78 巻 296 頁以下（2013 年），同・成蹊法学 84 号 247 頁以下（2016 年），藤井俊二・民商法雑誌 144 号２号 103 頁以下（2011 年）がある。両論紹介されている。

第2節　権利金の支払いのない借地権を過大評価して更新拒否の正当事由を否定した判決の違憲性（上告理由書）（2017年）

お断り　第2節，第3節は，はしがきで述べたように，同じ上告事件の上告理由と上告受理理由書である。事件の内容は，それぞれの冒頭に記載したことからわかると思われる。筆者は，書面を作成したが，代理人とはならず，本人の名前で最高裁に提出して貰った。そこで，一部本人の文章も入っているが，了解を得て公表するものである。最高裁に提出した書面では，当事者名，証拠や当事者のそれぞれの主張する書面を摘示しているが，ここでは無用であるので，省略した。

Ⅰ　はじめに

原判決は，本件借地のわずか月3万円前後の地代収入と別の元借地の地代相当額月4万5000円しか収入がなく，病弱のため働けず，本件借地の返還を得て駐車場として生活費を得たいという，生存の危機に瀕している上告人の利益を軽視し，すでに60年も借地関係を継続してきて，前回の更新からも20年経って，そこに建てた建物も耐用年数が過ぎている上に，借地人本人は別のところに住み，息子も住んだり住まなかったりで，貸家にしている借地人の利益を重視して，更新拒絶の正当事由がないものとした事件である。上告人はここで明け渡してもらえなければ，次の更新時期まで今後20年も極貧状態で生活しなければならない。両当事者の利益の比較考量において，原判決はあまりにも不公平な正義に反する誤った判断をしている。

その上，原判決は，契約時に権利金の支払いのない借地権について，借地権者の権利を，権利金の支払いがあったかのごとく，評価した。これは，借地人の権利を過大に評価し，土地所有者の権利を過小に評価して，なんら公共的な理由もなくその財産権を大きく侵害する違憲判断（憲法29条違反）である。それは最高裁判例にも反するので，破棄されたい。

Ⅱ　原判決，権利金の支払いのない借地権を過大評価

借地権の期限更新の際には，正当事由がなければ更新を拒否できない。この

正当事由の判断においては，両当事者の利益を比較考量することになっている（最判昭和32年12月27日民集11巻14号2535頁，最判昭和37年6月6日民集16巻7号1265頁，最判昭和29年1月22日民集8巻1号207頁，最判昭和25年2月14日民集4巻2号29頁）。そして，「立退料の提供は，それのみで正当事由の根拠となるものではなく，他の諸般の事情と総合考慮され，相互に補充しあって，正当事由の判断の基礎となる」とされている（最判昭和46年11月25日民集25巻8号1343頁）。

原判決は，正当事由の補完としての立退料は，借地権価格の一部を考慮したものであることが必要として，本件土地の借地権価格は3000万円であるから，申立人が提供しようとした300万円の立退料は明らかに低すぎると判断した。この土地の地価は4015万円（本件の期限満了時の平成25年の相続税路線価37万円／平方メートルを単価として，本件土地地籍108.53平方メートルを乗じて），ないしは4015／0.8＝5018万円（路線価は時価の8割であることから算定）であるから，原判決の示した借地権価格3000万円は土地価格の約75％ないしは60％になる。

また，原判決は，権利金の支払いの有無が，正当事由の判断につき重視すべき事情とはいえないと判断している。しかし，なぜか，その理由は示されていない。

Ⅲ　借地権価格算定の違憲性

1　借地権設定の際権利金の支払いがないのに高額の権利に転嫁する不合理・違憲性

借地権設定の際に権利金の支払いがなかったことを軽視ないし無視した原判決は誤りである。

これは，いったん借地権が設定されたら，権利金の支払いがなくても，借地人に土地代の60〜75％もの権利が発生し，土地所有者は，その分，権利を喪失するという，ひさしを貸したら母屋を取られるような，きわめて不合理な判断である。宅地不足が解消している今日，そこには公共的な理由もない。したがって，それは，財産権を合理的な根拠なく剝奪し，財産権を保障する憲法29条（1，2項）に違反する違憲の判断である。

なお，地価高騰，バブルの頃は，地価値上がり利益を土地所有者だけが独占するのは不公平だ，借地人・借家人にも分けるのが公平だという発想があったが，それも間違いである。土地所有者は地価値下がりのリスクを負うが，借地人・借家人はそうしたリスクを負担しないのであるから，地価値上がりの利益だけを享受できるとするのは不合理なのである。その上，すでに土地バブルが崩壊して20年は経っているので，そのような発想に囚われてはならない。

そこで，違憲判断を回避するためには，正当事由の判断において権利金の支払いの有無を重視すべきである。

2　判例学説も同様

同様の見解は学説判例上見られる。東京地判昭和56年4月28日（判時1015号90頁，該当部分は98頁）は，「正当事由の判断にあたっては，契約期間満了時における原告，被告松岡間双方の土地使用の必要性につき斟酌するにとどまらず，右契約締結の経緯，あるいは如何なる建物の所有を目的としたかも重視されて然るべきところ，本件土地賃貸借契約は前認定のとおり，被告松岡の占拠が先行した形で終戦直後の混乱期に締結されたもので，目的建物はバラック様のものであり，かつ契約締結にあたって権利金，保証金等の授受もなかったのであるから，土地の価格に匹敵するが如く高額の権利金等の支払が行なわれる借地権とは，更新の際の正当事由も自ら別異に解釈されるべきは当然である。」と述べている（その他の判例は訴状5頁に記載しているので，ここでは省略する）。

飯原一乗(1)は，「今日借地権は法の厚い保護を受けて交換価値が認められているので，借地権設定時に権利金を支払わない場合でも，借地権価格を生じているのが実情であるが，正当事由の有無（補完として給付する金銭の多寡）については，当初の権利金の授受の有無と金額は十分に斟酌すべきである」と述べて，上記の東京地裁判決を紹介している。

3　更なる説明

今，たとえば，100の価値のある土地に，50の権利金の支払いの下に借地権が設定されたとしよう。この場合には土地代の50％の借地権が成立する。いわば土地の価値の半分を買ったと同じであるからである。そして，更新の時に，更新拒否されては，借地人のこの権利が失われるから，ほぼ未来永劫地代の支

(1)　飯原一乗「『正当事由』の明確化」（ジュリスト1006号47頁，1992年）。

払いだけで，更新できる（あるいは，賃貸人としては，土地代の半額の立退料を支払って初めて，更新拒否の正当事由が認められる）と解するのが合理的である。

これに対して，100の価値のある土地を，権利金の支払いなしで借地したとしよう。この間地代は払っている。更新の時期が来て，借地権代は50となるのだろうか。払った地代はその間の使用の対価である。それ以上の権利性を発生させるものではない。したがって，借地権代（所謂「借地権価格」と称されるもの）は発生しないのである。その場合でも借地権代が50もあるとすれば，借地人は，権利金を払わずに権利金分を賃貸人から取得したことになり，こんな不合理なことはない。

借地権割合は，地域によっては，地価の50%とか70%などと言われる。しかし，それがもともとの権利金の支払いの有無と関係がないとすれば，極めて不合理である。

4　高額な借地権代が発生したという誤解が生じた原因は，権利金を考慮せずに更新拒絶の正当事由を狭く解釈したため

なぜこのような高額の借地権代が発生するという考え方がもたれるかと言えば，更新拒絶の正当事由の判断において，権利金の支払いの有無を問わず，借地人に有利な判断がなされてきた結果，権利金が支払われていない場合でも支払われた場合のように扱われ，借地権は，土地価格の6割7割にも相当するような高額な権利性を有すると判断されるようになったからである。その結果，土地所有者は，もともと権利金を受け取っていないにもかかわらず，更新を拒絶しようとすれば，権利金相当分あるいはその一定割合のかなり高額の立退料を支払わされ，財産を理由なく奪われるのである（なお，更新料は，更新拒絶されない対価というべきで，権利金とは異なる）。これは不合理である。

その誤りを是正するためには，正当事由の判断においては，権利金の支払いのないことを十分に考慮して，更新時期が来た場合，特に本件のように既に60年もの借地期間が経過している場合には，土地所有者の土地利用の権利を回復する利益を重視する解釈をとることが不可欠である。

5　最大判昭和37年6月6日の説くもの

さらに，最大判昭和37年6月6日（民集16巻7号1265頁）は，「他人の土地を宅地として使用する必要がある者が圧倒的に多く，しかも宅地の不足がは

なはだしい現状で，借地権者を保護するため，借地法 4 条 1 項の規定で土地所有者の権能に制限を加えることは公共の福祉にかない，かく解しても，土地所有者は正当の事由ある場合は更新を拒絶して土地の回復が可能であるから，所有権は単なる地代徴収権と化しているとはいえず，憲法 29 条に違反するとはいえない。」と判示した。これは，宅地不足時代の判例である。宅地を求めることが簡単になった今日，「借地権者を保護するため，借地法 4 条 1 項の規定で土地所有者の権能に制限を加えることは公共の福祉にかない」という考え方は，前提を欠き，そのままでは妥当しない。

そして，この判決は，更新拒絶権があるから土地所有権は単なる地代徴収権にはなっていないという理由を付けている。

しかし，本件は，更新拒絶ができなければ，本件申立人＝賃貸人の権利は 80 年間も地代徴収権にとどまる。もともと設定時に地代以外に対価の支払いのない借地権を，土地代の相当高額な割合の金銭的価値のある借地権として，いつのまにか権利化した原判決は，この最大判の考え方にも反する。

6　結　　論

このように，更新拒絶の正当の事由の判断において，権利金の支払いのないことを軽視した原判決は，土地所有者である上告人から，合理的な理由なく，補償もなく，その土地所有権の基本的な部分を剥奪し，その権利をこれからさらに 20 年間も地代徴収権に押しとどめるものであるから，それは財産権の内在的制約の範囲を超え，私有財産権を保障した憲法 29 条に違反するものである。原判決は判例違反，違憲として破棄されなければならない。

第3節　権利金の支払いのない借地契約における更新拒絶の正当な事由（上告受理申立理由書）（2017年）

Ⅰ　はじめに（理由要旨）

原判決は，本件借地の月3万円前後の地代と別の元借地の月4万5000円の地代相当額しか収入がなく，病弱のため働けず，本件借地の返還を得て駐車場として生活費を得たいという，生存の危機に瀕している上告受理申立人の利益を軽視ないし無視し，すでに60年も借地関係を継続してきて，前回の更新からも20年経って，そこに建てた建物も耐用年数が過ぎている上に，本人は別のところに住み，息子も住んだり住まなかったりで，貸家にしている借地人の（ほんのわずかな）利益を重視し，更新拒絶の正当の事由がないものとした。上告受理申立人はここで明け渡してもらえなければ，次の更新時期まで今後20年間も極貧状態で生活しなければならない。両当事者の利益の比較考量において，原判決はあまりにも不公平な正義に反する誤った判断をしている。これは借地契約更新拒絶の正当の事由の解釈を明白に誤っている。このような判断がなされたのは，その判断の過程において，事実誤認，審理不尽，釈明義務違反を重ねた上で，重要な法解釈上の違法を犯しているためである。

その上，原判決は，契約時に権利金の支払いのない本件の借地権について，借地権者の権利を，権利金の支払いがあったと同様に評価した。これは，借地人の権利を過大に評価し，土地所有者の権利を過小に評価して，なんら公共的な理由もなく，その財産権を大きく侵害する違憲判断（憲法29条違反）である。これは上告理由で主張するが，正当の事由の解釈においては，こうした違憲性を帯びない解釈をするべきである。すなわち，権利金の支払いのないことを考慮して，申立人の更新拒絶の正当事由があると認めるべきである。

結論として，原判決には，更新拒絶の正当事由の解釈において，両当事者の利益の比較考量につき，明白に誤った違法がある。これは最高裁判例に違反し，法令の解釈上重要な誤りに該当するので，民事訴訟法318条第1項に基づき破棄されなければならない。

Ⅱ　借地更新拒絶の正当な事由の解釈の誤り

1　判例の視点

これは，両当事者の利益・不利益を比較考量して判断するものであることは確定した判例である（最判昭和32年12月27日民集11巻14号2535頁，最判昭和37年6月6日民集16巻7号1265頁，最判昭和29年1月22日民集8巻1号207頁，最判昭和25年2月14日民集4巻2号29頁）。

2　原判決の利益衡量の誤り

原判決もこの判例法に沿った判断をしているかのようである。しかし，その利益の比較考量の方法は，事実誤認，審理不尽の上，明らかに申立人＝賃貸人の過酷な状況を無視し，相手方＝賃借人の必要性を過大評価している。

(1)　申立人の必要性

(ア)　申立人の収入の軽視

(a)　申立人の現在の収入があまりにも少ないことを軽視した違法

原判決は申立人の収入について，本件土地の駐車場としての利用可能性を否定した（次に述べる）が，申立人の収入については，認定することなく，「本件土地について，控訴人の自己使用の必要性が高いものとはいえない」と断言している。

駐車場の収入以外の収入については，一審判決の第3の当裁判所の判断の1を引用している。一審判決を見ると，申立人の生活状況が認定されている。申立人は病気で，無職であり，本件土地の賃料収入を得ている。隣地某との訴訟では月額4万5000円の地代（正確には使用料相当損害金）で和解した。また，申立人は母から援助を受けている。申立人の居住建物は母のものであると認定されている。

そして，申立人は，原判決に記載されているように，原審において，収入は賃料収入のみであること（月額2万8496万円＋3万5041円），支出は貯金の取り崩しや母からの援助によっていること，今後年金を受給するとしても，それは月額5万6000円であることを主張した。より詳しく言えば，原告の収入は地代だけで，固定資産税を控除すると，年間38万円あまり，月額3万2000円余りである（控訴理由書6頁）。申立人は期間満了時55歳であるので，それから後10年間は年金を受給できない。しかも，申立人は，皮膚病や関節リュウマチの病気を抱えている（一審判決9頁(2)）ので，この年でもあり，働くことは難しい。

これでは，本件土地を有効活用できなければ，申立人の生活は至難である。本来，このような窮境（必要性）は，正当事由の判断要素として最も重視されなければならない要素なのである（当事者双方の使用の必要性の有無が基本的要素であり，ほかの要素は必要性の有無のみでは判断しがたい場合に補完的・補充的な判断要素となる(1)）。

したがって，原判決は，申立人がその収入で今後生活できるのかという重要な点は，釈明して解明すべきであった。従って，釈明義務違反，審理不尽である。

(b)　今後20年間の利益の比較考慮がない違法

しかも，その比較考量は，単に現時点での利益不利益だけではなく，過去の経緯を考量すると，次の更新時期まで今後20年間，賃貸人が生活できるのかという事情も対象とすべきである。しかし，原判決はこの点で全く考慮不備である。

申立人は，収入は地代だけで，不足分は貯金を取り崩すか，母親の援助に頼っていると主張した。そこで，今後20年間本件土地の返還を求められないのであれば，母の援助が20年間続くことが必要であるが，原判決はこの点について何ら審理しておらず，認定もしていない。釈明があってしかるべきことである。実のところ，原告が母から得ている援助は，母が夫（申立人の父）の死亡により得ている遺族年金の一部である。遺族年金は限られているから，そこから娘を支援する余裕は，普通はなく，母親は一時的に無理して支援してくれていたのである。母親の生活も楽ではない。その上，母親が病気になったり老人ホームに入ったりすれば，娘に一文たりとも渡せるわけがない。

そして，その遺族年金は母親の夫の死亡によるものであるから，母親が死亡すれば消える。申立人は相続できない。現在，母親（昭和6年1月生まれ）は86歳であるので，平均的に言えば，これから10年は生きられない（平均余命はあと8年くらいである）。そして，母親には財産がない。父が死亡したときに財産

(1)　衆議院法務委員会会議録四号13頁・平成3年9月10日左藤国務大臣。国会図書館ホームページ 国会会議録検索システム 平成3年9月10日 衆議院 法務委員会［066］左藤恵)。

を分けてしまい，母には財産がないので，申立人は母親から相続するものを有しないのである。

しかも，申立人の居住する建物は，母の所有するものであり（一審判決9頁(2)），使用貸借であるから，母が亡くなれば，財産を分割することになり，申立人が今の居住財産を相続できるとは限らない。

こうして原判決は，申立人の今後20年間の苦境を認定しない点で，釈明義務違反であるが，その結果，更新拒絶の正当事由を認めない点で，申立人に，あまりにも酷な生活を強要することになり，比較考量を誤った違法を犯していることは明白である。

(c) 参考判例

さらに，参考判例をみてみよう。賃貸人が高齢で，本件土地の賃料以外には収入がなく，生活が苦しいとして，更新を拒絶して，本件土地を布教上の拠点としている賃借人に対し，建物収去・土地明渡しを求めた事案において，東京地判昭和59年7月10日（判時1159号130頁）は，「賃貸人が高齢で賃貸地の利用（駐車場の計画）が唯一の生活安定の方途であるのに対し，賃借人にとって右土地の現時の必要性はそれほど高くなく，将来の必要性についても右土地に執着しなければならないほど切迫した事情を見出すことができない場合には，賃貸人からの更新拒絶の意思表示には正当の事由があると認められる。」とした。本件はこれに近い事案である。

また，東京高判昭和48年4月26日（判時705号54頁）は，「賃借人が長年にわたって借地上に建物を所有し，これを生活の本拠として居住を続けてきたのであって，他に住居を求めることは少なからざる困難を伴うとしても，賃貸人も，賃貸借の期間満了当時，既に高齢で，土地上に建物を建て，そこに息子夫婦とともに居住し，同人らの世話によって老後を暮すべく期待していたのであって，賃貸人が賃貸借の期間の満了を待って借地が返還されることに希望をつないできたことが無理からぬものであり，賃貸人の土地使用の必要度が，賃借人のそれに比して勝るとも劣らぬものということができる場合には，賃借人の借地の賃貸借契約の更新請求に対する賃貸人の異議には正当な事由があるというべきである。」（要旨）とした。これは，本件と異なり，「賃借人が長年にわたって借地上に建物を所有し，これを生活の本拠として居住を続けてきたのであって，他に住居を求めることは少なからざる困難を伴う」というので，賃借人の事情を相当に重視すべき場合である。他方，「賃貸人も，賃貸借の期間満了当時，既に高齢で，土地上に建物を建て，そこに息子夫婦とともに居住……すべく期待していたのであって，賃貸人が賃貸借の期間の満了を待って借地が返還されることに希望をつないできた」という点は，土地上に建物を建て，息子夫婦とともに居住するという点を除き，借地の返還が希望である点では，本件と同じである。そして，この判決は，賃貸人の更新拒絶には正当事由があると判断した。この判断は，上告審（最判昭和48年(オ)第859号昭和49年9月20日，裁判所ウェブサイト）において，正当として肯認された。

そうすると，本件の場合，更新拒絶の正当事由が認められるべきことは当然と言うべきである。

しかし，原判決により正当事由を否定されたので，「賃貸借の期間の満了を待って借地が返還されることに希望をつないできた」申立人は絶望の淵に落とされたのである。原判決はこの先例に反する。

なお，原審は，賃料増額を前提としているようであるが，2万8496円の賃料が，仮に3万5000円ないしは4万円程度（隣地は本件土地よりも広く138㎡あるが，その使用料相当損害金は4万5000円である）に増額できたとしても，そこから税金を支えば，生活の見通しはつかない。本来的解決にならない条件を条件として前提に据える判断は，違法である。

（イ）　駐車場として利用できるのに，できないとした事実誤認と釈明義務違反，判断逸脱

申立人の土地利用計画は，駐車場である。原判決第3，当裁判所の判断，3(1)イは，「本件土地の前面道路は幅員約2メートル強の狭隘な一方通行の私道であり，……駐車車両の進路の確保のために，……向かい側の土地……の一部を利用して道路を拡幅する必要があることが窺われ，このような駐車場に高い需要があるものとはにわかに考え難い上，上記拡幅に伴う費用等も明かとはいえない」と判示する。そして，根拠として，甲11，20，第一審の第3準備書面をあげる。

しかし，この点は，一審で相手方が主張していたが，申立人は反論していた。しかし，一審判決では取り上げられなかった。但し，被告らは，駐車場運用について，詳細に述べており，被告ら自身が，本件土地を駐車場として顧客を確保できることを前提としていた。そこで，申立人は，その点は論点でないと思い，控訴理由書では若干の主張にとどめた。故にもし，その点が争点であれば，原審で釈明があってしかるべきであった。原判決は，不意打ち，釈明義務違反

である。

その上，実は，申立人は，すでに，被告に明け渡して貰えば道路は広がると主張していたのに無視された。

「駐車車両の進路の確保のために，……向かい側の土地……の一部を利用して道路を拡幅する必要があることが窺われ」という部分では，公道から本件土地までは4m確保されている（その奥が狭くなっているにすぎない）。しかし，その奥については，平成27年4月，原告敷地側の工作物及び建築物が解体・撤去されており，残すところ，建築基準法44条に抵触する被告らの工作物の門扉・花壇が撤去されれば，4mを十分に超える幅員が確保できる状況にある）。だからこそ，これまでも相手方の息子の車両も進入でき，駐車し，そこを駐車場だとまで彼が強弁できているのであって，原判決があげる原告の書面でも，駐車場は可能であることを説明している。それでもなお，本件駐車場予定地の前の道路が狭いというとすれば，それは，相手方の息子の車両が，建基法42条2項道路の後退用地に放置されて幅員を狭めている故なのであり，本件土地を返還して貰って，本多の門扉・花壇を撤去すれば幅員が広がるのであるから，原審の判断には誤りがある。そして幅員が広がれば駐車場の需要は確実に見込めるのである。したがって，原判決の判断は，申立人の主張を無視した，明白な事実誤認でもある。

さらに言えば，本件土地の駐車場としての活用可能性に疑義があったとしても，その実現可能性をより正確に検証することなく，そのまま自己使用の必要性が高いものとはいえないと判断して，更新拒絶の正当事由を否定することは，申立人が生活できる可能性を閉ざし，申立人の生活を破綻させることになる。とりわけ，申立人にとって，資金調達の面で，駐車場としての利用が唯一相応なる（実現しうる）計画であることからすれば（東京地判昭和40年1月31日（判時520号64頁）は，病弱で定職のない女性が，貸しガレージを営もうとして計画した事案を，ほとんど唯一の自力厚生の方法と認められるとし，更新拒絶の正当事由を認めている），駐車場としての利用可能性に疑いがあったのであれば，原審は，その可能性について釈明すべきであった。申立人は，業者からも，警察からも，本件土地の駐車場利用が困難だとは言われたことがなく，相手方が建基法42条2項道路の後退用地を駐車場だと強弁して利用している事実からしても，車両進入に何ら支障がないことは明らかと思量されたので，まさか駐車場としての利用可能性を否定されるとは思っていなかったため，そのような利用可能性を強く主張はしなかったに過ぎない。そこで，「窺われ」と言うだけのことで更新拒絶の正当事由がないとする判断は，釈明義務違反の上，利益の比較考量を適正に行っていない違法がある。

次に，原判決は，本件土地は隣地と合わせて駐車場として利用するものであるが，隣地は期間満了時点において某との明渡し訴訟が係属していたものであるから，計画の実現性に「疑いを挟む余地」があると判断する。

しかし，隣地と合わせればなお良いが，隣地と合わせなくても駐車場としては利用できる（公道から，途中のHの土地まで入れれば駐車場としては不都合なく利用できる）。隣地某の土地はその奥であるから関係がないものであるから，隣地と合わせて利用することが必要不可欠でないのに隣地と合わせて利用できないとして，これだけで，申立人の計画の実現性に疑いを差し挟むというのは，審理不尽である。「計画の実現性に疑いを挟む余地がある」というだけで，計画の実現性がないと同じ扱いをするのは違法な判断である。

(2)　相手方の本件土地使用の必要性の乏しさ

原判決は，相手方は，昭和61年に申立人の祖父の承認を得て本件建物を建築し，平成6年1月に更新料325万円を払って本件賃貸借契約を更新しているところ，平成2年頃には茨城県小美玉市に転居したものと認められ，その息子は，平成6年の更新時点では，転勤のため，名古屋市内に居住していたものの，その後，平成8年から16年の間本件建物に居住していたと認定した。そして，これらの事情を総合すれば，遅くとも平成6年の更新の段階では，申立人の父と相手方の間で，本件建物について息子の将来の居住が前提となっていたと推認する。そして，息子による使用の必要性は，相手方のそれと同視することが相当であると判示する。

しかし，平成6年の更新時点では，相手方と息子は本件建物には居住していなかったことは原判決の認定するところであるから，本件建物について息子の将来の居住が前提となっていたと推認することは何らの根拠もない不合理な独断的認定である。これに対して，原判決は，少なくとも平成2年以降相手方が茨城県小美玉市に広大な土地と建物を所有して，そちらに居住していることを認定しているのであるから，相手方の本件建物居住の必要性はまったくない。

続いて，原判決は，息子は，平成8年から平成16年まで本件建物に居住しており，居住していない期間は，主として転勤に係る事情によると認定している。そして，息子は，平成23年9月に勤務先が都内になった後，本件期間満了時に本件建物とは別の本件マンションへの居住を継続しているが，平成6年の更新後，本件建物への居住と転居を繰り返していたことに照らせば，息子が本件土地を生活の本拠として使用する必要性が失われたものとはいえないとした。

しかし，息子は，平成16年の後は本件建物に生活の本拠として長らく居住していない。そして，平成23年から，本件建物の近隣にある本件マンションに居住している。本件建物は第三者に賃貸されている。これで，本件建物に居住する必要性が息子になぜ存在するのか。

しかも，転勤などとはいえ，本件建物に長く居住していなかったことからしても，また，住宅が払底していた終戦直後とは異なり，今日借家はいくらでもあることからしても，息子が本件建物に居住する必要性は低い。本件建物に居住する必要性が，契約満了日当時居住していたワンルームマンションなどでは手狭だという理由であれば，他の建物を借りればすむことである。

控訴理由書においては，更新拒絶の正当事由の有無の判断基準時は，期間満了時と解すべき事は判例の認めるところであるが（最判昭和37年(オ)第1294号昭和39年1月30日，最判昭和48年(オ)第859号昭和49年9月20日，ともに裁判所ウェブサイト），息子は期間満了時は独身であり，配偶者とともに本件建物に移転する必要が生じたのはその後であるから，いくら本件建物への居住と転居を繰り返していたにせよ，本件では考慮すべきではないという趣旨の主張をしているが，無視されている。

今，住宅が払底していた終戦直後とは異なり，今日では借家はいくらでもある状況にある／となったと述べた。正当事由の解釈は，賃貸人と賃借人の双方の利益を比較すべきことは借家と借地で同じと解されている（最大判昭和37年6月6日民集16巻7号1265頁）が，借家の正当事由については，「其後漸く住宅難が烈しくなるに従い「正当理由」は借家人の事情をも考慮し双者必要の程度を比較考慮して決しなければいけないと解されるに至り，住宅難の度が増すにつれ右の比較において漸次借家人の方に重さが加わり家主の請求が容易に認められなくなって来た」（最判昭和25年2月14日民集4巻2号29頁）ものであるから，住宅難が解消し，空き家が増えている今日は，経済的に余裕がある借地人は，居住のためには，他に住宅を求めれば済むのである。

現に，息子は，一審判決の認定するところでは，婚姻して本件建物を出た後，平成13年には離婚し，本件建物は，平成16年に第三者に賃貸された。平成23

年になって，息子は，本件建物ではなく，別のマンションに居住し，平成27年8月にはその賃貸借契約を更新して，そのまま居住している。

この事情を見れば，息子が本件建物に居住する必要性は低い。たまたま本件建物があるからいずれは居住しようとしているという程度である。

原判決は，それにもかかわらず，相手方の本件土地の使用については，不可欠ではないが，使用の必要性はなお存すると判断した。およそ合理的な認定ではない。なお，相手方は昨年10月28日に死亡している。承継人は，その妻及び息子の2名である。この2人は，相手方死亡により茨城の2ヘクタールの土地と200平方メートル以上の床面積を有する自宅及び他所にある3棟の賃貸住宅を相続した。

なお，最判昭和58年1月20日（民集37巻1号1頁）は，「建物所有を目的とする借地契約の更新拒絶に正当の事由があるかどうかを判断するに当つては，借地契約が当初から建物賃借人の存在を容認したものであるかまたは実質上建物賃借人と借地人を同一視することができるなどの特段の事情の存在する場合の外は，建物賃借人の事情を借地人側の事情として斟酌することは許されない。」と判示している。したがって，本件建物に，第三者が居住していたことは，本件の解決には関係がない。また，息子も，相手方の息子ではあるが，借地人ではないのであるから，建物賃借人であり，その者がこの建物に居住したいという事情は，借地人相手方に有利に考慮すべき事情ではない。

また，原判決の立場に立っても，その判示から明らかなように，また東京高裁判昭和56年1月29日（判時994号48頁，判タ449号95頁，東京高等裁判所（民事）判決時報32巻1号25頁）が，賃借人側が借地上建物を他人に賃貸にし，他にも土地・建物を所有している等の事情の下では，賃借人の土地使用継続に対する賃貸人の異議について，建物買取を希望し，200万円の資金調達を考えているところだから，正当事由を否定できないとし，建物の収去明渡を命じているように，相手方，息子の本件土地使用の必要性は極めて乏しいものである。

(3)　比較考量

この両者の必要性の比較においては，申立人の必要性は非常に大きく，相手方の必要性は極めて乏しい。

この必要性については，①「死活」にかかわる場合，②「切実な」必要性，③ただ望ましい場合，④「わがまま」の段階がある(2)。

本件では，上述のところから，申立人は①死活に関わる状況にあり，相手方は，せいぜいは③である。そうすると，明渡しを求める正当事由があるのは明らかである。

したがって，原判決は正当事由の判断における利益衡量を明白に誤ったもの，ないしは不当に高額な借地権価格を認めることで，立退料が不足だと誤認して正当事由を誤って否認するもので（後記），本件土地については，更新を拒絶する正当事由があることは明白である。原判決は，法解釈上重大な誤謬をおかしたもので，破棄を免れない。

3　申立人の土地所有権を単なる地代徴収権に堕してはならないこと

さらに，最大判昭和37年6月6日（民集16巻7号1265頁）は，「財産権，とくに所有権は尊重されなければならないが，今日においては，所有権といえども絶対的なものではなく，その内容は公共の福祉に適合するように法律によって定められるべきことは憲法の要請するところであり，民法も，所有者の権能は法令の制限に服することを明らかにし，また，私権，したがつて所有権も公共の福祉に遵うものとしていることにかんがみれば，他人の土地を宅地として使用する必要のある者がなお圧倒的に多く，しかも宅地の不足が甚だしい現状において，借地権者を保護するため，前述のごとくに解せられる借地法4条1項の規定により，土地所有者の権能に制限を加えることは，公共の福祉の観点から是認されるべきであり，また，借地法の右規定を前述のごとくに解しても，土地所有者は，正当の事由ある場合には更新を拒絶して土地を回復することができるのであるから，所論のごとく，所有権を単なる地代徴収権と化し又はその内容を空虚にするものと言うことを得ない。所論は，ひつきよう，独自の見解の下に，原判決に憲法その他の法令の解釈を誤った違法ありとするものであり，採用することを得ない。」と判示した。

これは，宅地不足の時代に，賃貸人の権利を制限することには，財産権侵害の違憲性はないという趣旨であるが，賃貸人の所有権が単なる地代徴収権と化すなら違憲との趣旨である。そして，宅地不足の時代がとっくに過ぎた今日では土地所有権の制限について違憲性がないという判断はそのままでは妥当すべきものではないし，さらに，所有権を単なる地代徴収権に化してはならないの

---

(2)齊藤顕「立退料による正当事由の調整」判タ1180号（2005年）67〜68頁。

であるから，更新拒絶することができる正当の事由は，所有権を単なる地代徴収権にしないように解釈しなければならないのである。

本件の場合，借地人の必要性と言っても，木造建物建築のために土地を貸してからすでに60年経過している。今回，更新拒絶の正当事由が認められなければ，借地期間は80年に及ぶ。人生が長くなっても，80年である。借地人が人の一生と同じ期間借りることができるならば，所有権を得たに近い。賃貸人としては，60年ならともかく，80年は想定外である。その結果，賃貸人は，この80年もの長期間，単に地代徴収権しか有しないことになる。

しかも，本件では，借地権代の支払いはなかった。本件建物は既に耐用年数を過ぎている（控訴理由書13頁）。なお，仮に買取り請求権を行使する場合でも，建物の残存価格は新築費の10％程度であり，通常は，取壊し代よりも安いため買い取り価格はゼロとなる。目的物上に投資した費用の回収も終わっている。相手方の必要性は低い。

したがって，本件の場合には，賃貸人の権利を単なる地代徴収権にしないために，更新拒絶の正当事由があるのである。原判決は，この判例に違反し，正当事由の法解釈を誤った重大な違法がある。

4　平成5年の更新料の趣旨，権利金不払いの誤解

原判決は，平成6年の更新時期に相当高額の更新料（325万円）が支払われ，息子の居住が想定されていたことからすれば，権利金などの支払いの有無が更新拒絶の正当事由の有無につき重視すべき事情とはいえないと判断する。

しかし，更新料は通常更地価格の3〜5％程度であるから，借地権代の代わりになるものではない。平成5年の更新の時の更新料は，これを払わなければ，更新拒絶の正当事由があるとされるので，借地人がこれを払ったものである。更新料は，「一般に，賃料の補充ないし前払，賃貸借契約を継続するための対価等の趣旨を含む複合的な性質を有するものと解するのが相当である【最高裁昭和58年(オ)第1289号 同59年4月20日第二小法廷判決・民集38巻6号610頁，最高裁平成21年(オ)第1744号／平成21年(受)第2078号　同平成23年7月15日第二小法廷判決，最高裁平成22年(受)第243号 同平成23年7月15日第二小法廷判決，最高裁平成22年(オ)第863号／平成22年(受)第1066号 同平成23年7月15日第二小法廷判決　民集第65巻5号2269頁判例タイムス1361号89頁参照】」と判示されており，「更新契約書」にも，昭和28年より継続していた契約を更に平成25

年まで継続することを合意する金員であることが明記されている上,「更新料がいかなる性質を有するかは，賃貸借契約成立前後の当事者双方の事情，更新料条項が成立するに至った経緯その他諸般の事情を総合考量し，具体的事実関係に即して判断されるべきである【最高裁昭和58年(オ)第1289号 同59年4月20日第二小法廷判決・民集38巻6号610頁参照】」と判示されているところ，原判決は，ただ右金員を「高額だ」というのみで，なぜ高額だと判断するのかの理由を示さない。しかし，本件賃料が低廉（平成5年当時月額2万1500円）であったことなどからして，その金員が,「賃料の補充ないし前払い，賃貸借契約を継続するための対価等の趣旨を含む複合的な性質を有する」金員であったことを疑う余地はなかった。従って，325万円は，平成5年12月24日満了日以降20年間更新するための対価である。その効果は，平成5年から20年間は存続する。しかし，それは今回の更新には影響しない。

息子の居住が想定されていたとするのは，証拠に基づかない，誤った認定であることは先に述べた。

そして，もともと権利金の支払いがなかったのであるから，そしてまた約定賃料が極めて低廉であったのであるから，土地所有権の一部を譲渡するという趣旨の金員ではなかったし，そのようにはならないのである。それにもかかわらず，更新拒絶の正当事由を狭く解釈して，更新料を根拠にして，半永久的に(申立人の存命中）返還を求めることはできない（あるいは高額の立退料の支払いが必要）と解して，申立人のこれからの生活を苦境に陥れるのは，審理不尽であり，借地人にあまりにも一方的に有利な判断であり，違法である。

Ⅲ　立退料

1　正当事由の補完の判断過程が不明であること

「立退料の提供は，それのみで正当事由の根拠となるものではなく，他の諸般の事情と総合考慮され，相互に補充しあって，正当事由の判断の基礎となる」とされている（最判昭和46年11月25日民集25巻8号1343頁)。

原判決は，正当事由の補完としての立退料は，借地権価格の一部を考慮したものである必要があるとする。

そして，原判決は，借地権価格を3000万円と高額に査定して，それを前提として立退料を査定した。

しかし，補完とは何かが不明である。そこで，300万円（又は裁判所が相当額と判断する額）の立退料では安いと判断された。これでは判断過程が曖昧である。これは正当事由の補完としての合理的な認定とはいえないし，理由も不備である。

2　権利金の授受のない場合の借地権価格

そもそも，ここで考慮されるという借地権価格は，もともと権利金の授受があれば成り立つが，権利金の授受がなく，単に一定期間地代を受け取るだけで，更新の時期に借地権価格が発生しているとされるのでは，賃貸人は，想定外の損害を被る。これは合理的な理由なき財産権侵害として違憲である（第4章第2節上告理由書で述べる）。

当初，昭和23年12月24日付物価庁「物五第743号」物価長長官通牒にて，地代家賃統制令（昭和21年9月28日勅令第443号　後昭和27年法律8号により法律としての効力有す）12条の2にいう「権利金」の性格（行政解釈）については，「賃借権設定の結果，その不動産所在地を利用することによって享受する場所的利益に対する対価であって，使用の対価である地代又は家賃以外のものをいう」としたが，その後，東京高裁昭和27年6月14日判決（下集3巻6号833頁）において，のれん代の性質のそれを除き，「……『賃借権設定の対価』に属する権利金と呼ばれるものの中にも二種のものがあるのであって，その一は権利金を支払えば其後賃借人は賃貸人の承諾を得ずして賃借権を第三者に売渡すことができるという趣旨のものと，他は単に目的物の賃借を欲するためにのみ支払われる趣旨のもの」があると示した上で，「何れにせよ，前者は賃借権を取得するために支払われるものであって，賃借権取得の対価，結局は賃借権の対価というものと同意義であるから，賃料と同じ性質を有するもの従ってそれは賃料の一部ということができるとし，後者は賃貸目的物の需給関係に基く賃料のプレミアムに外ならないのであるから，それが賃料の性質を有するものであることは他言を要しないであろう」と判示し，権利金の性格は，賃料の性格をもつものとの見解が示された。その後，最高裁昭和41年（行ツ）44号同45年10月23日第二小法廷判決（民集24巻11号1617頁参照）における二審判決の理由の二において，「巷間において，権利金といわれて不動産賃貸借の当事者間で授受される金銭には，およそ三種の類型が考えられる。その一は，営業権譲渡の対価又はのれん代に当たるものであって，……その二は，地代……の一部前払いに当たるものであって，……その三は賃借権そのものの対価として支払われるものである」と判示され，【最高裁昭和41年(行ツ)44号同45年10月23日第に小法廷判決（民集24巻11号1617頁参照)】においては，「借地権の設定に際して土地所有者が支払いを受ける権利金は，その設定契約において長期の存続期間を定め，かつ，借地権の譲渡性を承認する等，所有者が当該土地の使用収益権を半永久的に手離す結果となる場合に，その対価として更地価格のきわめて高い割合にあたる金額の支払をうけるというような，明らかに所有権の機能の一部を譲渡した対価としての経済的実質を有するものでないかぎり，昭和34年法律第79条による改正前の旧所得税法（昭和22年法律第27号）9条1項8号にいう譲渡所得にあたるものと解することは許されない」と判示していて，その三の所謂譲渡性のある借地権の対価というものは，その土地の価格の極めて高い割合にあたる金額である場合であると示されている。所得税法33条1項においても「譲渡所得とは，資産の譲渡（建物又は構築物の所有を目的とする地上権又は賃借権の設定その他契約により他人に土地を長期間使用させる行為で政令で定めるものを含む）による所得をいう」とし，所得税法施行令79条1項は，「法33条1項に規定する政令で定める行為とは，建物若しくは構築物の所有を目的とする地上権若しくは賃借権（以下，この条において「借地権」という。）……の対価として支払いを受ける金員が次の各号に掲げる場合の区分に応じ当該各号に定める金額の十分の五に相当する金額を超えるものとする」としたうえで，同条1項1号に，「当該設定が建物若しくは構築物の全部の所有を目的とする借地権又は地役権の設定である場合（第三号に掲げる場合を除く。)」として「その土地（借地権者にあっては，借地権。次号において同じ）の価格」と規定している。「借地権課税百年史」においても「借地権価格という場合，普通借地権を当初設定する際に授受する権利金価格を意味する(「借地権課税百年史」第一章 借地権に対する法的保護とその財産的価値 第2節 借地権の財産的価値 10頁 6行目)」とし，「権利金の性質について①地代の前払い，②場所的利益に対する対価及び③借地権設定の対価の三種に分類した。昭和34年の所得税法改正は所得税の立場からは権利金の性格について前記第三の借地権設定の対価とみる考え方を採用したものといえる。勿論いかなる権利金もすべてそのように考えるのではなく，相当高額な権利金についてであり同法（所得税法）はそれを更地価格の二分の一を超える金額の権利金とした」(3)とある。

---

(3)　『借地権課税百年史』第2章 第三節 昭和22年所得税法 五 権利金課税規定の整備 52頁7行目から10行目)。

これら判例及び法令はすべて，借地権価格というものが，賃借人から賃貸人に対して金銭の支払いがあってこそ存するものであることを述べるに相違ないものである。従って，本件のように，契約当初，権利金の授受もなく，賃料も極めて低廉で，使用の対価を上回る対価が支払われているとは到底いえない事案において，原判決のように，支払われていない金員を借地人に帰属させてその借地権価格が3000万円あるとする判断を下すには，如上の判例及び法令のすべてに反しない限りできないものであるから，原判決の判断は，違法であるといわざるをえない。

同様の見解は学説判例上も見られる。東京地判昭和56年4月28日（判時1015号90頁，該当部分は98頁）は，「正当事由の判断にあたって，契約期間満了時における原告，被告松岡間双方の土地使用の必要性につき斟酌するにとどまらず，右契約締結の経緯，あるいは如何なる建物の所有を目的としたかも重視されて然るべきところ，本件土地賃貸借契約は前認定のとおり，被告松岡の占拠が先行した形で終戦直後の混乱期に締結されたもので，目的建物はバラック様のものであり，かつ契約締結にあたって権利金，保証金等の授受もなかつたのであるから，土地の価格に匹敵するが如く高額の権利金等の支払が行なわれる借地権とは，更新の際の正当事由も自ら別異に解釈されるべきは当然である。」と述べている。

飯原一乗[(4)]は，「今日借地権は法の厚い保護を受けて交換価値が認められているので，借地権設定時に権利金を支払わない場合でも，借地権価格を生じているのが実情であるが，正当事由の有無（補完として給付する金銭の多寡）については，当初の権利金の授受の有無と金額は十分に斟酌すべきである」と述べて，上記の東京地裁判決を紹介している。

本件では，平成6年の更新の時に更新料の支払いがあっただけである。原判決はそれを重視するが，それは権利金ではなく，更新拒絶への正当事由を失わせる意味を持つもので，平成26年の今回の更新の時に借地権価格が発生していると考えることに合理性はない。

したがって，借地権価格を，権利金の授受がないのに，3000万円と高額に定めることは違法である。これを前提として，正当事由の補完額を定めることは違法である。

(4)　飯原一乗「『正当事由』の明確化」（ジュリスト1006号47頁，1992年）。

3　補完の必要性はごく小さいこと（補完の意味の解釈の誤り）

本件では，申立人の必要性は非常に高く，特に今後20年を考えるとその必要性は非常に高い。原判決は，相手方の本件土地の使用については，不可欠ではないが，使用の必要性はなお存すると判断したが，相手方は，本件建物に相手方が20年以上，息子が10年以上居住していないのであるから，その必要性があるとした場合でも，それは極めて乏しい。申立人に正当事由があると言うべきである。仮に正当事由に足りないところがあっても，少々であるのに，借地権価格をそのまま基準とできるだろうか。

本件の場合，立退料は，300万円でも高すぎるものであり，原判決の判断は，補完の意味を誤って解釈した。これは昭和46年最高裁判例にも反する解釈であり，破棄されなければならない。

4　賃貸人の権利が地代徴収権（あるいはそれ以下）になることは違憲

前に紹介した最大判昭和37年6月6日（民集16巻7号1265頁）は，宅地不足時代が解消した今日，そのままでは妥当しないし，この判決は，土地所有権を単なる地代徴収権にならないように，更新拒絶権を運用すべきであることを示している。

しかし，本件では，地代は極めて低廉で，昭和62年1月1日に地代家賃統制令が失効する以前は統制賃料であった上，平成5年以降の賃料総額及び更新料325万円を合計しても950万円にしかならない。本件土地の時価5019万（路線価，本件の満了時である平成25年の相続税路線価37万円を単価として，本件土地地籍108.53㎡を乗じ，その8割とみなして，時価を算出：37万＊108.53㎡）／0.8）の19％にしかならない。所謂底地価格1505万（5019万＊0.3）を大きく下回っている（従って，申立人が収受した対価は，「使用の対価」でしかなく「権利の対価」ではない）。

さらに，更新拒絶ができなければ，賃貸人の権利は，80年間も地代徴収権に堕す。原判決の考えでも，300万円を遙かに超える立退料を払えば，更新拒絶できるが，それでは，これまで収受した地代（単純に月3万円の地代では，10年分以上）を返還しなければならないことになるので，賃貸人の権利は，地代徴収権以下ほぼゼロになる。ただで貸したに近いことになる。これでは違憲である。

したがって，違憲を避けるためには，権利金の収受がないのに，借地権代を基準にした高額の立退料の支払いを命じてはならないのである。原判決には立退料の算定において重要な法解釈を誤った違法がある。

5　借地権価格を違法に高額に認定した不動産鑑定に従った法解釈の誤り

さらに，原判決は，本件の借地権の価格は3000万円前後と評価されると判断されたが，その根拠とされたこの不動産査定書（乙50）は正式の不動産鑑定に基づくものではないし，他目的には使えないとなっていることはこの証拠の記載で明らかである。これに対しても，反論しているが，無視されている。

前記したように，権利金の支払いもなく，借地権価格がこんなに高くなる合理的根拠はない。この点は原告も反論していた。特に申立人の主張は甲128でまとめてあるのに（借地権があるところ必ずや借地権価格があるとは限らないこと，立退料は個別具体の事案における権利関係が基本とされること，賃貸人と賃借人との間の価格は，価格がある場合でも，賃借人と第三者の価格とは鑑定の前提となる基本的事項が異なること，よって鑑定業務がなされる場合は正常価格でなく特定価格として評価されるべきものであること，乙50は法廷への提出が想定されて作成されたものではないこと，作成者の想定に反して法廷に提出されていること，乙50は鑑定評価書でないこと，乙50は「不動産鑑定評価基準」が認めない「基準に則らない業務」をしていること，本件借地権には借地権価格がある根拠がないこと等），原判決では無視されている。

原判決は，乙50を鑑定評価書のように取扱い，借地権価格が70％となる理由を何ら説明していない。これは判断逸脱，理由不備の違法がある。

この状況で，権利金の支払いもなく，更新料も1回だけで，いったん借りたら，80年間も借りることができ，このような高額な借地権価格が発生するとされるのでは，貸したら大損である。借りた方は大儲けとなる。財産権侵害の違憲の評価を受けないためには，高額な借地権価格があるものとないものとの峻別が重要であるが，原判決はそれがなされていない。原判決には立退料に関する法解釈に重大な誤りがある。

Ⅳ　結　　論

以上，どの点から見ても，本件では更新拒絶の正当事由を否定する原判決は，単なる事実誤認ではなく，判例違反，法解釈上の重要な誤りを犯しているから，破棄されなければならない。

本稿と同様の発想は，阿部「適正補償のための解釈論及び立法論」小高剛編著『損失補償の理論と実際』（住宅新報社，1997年）80～85頁に記載している。

【追記】　本理由書提出後日時を経ずして，最高裁は上告，上告受理申立てを三行り半の門前払いとしてきた。

この理由書は全く相手にできない不可のようなものであろうか。原告は今後どうして生きていくのか。最高裁はなぜ心を動かさないのであろうか。誰かが詠んだという「最高裁石の舘に石頭」に「心も情もまるでなし」とつけ加えたい。

事項索引

あ 行

か 行

さ　行

た　行

な　行

は　行

ま　行

や 行

ら 行

わ 行

〈著者紹介〉
阿部泰隆（あべ　やすたか）

1942年3月　福島市生れ
1960年3月　福島県立福島高校卒業
1964年3月　東京大学法学部卒業
1964年4月　東京大学助手（法学部）
1967年8月　神戸大学助教授（法学部）
1972年6月　東京大学法学博士（論文博士）
1977年4月　神戸大学教授（法学部）
2005年3月　神戸大学名誉教授（定年退職）
2005年4月　中央大学総合政策学部教授（2012年3月まで）
・弁護士（東京弁護士会，2005年より，兵庫県弁護士会，2012年9月より）
・事務所：弁護士法人大龍

〈主要著作〉
『行政法の解釈』（信山社，1990年），『行政法の解釈(2)』（信山社，2005年），
『行政法の解釈(3)』（信山社，2016年）
『行政の法システム 上・下〔新版〕』（有斐閣，1997年）
『行政法解釈学 Ⅰ，Ⅱ』（有斐閣，2008～2009年）
『行政法再入門 上・下〔第2版〕』（信山社，2016年）
『市長「破産」』（信山社，2012年）（吾妻大龍のペンネーム）
このほかは，はしがき参照。

まちづくりと法
―都市計画，自動車，自転車，土地，地下水，住宅，借地借家―

2017年（平成29年）10月30日　第1版第1刷発行
3648：P480 ¥8000E-012-040-005

著　者　阿部泰隆
発行者　今井 貴・稲葉文子
発行所　株式会社 信山社
編集第2部
〒113-0033　東京都文京区本郷6-2-9-102
Tel 03-3818-1019　Fax 03-3818-0344
info@shinzansha.co.jp
笠間才木支店　〒309-1611 茨城県笠間市笠間515-3
Tel 0296-71-9081　Fax 0296-71-9082
笠間来栖支店　〒309-1625 茨城県笠間市来栖2345-1
Tel 0296-71-0215　Fax 0296-72-5410
出版契約 No.2017-3648-4-01011　Printed in Japan

印刷・製本／亜細亜印刷・渋谷文泉閣
ISBN978-4-7972-3648-4 C3332　分類50-323.916-a002